镇（乡）村建筑抗震技术规程
实施指南

Implentation Guide to Aseismic technical specification for building construction in town and village

葛学礼　朱立新　黄世敏　主编

中国建筑工业出版社

图书在版编目(CIP)数据

镇(乡)村建筑抗震技术规程实施指南/葛学礼,朱立新,黄世敏主编. —北京:中国建筑工业出版社,2009
ISBN 978-7-112-11538-9

Ⅰ.镇… Ⅱ.①葛…②朱…③黄… Ⅲ.建筑结构-抗震设计-技术操作规程-指南 Ⅳ.TU352.104-65

中国版本图书馆 CIP 数据核字(2009)第 197979 号

《镇(乡)村建筑抗震技术规程》JGJ 161—2008(以下简称《规程》),经中华人民共和国住房和城乡建设部批准、发布,自 2008 年 10 月 1 日起实施。本《规程》是我国目前第一本有关村镇建筑抗震的行业标准,该标准的实施将对我国村镇抗震建设起到重要的指导作用。

本书是由《镇(乡)村建筑抗震技术规程》JGJ 161—2008 编制组的主要成员编写的,是以实施《规程》为目的的实施指南。本书围绕《规程》的章节对规程条文进行了详细介绍,从《规程》制订的政策、技术背景、抗震基本要求以及场地、地基和基础、砌体结构房屋、木结构房屋、生土结构房屋、石结构房屋的抗震进行了充分的阐释和展开,并进行了试设计和造价分析,各章后都附有相应的实例进行设计指导。本书的出版会给村镇建筑的抗震设计提供直接的指导,对《规程》的实施起到积极的促进作用,为提高我国村镇的抗震能力提供技术支持。

本书可供基层设计单位(如县设计室)、乡镇施工队和乡镇建设技术人员,以及村镇建筑工匠等在村镇建筑的建造和管理过程中使用,也可供进行村镇建筑抗震防灾研究的技术人员参考。

责任编辑:赵梦梅　刘瑞霞　刘婷婷
责任设计:董建平
责任校对:袁艳玲　刘　钰

镇(乡)村建筑抗震技术规程实施指南
Implentation Guide to Aseismic technical specification for
building construction in town and village
葛学礼　朱立新　黄世敏　主编

*

中国建筑工业出版社出版、发行(北京西郊百万庄)
各地新华书店、建筑书店经销
北京华艺制版公司制版
北京密东印刷有限公司印刷

*

开本:787×1092 毫米　1/16　印张:24¾　字数:610 千字
2010 年 2 月第一版　　2010 年 2 月第一次印刷
定价:50.00 元
ISBN 978-7-112-11538-9
(18798)

版权所有　翻印必究
如有印装质量问题,可寄本社退换
(邮政编码 100037)

编 写 组

主　　编： 葛学礼　朱立新　黄世敏

编写组成员：

中国建筑科学研究院抗震所：　葛学礼　朱立新　黄世敏　李东彬　于　文

北京工业大学：　苏经宇

昆明理工大学：　陶　忠　潘　文

长安大学：　王毅红

福建省抗震防灾技术中心：　张小云

广州大学：　周　云

前　言

我国地处环太平洋地震带与欧亚地震带的交汇部位，受太平洋板块、印度板块和菲律宾海板块的挤压，地震断裂带十分发育，导致我国地震频发并且灾害严重。自1949年新中国成立至今，我国发生了多次破坏性地震，建筑震害严重，造成了巨大的人员伤亡和经济损失。我国幅员辽阔，几乎每年都有破坏性地震发生，这些地震大部分发生在村镇地区，特别是西南、西北和华北地区，发震频率高。东部地区虽然是地震少发地区，但相对于建筑基本不考虑抗震来说，一旦发生地震，即使强度不大，譬如6、7度，房屋也会遭受破坏，造成损失。总的来说，我国村镇遭受地震威胁始终是很严重的，如何提高村镇建筑的抗震能力，减少人员伤亡和经济损失，是摆在广大科技人员面前的一个严峻课题。

中国共产党的十七届三中全会指出，我国总体上已进入以工促农、以城带乡的发展阶段，进入加快改造传统农业、走中国特色农业现代化道路的关键时刻，进入着力破除城乡二元结构、形成城乡经济社会发展一体化新格局的重要时期。推进社会主义新农村建设，其中要着力解决的一个重要的问题就是要应对目前村镇建筑安全存在的隐患。

近两年，国家对村镇防灾减灾的研究非常重视，加大了对村镇防灾建设的投入力度，投入逐年增加；2009年，国家启动了农村危房改造工程项目，希望通过这项工作能够解决农村贫困农民住有所居的问题。提高村镇房屋的综合防灾能力，任重而道远，还有很多方面的工作要做。

目前总体来说，村镇防灾建设仍处于较低的水平，大部分地区农村抵御自然灾害的能力低下，每年在地震、台风、山洪、河洪等灾害中损毁的房屋主要是村镇建筑，这与村镇经济的发展水平、技术水平、管理模式、传统观念等多方面的因素密切相关。村镇建筑的特点受当地的自然环境、资源条件、生产生活习惯、民风民俗等各种因素的影响和制约，一般来说结构简单，在一定地域范围内格调基本一致，造价低廉，易于就地取材。目前我国大多数农村建筑仍为传统的土、木、砖、石类结构，建筑的抗震能力相对较差。乡镇和经济发达的东部沿海地区农村中有现代砖混和框架结构房屋，但在设计和建造上大多缺乏有效的监管，结构整体性差、节点连接薄弱，使得一些经济发达地区的村镇房屋抗震能力与经济发展水平不相匹配。

提高村镇建筑的抗震能力，减轻地震灾害，从技术角度来说，建立和完善村镇抗震防灾技术标准体系应为当务之急。

由于村镇建筑在使用功能、结构类型、建筑材料、建造方式等方面与城市建筑有很大差别，制定针对村镇建筑的抗震技术标准应充分考虑到城市建筑和村镇建筑之间的差别。由住房和城乡建设部于2008年6月13日发布，2008年10月1日颁布实施的《镇（乡）村建筑抗震技术规程》JGJ 161—2008是我国第一部专门针对村镇建筑抗震的行业标准，规程本着"因地制宜、就地取材、简单有效、经济实用"的原则，提出了典型村镇建筑的抗震技术措施，并确定了村镇建筑的设防标准。

《镇（乡）村建筑抗震技术规程》是根据原建设部建标［2004］66号文的要求，由中国建筑科学研究院会同有关设计、研究和教学单位编制而成的。在规程的编制过程中，编制组进行了大量的村镇房屋震害调查和试验研究工作，收集了国内外有关村镇建筑震害和抗震性能试验研究的资料，在归纳总结各类村镇房屋震害特点的基础上，结合有关抗震试验验证的成果，提出了适合村镇房屋加强整体性和构件连接的抗震措施，并建立了村镇低造价房屋抗震极限承载力的验算方法。编制组还进行了大量的结构抗震承载力试设计计算工作，为规程的使用提供了方便。

本书密切结合《镇（乡）村建筑抗震技术规程》的实施，围绕《镇（乡）村建筑抗震技术规程》各章节的内容展开，从各类结构的建筑特点和震害实例入手，对规程条文和相关的延伸性技术内容进行了详细的解读，并对规程编制的大量技术背景资料进行了介绍。在本书的编制过程中，充分考虑了规程适用对象的特点，主要是基层设计单位（如县设计室）、乡镇施工队和乡镇建设技术人员，以及村镇建筑工匠等，力求简明易懂。在规程本身图片的基础上，进一步采用了大量的照片、渲染图等，更加直观、明了，便于使用。本书不但给村镇建筑的建造者和管理部门提供方便，同时，也希望有关村镇震害和抗震性能试验研究的技术背景资料为致力于村镇建筑抗震性能研究的科研人员提供有益的参考。

本书由葛学礼、朱立新、黄世敏主编，第1章由葛学礼、黄世敏、李东彬编写，第2章由朱立新、于文在原有资料基础上统编，第3、4章由朱立新、葛学礼编写，第5章由苏经宇编写，第6章由朱立新编写，第7章由陶忠、潘文编写，第8章由王毅红编写，第9章由张小云、周云编写。全书由朱立新统稿。

《镇（乡）村建筑抗震技术规程》是规程编制组几年来工作成果的总结，在此对规程编制组池家祥、窦远明、缪升、傅传国、王敏权等全体成员致以诚挚的谢意。同时感谢住房和城乡建设部标准定额研究所以及住房和城乡建设部质量司、村镇司等有关领导和抗震领域相关专家的支持和指导。

本指南受"十一五"国家科技支撑计划项目资助（子课题名称：住宅灾后恢复重建关键技术研究，编号：2006BAJ04A03-08）。

目　录

第1章　规程制订的背景 …………………………………………………………（ 1 ）
　1.1　村镇建筑抗震 ………………………………………………………………（ 1 ）
　　1.1.1　村镇和村镇建筑 ………………………………………………………（ 1 ）
　　1.1.2　村镇建筑地震灾害抗震能力现状 ……………………………………（ 5 ）
　　1.1.3　村镇抗震能力建设已有工作和存在的主要问题 ……………………（ 12 ）
　1.2　提高村镇建筑抗震能力基本对策 …………………………………………（ 19 ）
　　1.2.1　提高村镇建筑抗震能力的原则与目标 ………………………………（ 19 ）
　　1.2.2　提高村镇房屋抗震能力的政策措施 …………………………………（ 20 ）
　　1.2.3　制定农村建筑抗震技术标准、开发适于农村建筑抗震新技术 ……（ 22 ）
　　1.2.4　提高农村建筑抗震能力的技术措施 …………………………………（ 23 ）
　1.3　我国现行抗震规范标准 ……………………………………………………（ 23 ）
　　1.3.1　我国抗震规范体系的发展 ……………………………………………（ 23 ）
　　1.3.2　编制村镇建筑抗震技术规程的意义 …………………………………（ 24 ）
　1.4　规程的任务来源及编制概况 ………………………………………………（ 25 ）
　　1.4.1　规程来源与编制单位 …………………………………………………（ 25 ）
　　1.4.2　规程编制工作概况 ……………………………………………………（ 25 ）
　参考文献 …………………………………………………………………………（ 25 ）

第2章　规程编制过程中的主要背景工作 ……………………………………（ 26 ）
　2.1　村镇震害调研 ………………………………………………………………（ 26 ）
　　2.1.1　内蒙古村镇抗震防灾能力调研报告 …………………………………（ 26 ）
　　2.1.2　新疆巴楚6.8级地震震害及经验 ……………………………………（ 30 ）
　　2.1.3　云南大姚6.2级地震房屋震害及重建抗震措施 ……………………（ 34 ）
　　2.1.4　江西九江-瑞昌5.7级地震灾害考察报告 ……………………………（ 39 ）
　　2.1.5　浙江文成4.6级地震村镇建筑震害调查报告 ………………………（ 45 ）
　　2.1.6　云南宁洱6.4级地震灾害考察报告 …………………………………（ 51 ）
　2.2　村镇建筑抗震性能试验 ……………………………………………………（ 55 ）
　　2.2.1　农村木构架承重土坯围护墙结构振动台试验研究 …………………（ 55 ）
　　2.2.2　土坯承重墙体抗震性能试验研究 ……………………………………（ 60 ）
　　2.2.3　夯土墙承重墙体抗震性能试验研究 …………………………………（ 65 ）
　　2.2.4　云南农村民居地震安全工程典型土坯、土筑墙力学特性试验研究 …（ 69 ）
　　2.2.5　村镇木结构房屋抗震性能试验研究 …………………………………（ 75 ）

2.3 村镇建筑试设计 …………………………………………………（79）
　　2.3.1 单层砖木房屋试设计 ………………………………………（80）
　　2.3.2 两层砌体房屋试设计 ………………………………………（84）
　　2.3.3 单层石结构房屋试设计 ……………………………………（90）
　　2.3.4 单层土坯墙房屋试设计 ……………………………………（93）
　　2.3.5 单层夯土墙房屋试设计 ……………………………………（98）

第3章 规程基本内容 …………………………………………………（106）

3.1 规程编制原则和设防目标 ………………………………………（106）
　　3.1.1 规程的编制原则 ……………………………………………（106）
　　3.1.2 规程的设防目标 ……………………………………………（106）
3.2 规程适用范围和适用对象 ………………………………………（108）
　　3.2.1 规程的适用范围 ……………………………………………（108）
　　3.2.2 规程的适用对象 ……………………………………………（108）
3.3 规程主要内容 ……………………………………………………（109）
　　3.3.1 规程的构成及各章节内容 …………………………………（109）
　　3.3.2 村镇建筑主要抗震措施 ……………………………………（110）
3.4 村镇建筑抗震的基本概念 ………………………………………（111）
　　3.4.1 总则中的强制性条文 ………………………………………（111）
　　3.4.2 术语和符号 …………………………………………………（112）

第4章 村镇建筑抗震基本要求和设计方法 …………………………（115）

4.1 村镇房屋建筑设计和结构体系的要求 …………………………（115）
　　4.1.1 建筑设计原则 ………………………………………………（115）
　　4.1.2 结构体系要求 ………………………………………………（115）
4.2 整体性连接和抗震构造措施 ……………………………………（118）
　　4.2.1 楼、屋盖构件的支承和连接 ………………………………（118）
　　4.2.2 易倒塌构件 …………………………………………………（121）
　　4.2.3 门窗洞口的有关构造要求 …………………………………（121）
　　4.2.4 屋盖的有关构造要求 ………………………………………（122）
4.3 结构材料和施工要求 ……………………………………………（123）
　　4.3.1 结构材料 ……………………………………………………（123）
　　4.3.2 施工要求 ……………………………………………………（125）
4.4 楼屋盖 ……………………………………………………………（126）
　　4.4.1 木楼、屋盖 …………………………………………………（126）
　　4.4.2 预制楼屋盖 …………………………………………………（127）
4.5 结构设计中的有关要求 …………………………………………（127）
　　4.5.1 层数和高度限制 ……………………………………………（127）

    4.5.2 局部尺寸限值 ································ (127)
    4.5.3 墙体承重房屋的结构体系 ···························· (128)
  4.6 结构抗震承载力设计方法 ································ (128)
    4.6.1 水平地震作用标准值及水平地震剪力的计算 ················ (128)
    4.6.2 材料强度值的确定 ······························· (130)
    4.6.3 墙体截面抗震受剪极限承载力验算方法 ·················· (131)
    4.6.4 抗震承载力设计计算结果的表达方式 ···················· (131)
  4.7 过梁设计计算方法 ···································· (132)
    4.7.1 荷载的计算 ··································· (132)
    4.7.2 钢筋砖（石）梁的受弯承载力计算 ···················· (132)
    4.7.3 木过梁的受弯承载力计算 ·························· (132)
  参考文献 ·· (134)

第5章 场地、地基和基础 ································ (135)
  5.1 建筑场地的选择 ······································ (135)
    5.1.1 建筑场地的划分 ······························· (135)
    5.1.2 建筑场地的选择 ······························· (138)
  5.2 地基和基础 ·· (138)
    5.2.1 地基和基础的基本要求 ···························· (138)
    5.2.2 不良地基的处理 ································ (139)
    5.2.3 基础埋深、基础墙高度及防潮层的一般要求 ··············· (143)
    5.2.4 石砌基础的要求 ································ (144)
    5.2.5 实心砖和灰土（三合土）基础的要求 ···················· (146)
    5.2.6 用于生土墙下各种材料基础的要求 ···················· (146)
    5.2.7 用于砖墙下石基础的要求 ·························· (146)
    5.2.8 木结构房屋柱脚的构造要求 ························ (148)
  参考文献 ·· (151)

第6章 砌体结构房屋 ···································· (152)
  6.1 村镇砌体结构房屋概述 ·································· (152)
    6.1.1 村镇常见砌体结构房屋 ···························· (152)
    6.1.2 规程中砌体结构房屋 ····························· (155)
  6.2 砌体结构房屋设计的一般规定 ···························· (156)
    6.2.1 层数和高度的限制 ······························ (156)
    6.2.2 抗震横墙间距和局部尺寸限值 ······················· (157)
    6.2.3 结构体系 ····································· (158)
    6.2.4 承重墙体的厚度 ································ (159)
    6.2.5 屋架、梁支承部位的加强 ·························· (159)

  6.3 抗震构造措施 ·· (160)
    6.3.1 配筋砖圈梁的设置和构造 ··· (160)
    6.3.2 墙体的整体性连接 ·· (161)
    6.3.3 门窗过梁 ··· (162)
    6.3.4 木楼、屋盖的抗震构造措施 ··· (164)
    6.3.5 空斗墙体有关要求 ·· (166)
    6.3.6 小砌块墙体有关要求 ·· (167)
    6.3.7 预应力圆孔板楼（屋）盖的整体性连接 ····················· (168)
    6.3.8 其他构造措施 ·· (169)
  6.4 施工要求 ·· (170)
  6.5 砌体结构房屋设计实例 ·· (173)
    6.5.1 单层砖木房屋试设计 ·· (173)
    6.5.2 两层砌体房屋试设计 ·· (174)
  6.6 砌体结构房屋抗震横墙间距 L 和房屋宽度 B 限值 ············ (176)
  参考文献 ··· (235)

第7章 木结构房屋 ·· (236)
  7.1 村镇木结构房屋概述 ·· (236)
    7.1.1 村镇常见木结构房屋 ·· (236)
    7.1.2 规程中的木结构房屋 ·· (247)
  7.2 木结构房屋设计的一般规定 ·· (250)
    7.2.1 层数和高度的限制 ·· (250)
    7.2.2 抗震横墙间距和局部尺寸限值 ····································· (252)
    7.2.3 屋盖系统的一般要求 ·· (255)
    7.2.4 围护墙与木柱的一般要求 ··· (256)
    7.2.5 加强整体性的措施 ·· (258)
    7.2.6 墙体设计要点 ·· (261)
    7.2.7 建筑场地、地基和基础及结构布置一般原则 ············· (268)
    7.2.8 材料的要求 ·· (269)
    7.2.9 村镇房屋设计基准期的确定 ··· (270)
  7.3 抗震构造措施 ·· (271)
    7.3.1 柱脚的连接 ·· (271)
    7.3.2 配筋砖圈梁、配筋砂浆带及木圈梁的设置和构造 ····· (271)
    7.3.3 配筋砖圈梁、配筋砂浆带、木圈梁及墙体与柱的连接 ··· (272)
    7.3.4 内隔墙墙顶与屋盖的连接 ··· (274)
    7.3.5 墙揽的设置与构造 ·· (275)
    7.3.6 穿斗木构架房屋的抗震构造措施 ································· (277)
    7.3.7 三角形木屋架抗震构造措施 ··· (278)

        7.3.8 屋盖系统各构件之间的连接 ………………………………………… (280)
        7.3.9 过梁 ……………………………………………………………… (281)
    7.4 施工要求 …………………………………………………………………… (283)
        7.4.1 木结构施工材料基本要求 ………………………………………… (283)
        7.4.2 木柱的施工 ………………………………………………………… (283)
        7.4.3 柱础（柱脚石）的施工方法 ……………………………………… (289)
        7.4.4 围护墙体施工 ……………………………………………………… (290)
    7.5 村镇木结构房屋设计实例 ………………………………………………… (295)
        7.5.1 设计流程 …………………………………………………………… (295)
        7.5.2 建筑场地的选择 …………………………………………………… (295)
        7.5.3 地基和基础的确定 ………………………………………………… (296)
        7.5.4 房屋层数和高度的选择 …………………………………………… (296)
        7.5.5 房屋平面布局及局部尺寸、主要构件尺寸的确定 ……………… (296)
        7.5.6 检查是否满足抗震构造措施 ……………………………………… (296)
        7.5.7 检查材料、构件是否满足施工要求 ……………………………… (297)
        7.5.8 设计实例 …………………………………………………………… (297)
    7.6 木结构房屋抗震横墙间距（L）和房屋宽度（B）限值 ……………… (299)
    参考文献 ………………………………………………………………………… (320)

第8章 生土结构房屋 ……………………………………………………………… (321)
    8.1 生土结构房屋概述 ………………………………………………………… (321)
        8.1.1 生土结构房屋 ……………………………………………………… (321)
        8.1.2 生土墙承重房屋震害特点 ………………………………………… (323)
        8.1.3 规程中的生土结构房屋 …………………………………………… (324)
    8.2 生土结构房屋设计的一般规定 …………………………………………… (325)
        8.2.1 层数和高度的限值 ………………………………………………… (325)
        8.2.2 尺寸限值 …………………………………………………………… (325)
        8.2.3 结构体系 …………………………………………………………… (326)
        8.2.4 承重墙体 …………………………………………………………… (327)
        8.2.5 屋盖系统的一般要求 ……………………………………………… (327)
    8.3 抗震构造措施 ……………………………………………………………… (329)
        8.3.1 木构造柱的设置 …………………………………………………… (329)
        8.3.2 配筋砖圈梁、配筋砂浆带及木圈梁的设置和构造 ……………… (329)
        8.3.3 纵横墙交接处的连接 ……………………………………………… (330)
        8.3.4 门窗洞口处的构造要求 …………………………………………… (331)
        8.3.5 硬山搁檩房屋的构造要求 ………………………………………… (335)
        8.3.6 竖向剪刀撑的设置 ………………………………………………… (337)
        8.3.7 夯土墙上、下层拉结做法 ………………………………………… (337)

  8.3.8 其他构造措施 …………………………………………(338)
8.4 施工要求 …………………………………………………………(339)
  8.4.1 土料的要求 …………………………………………………(339)
  8.4.2 土坯的制作及土坯墙的砌筑 ………………………………(340)
  8.4.3 夯土墙的夯筑 ………………………………………………(342)
  8.4.4 室外散水 ……………………………………………………(343)
8.5 设计实例 …………………………………………………………(344)
  8.5.1 工程概况 ……………………………………………………(344)
  8.5.2 建筑设计 ……………………………………………………(344)
  8.5.3 结构设计 ……………………………………………………(346)
8.6 生土结构房屋抗震横墙间距（L）和房屋宽度（B）限值 …(346)
参考文献 …………………………………………………………………(349)

第9章 石结构房屋 …………………………………………………(350)

9.1 村镇石结构房屋概述 ……………………………………………(350)
  9.1.1 村镇常见石结构房屋 ………………………………………(350)
  9.1.2 规程规定的石结构房屋 ……………………………………(352)
9.2 石结构房屋设计的一般规定 ……………………………………(354)
  9.2.1 层数、高度和横墙间距的限制 ……………………………(354)
  9.2.2 局部尺寸限值 ………………………………………………(355)
  9.2.3 结构体系 ……………………………………………………(356)
  9.2.4 承重墙体要求 ………………………………………………(356)
  9.2.5 屋架、梁支承部位的加强 …………………………………(357)
  9.2.6 木屋盖房屋拉结措施 ………………………………………(357)
9.3 抗震构造措施 ……………………………………………………(358)
  9.3.1 配筋砂浆带的设置和构造 …………………………………(358)
  9.3.2 纵横墙交接处的连接 ………………………………………(358)
  9.3.3 过梁 …………………………………………………………(361)
  9.3.4 纵向水平系杆设置 …………………………………………(362)
  9.3.5 硬山搁檩屋盖 ………………………………………………(362)
  9.3.6 木屋架屋盖的构造要求 ……………………………………(363)
  9.3.7 预应力圆孔板楼（屋）盖的整体性连接 …………………(365)
  9.3.8 其他构造措施 ………………………………………………(365)
9.4 施工要求 …………………………………………………………(367)
  9.4.1 石墙体的砌筑一般要求 ……………………………………(367)
  9.4.2 料石砌体施工要求 …………………………………………(368)
  9.4.3 平毛石砌体施工要求 ………………………………………(368)
  9.4.4 石基础施工要求 ……………………………………………(369)

9.5 石结构房屋设计实例 …………………………………………………… (369)
    9.5.1 抗震设防烈度为7度 ………………………………………………… (370)
    9.5.2 抗震设防烈度为8度 ………………………………………………… (371)
9.6 石结构房屋抗震横墙间距（L）和房屋宽度（B）限值 ……………… (371)
参考文献 …………………………………………………………………………… (383)

第1章 规程制订的背景

1.1 村镇建筑抗震

1.1.1 村镇和村镇建筑

(1) 村镇

村镇是村庄与乡镇的简称。据国家统计局2006年度普查资料，全国目前共有40656个乡级行政单位，其中乡15365个，镇19391个；656026个村级组织，其中637011个村。

1984年，民政部在进行认真调查研究的基础上提出，小城镇应成为农村发展工副业、学习科学文化和开展文化娱乐活动的基地，逐步发展成为农村区域性的经济文化中心；同时建议对1955年和1963年中共中央和国务院关于设镇规定进行调整。

民政部拟定的标准经国务院批准，内容如下：

1）凡县级地方国家机关所在地，均应设置镇的建制。

2）总人口在2万人以下的乡，乡政府驻地非农业人口超过2000人的，可以建镇；总人口在2万人以上的乡，乡政府驻地非农业人口占全乡人口10%以上的，也可以建镇。

3）少数民族地区、人口稀少的边远地区、山区和小型工矿区、小港口、风景旅游、边境口岸等地，非农业人口虽不足2000人，如确有必要，也可设置镇的建制。

我国的镇分为建制镇和非建制镇两种，建制镇是指按国家行政建制设立的镇，是我国城镇体系中级别最低的一级城镇，它由国务院民政部负责审批；建制镇的管理模式与一般城市相同，如需进行镇的总体规划，镇域内的基本建设要根据镇的总体规划实施。非建制镇是指没有按国家行政建制设立的镇，不是我国城镇体系中级别最低的一级城镇，它是由当地县级政府自行审批，个别地区镇政府与乡政府处于同一行政级别，但还是集镇性质。

(2) 村镇建筑

我国村镇建筑所采用的结构类型与当地的经济发展状况、民俗与传统习惯密切相关，房屋的结构形式和建筑风格表现出明显的地域特点。目前我国大多数农村建筑仍为传统的土木砖石类结构，乡镇和经济发达的东部沿海地区农村中有现代砖混和框架结构建筑。

农村房屋建造，通常是由当地的建筑工匠，根据房主的经济状况和要求，按照当地的传统习惯建造的，一般不经过设计单位设计。其特点是结构简单，格调基本一致，造价低廉，易于就地取材。根据其承重材料的不同，可分为以下几种结构类型：

1）生土墙体承重房屋

屋架、屋盖重量以及其他荷载由生土墙体承担，主要包括：

① 土坯墙房屋。用土坯块材作墙体砌筑材料，黏土泥浆砌筑。屋架和檩条搁置在土坯墙上（图1.1-1）。

② 夯土墙房屋（俗称干打垒或板打墙）。将半干半湿的黏性土放在木夹板之间，逐层分段夯实而成，每层厚度一般在30~35cm之间。按各地习惯做法不同，掺有不同比例的石灰粉、贝壳灰、砂、卵石以及炉灰渣等，以提高其强度。纵墙搁梁，硬山搁檩（图1.1-2）。

③ 土窑洞。主要有土拱窑和崖窑。土拱窑多用夯土墙或天然稳固的土崖体做拱脚，用土坯等顶砌成拱（图1.1-3）；崖窑通常是在黄土崖内挖成窑洞。主要在我国西北地区采用。

图1.1-1 土坯墙体承重房屋

图1.1-2 夯土墙体承重房屋

图1.1-3 陕西拱窑房屋

2）砖土、石土、木土混合承重房屋

① 下砖上土坯。房屋墙体下部为砖墙，上部墙体用土坯砌筑（图1.1-4）。

② 下石上土。房屋墙体下部为石墙，上部墙体用土坯墙或夯土墙（图1.1-5）。

图1.1-4 江西九江下砖上土坯墙承重房屋

图1.1-5 浙江文成下石上夯土墙承重房屋

③砖纵墙土山墙、砖外墙土内横墙、砖外山墙土纵横墙等。屋盖重量由不同材料砌筑的墙体承担（图1.1-6～图1.1-8）。

④砖柱土墙。仅房屋的四角设有砖柱，墙体用土坯砌筑，硬山搁檩，屋盖重量主要由土山墙承担（图1.1-9）。

图1.1-6 浙江文成土山墙承重房屋

图1.1-7 江西九江砖外墙土内横墙承重房屋

图1.1-8 江西九江砖外山墙土纵横墙承重房屋

图1.1-9 内蒙古砖柱土坯山墙承重房屋

砖土、石土混合承重房屋目前在村镇中的数量较少。

3）木构架承重房屋

屋架、屋盖重量以及其他荷载由木柱及其形成的木构架承担。根据木构架的结构形式不同可分为以下几种（图1.1-10）：

①穿斗木构架。每榀构架有3～5根（多者有7～9根）木柱，木柱顶部、中部由穿枋连接，构架上部的短立柱也用穿枋连接，较为牢固。房屋纵向的构架间，屋顶处由两端做成燕尾榫的檩条连接，构架横梁处有龙骨搭接或对接连接。横向刚度较大，纵向连接好的可形成空间构架。多为一、二层，也可做到三层，民宅和教学、办公等公用房屋均有采用。民宅多用土坯围护墙，公用房屋则土坯和砖围护墙两者都有。这种结构形式主要分布在我国西南地区。

②木柱木屋架。木柱承重，屋架为三角形。木柱与屋架用穿榫连接，屋架节点处放檩条，檩上做屋面，土坯或外砖内土坯围护墙。这种结构形式的房屋可以做到比较空旷、高大一些，全国各地均有采用。

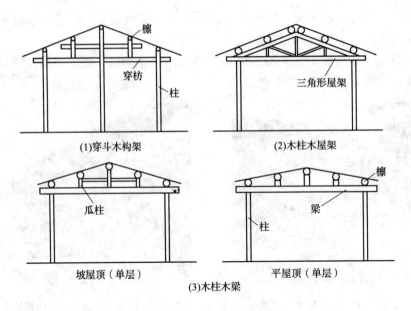

图 1.1-10 木构架承重房屋

③ 木柱木梁

木柱木梁分为以下两种：

A. 平顶木构架（又称门式木构架）。柱细梁粗，木柱砌入土坯或外砖里土坯墙中，木柱与大梁暗榫连接，无斜撑或其他连接措施，木柱与墙体间也无任何连接措施。房屋较矮小。

B. 老式坡顶木构架（又称小式木构架）。大梁较粗，梁上立不同高度的瓜柱（小短柱），瓜柱上放檩条，檩上做屋面，形成坡屋顶。多用土坯围护墙，房屋较矮小。

4）石结构房屋（图 1.1-11）

图 1.1-11 石结构房屋

石结构房屋由石墙承重，按墙体所采用的石材可分为料石和毛石房屋，有木屋盖和钢筋混凝土楼屋盖，也有采用石板楼屋盖。石结构房屋在我国东南沿海以及山区较多采用，地域分布也较广。1～3 层居多，也有 4～5 层的。

5）砖砌体房屋

砖砌体房屋由砖砌墙体承重，是目前我国村镇采用最多、最普遍的结构形式。这种房屋的类型很多，按屋盖结构形式可分为砖木结构和砖混结构。

① 砖木结构（图 1.1-12）。屋盖和楼盖均采用木制构件。

② 砖混结构（图 1.1-13）。屋盖和楼盖均采用现浇或装配式钢筋混凝土构件。

按墙体的砌筑方式不同又可分为：

① 空斗墙体房屋（图 1.1-14）。有单层和多层，民宅多为一、二层。空斗墙墙体的砌筑方式，沿水平方向有一顺一丁和三顺一丁，沿竖向有一斗一眠、三斗一眠、五斗一眠、七斗一眠等。空斗墙体房屋主要在华东和中南地区采用，量大面广。

② 实心墙体房屋（图 1.1-15）。有单层和多层，农村民宅多为一层，有坡顶、平顶和拱顶，坡顶大多为木屋架瓦屋面。乡镇中的大多数公共建筑和少量私人房屋为二、三层。实心砖砌体房屋各种用途均有采用，是我国各地最普遍的一类房屋。

图 1.1-12　砖木结构房屋

图 1.1-13　砖混结构房屋

图 1.1-14　空斗墙体房屋

图 1.1-15　实心墙体房屋

1.1.2　村镇建筑地震灾害抗震能力现状

我国是世界上遭受地震灾害最严重的国家之一，大陆 6 度~9 度地震区占国土面积的 80%。自唐山地震至今，我国大陆 5.0 级以上成灾地震，绝大多数发生在广大农村和乡镇地区，特别是发生在西部经济不发达地区。其中西南地区 25 次，西北地区 34 次，华北地区 6 次，华东地区 2 次。西南和西北两地区发震的震级大、频度高，如云南、新疆几乎平均每 2 年就发生 6 级以上强烈地震。

（1）村镇建筑地震灾害

1）农村地震灾害严重

2003年我国大陆发生成灾地震21次,这些地震的震中均发生在农村地区,共造成约298万人受灾,受灾面积约78143平方公里;死亡319人,重伤2332人,轻伤4815人;造成房屋倒塌328.50万 m^2,严重破坏483.69万 m^2,中等破坏1006.42万 m^2,轻微破坏1909.50万 m^2;地震灾害总直接经济损失46.6亿元。

其中地震的影响范围最大、造成的人员伤亡和经济损失最严重的是新疆巴楚6.8级地震,影响到37个乡镇和新疆建设兵团的7个团场,受灾人口近66万人;死亡268人,重伤2058人,轻伤2795人;房屋倒塌和严重破坏的达457.17万 m^2;直接经济损失14亿元。

值得注意的是四川盐源5.0级、甘肃岷县5.2级、云南鲁甸5.1级和5.0级也平均使11个乡镇、16.47万人受灾,造成了一定数量的人员伤亡和房屋的严重破坏甚至倒塌现象。

2008年5月12日四川汶川发生了8.0级大地震。据统计[1],这次地震造成的死亡和失踪人数合计为87538人,直接经济损失8451.4亿元人民币。据了解,在死亡人员中,村镇居民占60%以上;在直接经济损失中,建筑物和基础设施的损失占到了总损失的70%以上。

2)国内3次地震村镇房屋震害情况

表1.1-1是我国西部近年来3次地震村镇几种结构类型房屋震害分布情况。

丽江、包头、巴楚3次地震房屋震害分布(%)　　　　表1.1-1

地震名称	结构类型		基本完好	轻微破坏	中等破坏	严重破坏	倒塌	完好、轻微破坏合计
云南丽江1996年2月3日7.0级地震	农村土木、砖木结构房屋		农民自建的木构架土坯墙(少数为砖墙)房屋,大部分破坏程度在中等破坏到倒塌之间,木构架砖墙房屋破坏相对较轻					少数
	砖混结构		62.46	21.44	9.58	5.07	1.45	83.90
	钢筋混凝土结构		58.83	23.78	14.06	3.33	0.00	82.61
内蒙古包头1996年5月3日6.4级地震	农村土木、砖木和生土墙承重结构房屋		共调查了130万 m^2,其中严重破坏的达46%,倒塌的占12.3%					少数
	砖混结构		32.30		55.20	12.50	0.00	32.30
	钢筋混凝土结构		基本完好和轻微破坏所占比例为90%以上,仅有不足10%为中等破坏					90.00
新疆巴楚2003年2月24日6.8级地震	农村土木结构房屋	7度区	41.04	25.22	17.39	12.94	3.38	66.26
		8度区	1.55	11.01	17.48	27.20	42.74	12.56
		9度区	0.00	0.00	0.00	0.00	100.00	0.00
	乡镇砖木结构房屋	7度区	47.20	28.10	19.20	5.50	0.00	75.30
		8度区	10.00	25.00	40.00	25.00	0.00	35.00
		9度区	0.00	0.00	30.00	50.00	20.00	0.00
	乡镇砖混结构房屋	7度区	58.50	30.20	7.60	3.70	0.00	88.70
		8度区	25.50	34.50	27.50	12.00	0.50	59.50
		9度区	25.50	17.00	20.60	34.80	2.10	42.50

将表 1.1-1 中的 2003 年 2 月 24 日新疆巴楚 6.8 级地震农村和乡镇中土木、砖木和砖混三种结构类型房屋在宏观地震烈度为 7、8、9 度区内各类房屋严重破坏和倒塌所占比例列入表 1.1-2。

村镇中土木、砖木和砖混房屋在 7、8、9 度地震作用下严重破坏和倒塌所占比例　　表 1.1-2

结构类型	7 度地震区（%）	8 度地震区（%）	9 度地震区（%）
农村土木房屋	16.32	69.94	100.00
农村砖木房屋	5.50	25.00	70.00
乡镇砖混房屋	3.70	12.50	36.90

由表 1.1-2 可见，农村生土墙（包括土坯墙、夯土墙、土窑洞等）承重结构房屋抗震能力最差，在 6 度地震区就有相当数量产生严重的破坏，在 9 度地震区则全部倒塌殆尽。

上述情况基本反映了我国西部以及其他经济不发达地区（华北、东北等）农村建筑的地震灾害和抗震能力现状。

3）房屋破坏是地震直接经济损失的主要构成

地震经济损失包括直接经济损失和间接经济损失，直接经济损失主要包括：建筑物破坏、室内财产损坏、基础设施（供电、供水、通信、燃气、热力、道路、桥梁等）破坏等损失。间接经济损失主要由地震次生灾害（如火灾、水灾、爆炸、溢毒等）、工厂停产、社会经济活动中断等造成的损失。表 1.1-3 为近几年我国大陆发生的 7 次 6 级以上破坏性地震平均直接经济损失的构成情况[3]。

我国大陆发生的 7 次 6 级以上地震平均直接经济损失构成（亿元）　　表 1.1-3

损失项目	房屋建筑损失与室内财产损失	生命线工程损失	总直接经济损失
损失值	11.67	2.15	13.82
比例	84.45%	15.55%	100%

从表 1.1-3 可见，7 次地震灾害中房屋与室内财产损失之和占直接经济损失的 84.45%，比例是相当大的，说明房屋建筑破坏是震灾损失的主要原因。值得注意的是，这 7 次地震多数发生在西部经济不发达地区。

据统计[1]，2008 年 5 月 12 日汶川 8.0 级大地震的直接经济损失中，民房和城市居民住房的损失占总损失的 27.4%；包括学校、医院和其他非住宅用房的损失占总损失的 20.4%；另外还有基础设施，道路、桥梁和其他城市基础设施的损失，占到总损失的 21.9%。

4）村镇房屋地震破坏等级划分标准

建设部（90）建抗字第 377 号发布了"建筑地震破坏等级划分标准"，下面是关于民房，即未经正规设计的木柱、砖柱、土坯墙、空斗墙和砖墙承重的房屋，包括老旧的木楼板砖房等二层及以下民用居住建筑的破坏等级划分标准。

① 基本完好：木柱、砖柱、承重的墙体完好；屋面溜瓦；非承重墙体轻微裂缝；附属构件有不同程度的破坏。

② 轻微破坏：木柱、砖柱及承重的墙体完好或部分轻微裂缝；非承重墙体多数轻微

裂缝，个别明显裂缝；山墙轻微外闪或掉砖；附属构件严重裂缝或塌落。

③ 中等破坏：木柱、砖柱及承重墙体多数轻微破坏或部分明显破坏；个别屋面构件塌落；非承重墙体明显破坏。

④ 严重破坏：木柱倾斜，砖柱及承重多数明显破坏或部分严重裂缝；承重屋架或檩条断落引起部分屋面塌落；非承重墙体多数严重裂缝或倒塌。

⑤ 倒塌：木柱多数折断或倾倒，砖柱及承重墙体多数塌落。

(2) 村镇建筑抗震能力现状

1) 农村生土结构房屋

生土墙体承重房屋主要有土坯墙房屋、夯土墙房屋（俗称干打垒或板打墙）、土窑洞（土拱窑和崖窑）。这类房屋在我国西北地区农村较多，西南、华北等贫困地区农村也有采用。这类房屋造价低，易于就地取材。

农村中也有一定数量的砖土、石土混合承重房屋，这类房屋的抗震能力与生土墙体承重房屋相当，由于墙片之间有竖向通缝，其整体性甚至还不如生土墙承重房屋，震害特点也与生土墙体承重房屋相差不多。

农村中也有木构架与生土墙混合承重房屋，这种房屋在我国贫困地区农村均有采用。云南大姚地震灾区现场调查发现这类房屋在农村占大多数，当地群众称其为"灯笼架"房屋。

农村生土结构房屋在抗震方面存在的主要问题是：主体结构的材料强度低、结构的整体性差、房屋各构件之间的连接薄弱。这类房屋的抗震能力最低，房屋震害调查表明，6度地震就可造成相当数量的破坏，7度地震时有一定数量的严重破坏和倒塌，8度地震时则多数破坏达到不可修复程度，9度地震时则全部倒塌。

① 生土墙体承重房屋的震害（图1.1-16~图1.1-18）

图1.1-16 新疆巴楚土地震坯墙承重房屋倒塌　　图1.1-17 云南大姚地震夯土墙承重房屋倒塌

这类房屋的主要震害特点是房屋大部分倒塌，人员伤亡数量最大。

砖土混合承重房屋的抗震能力与生土墙体承重房屋相当，其震害特点也与生土墙体承重房屋基本相同。

② 木构架与生土墙混合承重房屋的震害（图1.1-19~图1.1-22）

这类房屋的抗震能力与生土墙承重房屋差不多，大多为局部倒塌，严重时墙体全部倒塌，地震时易造成人员伤亡。

图 1.1-18　内蒙古西乌旗地震坏墙承重房屋局部倒塌（引自新华网）

图 1.1-19　新疆巴楚木构架　　　　　　图 1.1-20　新疆巴楚木构架
土坯墙承重外纵墙倒塌　　　　　　　　　土坯墙承重山墙倒塌

图 1.1-21　云南大姚木构架土坯墙承重房屋倒塌　　图 1.1-22　云南大姚木构架土坯墙承重山墙倒塌

2）农村木构架房屋

木构架承重房屋的震害见图 1.1-23～图 1.1-26。

这类房屋的主要震害特点是墙倒架立，也有部分房屋完全倒塌，人员伤亡和经济损失较生土墙承重房屋轻。

3）农村砖木房屋

这类房屋在我国广大农村和乡镇普遍采用，西部地震高发地区的农村也可见到，但因经济状况差，数量较少。砖木结构房屋又可分为砖墙承重房屋、木构架承重砖围护墙房屋和木构架与砖墙混合承重房屋。

图 1.1-23　云南丽江木构架承重土坯围护墙倒塌　　图 1.1-24　云南大姚木构架承重夯土围护墙倒塌

图 1.1-25　云南丽江木构架承重土坯
围护墙房屋倒塌

图 1.1-26　云南丽江木构架
承重土坯围护墙倒架歪

农村砖木结构房屋在抗震方面存在的主要问题是：一是砌筑砂浆强度低。调查表明，农村中大多数房屋墙体的砂浆强度在 M0.4～M1.5 之间（用手可捻碎），远低于砖的强度。地震时墙体产生开裂破坏，墙面出现与水平线呈 45°的斜裂缝或交叉斜裂缝，且主要是沿灰缝开裂。二是纵横墙（内外墙）连接不牢。没有同时咬槎砌筑（如施工时留马牙槎）、无拉结措施等。在水平地震作用下外墙拉脱外闪。三是屋盖与墙体无连接。如大梁与墙体无连接，尤其是檩条与山墙无锚固措施，山墙外闪使屋架塌落。四是房屋整体性差。如不设置圈梁（如配筋砖圈梁等）。

地震灾害调查表明，农村砖木房屋较土木房屋的震害轻得多。一是砖墙较土坯墙的厚度薄，重量轻（砖墙厚度通常为 240mm 或 370mm，而土坯墙厚度通常在 500～700mm 之间）；二是砖墙的砌筑质量较土坯墙好。

农村砖木结构房屋破坏特点见图 1.1-27～图 1.1-34。这类房屋的主要震害特点是墙体出现斜裂缝或 X 裂缝，屋檐处、外墙上角部位开裂，纵墙外闪塌落等。地震现场调查表明，采取一定抗震措施的砖房具有很好的抗震能力。

4）农村毛石房屋

农村毛石房屋在部分农村采用，如河北张北地区的农村较多，一些山区农村也可见到。限于当地资源条件和经济状况，毛石房屋的砌筑砂浆强度差别很大。经济状况好的用水泥砂浆砌筑，经济状况不好的甚至用黏土泥浆砌筑。图 1.1-35 是河北张北地区毛石墙体房屋，这些房屋的毛石墙体用粉质黏土泥浆砌筑，黏性差，墙体松散，地震中倒塌严重。当地群众说，这种墙体承重房屋的抗震能力还不如土坯墙房屋。

图1.1-27 新疆巴楚砖木结构房屋墙体斜裂缝

图1.1-28 新疆巴楚砖木结构房屋檐口破坏

图1.1-29 新疆巴楚砖木结构房屋纵墙倒塌

图1.1-30 云南大姚砖结构房屋墙体严重开裂

图1.1-31 云南大姚砖木结构房屋横墙倒塌

图1.1-32 云南大姚砖结构房屋横墙局部倒塌

图1.1-33 新疆巴楚砖结构统建房屋完好

图1.1-34 云南丽江土木（左）与砖木（右）房屋震害比较

图 1.1-35　河北张北地区的农村用黏土泥浆砌筑的毛石墙体房屋倒塌

1.1.3　村镇抗震能力建设已有工作和存在的主要问题

(1) 建设部门已有的工作

近些年来，建设部门在农村抗震能力建设方面作了不少工作，为提高我国农村防灾减灾能力打下了良好的基础，取得的成绩主要有以下几个方面：

1) 组织制定了一些相关的法规、政策

1994 年出台的 38 号部长令《建设工程抗御地震灾害管理规定》第二十五条规定"农村建设中的公共建筑、统建的住宅及乡镇企业的生产、办公用房，必须进行抗震设防；其他建设工程应根据当地经济发展水平，按照因地制宜、就地取材的原则，采取抗震措施，提高农村房屋的抗震能力"。2000 年，建设部印发了《关于加强农村建设抗震防灾工作的通知》（建抗〔2000〕18 号），明确提出在编制农村建设规划时增加抗震防灾的内容，农村建设中的基础设施、公共建筑、中小学校、乡镇企业、三层以上的房屋工程应作为抗震设防的重点，必须按照现行抗震设计规范进行抗震设计、施工。

2) 组织制定了一些通用和专用技术标准

我国现行的《建筑抗震设计规范》、《建筑抗震鉴定标准》、《建筑抗震加固技术规程》等抗震技术标准除了适用于城市各类建筑外，对土木石等农村常用的结构类型也提出了抗震设计的基本原则和措施要求。目前正在组织《村镇防灾规划规范》和《村镇建筑抗震构造图集》等针对村镇建筑的规范、规程和标准图集的编制工作。《镇（乡）村建筑抗震技术规程》已发布，并于 2008 年 10 月 1 日实施。该规程包括村镇中量大面广的几种结构类型房屋：

① 砌体结构房屋。包括烧结普通砖、烧结多孔砖、混凝土小型空心砌块、蒸压灰砂砖和蒸压粉煤灰砖等砌体承重的一、二层木楼（屋）或预制混凝土圆孔板楼（屋）盖房屋。

② 木结构房屋。包括穿斗木构架、木柱木屋架、木柱木梁承重，砖（小砌块）围护墙、生土围护墙和石围护墙木楼（屋）盖房屋。

③ 生土结构房屋。包括土坯墙、夯土墙承重的一、二层木楼（屋）盖房屋。

④ 石结构房屋。包括料石、平毛石砌体承重的一、二层木楼（屋）盖或预制混凝土圆孔板楼（屋）盖房屋。

3）组织并支持了一批村镇建筑防灾科研项目

包括"我国村镇防灾能力现状调研"、"地震灾区工程震害研究"、"新疆喀什老城区生土建筑典型房屋模型模拟地震振动台试验研究"、"村镇空斗墙房屋抗震试验研究"等。这些科研项目的实施，为《镇（乡）村建筑抗震技术规程》的编制奠定了基础。

4）组织工作组到灾区调查并协助当地政府开展灾后恢复重建工作

在较大的自然灾害如地震、洪水、台风、冰雪灾害发生后，建设部都要组织工作组到灾区进行建筑灾害调查，并配合、协助当地政府进行建筑灾害应急评估和恢复重建技术指导工作。曾先后组织专家工作组到云南耿马、丽江、大姚、普洱、新疆伽师、巴楚、乌恰、河北张北、内蒙古东乌旗、西乌旗、江西九江、瑞昌、浙江文成等地震灾区；安徽三河洪水灾区；浙江苍南、福建福鼎桑美台风灾区；江西、湖南、贵州等冻雨冰雪灾害地区进行建筑地震、洪水、台风、冰雪灾害调查与恢复重建技术指导工作。

2007年6月3日云南普洱6.4级地震，建设部组织专家工作组赴普洱灾区，应省建设厅和普洱市建设局的要求，对参加建筑震害现场应急评估的技术人员进行了建筑震害应急评估方法培训，配合和协助当地政府和建设部门做好灾后恢复重建的前期工作。在对地震重灾区普洱县城区建筑、生命线工程设施及周边农村的村镇建筑等的震害进行认真考察的基础上，有针对性地对典型工程开展深入调查，并对各种结构类型的建筑破坏情况进行了分析，提出了震损房屋的处理意见和恢复重建建议。

2008年5月12日四川汶川发生8.0级大地震，住房和城乡建设部先后共派出201名专家赴都江堰、德阳、什邡、绵竹、广元等地震灾区进行建筑震害调查。全国建设部门各单位共派出2000多位专家到灾区进行考察。

5）组织编制地方农村建筑抗震构造图集

近些年来，江苏、云南、新疆、北京、福建、安徽、海南等很多省、自治区、直辖市的建设主管部门组织编制了农村建筑抗震构造图集和挂图等简明易懂的建筑抗震知识宣传图件。这些图件在指导农民建造具有抗震能力的房屋方面起到了积极作用。

6）开展村镇干部和建筑工匠防灾技术培训与建设抗震试点工程

内蒙古、新疆、云南、江西等一些省、自治区、直辖市的建设主管部门对农村建筑工匠进行了建筑抗震技术培训并建设了抗震试点村、试点工程等。通过技术培训和试点工程建设，使农民认识到建筑抗震对减轻人员伤亡和经济损失的重要性，看到了抗震房屋的建造和抗震构造措施的具体做法，有了较强的感性认识。

如内蒙古自治区近些年实行生态移民、震后恢复重建移民、扶贫移民和老城改造移民工程建设，集中建造了一批试点小区和村镇。自治区各级建设部门主要抓了以下几个小区和村镇的抗震安全民居试点工程：一是鄂尔多斯生态移民统建、自建安居工程，二是西乌珠穆沁旗震后恢复重建移民安居工程，三是阿鲁科尔沁旗震后恢复重建移民安居工程等（图1.1-36～图1.1-39）。

在移民建镇过程中，首先从规划入手，抗震安全建设、环境与生态保护和绿化等工作全面协调，统筹兼顾。鄂尔多斯生态移民自建工程中，不仅把《农村牧区房屋抗震措施图集》免费下发到乡镇村落，还配置了技术人员进行现场指导。西乌珠穆沁旗在震后恢复重建移民安居工程中采取统一规划、统一设计、统一招标施工和监理质量监督检验等措施，使施工质量得到保障。阿鲁科尔沁旗在震后恢复重建移民安居工程中，首先抽调大批工程技术人员深入灾区农村、牧区开展房屋震害调研与鉴定工作，根据震害轻重，因地制宜采取加固或迁移新建等方案，并编制了《震后房屋重建维修技术指南》。这些统建和自建的试点小区、村镇成为自治区抗震安全的样板工程。

图 1.1-36　鄂尔多斯霍洛移民镇抗震设防房屋

图 1.1-37　东胜区桥头小区移民镇抗震设防房屋

图 1.1-38　赤峰克什克腾旗
土城子镇抗震设防房屋

图 1.1-39　赤峰阿旗天山镇
双河星村抗震设防房屋

7）灾后恢复重建和移民建镇等试点工作中取得的经验

新疆、云南、江苏、江西、浙江、福建等一些省、自治区在农村的灾后恢复重建和移民建镇等工作中，进行统一规划、统一建设、统一管理，按照国家强制性标准进行抗震防灾，取得了不少可贵的经验。

新疆自治区针对新疆的实际情况提出："要用5年左右的时间，在全区实施城乡抗震安居工程，让群众住到抗震性能好的房子里去"。截至到2008年底，自治区已新建和改造抗震安居房188万户（农村152万户、城镇36万户），共有800万人搬进新居。目前，全疆抗震安居工程建设热火朝天，正在全面展开。2005年2月15日新疆阿克苏乌什县发生的6.2级破坏性地震造成5800多户原有的未设防房屋损坏，而2004年建设的3491户抗震安居房屋经受住了地震的考验，没有损坏，对减轻地震灾害损失起到了重要作用。

图 1.1-40～图 1.1-45 是新疆农村统一建设、统一管理、因地制宜建造的不同结构类型的抗震房屋，图 1.1-46 是新疆巩留县五乡移民搬迁前所住的生土住房。新疆自治区地

域广阔，气候条件多样，各地的自然环境不同，可采用的建筑材料也不一样，所以在抗震安居房的建设中特别需要注意的就是不能脱离当地的实际条件，不但要满足抗震设防的要求，还要遵循就地取材、因地制宜的原则，在新疆的抗震安居房建设中，很好地体现了这两方面的结合。

新疆安居工程的实施，得到了全疆广大村镇人民的积极响应和热烈拥护，人民群众感恩戴德，竖碑纪念（图1.1-47），体现了改革开放和社会主义新农村建设给农村人民带来的好处。

图1.1-40　新疆富蕴县安居工程-穿靴带帽房屋

图1.1-41　新疆巴州安居工程民房

图1.1-42　新疆昌吉州米泉古牧地镇农民新居

图1.1-43　新疆沙湾县176户牧民定居抗震安居房

图1.1-44　新疆巩留县五乡移民搬迁抗震安居房

图1.1-45　新疆巩留县五乡移民搬迁前的住房

图1.1-46 伊犁州奶牛场抗震安居工程规划图　　　　图1.1-47 阿图什树碑记念安居工程

(2) 存在的主要问题

1) 农村没有进行建设规划、施政缺乏技术法规依据

我国大多数非建制镇和自然村未进行建设规划工作，宅基地审批与规划和建设管理工作脱节，在施政过程中缺少技术法规依据，行政管理上只进行建筑场地审批，不能实行进一步的监管，致使形成了大量的空心村，即占用了耕地，又浪费了旧的宅基地。

2) 农民防灾意识淡薄、缺乏必要的防灾知识、传统的不科学做法对防灾不利

由于农村民房是自主建造，何时建造，采用何种结构形式、何种建筑材料等，完全由房主根据自己的财力、传统习惯等因素与建筑工匠议定，建房的随意性大、传统观念强，给农村建筑带来相当大的灾害隐患。大多数农民不知道在地震地区应对房屋进行抗震设防，不了解抗震防灾技术措施。传统的不科学做法主要表现在以下几个方面：

① 地基与基础不牢固。大部分农村房屋的基础埋深较浅（300～500mm），有的甚至仅在原地平整一下就砌墙。地基不均匀沉降导致墙体开裂现象较为普遍。

② 承重墙体整体性差。墙体砌筑砂浆强度低，砂浆中水泥含量很低甚至不含水泥，强度大多在 M0.4～M1.5 之间（用手捻即碎）；纵横墙体不同时咬槎砌筑，连接不好（图1.1-48）；同一房屋采用不同材料的墙体材料，纵横墙交接处为通缝。如云南、河北、内蒙古等不少地区的农房采用内层土坯外层砖的里生外熟做法，由于材料规格和强度不同，导致墙体两张皮，地震中破坏严重。如云南丽江地震和内蒙古西乌旗地震表明里生外熟墙体房屋的抗震能力甚至不如土坯墙房屋（图1.1-49）。

③ 围护墙体与承重木构架（木柱）之间无拉结。木构架承重、土坯或砖围护墙房屋，木构架与围护墙之间无任何拉结措施，地震时，柔性的木构架与刚性的围护墙因自振频率不同相互碰撞，导致围护墙倒塌、木构架歪斜或倒塌。围护墙倒塌是木构架房屋最为普遍的破坏现象。

④ 房屋整体性差。楼屋盖标高处没有设置圈梁（混凝土、配筋砖圈梁或木圈梁）；预制混凝土圆孔板楼、屋盖在墙或混凝土梁上的板端钢筋没有拉结；柱脚石不嵌固（图1.1-50）、穿枋对头卯榫连接（图1.1-51）、柱卯孔对柱子截面削弱过大（图1.1-52）等，这些问题的存在均加重了房屋震害。

⑤ 屋盖系统的整体性（节点连接）差。檩条与屋架之间没有扒钉连接；檩条与檩条之间连接差；屋架与柱之间没有设置斜撑；屋架开间没有设置竖向剪刀撑；山墙、山尖墙

与木屋架或檩条没有拉结；内隔墙墙顶与梁或屋架下弦没有拉结等。

⑥ 片面追求大空间、大开窗，窗间墙宽度仅有490mm甚至370mm，这种现象在全国各地农村均较普遍（图1.1-53）。

图1.1-48　墙体不同时咬槎砌筑

图1.1-49　内层土坯外层砖的里生外熟做法

图1.1-50　柱脚石不嵌固，柱根位移

图1.1-51　穿枋对头卯榫连接，没有锚固

图1.1-52　柱卯孔对柱子截面削弱过大折断

图1.1-53　窗间墙宽度仅有490mm

3）主体建筑材料缺乏，房屋造价高

我国西南、西北和华北等一些地震高发地区的农村普遍缺乏砖、石、木材甚至砂子等房屋的主体建筑材料。如云南大姚、新疆巴楚、内蒙古西乌旗等农村地区，常用的砖、石、钢筋、水泥等建筑材料的运距大都在几百公里以上，运费过高，如砖的运费几乎使成本增加了一倍，这些交通运输不便的地区恰恰经济条件相对落后。如内蒙古西乌旗的农村

几乎没有任何当地自产的建筑材料，导致砖房主体结构的造价每平方米高达 500～550 元，远远超出了当地农民的经济承受能力。

4）华东、中南一些地区空斗墙房屋的习惯做法在抗侧力方面存在严重问题

空斗墙房屋是华东、中南一些地区村镇广泛采用的一种结构类型，从普通农村民居到乡镇政府办公楼等公共建筑均有采用这种结构类型的房屋。一些沿海地区村镇不仅是台风经常登陆之地，也是抗震设防地区，如浙江苍南县、福建福鼎县是 6 度抗震设防区。这些地区空斗墙房屋在砌筑方式等方面存在着严重的抗震安全隐患。

① 黏土砖尺寸不规范

浙江温州地区墙体用烧结黏土砖的规格不标准，砖块长而薄，立砖斗砌墙体的有效抗剪截面积小。该地区普遍采用一种称为"大仓砖"的烧结黏土砖，其尺寸为（长×宽×厚）250mm×80mm×40mm，而标准黏土砖的尺寸为 240mm×115mm×53mm，大仓砖长度方向较标准砖长 10mm，宽度和厚度均小于标准砖，立砖斗砌墙体的有效抗剪截面积仅为厚度 240mm 实心砖墙的 1/3。大仓砖与标准砖的比较见图 1.1-54 和图 1.1-55。

图 1.1-54 温州地区采用的大仓砖

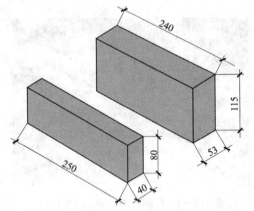

图 1.1-55 大仓砖与标准砖的比较

② 砌筑方式不合理

温州地区的空斗墙房屋楼层内采用全空斗砌法，不设眠砖，墙体整体性很差。大部分地区空斗墙通常的做法是采用标准黏土砖，沿竖向有一斗一眠、三斗一眠、五斗一眠等砌筑方法，沿水平方向一般是一丁一顺砌法。而浙江温州、湖南等一些地区村镇空斗墙沿竖向在一层内为全空斗砌法，除楼板下有一皮立砌实心砖外，整个层内在墙体厚度方向无眠砖拉结，沿水平方向一般为三顺一丁，墙体为大空腔（厚度方向为 170mm 空腔），实际上等于是空壳墙。这种做法导致墙体自身的整体性很差。

由上述可见，一些地区农村房屋无论在房屋的整体性、墙体自身的整体性、屋盖系统的整体性以及墙体与木构架的连接等方面均非常差，仅能承受竖向重力荷载，不能承受水平荷载，台风都能吹倒，若遇 6 度以上地震或洪水的袭击，其灾害程度将十分严重。

5）国家在灾前的资金投入少，缺乏相应的防灾推进机制

在农村房屋防灾方面国家和地方的资金投入主要是用于灾后恢复重建，如云南省自 1988 年 11 月 6 日澜沧－耿马 7.6 级地震以来发生 5.0 级以上破坏性地震 42 次，国家和地方用于救灾和恢复重建的费用分别为 11.49 亿元和 15.47 亿元，如果这些经费用于震前对

房屋采取抗震措施，云南省每年有一亿多元可用，这对提高农村房屋的抗震能力、减少地震人员伤亡和经济损失将发挥重大作用。

6）缺少防灾减灾管理约束机制。我国农村建房一直以来是个人行为，法律法规未于涉及，由于缺少防灾减灾管理约束机制，标准规范作用甚微。为了引导、鼓励农民提高其房屋的防灾能力，真正有效地规范农村防灾能力建设，应当建立村镇防灾减灾管理约束机制。建议中央和地方财政设立村镇民居防灾减灾建设基金，即必要的抗灾设防与加固专项费用，作为引导资金。因为只要有少量的建房补助（如补助钢筋、水泥等建材实物），就可以此为契机来规范和约束村镇的建房行为。

1.2 提高村镇建筑抗震能力基本对策

衣食住行是人们赖以生存的四大要素，就全国而言，衣食问题已基本解决。住的问题，我国《建筑设计统一标准》规定：房屋应具备安全性、适用性和耐久性。自1976年唐山地震以来，我国建设部门加大了城市建筑抗震设防的管理力度，城市中的各类建筑基本上严格按照建筑抗震设计规范进行设计建造，地震实践表明，凡是按抗震规范进行正规设计、建造的房屋，均经受住了地震的考验。因此，可以说城市民居在安全性、适用性和耐久性方面基本可以解决，不存在技术和经济方面的限制，也有相应的监管手段保证施工质量。而农村群众的居住问题，由上述我国村镇建筑抗灾能力现状可知，目前我国绝大多数农村房屋没有一项是符合要求的。可以说，目前我国农村大多数民居基本上还是处于"避风遮雨型"，农村民居的抗震防灾问题远未解决。

党中央和国务院"十一五"规划提出，"建设社会主义新农村是我国现代化进程中的重大历史任务，要按照生产发展、生活宽裕、乡风文明、村容整洁、管理民主的要求，扎实稳步地加以推进"。村镇建设抗震防灾工作是社会主义新农村建设的重要环节，应放在建设社会主义新农村这个大背景下考虑问题。

1.2.1 提高村镇建筑抗震能力的原则与目标

（1）提高村镇建筑抗震能力的原则

自然灾害给灾区人民造成的痛苦是刻骨铭心的，人人都向往自己的房屋宽敞、牢固，遭受地震时不被破坏。但做任何事情都不能脱离实际，目前我国很多地区的村镇经济尚不发达，其经济现状还做不到这一步。因此，我们在考虑提高村镇建筑抗灾能力时，主要不是让群众放弃某种结构类型而选择另一种结构类型，而是针对现有结构类型在灾害中表现出的整体性不足、构造的不合理方面、习惯做法存在的缺陷方面等予以改进，或在构造措施方面予以加强等。

由于我国幅员辽阔，农村建筑在结构类型、建筑材料、民俗习惯、经济发展等存在很大差异，因此，我国农村建筑抗震应体现"因地制宜，就地取材、简单有效、经济实用"，本着不增加造价或只增加少量造价的原则而提高其抗震能力。

（2）提高村镇建筑抗震能力的目标

这种改进或加强能提高到什么程度，也就是说能达到什么样的目标？目前我国城市建筑的抗震设防目标是"小震不坏，中震可修，大震不倒"。这同样适用于村镇建筑。就是在小震（即小于设防烈度常遇地震）中，房屋的主体结构不坏，个别承重构件允许轻微裂缝，附属构件有一定程度的破坏，灾后不需修理或需稍加修理即可继续使用；中震（发生基本烈度的地震）情况下，房屋多数承重构件轻微裂缝，部分明显裂缝，个别非承重构件严重破坏，需一般修理或采取安全措施后可继续使用；在大震（超过基本烈度一度）情况下房屋多数承重构件严重破坏，但不致倒塌伤人，房屋需大修或局部拆除。

这是我们在采取抗震技术措施后所期望达到的目标。

1.2.2 提高村镇房屋抗震能力的政策措施

（1）建立、完善村镇抗震能力建设管理组织机构

设立相应的管理机构，配置相应的管理干部和技术人员，是社会主义新农村建设和提高村镇抗震能力的基本需要。因此在县建设局设立村镇抗震管理室，乡镇设立村镇抗震管理组，配置一定数量的管理干部和技术人员，如村镇建设工程师、助理员、质量监督员等。

结合社会主义新农村建设需要，一方面对农房在审批、施工、验收、发放房产证件等方面进行有效的管理工作，另一方面向农民宣传房屋抗震技术，为农民新建房屋的抗震设计和已有房屋的抗震加固措施把关。

（2）建立村镇抗震能力建设推进机制

随着村镇经济发展，一些地区正在制定相关的管理规定，逐步将农村地区的建房纳入建设管理体系。在村镇抗震能力建设管理工作中：

① 应首先从建设规划做起，这样在施政过程中就有了法规依据；

② 进行村镇抗震防灾规划工作，并纳入建设规划一并实施；

③ 建立村镇建筑工匠的管理、培训与施工上岗许可证发放制度，这是由房屋造价和农民现有经济状况决定的，在农民目前经济状况下，农村房屋不可能由正规设计院进行逐栋设计，也不可能由市、县正规施工队伍进行施工，农民只能雇得起几个建筑工匠。因此，村镇建筑工匠制度目前是符合我国村镇建设实际情况的，同时也符合农村当前建筑市场的需要。

（3）建立村镇抗震能力建设约束机制

① 要求农民新建房屋应有适合当地抗震要求的设计图纸，可选用政府免费提供的标准图，或请有资质的设计单位设计图纸。

② 农民的新建房屋或抗震加固房屋，应由有资质的村镇建筑工匠牵头的施工队伍进行建造或加固施工，因此要求房主出示施工合同书。

③ 在宅基地审批时，可根据建设规划和抗震防灾规划，要求房主出示房屋抗震设计图纸或加固施工图以及与有资质工匠签署的施工合同书，缺少者暂不批准，何时补齐何时批准。

④ 对通过检查符合抗震要求的竣工房屋发放房产证件，对不符合抗震要求的暂不发证，对不进行抗灾设防的不予发证。

根据新疆城乡抗震安居工程实施经验，房产证对农民以后的贷款抵押、借贷信誉等至关重要。

（4）增加村镇抗震减灾的财政投入

新疆、云南等省、自治区的城乡安居工程经验表明，采用补助的方式帮助村镇农民建造抗震型住宅，不仅能够保障村镇抗震能力建设推进机制和约束机制的顺利实施，也使农民分享了改革开放和经济高速增长所带来的成果，为村镇百姓的安居乐业，建设和谐社会奠定了良好的物质基础。

因此，建议中央和地方财政设立村镇民宅抗震减灾建设基金，即必要的抗灾设防与加固专项费用，作为村镇抗震建设的引导资金。

① 村镇民宅抗震设防补助费用的构成

主要是村镇民宅要达到抗震设防目标而增加的抗震措施所需要的费用，包括新建和已有建筑加固两部分。地震灾害现场调查和试验研究结果分析表明，农村土木和砖木因抗震设防所需增加的费用约占房屋总造价的5%左右，乡镇砖混房屋因抗震设防需增加的费用约占房屋总造价的5%~7%（单层）和10%~15%（多层）。平均为7.7%。

五年来，新疆抗震安居工程建设已投入资金401.2亿元，其中城乡居民自筹资金355.8亿元，地县筹集6.9亿元，银行贷款12.9亿元，社会帮扶2.5亿元，国家、自治区补助23.1亿元。可算得城乡居民自筹资金占88.7%，国家和地方投入占7.5%。补助额度可参考该比例确定。

由上述村镇房屋在抗震方面所存在的问题可知，村镇民宅主要在结构的整体性和节点连接方面存在严重不足。因此，抗震措施主要是增加圈梁（根据房屋结构形式，可配置钢筋混凝土圈梁、配筋砖圈梁以及木圈梁等）、构造柱（根据房屋结构形式，可配置钢筋混凝土构造柱或木构造柱）、加强节点用的铁件、扒钉、螺栓、铁丝、铁钉等。补助的费用用于购买这些抗震加强措施的材料，如钢筋、水泥、铁件、扒钉等。

② 村镇民宅抗震设防补助费用的来源及所需费用估算

中央政府和地方政府的补助经费加上各部委、各行业对农村建设的资金投入，可集中统一使用。

根据新疆、云南的试点经验，经济状况好的可少补助一点，差的（如特困户、贫困户）多补助一点。补助费用以平均每户2000元计算。

总体所需费用估算：村镇人口按8亿计算，每户平均4口人，全国共计2亿户，所需总费用约4000亿元，用20年的时间进行抗震改造，中央和地方平均每年需要投入200亿元人民币。

对村镇民宅进行抗震设防后，当遭遇到设防强度的地震袭击时，可达到如下抗震设防目标，即：在遭遇到当地抗震设防烈度影响时，不倒墙塌架，不砸死人，不造成严重财产损失，但允许房屋有一定程度的损坏，经修理后可继续使用。

③ 补助形式与建材调控

根据新疆、云南的试点经验，政府的补助以用于购置钢筋、水泥和铁件、扒钉、铅丝、铁钉等实物为宜，不宜给付现金。建筑材料由各地政府统一调配，严格规范和控制建材市场价格。

④ 村镇抗震减灾建设基金的管理

村镇民宅抗震防灾建设基金由各级建设主管部门的抗震减灾办公室负责管理与发放；基金的管理办法可由建设部制定。

(5) 村镇建筑工匠的抗震技术培训

政府出资定期进行村镇建设人员的抗震培训；组织规划、设计、施工等技术人员向村镇地区进行巡回抗震技术服务和咨询宣传；把村镇建筑工匠的施工上岗许可证制度逐步纳入村镇建设管理中，提高抗震建设水平。

(6) 实施农村抗震防灾示范工程

为推动农村抗震防灾工程的实施，可设立农村抗震防灾示范村、示范户等形式。示范村宜选择有政府补贴的生态移民、水库移民、征地安置、灾区重建等具有统一规划的农村。可选择农村学校、医院等公共建筑和部分经济条件较好的农户作为示范户。

首先在地震高发地区以补贴的方式开展农村房屋抗震建设试点工作，即对农民既有房屋进行抗震加固和新建房屋抗震设防的试点工作，进尔在全国抗震设防地区逐步展开。抗震建设试点工作可以试点户和试点村的模式进行，以试点户为主在全国范围的抗震设防区开展，这样试点覆盖面大，地震实践的概率大。试点户的分布，在地震高发地区（西南、西北、华北北部等地区）布置密度大些，其它地区的布置密度可小些。试点村主要考虑在地震高发地区布置。

1.2.3 制定农村建筑抗震技术标准、开发适于农村建筑抗震新技术

(1) 制定农村建筑抗震技术标准

由于农村建筑在功能、结构类型、建筑材料、建造方式等方面与城市建筑有很大差别，应制定针对农村建筑的抗震技术标准并逐步使之系列化。

实施农村抗震抗震应有技术法规予以支持和规范，需要优先制定的技术标准如下：

"农村抗震抗震规划"（纳入农村建设规划一并实施）；

"农村建筑抗震技术规程"（针对新建建筑的抗震设防）；

"农村建筑抗震加固技术规程"（针对已有建筑的抗震加固）；

"农村建筑抗震技术规程"和"农村建筑抗震加固技术规程"应分国家和地方两级标准。国家标准对保障人员生命安全、减轻地震经济损失提出基本要求，地方标准应体现地域特点和经济发展的差别。

(2) 编制全国性村镇建筑抗震构造图集

为改变村镇建筑抗震技术措施不适应农村实际情况的问题，针对我国目前村镇主要的结构形式，如：砖结构、木结构、生土结构、石结构等编制通俗易懂的全国性村镇建筑抗震图集，作为农村居民使用和工匠施工的依据。

(3) 开发适于农村特点的建筑抗震减震新技术

① 农村建筑抗御大震不倒塌技术的研究

无论城市还是农村，防止发生人员伤亡和财产损失都是抗震设防的根本目标。因此开发适于农村特点的建筑抗倒塌技术至关重要。如何在已有的材料和形式基础上，增强和改进传统不抗震做法以实现"大震不倒"的目的是需要重点研究的，研究内容包括针对不同类型的结构提出抗倒塌措施和评估方法等。

② 低造价的隔震减震技术的开发研究

目前国内外较为热点的隔震减震技术已成功应用于各类工程。如何利用将隔震减震部件作为削减地震作用的思想应用于量大而多的农村建筑，需要我们根据我国的国情特点进

行系统研究，重点是与低造价建筑相适应的隔震减震模式和体系以及相关的配套措施。

1.2.4 提高农村建筑抗震能力的技术措施

由现场震害调查可知，在遭受同等地震烈度破坏条件下，农村人口伤亡、建筑的倒塌破坏程度远高于城市。越贫穷的地区，受灾越严重。其主要原因是经济落后，大量民房在建筑材料、结构形式、传统习惯等方面存在问题，房屋缺乏抗震措施，抗震能力差所致。对大量的农村民房采用"因地制宜、简易有效"的措施，防止"倒墙塌架"，达到"避免死亡，减少伤害"的目标，应该是我国农村建筑抗震减灾的主导思想。在我国广大农村地区推广应用抗震技术，对新建农房设计与建造进行指导，特别是对现有老旧农房进行适当加固，使其具备一定的抗震能力，对减少村镇人员伤亡和经济损失具有重要意义。

提高农村建筑抗震能力的技术措施主要体现在以下几方面。

（1）建筑场地选择

建筑场地震害主要表现为地裂缝、地塌陷或隆起、喷砂冒水等。场地震害对房屋的破坏是严重的，应通过建设场地评价和抗震规划加以避免。

（2）提高农村建筑的整体性

可通过在房屋基础顶部、墙体顶部以及墙体高度的中部等位置增设配筋砖圈梁或木制圈梁来提高房屋的整体性。

（3）加强结构的节点连接

由于节点的破坏导致房屋局部倒塌的实例很多，房屋节点的承载能力应高于杆件的承载能力。房屋节点连接主要体现在：屋架各构件之间的连接；屋架与柱的连接；墙体与柱的连接；柱与柱脚石的连接；屋架与山墙的连接等。

1.3 我国现行抗震规范标准

1.3.1 我国抗震规范体系的发展

我国的抗震减灾工作始于20世纪50年代末，1964年邢台地震后国家就成立了地震办公室和抗震办公室，直接领导地震预测预报工作和抗震防灾工作，取得了很好的成绩：开展了相关的理论研究和试验研究，并通过震害调查、抗震加固和工程实践，形成了具有我国特色的抗震防灾技术。在液化判别、抗震设计理论、抗震概念设计上，均在国际上占有一席之地。

关于抗震设计标准，我国起步于20世纪50年代末，1964年提出了建筑物和构筑物抗震设计规范的初稿，1974年发布了第一本建筑物通用的抗震设计规范（试行），1976年唐山地震后进行了修订并发布了建筑物通用的抗震鉴定标准。此后，在国家抗震主管部门的统筹安排和各工业部门抗震管理机构的大力支持下，有关冶金、铁路、公路、水运、水工、天然气、石化、市政、电力设施、核电等行业也相继制订了本行业的抗震设计和抗震鉴定的标准，逐渐形成门类较为齐全的抗震设计和鉴定的标准系列。在世界各国的建筑物抗震设计标准中，我国的抗震规范在设防目标、场地划分、液化判别、抗震概念设计和重视抗震构造措施方面具有先进的水平；在2001版的建筑抗震设计规范中，还纳入了隔震和减震设计和非结构抗震设计的内容，开始向基于性能要求的抗震设计迈出重要的一步。

尽管《建筑抗震设计规范》的各版本均设有土、木、石结构房屋章节，但由于条文少，内容较简略、原则，且规范使用对象的层次高，不能适用于村镇建筑。如上所述，在农民目前经济状况下，农村房屋不可能由正规设计院进行逐栋设计，也不可能由市、县正规施工队伍进行施工，农民只能雇得起几个建筑工匠。因此，《镇（乡）村建筑抗震技术规程》的使用对象应为县设计室、村镇建设协理员和村镇建筑工匠等层次较低的设计单位和技术人员。条文需要细化，要图、文、表并茂，不需要计算（当然会计算的也可以按公式进行计算），只要能看懂条文，看明白节点图，会查表格即可。为此，规程编制组进行了大量的计算工作，将不同烈度、不同层数、各种砌体、不同砂浆强度等级、以及各种开间和进深等情况下的地震作用计算转换成表格，以供查取。这是《镇（乡）村建筑抗震技术规程》的一大特点，是规程编制组对广大村镇建设者的一份贡献。

1.3.2 编制村镇建筑抗震技术规程的意义

地震造成的人员伤亡绝大多数是由于房屋倒塌破坏引起的。地震灾害调查统计表明，我国大陆近些年发生的7次6级以上破坏性地震，其中房屋与室内财产损失之和约占总直接经济损失的84%以上。因此，提高村镇房屋的防灾能力是减少人员伤亡和经济损失的关键和根本途径。我国6度以上地震区约占国土面积的80%。自唐山地震至今，我国大陆发生破坏性成灾地震60多次，其中绝大多数发生在广大农村和乡镇地区，造成了严重的人员伤亡和经济损失。如2003年我国大陆发生成灾地震21次，这些地震的震中均发生在农村地区，共造成约298万人受灾，受灾面积约78143平方公里；死亡319人，重伤2332人，轻伤4815人；造成房屋倒塌328.50万 m^2，严重破坏483.69万 m^2，中等破坏1006.42万 m^2，轻微破坏1909.50万 m^2；地震灾害总直接经济损失46.6亿元。由现场震害调查可知，在遭受同等地震烈度破坏条件下，农村人口伤亡、建筑的倒塌破坏程度远高于城市。其主要原因是经济不发达，村镇民宅在建筑材料、结构形式、传统建造习惯等方面存在严重问题，抗震能力差。

值得注意的是四川盐源5.0级、甘肃岷县5.2级、云南鲁甸5.1级和5.0级也平均使11个乡镇、16.47万人受灾，造成了一定数量的人员伤亡和房屋的严重破坏甚至倒塌现象。2006年2月4日浙江文成县4.6级地震，也使当地大量空斗墙房屋产生不同程度的破坏。

我国农村人口有8亿多，对农村建筑本着"因地制宜、就地取材、简易有效、经济合理"的原则，防止"倒墙塌架"，达到"避免死亡，减少伤害"的目标，应是我国农村建筑抗震减灾的主导思想。在我国广大农村地区推广应用抗震技术，对新建农房设计与建造进行指导，使其具备一定的抗震能力，可以有效地减少人员伤亡和经济损失，是一项得民心、保稳定、真正体现"以人为本"的大事。因此，《镇（乡）村建筑抗震技术规程》的编制，对减少村镇人员伤亡和经济损失无疑具有重要的意义。

《镇（乡）村建筑抗震技术规程》正是在此背景下由建设部立项并组织编制完成的。规程密切结合我国农村经济发展状况和农村建筑的地域特点，充分考虑了基层设计单位和村镇建筑工匠等使用对象的技术水平，体现了因地制宜、就地取材、简单有效、经济合理的编制指导思想。可操作性强，安全适用，适用于我国6~9度地区地震区村镇建筑的抗震设计与施工。

1.4 规程的任务来源及编制概况

1.4.1 规程来源与编制单位

《镇（乡）村建筑抗震技术规程》系根据建设部建标〔2004〕66号文"关于印发《二〇〇四年度工程建设城建、建工行业标准制定、修订计划》的通知"要求编制的。中国建筑科学研究院为主编单位。本规程参加单位：北京工业大学、长安大学、福建省抗震防灾技术中心、广州大学、昆明理工大学、河北工业大学、云南大学、山东建筑大学、辽宁省建设科学研究院。

1.4.2 规程编制工作概况

《镇（乡）村建筑抗震技术规程》是我国首部有关农村房屋抗震设防的技术标准。在编制组全体成员的共同努力下，在充分的调查研究和必要的试验验证的基础上，经过归纳、总结和大量的试设计计算工作，历时三年完成了本规程送审稿，其间共召开了4次编制组成员会议。送审稿于2007年9月21日~22日在北京通过了会议审查，编制组根据审查意见，对送审稿进行了补充和修改，形成了报批稿。规程由住房和城乡建设部于2008年6月13日发布，2008年10月1日实施。

参考文献

[1] 美国国家地球物理数据中心（NGDC）．全球重大地震目录库［DB/OL］．北京：中国地震局地震信息中心，2003．http://seekspace.resip.ac.cn/handle/2239/40777

[2] 中国地震局监测预报司．中国大陆地震灾害损失评估汇编［M］．北京：地震出版社，2001

[3] 新疆维吾尔自治区地震局，中国地震局．2003年2月24日新疆巴楚—伽师6.8级地震灾害损失评估报告［R］．2003

[4] 丁绍祥，贾抒，李玉萍，葛学礼．云南普洱6.3级地震房屋震害分析［J］．工程抗震，1993，（3）

[5] 葛学礼，叶燎原．从云南丽江7.0级地震看抗震防灾规划与抗震加固的效果［J］．工程抗震，1996，（2）

[6] 葛学礼，朱立新，王亚勇，范迪璞，王新平，崔健．村镇建筑震害与抗震技术措施［J］．工程抗震，2001，（1）

[7] 王亚勇，葛学礼，袁金西．新疆巴楚M6.8地震房屋震害及经验总结［J］．地震工程与工程振动，2003，23（2）

[8] 葛学礼，朱立新，贾抒，傅殿起，曹荆，焦军．云南省大姚地震房屋震害及重建抗震措施［J］．工程抗震，2003，（4）

第 2 章 规程编制过程中的主要背景工作

2.1 村镇震害调研

2.1.1 内蒙古村镇抗震防灾能力调研报告

(1) 内蒙古自治区农村房屋抗震能力基本情况

内蒙古自治区是我国地震灾害发生较多的省区之一,自1996年5月3日包头6.4级地震以来,又先后于2003年8月16日和2004年3月24日分别在赤峰巴林左旗和锡林郭勒盟东乌珠穆沁旗发生两次5.9级中强地震。两次地震均发生在农村牧区,给当地农牧民带来很大损失。震害表明,地震造成的房屋倒塌是人员伤亡的直接原因,90%以上的经济损失也是由于房屋的破坏产生的。内蒙古农村和牧区的人口约占自治区人口总数的53%,由于历史以来农村房屋都是按当地的建筑材料、经济状况和民俗习惯自行建造,不考虑抗震设防,房屋的抗震能力普遍很低。因此,加强村镇房屋的抗灾能力是一项紧迫而长期的任务。

内蒙古自治区农村既有房屋的结构类型和抗震能力分析如下:

1) 生土墙承重房屋

屋盖重量以及其他重力荷载由生土墙体承担,主要有夯土墙、土坯墙、土拱窑、草泥垛墙以及四角砖柱生土墙、里生外熟墙体等房屋。檩条搁置在土坯墙上(图 2.1-1、图 2.1-2)。夯土墙在自治区东部、北部采用较多,土拱窑在自治区中西部采用较多。

图 2.1-1 阿鲁科尔沁旗天山镇双河星村弧顶生土墙承重房屋

图 2.1-2 生土墙承重硬山搁檩房屋

在不采取抗震措施情况下,生土墙承重房屋在抗震方面存在的主要问题是:材料强度低、结构整体性差、各构件之间的连接薄弱。地震实践表明,这类房屋6度地震就可造成相当数量的墙体开裂,7度地震时有一定数量的严重破坏,8度地震时则多数达到严重破坏和倒塌(图 2.1-3),9度地震时则全部倒塌。

随着农牧区的经济发展和生活水平的提高,生土墙承重房屋将逐步被淘汰,但在经济发展较慢的自然村中仍然存在相当数量的未采取任何抗震措施的生土结构房屋。

2) 木构架承重房屋

内蒙古自治区木构架房屋主要由木柱木屋架或木柱木柁构成,屋架、屋盖重量以及其他重力荷载由木构架承担。也有中部为木构架,两端山墙为硬山搁檩房屋。墙体及门窗只起围护和分割内外空间作用。木柱木屋架房屋为两面坡屋面,木柱木柁房屋为单面坡屋面(内蒙古中部地区采用较多,图2.1-4)或平顶屋面。多用土坯围护墙,也有砖围护墙。

图2.1-3 内蒙古西乌旗地震土坯墙承重
房屋局部倒塌(引自新华网)

图2.1-4 单面坡屋面房屋

未采取抗震措施的木构架承重房屋,抗震能力与生土墙承重房屋相当,在地震中主要是围护墙体破坏,轻者墙体开裂,重者墙倒架歪。

3) 砖木结构房屋

承重墙体为实心砖砌筑,木楼、屋盖,农村绝大多数为单层,有坡顶、平顶和拱顶几种情况。坡顶大多为木屋架瓦屋面。乡镇则有一定数量的二层房屋。这类房屋各种用途均有采用,是内蒙古各地村镇最普遍采用的一类房屋。

通过调查,内蒙古村镇砖木结构房屋的通常做法大体有两种,一是端山墙为硬山搁檩,中部横墙上设置三角形木屋架,木屋架上满搭接檩条(图2.1-5~图2.1-8);二是房屋中部不设木屋架,各道横墙均为硬山搁檩,即木檩条直接搁置在山尖砖墙上。檩条上满铺木望板,木望板上铺设座瓦黏土泥浆,泥浆上做瓦屋面。

图2.1-5 赤峰克什克腾旗土城子
镇砖木结构房屋

图2.1-6 端山墙为硬山搁檩

图 2.1-7 中部设置三角形木屋架，上弦满搭檩条

图 2.1-8 脊檩对接，有铁件连接

现场调查发现，砖砌体的砌筑砂浆是内掺一定量砂子的黏土泥浆，强度等级大约在 M1 左右，强度较低。

砖木结构房屋的抗震能力取决于墙体砌筑砂浆的强度、房屋的整体性、屋盖与墙体的连接以及屋盖各构件之间的连接牢固程度等。地震实践表明，在不采取抗震措施的情况下，砖木结构房屋的抗震能力较土木房屋好。一、二层砖木房屋在不采取抗震措施的情况下，6 度地震有可能造成较轻微的墙体开裂，7 度地震墙体将明显开裂，8 度地震会造成较严重破坏甚至局部倒塌。

4）砖混结构房屋

砖混结构房屋的屋盖和楼盖均采用现浇或装配式钢筋混凝土构件，这类房屋主要集中在乡镇。地震灾害调查表明，按《建筑抗震设计规范》进行设计与施工的砖混房屋，完全可达到小震不坏、中震可修、大震不倒的抗震设防目标。

(2) 移民建镇，建设小区、村镇抗震安全民居试点工程

内蒙古自治区近些年实行生态移民、震后恢复重建移民、扶贫移民和老城改造移民工程建设，集中建造了一批试点小区和村镇。自治区各级建设部门主要抓了以下几个小区和村镇的抗震安全民居试点工程：一是鄂尔多斯生态移民统建、自建安居工程，二是西乌珠穆沁旗震后恢复重建移民安居工程，三是阿鲁科尔沁旗震后恢复重建移民安居工程等（图 2.1-9～图 2.1-14），这些房屋就是按《建筑抗震设计规范》进行设计与施工的砖混结构房屋。

图 2.1-9 鄂尔多斯霍洛移民镇抗震设防房屋

图 2.1-10 东胜区桥头小区移民镇抗震设防房屋

图 2.1-11　东胜区桥头小区移民镇在建抗震设防房屋

图 2.1-12　赤峰克什克腾旗土城子镇抗震设防房屋

图 2.1-13　锡林郭勒西乌旗牧民抗震设防房屋

图 2.1-14　赤峰阿旗天山镇双河星村抗震设防房屋

在移民建镇过程中，首先从规划入手，抗震安全建设、环境与生态保护和绿化等工作全面协调，统筹兼顾。鄂尔多斯生态移民自建工程中，不仅把《农村牧区房屋抗震措施图集》免费下发到乡镇村落，还配置了技术人员进行现场指导。西乌珠穆沁旗在震后恢复重建移民安居工程中采取统一规划、统一设计、统一招标施工和监理质量监督检验等措施，使施工质量得到保障。阿鲁科尔沁旗在震后恢复重建移民安居工程中，首先抽调大批工程技术人员深入灾区农村牧区开展房屋震害调研与鉴定工作，根据震害轻重，因地制宜采取加固或迁移新建等方案，并编制了《震后房屋重建维修技术指南》。这些统建和自建的试点小区、村镇成为自治区抗震安全的样板工程。

（3）村镇防灾存在的主要问题

1）农牧民抗震防灾意识普遍较差。有的甚至在震后恢复重建中，也存在一边拆旧房，一边建无抗震措施的新房，当地叫"穿新鞋，走老路"，不汲取震害教训。

2）房屋的建筑材料、结构形式选取随意。由于农村是自主建房，农牧民在房屋的建筑材料、结构形式的选取上随意性大，不同材料混用，质量难以保证。

3）攀比思想严重。经济较发达地区和村镇中部分较富裕农牧民在建设中盲目追求室内外高标准装修，把大量资金用在浮华的装饰上，忽视了房屋结构本身的安全。

4）缺乏与社会主义新农村建设相适应的技术力量。

5）缺少抗震防灾管理制约机制。

（4）提高村镇房屋抗震能力的主要构造措施建议

众所周知，房屋的抗震能力与墙体材料、砌筑砂浆的强度、房屋的整体性、墙体自身的整体性、屋盖与墙体的连接以及屋盖各构件之间的连接牢固程度等抗震措施有关。对于不同抗震设防烈度地区，建筑结构抗震设计是通过抗震计算和相应的抗震构造措施确定的。抗震计算对墙体的砌体材料和砂浆强度提出要求，而抗震构造措施则是为满足房屋的整体性、屋盖与墙体的连接以及屋盖各构件之间的连接要求设置的。这里仅就村镇房屋应采取的抗震构造措施提出几点建议。

1）房屋地基、基础和结构体系

地基应夯实，基础可采用砖、石、混凝土、灰土或三合土等材料砌筑。

同一房屋不应采用木柱与砖柱、木柱与石柱混合的承重结构，也不应采用砖墙、石墙、土坯墙、夯土墙等不同墙体混合的承重结构。

2）加强房屋整体性

当砌体结构房屋采用木楼、屋盖或预制板楼屋盖时，应在所有纵横墙的基础顶部、每层楼、屋盖（墙顶）标高处设置配筋砖圈梁（石砌体设置配筋砂浆带），经济状况好的可设置钢筋混凝土圈梁。夯土墙宜采用木圈梁。

配筋砖圈梁和配筋砂浆带的纵向钢筋配置不应低于 $2\phi6$，砂浆强度等级不应低于 M5；配筋砖圈梁砂浆层的厚度不宜小于 20mm，配筋砂浆带砂浆层的厚度不宜小于 50mm。

3）加强墙体自身的整体性和强度

墙体在转角和内外墙交接处必须同时咬槎砌筑；砖（石）砌体的外墙转角及纵横墙交接处，宜沿墙高每隔 1000mm 设置 $2\phi6$ 拉结钢筋或 $\phi4@200$ 钢丝网片，拉结钢筋或网片每边伸入墙内的长度不宜小于 700mm 或伸至门窗洞边。

生土墙的外墙转角及纵横墙交接处，宜沿墙高每隔 600mm 设置竹片、荆条网片，网片每边伸入墙内的长度不宜小于 700mm 或伸至门窗洞边。

4）加强屋盖系统的整体性（节点连接）

屋架与柱的连接处应设置斜撑；两端开间屋架和中间隔开间屋架应设置竖向剪刀撑；山墙、山尖墙应采用墙揽与木屋架或檩条拉结；内隔墙墙顶应与梁或屋架下弦拉结；在房屋横向的中部屋檐高度处应设置纵向通长水平系杆，并在横墙两侧设置墙揽与纵向系杆连接牢固，或将系杆与屋架下弦钉牢；墙揽可采用木块、木方、角铁等材料；屋盖系统中的檩条与屋架、椽子（或木望板）与檩条，以及檩条与檩条、檩条与木柱（小式屋架）之间应采用木夹板、铁件、扒钉、铅丝等相互连接牢固。

5）加强墙体与木构架的连接

木构架承重房屋的围护墙应与木柱在配筋砖圈梁和外墙转角及纵横墙交接处有拉接钢筋位置处连接牢固。

2.1.2 新疆巴楚 6.8 级地震震害及经验

（1）震害基本情况调查

2003 年 2 月 24 日上午 10 时 03 分在我国新疆自治区喀什地区巴楚县发生震级为 6.8 级强烈地震，据我国地震台网测定，震中为东经 77°15′，北纬 39°29′。地震部门提供的等震线图表明，震中区沿北北西条带分布，长 50 多公里；震中烈度为 9 度，影响范围

280km²；8度区面积 1200km²；7度区面积 4300km²，见图 2.1-15。

地震波及八县一市，2万7千多户受灾，重灾户1万8千户，其中重灾区是巴楚县的3个乡。共有3万多间房屋倒塌，7万多间房屋严重受损，103所学校和6个卫生院破坏。死亡268人（全部集中在极震区的琼库恰克乡），受伤4000多人，其中2059人伤势较重。

地震发生后对位于9度区的巴楚县琼库恰克乡、以及位于6~7度的伽师县城和伽师县卧里托合拉克乡的民居、政府办公楼、学校、银行办公楼、粮食仓库等建筑物及水塔等市政设施的震害进行了考察。

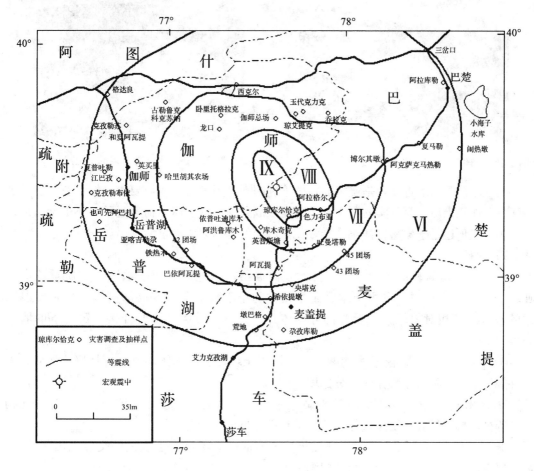

图 2.1-15 2003 年 2 月 24 日巴楚 M6.8 级地震等震线图

(2) 典型房屋的震害特征与原因分析

1) 民居

① 砖房：乡镇民居大多为单层砖房，临街也有二层的砖房。在9度区的琼库恰克乡，沿街房屋大量外纵墙外闪倒塌、屋顶外墙角开裂或塌落、墙体斜裂缝或 X 裂缝。破坏原因主要是非正规设计，砌筑砂浆强度低（采用粉沙土加水泥搅拌，水泥含量低，用手捻即碎），纵横墙交接处无拉结措施，无圈梁构造柱，房屋整体性差等。

② 生土房屋：农村民居基本为生土结构，其破坏形态按承重方式等有所不同。

土坯墙承重房屋，泥浆砌筑，硬山搁檩。这类房屋量大面广，琼库恰克乡的村庄中，因墙体压碎、出平面外闪或内闪塌落导致绝大多数房屋倒塌，如图 2.1-16 所示。

木构架承重土坯围护墙房屋。这类房屋震害主要表现为墙体全部或部分倒塌，屋架倾斜但由于木柱未倒，屋盖并未塌落，如图 2.1-17 所示。屋架倾斜破坏原因主要是木梁、柱节点连接不牢固所致。也有少数房屋由于木构架的柱子数量太少或柱脚支撑处失效倒塌。

图 2.1-16　倒塌的生土房屋

图 2.1-17　未全部倒塌的生土房屋

当地习惯采用的重屋盖是震害加重的不利因素。为了满足保温要求，屋顶在木檩条加苇席、上加几十厘米厚压实的覆土，有时还堆放杂物。由于屋面荷载过重，不但会增加地震作用，屋顶还易于塌落，甚至会导致支撑屋面的木构架或承重墙倒塌。

2）学校

乡村中小学的教室多为土木、砖木及砖混结构。地震造成全地区 103 所学校房屋破坏。在琼库恰克乡，采用土木、砖木结构的小学教室全部或局部倒塌，采用砖混结构的教室破坏相对较轻，主要为部分墙体开裂，纵、横墙交接处开裂，窗台下的墙角处裂缝。

① 土木结构房屋，由于木构架失稳、搁于土坯墙上的木梁塌落、土坯墙体压碎、墙体外闪等原因导致房屋整体或部分倒塌。

② 砖木或砖混结构房屋墙体砌筑砂浆强度低、纵横墙交接处无拉结、无圈梁、无构造柱等抗震构造措施，房屋整体性差，导致部分倒塌或严重破坏。

③ 砖混结构，横墙承重，预制楼板。破坏形态为楼板与承重横墙交接处出现裂缝，窗台以下墙体出现竖向裂缝，窗、门洞上方和墙角出现斜裂缝。

图 2.1-18 所示为严重破坏的琼库恰克乡村小学房屋。

3）公用建筑和商业建筑

公用建筑主要是包括乡镇政府办公楼、信用社、农行、税务所等房屋。多为砖混结构，采用预制楼板、横墙承重，正规设计的均设圈梁和构造柱；但也有的建筑没按抗震规范要求设计和施工。导致在同一地点，不同建筑的破坏程度从基本完好到严重破坏均有。

如巴楚县琼库恰克乡的乡政府办公楼为主体三层、中部四层的砖混结构，没按规范要求设置构造柱及圈梁（纵墙外加钢筋混凝土装饰柱不落地）。地震时严重破坏：二层楼板标高处墙体出现水平断裂错位，横墙有严重的斜裂缝，四层局部倒塌，见图 2.1-19。

图 2.1-18 严重破坏的琼库恰克乡村小学　　图 2.1-19 严重破坏的琼库恰克乡政府办公楼

沿街的商业建筑为一到二层的砖混结构，大多数为非正规设计，施工质量较差。沿街房屋纵墙外闪倒塌、女儿墙塌落、横向墙体严重开裂等，属严重破坏，见图 2.1-20。

有的建筑为了在二楼设置外走廊，纵向墙体在二层楼面内缩，置于纵向楼面大梁上，形成梁托墙的转换结构，不利抗震。地震中无一例外纵墙倒塌或严重破坏，见图 2.1-21 和图 2.1-22。

图 2.1-20　严重破坏的沿街商业建筑　　　　图 2.1-21　梁托墙房屋的破坏

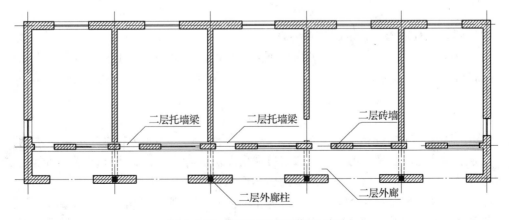

图 2.1-22　梁托墙建筑平面示意图

而该乡的信用社、农行楼、税务所等二层砖混结构房屋按8度抗震设防，经正规设计和施工，地震时基本完好或墙体出现轻微裂缝，女儿墙局部塌落。由于实际地震烈度高于设防烈度，所以出现不同程度的轻微破坏。

（3）结语

2003年2月24日新疆巴楚地震是自1996年2月3日云南丽江地震以来，发生在我国的人员伤亡和房屋破坏最严重的一次地震，震害波及八县一市。对房屋和市政设施震害进行调查结果表明，该地区的场地多为盐碱细砂土和粉土，水位较高，地震时容易液化使地基失去承载力导致房屋倒塌和工程设施的破坏。当地村镇建设中普遍采用的生土房屋和砖混结构遭受不同程度的破坏。但是，当建筑严格按照抗震设计规范设计、施工质量有保障时，可以达到"小震不坏、中震可修、大震不倒"的抗震设防目标。

总结震害经验，在恢复重建时，对砖混结构，设计时应特别注意避免结构竖向的不规则转换（梁托墙），要按规定设置圈梁和构造柱、保证女儿墙的拉结和压顶、采用空心楼板时板缝间应配拉结钢筋。生土房屋仍为当地农村普遍采用的结构形式，应注意选址，建造在地下水位较低的土台上，设置毛石基础或木地基梁，避免地基冻胀失效；上部结构最好采用木构架土坯填充围护墙形式，梁柱之间应采用榫卯或扒钉可靠连接；采用土坯墙承重时，土坯应用黏土砌筑，避免干垒，同时屋顶木檩条应保证足够的搁置长度（伸出墙外）并相互拉结。采取上述相对简单经济的措施也能保证大震下房屋不倒。

2.1.3 云南大姚6.2级地震房屋震害及重建抗震措施

（1）灾情概况

2003年7月21日10时3分，云南省楚雄彝族自治州大姚县发生了6.2级地震，震中位于大姚县昙华乡，图2.1-23为此次地震的烈度图。

此次地震为浅源地震，震源深度仅10公里。地震灾区为少数民族居住的贫困山区，经济发展落后，建筑结构抗震能力差，在地震中破坏严重。据大姚县政府统计，全县148个村（居）委会1905个村民小组不同程度受灾，受灾农户为48048户、199509人，占全县人口的71%；全县伤亡522人，其中死亡16人，重伤71人；民房倒塌1556户、9343间，损坏42896户、257777间；336所学校的876栋（188937平方米）建筑物受损；25所卫生院的41849平方米的建筑物受损。

（2）建筑工程震害调查情况及破坏原因分析

受当地经济条件的限制，大部分房屋不同程度地存在结构类型不利于抗震、材料强度低、抗震构造措施不完善、施工质量差等问题，抗震能力差导致了房屋的大量破坏。

1）民居

① 乡镇民居

乡镇民居主要有两种结构形式，一种是我国西南地区采用较多的二层穿斗木构架房屋，以夯土墙作为围护墙；另一种是二层砖混房屋。后者主要为临街面房屋，通常一层作为店铺，二层居住。两种房屋在地震中的破坏形态如下：

穿斗木构架房屋。穿斗木构架房屋的夯土围护墙大多外闪倒塌（图2.1-24）、屋顶处外墙角严重开裂或塌落，部分房屋木构架倾斜。其破坏原因主要是夯土墙材料强度低、墙体过厚（600mm以上）、质量大、无拉结措施等。

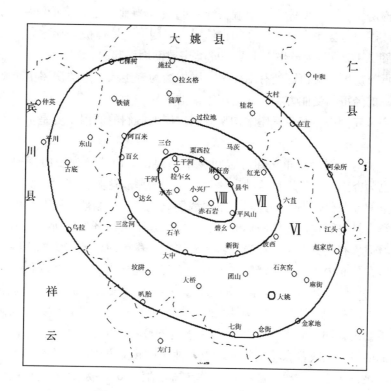

图 2.1-23 云南大姚 6.2 级地震烈度图

砖混房屋。砖混房屋总体情况好于木构架房屋，震害程度的重心位置大约在轻微破坏和中等破坏之间，但也有一部分房屋严重破坏，墙体出现较宽的斜裂缝或 X 裂缝，裂缝宽度最大可达 20～30mm（图 2.1-25）。破坏较重的房屋主要存在以下问题：未经过正规设计；砌筑砂浆强度低（采用粉砂土加水泥搅拌，水泥含量低，强度很低，手捻即碎）；未采取有效的抗震构造措施，如纵横墙交接处无拉结，没有圈梁、构造柱等，房屋的整体性较差。

图 2.1-24 穿斗木构架房屋墙倒架立

图 2.1-25 小豆地村严重破坏的砖混房屋

② 农村民居

农村民居基本为生土结构房屋和木构架承重房屋，还有相当一部分为生土墙和木构架混合承重的房屋，也有少数自建的砖混房屋，其破坏形态依承重方式的不同有所差别。

生土结构房屋。承重墙体为夯土墙，硬山搁檩（当地称之为墙抬梁房屋）。这类房屋数量较多，在震中区昙华乡、三台乡的自然村中，因夯土墙体破坏导致大多数房屋局部或全部倒塌（图2.1-26）。人员伤亡主要是此类房屋倒塌引起的。

木构架承重房屋。端山墙处有木构架，围护墙为夯土墙。这类房屋由于造价较高，超出大多数村民的经济承受能力，故在地震灾区的农村中为数不多。此次地震中的破坏主要表现为墙体开裂或倒塌，有些房屋木构架倾斜。屋架倾斜的原因主要是木梁、柱节点连接不牢固所致。

生土墙、木构架混合承重房屋。中间有木构架，端山墙处为硬山搁檩，由夯土墙承重，围护墙也为夯土墙，当地称这种房屋为灯笼架房屋。这类房屋量大面广，其震害主要表现为墙体全部或部分倒塌，端开间由于山墙倒塌造成屋面塌落，屋架下落。

以上三类农村民居在地震中破坏严重，一方面是由于经济条件所限，另一方面和当地的传统建房习惯也有很大关系。在当地习惯做法中，房屋前檐墙多为木板墙，其他三面为夯土墙，墙体在平面内不闭合。墙体在平面内不闭合是抗震的大忌，降低了房屋的抗震能力并且破坏了房屋的整体性。木构架房屋中虽然夯土墙只是围护墙，不是主要的承重构件，但围护墙之间和围护墙与承重构件之间连接薄弱，在地震中容易失稳而破坏。此处还有一些其他不利因素如：夯土墙墙体过厚（多为600～700mm或更大），自重大；土料中缺少一定比例的掺料以改善原状土的物理力学性能；施工方法简陋，夯打不充分等。以上各方面存的不足，造成了此次地震尽管震级不高（里氏6.2级），但农村民居破坏严重的后果。

村民自建的砖混房屋。三台乡小豆地村有几栋村民自建的砖混房屋，其中一栋完好无损（图2.1-27左侧），其他几栋严重破坏。完好的一栋采取了混凝土构造柱等抗震措施，而严重破坏的几栋没有任何抗震措施，且砂浆强度低、屋盖重。

图2.1-26　生土墙承重房屋全部倒塌

图2.1-27　小豆地村完好与严重破坏的砖混房屋

2）学校建筑

当地乡村中小学教室主要采用砖混结构与木构架承重结构。

昙华乡中学教室为砖混结构房屋，教学楼和实验楼均为三层，实验楼地震中墙体严重开裂（图2.1-28），三层裂缝宽度达30mm，基本不可修复；教学楼的墙体有斜裂缝，混凝土梁在端部有剪切裂缝。检查发现，砌体的砌筑砂浆强度很低，砂浆中仅含有少量水泥，手捻即碎成粉状。混凝土的质量也很差。实验楼破坏严重的主要原因是施工质量低劣。

农村的几所村办小学教室采用木构架承重房屋，穿斗木构架、夯土围护墙，教室的围护墙体局部倒塌（图2.1-29）。

图2.1-28 昙华乡中学实验楼严重破坏

图2.1-29 村办小学房屋夯土墙倒塌

3）公用建筑

公用建筑主要是乡、镇政府办公楼、信用社、粮管所、计生办、林业站等机关部门的房屋，结构形式为砖混。这些房屋中20世纪80年代末至90年代初建造的质量较差，破坏严重；而在90年代中后期建造的则质量较好，采用现浇楼板、横墙承重体系，设有圈梁和构造柱等抗震构造措施，此次地震中破坏轻微。通过调查可知，凡是按《建筑抗震设计规范》设计、施工质量有保证的房屋，在这次地震中均表现为基本完好或轻微破坏（仅墙体有轻微裂缝）。

但也有一些建筑未按抗震规范要求设计，施工质量很差。如昙华乡政府三层办公楼，承重门、窗间墙的宽度仅490mm，与规范要求相差一倍以上，而混凝土梁直接搁置在窗间墙上；砌筑砂浆中的水泥含量极低，手捻即成粉状；纵横墙体均严重开裂，有的墙体顶部砖块掉落（图2.1-30）。再如昙华乡计生办四层房屋，窗肚墙砖震松掉落形成高240mm、宽490mm的洞（图2.1-31）。三台乡的三层粮管所（图2.1-32）、乡政府办公楼（图2.1-33）等房屋的施工质量也很低劣，破坏严重。这些施工质量低劣的建筑已严重破坏，基本不可修复。

图2.1-30 昙华乡政府三层办公楼墙体严重开裂

图2.1-31 昙华乡计生办窗肚墙砖震松掉落

图 2.1-32　三台乡粮管所墙体严重开裂　　　　图 2.1-33　乡政府办公楼墙体严重开裂

(3) 恢复重建抗震措施

对于地震中严重破坏的房屋，如基本不可修复或修复难度大，又无特殊的（如文物等）保留价值，以拆除重建为宜。根据各类房屋的震害特点，结合当地的经济发展水平及农民传统生活习惯，对恢复重建在抗震措施方面提出如下建议。

1) 选址和规划

此次地震发生在山区，山体表层为碎石土，稳定性差，雨季时极易发生泥石流和滑坡，震害调查过程中就曾发生滑坡。应请地质部门进行场地安全性评估，对存在地质灾害威胁地段的房屋应考虑迁址重建。并请规划单位结合供水、供电、交通等基础设施的恢复重建综合考虑规划的编制工作。

2) 房屋重建

学校建筑和其他公共建筑的重建应依据国家标准规定的抗震设防烈度进行抗震设防，组织当地设计水平较高的设计单位进行正规设计，并由专业施工队伍进行施工，切实保证施工质量。农村民居的自建可采用省建设厅发布的地方标准和图纸，供农民选用。若施工力量不足，建议由各级建设行政主管部门负责灾后重建的结构选型并提供图纸，对村镇个体建筑工匠进行抗震知识的培训，并由专业技术人员指导监督实施。恢复重建工程可引进市场竞争机制，保证重建资金的有效使用。

① 民居

砖混房屋。对少数经济状况好的农户建议采用经正规抗震设计与施工的砖混房屋。这类房屋的抗震性能有保证，居住舒适，应作为首选。基础可采用毛石砌筑，整体性要好。结构体系和构造措施应满足抗震设计规范的相应要求，一定要按要求设置钢筋混凝土构造柱和圈梁。屋盖可采用木檩条加苇席、黏土瓦的习惯做法，但应注意檩条要有足够大的断面并保证在承重砖墙上的支承长度和嵌固。如有条件，可采用现浇钢筋混凝土屋面板。

木构架（完全木构架）承重的砖木或土木房屋。当木构架的材料、施工质量有保证时，这类结构也具有较好的抗震性能。施工中应加强木构架的整体性和稳定性，加设斜撑、剪刀撑等横向和纵向支承构件。梁柱节点除传统的榫接外，应采用铁件、扒钉或铁丝加强连接，避免地震时节点拉脱。在基础顶部、窗台标高处、屋檐处设置配筋砖圈梁。墙体应闭合并加强与承重构件的连接，砖墙应嵌砌于木构架梁、柱之间，内外墙交接处及墙角应有拉结措施。建议土木结构的房屋采用轻质围护墙和隔墙,以减轻围护墙的破坏,为满足保温、防风和防潮的要求,可在墙内外抹足够厚度的水泥砂浆或草泥。采取上述措施,可保证在大震时木构架不倒,墙体可能破坏或倒塌,但不致造成人员重大伤亡。

生土墙承重房屋。当经济条件不允许建造砖混或木构架承重房屋时,可采用生土墙承重房屋。生土墙承重房屋虽然抗震能力较差,但只要设计合理并采取有效的抗震构造措施,还是具有一定抗震能力的。生土墙承重房屋的抗震措施主要有以下几项:建筑平立面力求简单、规则,控制房屋高度和横墙间距,纵横墙布置均匀,门窗洞口大小适中;基础采用毛石或砖用石灰砂浆砌筑,基础应砌至室外地坪以上300mm左右并采取防潮措施;墙土应选用杂质少的黏性土,避免使用杂质多或砂性大的土,夯筑土墙时最好掺入适量的碎稻草和石灰,可提高夯土墙的强度;在基础顶部、窗台标高处、屋檐处设置配筋砖圈梁;加强纵横墙体之间的连接,纵横墙连接处应咬槎夯筑,夯打土墙时可在连接薄弱部位放置荆条、竹片等拉结材料,上下接缝处可增加竖向木条等拉结材料;在两道承重横墙之间,在顶棚高度处设置木杆插入墙中,可起到拉结作用;硬山搁檩时,在檩条下应放置垫块,垫块可采用木垫块或砖垫块,以分散端部压力;在山墙上部设置两道通长木制水平系杆,系杆与山墙采取锚固措施。需要注意的是生土墙承重房屋只限于7度及以下地震烈度区。

② 学校、医院

对急需投入使用的学校、医院,冬季到来前可暂时采取临时措施。在时间和其他条件允许的情况下,正规抗震设计与施工的砖混结构应作为首选方案,并应加强管理,统筹规划,严格按照国家和地方标准进行设计与施工,确保建筑质量。

在工期要求较急时,可采用穿斗木构架、轻质围护墙房屋,轻质围护墙可采用荆条、竹片或高粱秆等材料绑扎并内外抹草泥。也可采用轻型钢桁架单面外挂彩钢板内侧石膏板的结构。但应特别注意冬季采暖与通风换气等措施。轻型钢桁架设计上应保证稳定性,加强水平和竖向支撑系统。考虑到学生活动特点,在窗台以下采用砖或土坯墙,外抹水泥砂浆或草泥浆,同时应注意保证上部彩钢板墙体与下部砌体的可靠连接。

③ 其他公用建筑

新建的公用建筑,应优先采用砖混结构,严格按照国家和地方标准进行设计与施工,确保建筑质量。

2.1.4 江西九江-瑞昌5.7级地震灾害考察报告

(1) 灾情概况

2005年11月26日上午8时49分,在九江县城门乡(东经115.8度、北纬29.7度)发生5.7级地震。地震部门提供的等震线图(图2.1-34)表明,震中烈度为7度。

据统计,此次地震共造成13人死亡(其中九江县死亡5人、瑞昌市死亡7人、湖北武穴市死亡1人)、受伤51人。初步调查发现:死亡人员中直接被倒塌房屋压死的很少,主要是由于地震跑出屋时被掉落的女儿墙等砸死,还有两例是由于地震诱发心脑血管疾病(中风)死亡。九江县、瑞昌市(县级市)房屋建筑遭受不同程度的破坏。个别老旧房屋倒塌;有的局部倒塌;房屋墙体斜裂缝、X裂缝和水平裂缝开裂等现象较普遍。

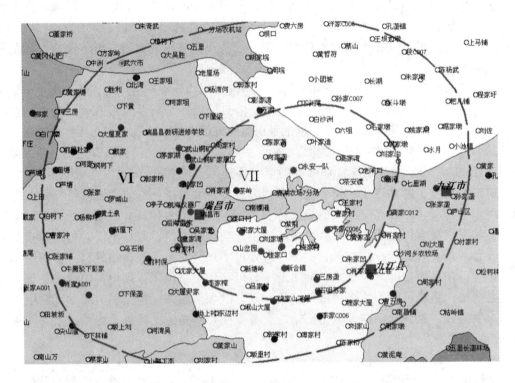

图 2.1-34 2005 年 11 月 26 日九江 5.7 级地震等震线图

（2）村镇建筑震害情况

江西瑞昌市和九江县的地震基本烈度为 6 度区，此次发生的 5.7 级地震对瑞昌市及其附近地区产生了 7 度的地震影响。近年来江西省在城市与村镇建设中加强了建筑抗震的监管力度，使得瑞昌市 20 世纪 90 年代中后期的新建工程在这次地震中大多数为轻微破坏，凡是按抗震规范进行正规设计、建造的房屋，均经受住了这次超烈度地震（即大震）的考验。但也有 20 世纪六、七十年代建造的未设防房屋和大量的群众自建房屋遭到了较严重的破坏。

1）瑞昌市民居

① 房屋的结构形式

瑞昌市民居大多为三层、也有部分二层的砖砌体房屋。这类房屋的砖砌体有以下几种形式：

一层为实心墙，二、三层为空斗墙，这种墙体房屋的数量最多；一层窗台以下为实心墙，一层窗台以上及二、三层为空斗墙，这种墙体房屋的数量也不少；一、二层为实心墙，三层为空斗墙，数量相对较少；全部为实心墙，数量较少。多为预制楼板，也采用现浇楼板，屋面板则现浇居多。

群众采取上述哪种做法，主要与其建房时的经济状况有关，经济条件好的，实心墙所占的比例就大些。这类房屋最不利于抗震的普遍做法是二、三层纵墙与一层纵墙沿竖向不连续，且墙体截面厚度突变为 120mm。

② 房屋的破坏程度与破坏形态

地震使这类房屋的破坏程度从基本完好到局部倒塌均有，其中全部为实心墙和一、二层为实心墙的破坏较轻；全部为空斗墙的破坏最重。二层破坏严重是这类房屋的普遍现象，房屋墙体呈斜裂缝、X 裂缝和水平裂缝（图 2.1-35、图 2.1-36）。

图 2.1-35　瑞昌市三层自建空斗墙
　　　　　　房屋外纵墙 X 裂缝

图 2.1-36　室内墙体开裂情况

③ 破坏原因分析

A. 墙体的砌筑砂浆低。现场调查发现，为数不少的墙体砌筑砂浆为掺入少量白灰的黏土泥浆，其强度不到 M1（用手捻即碎）。也有部分近些年建造的房屋墙体砂浆为白灰水泥混合砂浆，但其强度也仅为 M2.5 左右。

B. 房屋主体结构对抗震不利。由于习惯上二层前纵墙外挑，有的甚至前后均外挑，二、三层外挑的外纵墙厚度突变为 120mm，二、三层纵向只有楼梯间两侧为 240mm 厚墙体，有的甚至仅有一道 240mm 墙体。这是此类房屋二层普遍破坏严重的主要原因。

2）农村民居

农村民居大多为二层空斗墙房屋。有一层为实心墙，二层为空斗墙，也有一层窗台以下为实心墙，一层窗台以上及二层为空斗墙。白灰黏土泥浆砌筑的占多数，其强度不到 M1（用手捻即碎）。楼板有现浇和预制两种。这类房屋的震害程度和破坏形态与瑞昌市区的民居相差不多（图 2.1-37、图 2.1-38）。

图 2.1-37　两层空斗墙房屋二层外
　　　　　　纵墙为外挑 120mm

图 2.1-38　村镇二层外纵墙开裂严重

也有部分单层的空斗墙房屋，部分单层的土坯墙房屋，还有一些横墙为土坯、纵墙为空斗砖墙的混合墙体承重房屋。这类房屋为坡屋顶、瓦屋面，硬山搁檩，很少有木屋架。

这些房屋各种破坏程度均有，其中破坏最严重的是土坯墙与砖墙混合墙体房屋，有的为部分倒塌。这说明不同建筑材料的简单混合使用是不利于抗震的（图 2.1-39）。

调查中还发现一栋单层乱毛石墙体房屋，木屋架、瓦屋面。该房屋墙体出现较多裂缝，且屋架下面墙体出现受压的竖向裂缝，说明乱毛石墙体房屋的抗震能力和竖向承载力都是很弱的（图 2.1-40）。

图 2.1-39　农村土坯墙与砖墙混合　　　图 2.1-40　农村乱毛石房屋墙体开裂
　　　　　墙体房屋纵墙倒塌

3）移民村房屋

20 世纪 90 年代中后期江西省环鄱阳湖地区实施退田还湖、移民建镇（村）。这次调查了 4 个位于地震灾区的移民村，即九江县的苏家垅中心村和杨桥仙居畈中心村，瑞昌市的涌塘中心村和流庄乡长风基层村。移民村的房屋基本均为二、三层的空斗墙房屋，以二层的居多。有一层为实心墙，二层为空斗墙，也有一层窗台以下为实心墙，一层窗台以上及二层为空斗墙。

由于施工上有统一要求和监管措施，基本均采用白灰砂浆，砂浆强度为 M2 左右（用手较难以捻碎），施工质量较好。除了瑞昌市涌塘中心村因距震中近或与地震地质环境影响有关而破坏较重外，其他三个村的房屋破坏较轻，且轻于普通农村同类型民居（图 2.1-41）。

图 2.1-41　实施退田还湖、移民建镇的房屋破坏较普通农村同类型民居轻

(3) 空斗砖墙房屋震害分析

我国华东和中南地区的广大农村和乡镇建有大量的空斗墙房屋，由于这些地区是地震

少发地区，空斗墙房屋的震害实例很少。我国各版本的《建筑抗震设计规范》中均没有将空斗墙房屋列入，这类房屋的抗震能力如何，现有房屋在结构体系、构造措施、习惯做法等方面存在哪些抗震不足，一直是广大工程技术人员所关心的。通过此次地震中空斗墙房屋破坏情况的现场调查，对典型的震害实例进行分析，总结经验教训，提出改进意见。

1) 空斗墙房屋的震害特点与原因分析

① 房屋结构整体性差

调查发现，该地区空斗墙房屋大多采用空心预制楼板，也有采用木楼板的，但极少见有设置圈梁的，房屋整体性很差，以至横墙开裂导致预制楼板顺板缝开裂达20～30mm。

② 纵横墙交接处连接太弱

大多数空斗墙房屋纵横墙交接处没有采用实心砌法或采取其他拉结措施，使纵横墙交接处连接很弱，墙体在纵横墙交接处开裂现象较多见。调查中也发现有的公用房屋（村公所）的纵横墙交接处采用了实心砌体，该房屋破坏很轻微。

③ 墙体的砌筑砂浆强度低

现场调查发现，为数不少的墙体砌筑砂浆为掺入少量白灰的黏土泥浆，其强度不到M1（用手捻即碎，图2.1-42）。也有部分近些年建造的房屋墙体砂浆为白灰水泥混合砂浆，但其强度也不到M2.5。

④ 房屋主体结构形式对抗震不利

由于习惯上前纵墙在二层横向外挑，有的甚至前后均外挑，横向外挑的二层外纵墙与一层的外纵墙上下不连续，且二、三层外挑的外纵墙厚度突变为120mm，使二、三层纵向只有楼梯间两侧为240mm厚空斗墙体，有的甚至仅有一道240mm墙体。这也是导致此类房屋二、三层普遍破坏严重的主要原因之一。

2) 空斗墙典型房屋剖析

调查中发现，在同一场地上有的房屋破坏严重，而有的破坏非常轻微。为究其原因，我们在现场剖析了几栋在地震中破坏非常轻微的空斗墙房屋，并进行对比，以期找出规律性，供该地区的灾后重建以及该类房屋今后的建造借鉴。

图2.1-43、图2.1-44是瑞昌郊区塞湖农场二分场十三连的一栋二层内廊式空斗墙房屋，位于震中7度区。该房屋内外墙体窗台以下为实心墙，窗台以上为一斗一眠砌法空斗墙，内外墙厚均为240mm；砌筑砂浆为白灰砂浆，砂浆强度约M2.5左右（用螺丝刀抠感觉有一定硬度）；使用年代较久，未设置钢筋混凝土圈梁和构造柱；预制楼板，木屋架瓦屋面，透过人孔可见端开间设有竖向剪刀支撑；楼梯间设在房屋的中部。

该房屋墙体布置：平面内均匀对称，竖向连续；砌筑砂浆强度较高；砌筑质量较好，由图2.1-45可见有的斗砖被撞断，但余下的半块砖并未松动。地震中仅二层个别墙体顶部（檐口高度处）有轻微裂缝，属于基本完好。图2.1-46是处在同一连队的房屋二层破坏严重。

又如图2.1-47所示的几栋空斗墙房屋，尽管墙体采用的是五斗一眠砌法，且砂浆强度也不高，但由于墙体布置对称合理，上下连续，破坏很轻微。

图2.1-42　掺入少量白灰的黏土泥浆砌体

图2.1-43　二层内廊式空斗墙房屋南立面

图2.1-44　二层内廊式空斗墙房屋东立面

图2.1-45　斗砖被撞断，但余下的半块砖并未松动

图2.1-46　处在同一连队的房屋二层破坏严重

图2.1-47　墙体布置对称合理，上下连续，破坏很轻微

3）空斗墙房屋在中、低地震烈度区可用

通过对空斗墙房屋地震现场调查和上述震害分析，我们可以得出以下结论：

① 空斗墙房屋7度区震害的主要原因

柔性和半刚性楼、屋盖房屋未设置圈梁，房屋的整体性差；纵横墙交接处仍采用斗砌，墙体连接太弱；墙体的砌筑砂浆强度低，抗剪能力差；

房屋二层外纵墙横向外挑，使二层及以上外纵墙与一层的外纵墙上下不连续，且外挑的外纵墙厚度突变为120mm。

② 二、三层空斗墙房屋在 7 度地震区仍然可用

在 7 度地震区，当对空斗墙房屋采取以下抗震措施后，其抗震能力将大大提高：

对木楼、屋盖和预制空心楼板这样的柔性和半刚性楼、屋盖房屋，在基础顶部、楼板标高处和屋盖标高处设置配筋砖圈梁，加强房屋的整体性；

纵横墙交接处采用实心砌法，且沿高度每隔 500mm 设置 $2\phi6$ 拉结钢筋伸入墙内；

二层房屋墙体的砌筑砂浆强度不低于 M2.5，三层房屋墙体的砌筑砂浆强度不低于 M5；

房屋各层墙体分布应均匀对称，竖向要上下连续。

（4）建筑物修复与重建建议

根据上述各类房屋的震害特点和当地的经济发展水平及农民传统生活习惯，对房屋建筑维修和重建提出如下建议。

1）可维修继续使用的建筑

对于破坏等级处在轻微破坏的房屋，对裂缝进行清理后，采用简单抹灰处理即可。

破坏等级处在中等破坏的房屋：对于实心墙体，可采用高强度等级水泥砂浆灌缝，在墙体外表面（剔除装饰层）铺一层钢板网、钢丝网抹高强度等级水泥砂浆修复；对于空斗墙体，可采用钢板网、钢丝网抹高强度等级水泥砂浆修复。

2）经加固后可继续使用的建筑

对于破坏较严重的房屋，应通过进一步鉴定确定加固或拆除，不要不加区分地全部拆除。当然，如条件允许，可在加固的同时，对建筑作适当改造，改善抗震性能和使用功能。

3）需拆除重建的房屋

对于破坏严重并经鉴定无加固价值的房屋，需拆除重建。农村房屋可采用省建设厅发布的地方标准和图纸，供农民选用。公共建筑应由专业施工队伍建造；对于农村房屋，若施工力量不足，建议由各级建设行政主管部门负责提供灾后重建的结构选型和图纸，负责对村镇个体建筑工匠抗震知识的培训工作，并由专业技术人员指导监督实施。恢复重建工程可引进市场竞争机制，保证重建资金的有效使用。

（5）建立健全农村抗震建设的管理体制

由以上现场调查、分析可知，房屋震害的主要原因中，一是群众因经济状况较差，砌筑砂浆强度普遍较低，未采用加强房屋整体性的措施；二是因习惯做法而使二层以上外墙外挑导致墙体上下不连续，使得房屋结构形式和整体性均很差，房屋的抗震能力大大降低。倘若有健全的抗震建设管理体制，在群众建房伊始就对房屋的结构形式、砌筑砂浆强度进行规范，地震中必然会大大减轻房屋的破坏程度。

2.1.5 浙江文成 4.6 级地震村镇建筑震害调查报告

（1）灾情概况

2006 年 2 月 9 日，我国浙江省文成县和泰顺县交界处发生 4.6 级地震，据我国地震台网测定，震中位于东经 120.01 度，北纬 27.69 度。这次地震的震中烈度为 6 度。在中国地震动峰值加速度区划图上，泰顺县的地震动峰值加速度为 $0.05g$（抗震设防烈度为 6 度地区），文成县的地震动峰值加速度 $<0.05g$（抗震设防烈度为小于 6 度的地区），调查区

域位于两者之间。

（2）房屋的结构类型与震害情况

调查的震中区 4 个乡镇 5 个村庄的房屋结构类型主要有以下几类：

夯土墙、木构架混合承重结构；夯土墙、砖墙混合承重结构；夯土墙、石墙混合承重结构；烧结黏土砖空斗墙承重结构。各种结构类型房屋的典型震害情况如下。

1）夯土墙、木构架混合承重结构房屋

这类房屋有单层的和二层的（图 2.1-48），属于早期建筑，现已不再建造，但仍有一定的数量。房屋室内设木构架，木龙骨一端搁置在木构架上，另一端搁置在夯土墙上（图 2.1-49、图 2.1-50），纵横墙均承重；硬山搁檩（图 2.1-51），木屋架小青瓦屋面。这类房屋大多年代较久，生土墙上原已有许多裂缝，此次地震使裂缝加大，调查见到的最大裂缝宽度约 100mm。

图 2.1-48 仰山乡松坑村土木结构房屋

图 2.1-49 木屋架与生土墙共同承重

图 2.1-50 云湖乡支山村土木
结构木龙骨搭在山墙上

图 2.1-51 硬山搁檩

2）夯土墙、砖墙混合承重结构房屋

这类房屋（图 2.1-52）在 6 度地震影响下的损坏情况与夯土墙、木构架混合承重房屋相当。地震实践表明，由于砖墙与生土墙之间无拉结，其抗震能力甚至不如土木结构房屋。

3）夯土墙、石墙混合承重结构房屋

夯土墙与石墙混合承重结构有两种砌筑方式，一种是不同墙段采用不同材料（图 2.1-

53),另一种是于房屋的下部采用石墙,上部采用生土墙(图2.1-54、图2.1-55)。夯土墙与石墙混合承重结构房屋在6度地震影响下均有开裂。

图2.1-52 夯土墙、砖墙混合承重房屋裂缝

图2.1-53 夯土墙、石墙混合
承重房屋墙体裂缝

图2.1-54 夯土墙、石墙混合
承重房屋墙体裂缝

图2.1-55 乱毛石围护墙体开裂

4)烧结黏土砖空斗墙承重结构房屋

烧结黏土砖空斗墙(以下简称空斗墙)承重结构房屋是文城县域内采用最多、数量最大的一种结构类型,包括乡镇办公楼等公建在内的各种用途房屋均采用空斗墙结构。

这次地震使空斗墙房屋产生了除倒塌以外的各种破坏程度(基本完好、轻微破坏、中等破坏和严重破坏,见图2.1-56~图2.1-59)的震害。

图2.1-56 空斗墙房屋墙体较轻裂缝

图2.1-57 空斗墙房屋墙体裂缝宽度达10mm

图2.1-58 空斗墙房屋预制空心楼板板缝开裂

图2.1-59 遭到严重破坏的空斗墙房屋

(3) 文成县空斗墙房屋在抗震方面存在的主要问题

如上所述，空斗墙房屋是文城县域内广泛采用的一种结构类型，从普通民居到乡镇办公楼、电影院等公共建筑均大量采用这种结构类型。由于文城县是设防烈度小于6度的地区，在其县域内的建筑结构均未考虑地震作用，因此，县域内空斗墙房屋在墙体黏土砖的规格、砌筑方式等方面有其自己的特点。然而，正是这些与众不同的做法，使该地区建造的大量空斗墙房屋存在着严重的抗震隐患。下面就文成县空斗墙房屋在抗震方面存在的主要问题进行分析。

① 墙体烧结黏土砖的规格不标准，砖块长而薄，立砖斗砌墙体的有效抗剪截面积小。

该地区普遍采用一种当地称为"大仓砖"的烧结黏土砖（图2.1-60），其尺寸（长×宽×厚）为250mm×80mm(50mm)×40mm，而标准黏土砖的尺寸为240mm×115mm×53mm，大仓砖长度方向较标准砖长10 mm，宽度和厚度均小于标准砖，立砖斗砌墙体（当地空斗砖墙厚为250mm）的有效抗剪截面积仅为厚度近似的240mm实心砖墙的1/3。大仓砖与标准砖的比较见图2.1-61。

图2.1-60 文成地区采用的大仓砖

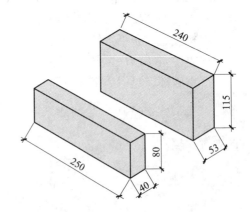
图2.1-61 大仓砖与标准砖的比较

② 每层均采用全空斗砌法，不设眠砖，墙体整体性差。

空斗墙房屋是我国华东地区村镇建筑的主要结构类型，量大面广。大部分地区空斗墙通常的做法是采用标准黏土砖，沿竖向有一斗一眠、三斗一眠、五斗一眠等砌筑方法，沿水平方向一般是一丁一顺砌法（图2.1-62）。而文成县村镇空斗墙沿竖向在同一层内为全斗砌法，仅有眠砌空斗和立砌空斗的区别，除楼板下有一皮立砌实心砖外，整层内均无眠砖，沿水平方向一般为三顺一丁（图2.1-63），纵横墙体连接薄弱，整体性差。

图2.1-62　九江地区空斗墙三斗
一眠一丁一顺砌法

图2.1-63　文成地区全斗无眠
一丁三顺砌法

③ 窗间墙过窄，纵向抗侧力构件薄弱。

调查中发现，该地区绝大多数房屋的窗间墙非常窄（图2.1-64、图2.1-65），有的几乎不设窗间墙。图2.1-66和图2.1-67分别是一栋房屋的前立面和后立面，可见几乎没有纵墙，仅在楼梯间位置有两道内纵墙，导致房屋纵向抗侧力能力非常薄弱。

图2.1-64　房屋窗间墙很窄，
一层几乎没有窗间墙

图2.1-65　大多数房屋窗间墙很窄

图2.1-66　房屋前立面窗间墙很窄

图2.1-67　房屋后立面无纵墙

④ 部分房屋高宽比过大，在水平地震作用下房屋整体受力状态改变，受弯成分增大。

该地区村镇房屋大多为四层或五层，农村房屋则大多为主体三层局部四层，层高一般不低于3m。一部分房屋纵向只有一个开间，开间宽度多在3.5~4.0m之间，房屋的高宽比大于3，甚至超过了《建筑抗震设计规范》对实心黏土砖墙体房屋高宽比的要求，大大增加了房屋在水平地震作用下产生受弯变形的可能，由于砖砌体是脆性材料，抗弯能力很弱，故高宽比大对抗震非常不利。

部分房屋尽管纵向几户连在一起，有几个开间，但按照当地习惯做法，各开间房屋（分属几户）混凝土构件（圈梁、楼板、阳台板等）内的钢筋是断开的，相互不连续，房屋的整体性大打折扣。

⑤ 屋盖处无圈梁、纵横墙无咬槎，不同时砌筑，房屋整体性差。

该地区空斗墙房屋的习惯做法是在主体结构上局部增加一层，如主体三层局部四层或主体四层局部五层，农村则主体三层局部四层的居多。房屋在整体性方面存在以下问题：

A. 局部顶层为坡屋顶（图2.1-68），硬山搁檩（图2.1-69），黏土瓦屋面。檐口高度处没有圈梁，山尖墙上没有卧梁，檩条下面也没有垫板，只是将檩条简单搁置在砖块上（图2.1-69）。屋盖的整体性很差。

B. 楼盖大多采用预制空心楼板（图2.1-63）。有的房屋在某层楼盖高度处设有一道钢筋混凝土圈梁（图2.1-66），有的则一道都未设置（图2.1-68）。楼盖的整体性差。

C. 据当地技术人员介绍和现场调查可知，该地区村镇空斗墙房屋的纵横墙不是咬槎同时砌筑，而是先砌外墙后砌内墙，纵横墙之间为通缝（图2.1-70、图2.1-71），无有效连接。

图2.1-68 顶层为坡屋顶瓦屋面

图2.1-69 硬山搁檩

图2.1-70 纵横墙交接处为通缝

图2.1-71 纵横墙交接处为通缝

由此可见,整个房屋在楼、屋盖整体性和纵横墙连接上都很差。

(4) 震损房屋的修复与加固建议

1) 无修复和加固价值的生土墙房屋

由上述房屋震害可知,生土墙房屋(包括夯土墙、木构架混合承重结构,夯土墙、砖墙、木构架混合承重结构,夯土墙、石墙、木构架混合承重结构)由于建造时间较久,墙体裂缝数量多、裂缝宽度大,木构架节点大多已松动,木构件多数已变形,屋架歪斜,已属于危房。这些房屋基本没有加固价值,可结合村镇建设规划进行拆建。

2) 可修复的空斗墙房屋

空斗墙房屋震害相对较轻,据乡镇领导介绍,大多数房屋的墙体均有可见裂缝。根据现场调查情况,多数房屋的震害属于轻微破坏,部分达到中等破坏,少数遭受到严重破坏。可以说文成县村镇空斗墙建筑在6度地震作用下大多数房屋不致发生严重破坏和倒塌。因此,对于轻微开裂的墙体(如裂缝宽度在1mm以内),可采用水泥砂浆将裂缝抹平即可。对于宽度在1~4mm的裂缝,可采用钢丝网或钢板网抹高强度等级水泥砂浆(不低于M10)修补,使其不低于原墙体的强度。修复后的房屋只是恢复开裂墙体的原有强度,并没有提高房屋的抗震能力。

对于裂缝宽度大于4mm的墙体,应采取加固措施。

3) 加固建议

鉴于该地区空斗墙房屋的建造特点和抗震方面存在的不足,其抗震加固方法需进行专项研究。应组织有关专家、技术人员进入现场,对震损房屋进行深入剖析,主要是找出空斗墙体加固的着力点,在提高房屋整体性和抗倒塌方面提出这类房屋的一般加固方法。

对于学校、医疗、办公、幼托、商店、影剧院等公共建筑,应组织有关专家、技术人员逐栋进行震害调查,对震损的房屋进行抗震鉴定,将有加固基础(加固条件)和加固价值的房屋做为试点进行抗震加固。

(5) 新建房屋在抗震方面应注意的问题

① 采用国家发布的标准规格的黏土砖或砌块砌筑墙体。

② 根据建设部《关于加强村镇将设抗震防灾工作的通知》(建抗[2000]18号)的有关规定,对抗震设防烈度为6度及以上地区的学校、医疗、办公、幼托、商店、影剧院等公共建筑,应按现行国家标准《建筑抗震设计规范》进行设计与建造。

2.1.6 云南宁洱6.4级地震灾害考察报告

(1) 灾情概况

2007年6月3日早晨5点34分56秒,宁洱县(东经101.1度、北纬34.4度)发生6.4级地震。地震发生后,云南省委、省政府迅速启动地震应急预案,成立了抗震救灾指挥部,市、县各级政府加强领导,统一指挥,密切配合,确保了抗震救灾工作规范、有序。灾民生活得到了有效保障,社会秩序稳定,减轻了人员伤亡和经济损失。据宁洱县抗震救灾指挥部灾情通报,此次地震共造成3人死亡,329人受伤,其中28人重伤。

地震部门公布的地震烈度分布图表明(图2.1-72),这次地震位于震中区的宁洱县城及其周围村镇的地震烈度为8度,其中曼连、新平和太达三个村(组)为9度异常区。

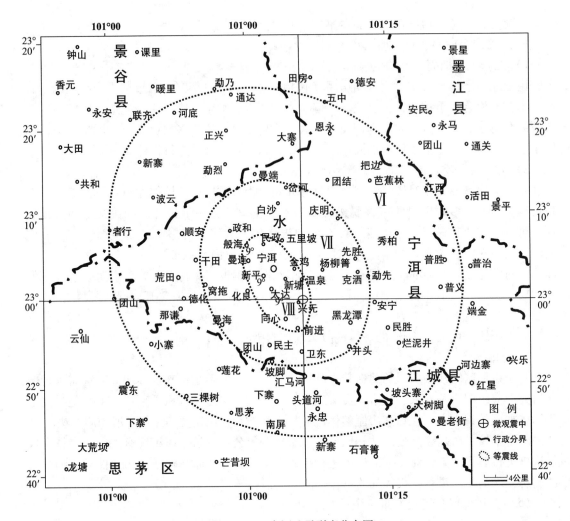

图 2.1-72 宁洱地震烈度分布图

初步调查表明：位于 8 度烈度区的土木房屋（老旧民房）大多为严重破坏或倒塌；20 世纪 80 年代建造的砖混房屋也大多产生不可修复的严重破坏；而 90 年代中后期至今建造的多层砖混、多层框架、底层框架等现代建筑则在这次地震中表现良好，基本完好和轻微破坏所占的比例在 70%~80%。

（2）村镇建筑震害情况

宁洱县的基本地震烈度为 7 度（0.15g），此次发生 6.4 级地震对宁洱县城及其附近地区产生了 8 度的地震影响。近年来云南省在城市与村镇建设中加强了建筑抗震的监管力度，使得宁洱县 20 世纪 90 年代中后期的新建工程在这次地震中大多数为轻微破坏，凡是按抗震规范进行正规设计、建造的房屋，均经受住了这次地震的考验。但也有 20 世纪七、八十年代建造的未设防房屋和村镇中大量群众自建的房屋遭到了较严重的破坏。

宁洱县城周围农村民居的震害现象与结构形式有关，几种主要结构类型房屋的震害情况如下：

1）土木结构房屋，一般为木构架土坯围护墙房屋。土坯尺寸：9寸×5寸×4寸（当地也称为 954 土坯），墙厚约 50~60cm；木柱直径在 160mm 左右，木柱与墙体没有拉结措施；木构架横向有穿枋连接，纵向为木龙骨或檩条连接（榫接）；纵横墙之间，个别在外墙转角处设有整根的竹子作为拉结筋；筒板瓦屋面。

此类房屋破坏形式大多为墙倒架歪或墙倒架立（图2.1-73），木构架纵、横向节点连接不牢，榫接处破坏较普遍（图2.1-74），有的木柱在柱脚石处位移超过100mm（图2.1-75），屋面瓦片掉落严重（图2.1-76）。

图2.1-73 墙倒架歪是农村民宅普遍的破坏现象

图2.1-74 榫接处破坏导致端开间落架

图2.1-75 柱脚石处位移超过10cm

图2.1-76 屋面瓦片掉落严重

这次地震尽管使农村和县城中的土木房屋破坏严重，但伤亡较少。主要原因一是木构架土坯围护墙这种结构形式在地震作用下，土坯墙与木构架相互碰撞，位于外侧的土坯墙多向外倒塌；二是地震发生在早晨5时34分，人们还未起床，在室内的人幸免于难。现场调查发现街巷、胡同中堆满了土坯和瓦砾，假如地震发生在早晨7时以后，人员室外活动增多，在街巷、胡同中的人恐难逃厄运，人员伤亡将远远大于现在的数字。

2）砖木结构房屋，一般为木构架砖围护墙房屋。这类房屋的建造方式和破坏形态与上述木构架土坯围护墙房屋基本相似。墙体完全倒塌的不多，但墙体开裂较为严重（图2.1-77），屋面瓦片掉落同样严重。

3）砖混房屋。在地处8度烈度区的小河村（组）有几户经济状况较好的村民自建了砖混结构房屋（图2.1-78），层数为两层，圈梁和构造柱截面尺寸均为300mm×300mm，这几栋砖混房屋地震中表现良好，墙体只有少数轻微裂缝（图2.1-79），震害程度属于基本完好和轻微破坏。

图 2.1-77　木构架砖围护墙房屋
墙体开裂严重

图 2.1-78　村民自建的砖混结构
房屋基本完好

4）空心砌块房屋。宁洱农村生产的水泥空心砌块，孔洞率较大，大多用作棚圈或围墙；也有少数房屋用这种水泥空心砌块作木构架房屋的围护墙。由于孔洞率大，砌筑砂浆粘结面积小，孔中没有插筋灌注，此类房屋墙体倒塌现象普遍（图 2.1-80）。

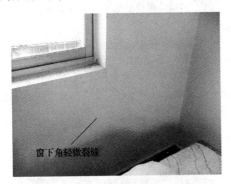

图 2.1-79　自建砖混结构房屋仅在
窗下角有轻微裂缝

图 2.1-80　水泥空心砌块围护墙倒塌

(3) 村镇房屋恢复重建抗震技术措施

为了协助地震灾区灾后恢复重建，提供房屋抗震技术支持，根据以往建筑抗震的实践经验与科研成果，向这次地震灾区的建设部门提供以下村镇房屋抗震技术措施，以便在恢复重建中根据当地实际情况参考应用。以下抗震措施仅适用于村镇一、二层房屋。

村镇房屋抗震的主要措施：加强房屋的整体性，加强屋盖系统的整体性（节点连接），加强墙体自身的整体性和强度，加强墙体与木构架的连接。

1）房屋地基、基础和结构体系要求：

地基应夯实，基础可采用砖、石、混凝土、灰土或三合土等材料。

同一房屋不应采用木柱与砖柱、木柱与石柱混合的承重结构，也不应采用砖墙、石墙、土坯墙、夯土墙等不同墙体混合的承重结构。

基础的防潮层宜采用 1:2.5 的水泥砂浆内掺 5% 的防水剂铺设，厚度可采用 20mm；防潮层宜设置在室内地面以上 60mm。

2）加强房屋整体性措施

① 当砌体结构房屋采用木楼、屋盖或预制板楼屋盖时，应在所有纵横墙的基础顶部、

每层楼、屋盖（墙顶）标高处设置配筋砖圈梁（石砌体设置配筋砂浆带），经济状况好的可设置钢筋混凝土圈梁。夯土墙宜采用木圈梁。

实践证明，钢筋混凝土构造柱与钢筋混凝土圈梁相结合，可将砌体牢固约束，提高砌体的变形能力和房屋的抗倒塌能力。在经济条件允许情况下，最好采用有钢筋混凝土圈梁、构造柱的砖（石）砌体结构房屋。

② 配筋砖圈梁和配筋砂浆带的纵向钢筋配置不应低于 $2\phi6$，砂浆强度等级不应低于 M5；配筋砖圈梁和配筋砂浆带砂浆层的厚度分别不宜小于 20mm 和 50mm；

③ 配筋砖圈梁和配筋砂浆带交接（转角）处的钢筋应搭接（图 2.1-81）。

3）加强墙体自身的整体性和强度

① 实心砖墙墙体的砂浆强度等级：一层房屋不应低于 M2.5；两层房屋的一层不应低于 M5，二层不应低于 M2.5；

② 墙体在转角和内外墙交接处必须同时咬槎砌筑；

③ 砖和石砌体的外墙转角及纵横墙交接处，宜沿墙高每隔 1000mm 设置 $2\phi6$ 拉结钢筋或 $\phi4@200$ 钢丝网片，拉结钢筋或网片每边伸入墙内的长度不宜小于 700mm 或伸至门窗洞边；

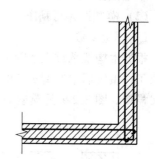

图 2.1-81 配筋砖圈梁在洞口边、转角处钢筋搭接做法

④ 生土墙的外墙转角及纵横墙交接处，宜沿墙高每隔 600mm 设置编织成的竹网片、荆条网片，网片每边伸入墙内的长度不宜小于 700mm 或伸至门窗洞边。

4）加强屋盖系统的整体性（节点连接）

① 屋架与柱的连接处应设置斜撑；

② 两端开间屋架和中间隔开间屋架应设置竖向剪刀撑；

③ 山墙、山尖墙应采用墙揽与木屋架或檩条拉结；

④ 内隔墙墙顶应与梁或屋架下弦拉结；

⑤ 在房屋横向的中部屋檐高度处应设置纵向通长水平系杆，并在横墙两侧设置墙揽与纵向系杆连接牢固，或将系杆与屋架下弦钉牢；墙揽可采用木块、木方、角铁等材料；

⑥ 屋盖系统中的檩条与屋架、椽子与檩条，以及檩条与檩条、檩条与木柱（小式屋架）之间应采用木夹板、铁件、扒钉、铅丝等相互连接牢固。

5）加强墙体与木构架的连接

木构架承重房屋的围护墙应与木柱在配筋砖圈梁和外墙转角及纵横墙交接处有拉结钢筋位置处用 $\phi6$ 拉结钢筋或 8 号铅丝连接牢固。

2.2 村镇建筑抗震性能试验

2.2.1 农村木构架承重土坯围护墙结构振动台试验研究

(1) 模型振动台试验研究目的

本振动台试验采取的模型是木构架承重生土围护墙房屋。近些年发生在我国大陆破坏性地震对村镇建筑的震害调查表明,大部分木构架生土围护墙房屋的抗震能力较差,主要原因是建筑材料强度低、节点连接薄弱、结构整体性差、传统建造方式不合理,使这类房屋在地震中破坏严重,造成了大量人员伤亡和经济损失。为了提高其抗震能力,同时考虑农民在经济上的可接受水平,对木构架承重土坯围护墙房屋采取相应的抗震措施,并通过单层足尺房屋模型的(以下简称设防模型)地震模拟振动台试验,验证所采取的抗震措施对提高该房屋模型抗震能力的作用,同时也为编制《村镇建筑抗震技术规程》提供基础数据。

(2)模型设计与制作

1)模型参数

根据木构架承重土坯围护墙房屋的建筑材料、房屋规模(大小)和结构构造等特点,选取了村镇民居中典型房屋的一个开间作为试验模型的原型,模型为采取抗震构造措施的足尺模型。图2.2-1是模型平面图和剖面图,模型有关参数等简述如下:

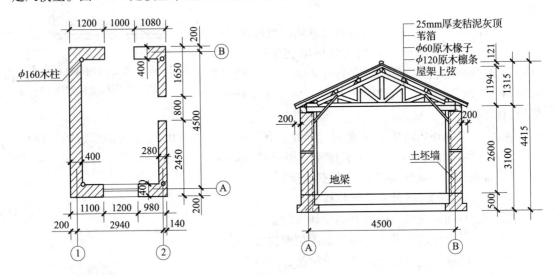

图 2.2-1 模型平、剖面图

① 模型基座为500mm高钢筋混凝土地梁;
② 模型尺寸:长4.90m,宽3.28m,高2.60m(自地梁顶至屋架下弦);
③ 模型总重量(包括地梁):模型总重量约41t;
④ 土坯砌块尺寸:长×宽×厚=360mm×240mm×120mm;
⑤ 墙体厚度:外墙厚360mm,内墙厚240mm,墙体两侧各抹20mm厚黏土泥浆,外墙体总厚度为400mm,内墙总厚度为280mm。

模型的基本制作过程为:地梁绑筋、支模→地梁混凝土浇筑、养护→木构架制作安装→砌土坯墙体→铺屋面→墙面抹灰→刮腻子。制作过程中包括相关的加固措施。

2)抗震构造措施

针对原型房屋墙体与木柱无连接措施、墙体易外闪倒塌、木构架及屋面系统节点连接薄弱等抗震方面存在的问题,对模型采取以下几种加固措施:

① 在沿墙体高度方向的中部,配置了50mm厚的配筋砂浆带,内配2φ6钢筋;墙体顶部配置140mm(两皮砖)厚的配筋砖圈梁,内配2φ6钢筋,见图2.2-2;

② 山墙与屋架用墙揽连接，见图 2.2-3；
③ 纵横墙交接处，沿墙高每隔 400mm 设竹片拉结层一道；纵横拉结材料相交处用铅丝绑扎，见图 2.2-4；
④ 屋架下弦沿长度方向每隔 1000mm 设置木夹板，见图 2.2-5；
⑤ 屋架间设置竖向剪刀撑，见图 2.2-6；
⑥ 木柱与墙体之间用钢筋拉结，见图 2.2-7；

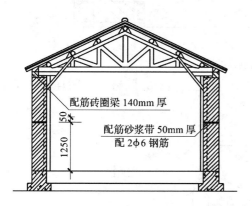

图 2.2-2 墙体内配筋砂浆带和配筋砖圈梁

图 2.2-3 山墙与屋架用墙揽连接

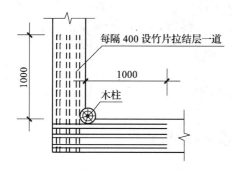

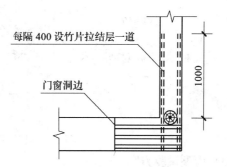

图 2.2-4 纵横墙交接处的拉结措施

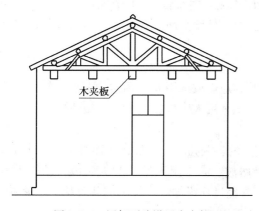

图 2.2-5 屋架下弦设置木夹板

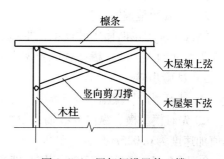

图 2.2-6 屋架间设置剪刀撑

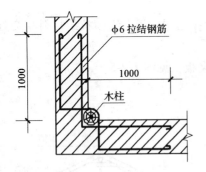 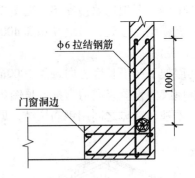

图 2.2-7 木柱与墙体的连接

⑦ 承重木构架各构件间应采用暗榫、燕尾榫、螺栓、扒钉、圆钉等牢固连接，屋架与木柱间加设斜撑，见图 2.2-8。

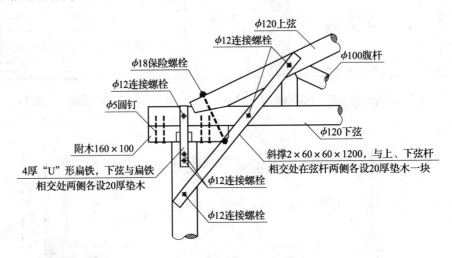

图 2.2-8 木构架与木柱之间加设斜撑

(3) 模型试验方案

1) 加速度传感器的布置

根据试验目的和要求，结合模型实际制作情况，共布置了 31 个加速度传感器，测量内容主要有：作用于模型底部的加速度反应、内、外墙平面内和平面外沿高度的加速度反应、门窗洞口处的加速度反应等。

2) 试验用地震波的选择

本次试验为单向输入的模拟水平地震试验，地震波选用Ⅱ类场地的两组天然波，和一组Ⅱ类场地的人工波，模型进入弹塑性阶段后拟采用人工地震波激振，做到严重破坏。

3) 试验步骤

① 对模型进行低幅白噪声激振，获得模型的自振频率、阻尼，从而得出其变化曲线；

② 先对模型横、纵向分级输入第一组天然波、第二组天然波和人工波，从输入地面峰值加速度为 $0.035g$ 开始，至 $0.30g$ 结束，共经过 6 级加载。每级加载后观察记录裂缝；

③ 以人工波继续进行横、纵向试验直至严重破坏；

④ 在每级地震波试验完毕后，都输入白噪声激振以观察动力特性的变化。

（4）试验结果与分析

1）试验现象及破坏情况

本次试验从输入地面峰值加速度为 $0.035g$ 开始，当加速度为 $0.07g$ 时，模型轻微振动，有微细裂缝出现；随着加速度的增大，模型的振动明显，裂缝增多、加宽，当加速度达到 $0.20g$ 时，模型出现扭转，屋顶泥被开始有碎土掉落；至 $0.30g$ 时，模型扭转加剧，窗洞和门洞以上部位明显分离，裂缝增多，加宽、部分裂缝贯通。模型裂缝分布见图 2.2-9 ~ 图 2.2-12。

图 2.2-9　模型北立面裂缝图

图 2.2-10　模型南立面裂缝图

图 2.2-11　模型西立面裂缝图

图 2.2-12　模型东立面裂缝图

2）房屋模型破坏机理分析

从试验裂缝分布图可以看出以下特点：

① X 方向（沿模型横向）地震作用下南北立面（内横墙与外山墙）墙体裂缝

南立面为内横墙（②轴），北立面为外山墙（①轴）。在 X 方向地震作用下，两墙体的裂缝（如图 2.2-9 和图 2.2-10 所示）主要沿竖向集中在东西两侧与木柱对应的位置处，特别是南立面的西侧和北立面的东侧裂缝相对更为密集，南立面的西侧裂缝基本在木柱位置沿竖向贯通，北立面的东西两侧裂缝则在木柱位置沿竖向 45°呈羽状密集排列，但南北两立面墙体裂缝并没有形成较长的贯通主裂缝。经分析其原因有两点：一是由于模型是木构架承重土坯围护墙结构，墙体为自承重，南北山墙两侧的裂缝是在振动过程中墙体与木柱相互作用产生的，由于木柱与墙体之间由配筋砖圈梁和配筋砂浆带中的 $\phi 6$ 钢筋连接，并沿墙高每隔 400mm 设有竹片加强纵横墙的拉结，所以尽管在木柱位置产生了裂缝，但裂缝的宽度很小，纵墙在拉结措施下没有外闪，说明围护墙体与木柱的连接措施是非常有效的。二是南、北立面墙体较长（4.90m），刚度相对较大，墙体沿高度设有配筋砖圈梁和配筋砂浆带，对墙体形成约束，并在一定程度上提高了墙体的承载力，故墙体没有形成较长的贯通主裂缝。

南立面门洞以上至屋架下弦之间墙体出现了几条斜向和水平裂缝，北立面檩条和墙揽处出现几条较小的斜裂缝，是由于屋架构件与墙体相互作用产生的。

② Y 方向（沿模型纵向）地震作用下东西立面（外纵墙）墙体裂缝

在 Y 方向地震作用下，东西两外纵墙裂缝如图 2.2-11 和图 2.2-12 所示。由图可见，墙体裂缝主要集中在窗洞四角和门洞的两个上角，但裂缝并未斜向上延伸到墙顶，洞口两侧的墙体也未出现较长的斜裂缝。主要原因：一是模型的纵向较短，又开有门窗洞口，墙体的抗剪承载能力较横向弱，故在地震作用下出现了典型的洞口角部的八字形裂缝；二是因为配筋砖圈梁阻止了裂缝的向上发展；三是因为配筋砂浆带阻止了该部位墙体斜裂缝的形成。

在与山墙垂直的 Y 向地震作用下，围护墙的山墙特别是山尖墙容易出平面倒塌。由于模型的山尖墙采用墙揽与屋架连接，且两屋架之间设置了竖向剪刀撑，这使得模型山尖墙在 $0.30g$（相当于 8 度半）地震作用下完好无损，说明墙揽和屋架的连接较牢固，起到了有效阻止山尖墙外闪的作用。

(5) 模型房屋因抗震设防所增加的造价

对于农村房屋来说，抗震构造措施增加的造价主要是用钢量的增加，本模型房屋的钢筋用量为 20kg，每吨按 3600 元计算，每平方米建筑面积约折合 4.8 元。按每户建筑面积 60m^2，配筋砖圈梁的钢筋用量为 80kg，则每户仅需增加 288 元。再加上墙揽、支撑、屋架等所用的铁件、扒钉、螺栓等，每户用于抗震设防的钢材增加的造价为 340 元左右，在农民可承受的范围内。

(6) 结论

本次振动台试验的木构架承重土坯围护墙单层房屋模型采用了配筋砖圈梁，配筋砂浆带，斜撑、剪刀撑等抗震构造措施，以及扒钉、铁件、墙揽等造价低廉、常用的连接手段，加强了结构的整体性和各节点之间的连接，提高了房屋在地震作用下的变形能力，使 7 度（地面峰值加速度 $0.10g$）地震即可产生较严重破坏的此类房屋的抗震能力有了明显提高，在 8.5 度（地面峰值加速度 $0.30g$）时仍未发生不可修复的严重破坏。抗震构造措施对开裂墙体具有较强的约束能力。屋架、梁柱节点、墙与柱连接节点的抗震效果良好，达到了预期目的。

2.2.2 土坯承重墙体抗震性能试验研究

(1) 试验目的

对土坯进行抗折、抗剪和三个方向的抗压试验，获得土坯的不同强度。使用不同的砌筑方法砌筑土坯砌体试件，对试件施加轴心压力，研究砌体轴心受压性能、破坏形态。比较土坯平砌和立砌的竖向承载能力及外表有无抹灰对土坯砌体承压能力的影响。比较土坯砌体与砖砌体受力的异同、分析影响土坯砌体承载力和变形性能的因素。

对生土结构房屋中的承重土坯墙体进行缩尺模型拟静力试验，对模型施加低周反复水平荷载，研究其破坏过程、破坏形态、抗震承载力和构造措施，旨在给出村镇房屋建房的抗震设计和构造措施的指导，为编制《镇（乡）村建筑抗震技术规程》提供基础研究依据。

（2）试验方案

1）模型试件设计

① 土坯墙体模型尺寸、材料及制作

各地和各种房屋土墙尺寸差异较大，综合考虑各种房屋实际情况，墙体原型尺寸定为6000mm×3300mm×720mm。根据试验室加载设备条件采用1∶3缩尺比例，模型尺寸为2000mm×1100mm×240mm。在土坯墙两端砌筑240mm×240mm砖柱，这种砖柱并不是受力构件，只是起保护和装饰墙体的作用，在试验时将作动器集中荷载转换成线荷载施加在墙体上。墙顶设砖圈梁。

土坯的制作采用民间制作工艺，土坯的尺寸定为370mm×240mm×60mm，砌筑泥浆由土及麦草加水搅拌而成，砖柱用MU10普通黏土砖，M5混合砂浆砌筑。

墙体模型试件制作时，先平砌土坯墙，再砌筑两端砖柱，最后砌筑墙顶砖圈梁。墙体水平缝饱满均匀，土坯错缝搭接。土坯墙体砌筑在钢筋混凝土底梁上，底梁两端预留螺栓孔，用于固定试件。底梁模拟实际结构中的毛石基础，与土坯接触面为浇混凝土时的自然毛面，同毛石基础与土坯墙接触面的条件相近。墙体模型试件见图2.2-13。

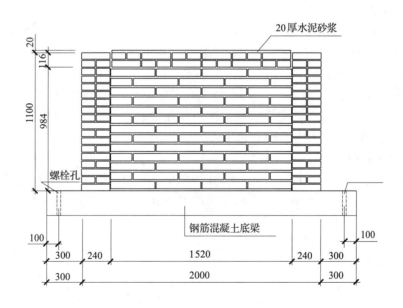

图2.2-13 土坯墙模型试件

② 土坯砌体试件制作

土坯砌体受压试验主要为了测试土坯砌体抗压强度与单个土坯强度、泥浆强度、土坯砌法及外表粉刷皮层之间的关系，共制作了四个土坯抗压试件，试件编号、砌筑粉刷情况及外形尺寸见表2.2-1，试件GJ-1、GJ-2砌筑方式见图2.2-14，试件GJ-3、GJ-4砌筑方式见图2.2-15。

土坯抗压试件编号、砌筑粉刷情况及外形尺寸　　　表 2.2-1

编号	GJ-1	GJ-2	GJ-3	GJ-4
砌筑方式	立砌	立砌	平砌	平砌
外表粉刷	不外粉	外粉	不外粉	外粉
外形尺寸（mm）	370×490×735	400×520×750	370×490×750	400×520×765

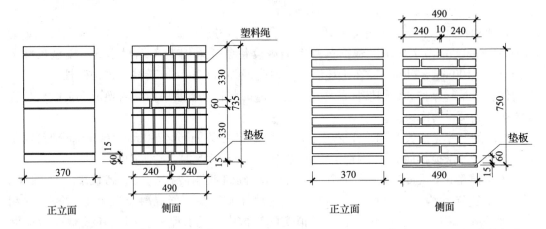

图 2.2-14　试件 GJ-1、GJ-2 砌筑方式　　　图 2.2-15　试件 GJ-3、GJ-4 砌筑方式

2）加载方案

① 土坯试验加载方案

依照砖材的材性方法（GB/T 2542—2003）来进行土坯试验，将土坯切成符合尺寸要求的试块，通过试验设备测得土坯的抗压、抗折及抗剪强度。

② 土坯砌体受压试验加载方案

土坯砌体受压试件（共 4 个）采用 200kN 压力机加荷，轴向加载，先加 2~10kN 的初荷载，确定加载板和试件间完全接触，读表，开始试验，每级荷载初定 10kN，试验中根据砌体受力及变形情况调整。位移采用人工读数。

③ 土坯墙体模型试验加载方案

对土坯墙体模型进行低周反复荷载作用下的抗震性能研究。首先通过试验装置，在墙体模型顶部施加恒定的均布荷载，再根据位移控制分级施加水平荷载，观察其破坏形态，并由计算机采集试验中的位移、荷载数据。

(3) 试验过程、现象及结果

1）土坯试验结果分析

土坯抗压、抗剪、抗折强度试验结果见表 2.2-2。由于土坯制作工艺和土的特性，使得该试验数据不可避免地具有较大的离散性。但仍能从试验结果看出：

① 土坯的抗压强度相对较好，接近北京地区较多采用的加气混凝土砌块（其抗压强度为 3~4MPa）。

② 土坯在不同的方向承压强度不同，受力具有各向不同性。平压时抗压强度最高，立压时次之，卧压最低。这是土坯制作工艺的原因。

③ 抗折强度，抗剪强度都比较低。这是生土材料的性质，并且土坯的干缩裂缝也对其有很大的影响。

土坯抗压、抗剪、抗折强度试验结果 表2.2-2

类型	抗压强度（平压）（MPa）	抗压强度（立压）（MPa）	抗压强度（卧压）（MPa）	抗剪强度（单面剪切）（MPa）	抗剪强度（双面剪切）（MPa）	抗折（弯）强度（MPa）	土坯试件含水率
土坯块	2.731	2.276	1.332	0.479	0.488	0.761	1.65%
备注	平压为沿土坯块平铺面垂直方向加压，立压为沿土坯长边方向加压，卧压为沿土坯短边方向加压。试验中还测得泥浆的抗压强度为1.115MPa						

注：强度值均为试验直接结果的平均值。

2）土坯砌体试验现象及破坏形态

试验表明，平砌的土坯砌体破坏与砖砌体十分相象，裂缝从竖向泥浆缝扩展到土坯中，形成竖向通缝，通缝将土坯砌体分隔成若干独立细柱，最终由于细柱失稳，外鼓导致破坏。

立砌的土坯砌体中立砌的土坯承载力较高，裂缝从原始土坯的收缩裂缝延伸。在竖向压力下，由于竖向灰缝很不饱满，立砌土坯独自工作，出现侧向变形时，靠相邻土坯帮助保持稳定，试件用塑料绳捆绑，填补了周边土坯的支持约束作用，荷载峰值以后，土坯内出现纵向劈裂裂缝，标志着单块土坯作用已充分发挥，当剪断约束的绳子后，立砌土坯从最外侧依次外鼓塌落，若试验不加绳子约束，破坏应提前，破坏仍为立砌土坯外鼓失稳导致。

泥浆和土坯的强度接近，都较低，土坯砌体破坏时，不论立砌还是平砌的土坯块材一般都出现压碎现象，即强度已发挥，这与砖砌体不同，砖砌体若在灰缝内配置一定量的水平钢筋，阻止小柱失稳，则承载力可有较大幅度提高（最多达到单砖的抗压强度）。但土坯砌体在小柱失稳时，土坯块材也达到极限承载力。若采取构造措施，防止小柱失稳，砌体所能提高的承载力也十分有限，但对砌体延性有重要意义。

3）土坯墙体模型试验过程、现象及结果

试验时，土坯墙已晾置57天，土坯无明显干缩裂缝，泥浆缝出现干缩裂缝。对墙体施加竖向荷载，标出墙体由于干缩产生的裂缝，拧紧加载板螺栓，此时砖柱上已出现水平裂缝，各测点位移计读数为初读数。

采用位移控制施加水平荷载，每级0.5mm，循环2次。在循环1.5mm时，砖柱裂缝加宽。循环至2mm时墙体出现水平裂缝，循环至4mm时裂缝普遍开展。随着位移的增加，裂缝不断出现并开展。在循环8mm时主裂缝形成但未贯通，基本不再随位移加大出现新的裂缝。在循环10mm时主裂缝贯通。循环12mm时砖柱底部出现裂缝。循环13mm时主裂缝交叉部位严重破坏，土坯碎块脱落。在15mm循环第一次后墙体中部土坯大块脱落，墙体即将崩溃，为了安全起见，试验结束。

裂缝图见图2.2-16。图中粗线标出的交叉裂缝为墙体临界裂缝，墙体破坏形态与黏土砖墙体十分相近。图中数字表示裂缝出现时相应的墙体位移值。

根据试验结果可将土坯墙体的受力过程可分为三个阶段：

① 弹性阶段：在加荷初期，当水平荷载约小于极限荷载60%，水平位移小于2mm时，墙体没有裂缝出现，此时墙体处于弹性变形阶段。

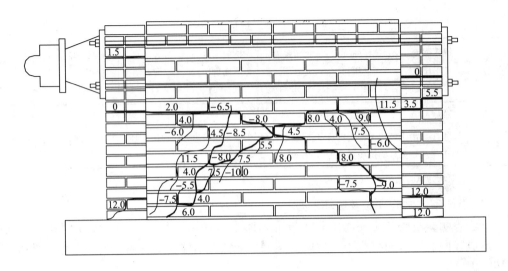

图 2.2-16 墙体裂缝图

② 开裂阶段：随着荷载进一步增加，水平位移在 2～5.5mm 之间时，墙体进入开裂阶段，裂缝首先在水平泥浆缝中出现，随后出现在竖向缝和土坯中。

③ 破坏阶段：当水平荷载达到破坏荷载的 90%，水平位移大于 5.5mm 时，部分土坯严重开裂，试件的斜向踏步形剪切裂缝逐渐扩大并贯通，土坯墙达到极限抗剪强度。

土坯墙体的破坏是由于在水平荷载作用下墙体的主拉应力达到极限而引起的，破坏形态是典型的剪切破坏特征。墙体下方斜裂缝接近 45°，墙体上方由于加载板面积较大，使上部墙体得到加强，裂缝较少，裂缝交叉点以上的斜裂缝较短，最终与靠近加载板下方的水平裂缝相交，形成临界裂缝。

(4) 结论

1) 土坯砌体试验结论

① 受压土坯砌体和受压砖砌体相比，破坏形态相似，但强度、刚度较砖砌体低。土坯砌体破坏时，可观察到部分土坯块压碎，砌体强度虽较土坯块材低，但与砖砌体相比，差别不大，从充分利用材料的角度看，土坯砌体具有较好的受压承载力。

② 从试验结果看出平砌土坯砌体比立砌土坯砌体的强度略高，值得注意的是平砌土坯砌体的变形能力远大于立砌土坯砌体，同时，平砌土坯砌体的的抗裂性能、稳定性、延性明显优于立砌土坯砌体，土坯由于制作工艺的影响，平砌方向受压承载力高于另外两个方向，因此，土坯平砌也有利于提高砌体抗压承载力，建议在实际结构中应使用平砌土坯砌体。

③ 土坯砌体的外粉刷，对提高承载力效果不明显，但对提高变形能力有利，对土坯砌体的防雨、耐久有较好的效果。

④ 土坯砌体承载力与制坯土料、土坯制作和砌筑质量、泥浆的组成和饱满度以及砌筑方法有密切关系。在土坯中掺入干草、动物毛发、石灰、砂等，可在一定程度上提高土坯强度。

⑤ 土坯砌体作为生土结构房屋的承重墙体，能够满足静力荷载的要求，在地震荷载作用下的性能有待于施加水平荷载讨论研究。

2）土坯墙体试验结论

① 水平荷载作用下土坯墙表现出典型的剪切破坏特征。在水平荷载作用下，墙体出现斜裂缝，并不断扩展延伸，到达极限荷载后，墙体形成X形剪切裂缝，导致墙体最终破坏。

② 土坯墙体与黏土砖墙体在破坏特征、抗震能力影响因素等方面有相近之处，也有不同之处。较明显的不同是土坯墙体在低周反复荷载作用下产生的斜裂缝不仅沿泥浆缝开展，也通过土坯块材，墙体达到极限荷载时的位移为8mm，但在位移为4mm时，土坯块材中就出现垂直裂缝，而后发展为斜裂缝。黏土砖墙的抗剪强度取决于砂浆强度及砂浆与砖的粘结强度，而土坯墙体的强度还受土坯块材强度的影响。

③ 土坯墙体具有一定的延性性质。土坯墙体明显开裂，主裂缝形成之后，并非突然破坏，达到极限荷载，X形裂缝交叉处，土坯被彻底压碎，变形仍从8mm左右继续加至14mm。

④ 周边的约束对墙体延性有重要影响。从试验中可以看出，在加载后期，当下部砖柱开始受力后，墙体的承载力又开始回升，变形能力也随之提高。如果将墙体两端起保护和装饰作用的砖柱做成与墙体有可靠连接的构造柱，对墙体抗震性能有更大的提高。

⑤ 分析试验数据可知，土坯墙体承受超过7度水平地震力作用后开裂，承受超过8度水平地震力作用后破坏。根据震害调查，对土坯墙承重的房屋，一般墙体不倒则屋不塌。因此，从本次试验结果推理，土坯墙体承重的房屋，在整体布局合理，有很好的构造措施和施工质量保证的情况下，能够在7度时做到不坏，8度时裂缝较多但未达到极限承载力，基本满足抗震设防水准要求。

2.2.3 夯土墙承重墙体抗震性能试验研究

（1）试验目的

研究村镇建筑中使用的生土结构房屋承重夯土墙的受力及抗震性能。对试件施加竖向荷载和低周反复水平荷载，模拟夯土墙体在地震荷载作用下的受力状态，研究夯土墙体的破坏过程、破坏形态以及墙体的水平承载力和变形能力等，对夯土墙的有无掺料和夯土墙有无构造柱、圈梁的情况进行对比，分析影响夯土墙抗震性能的主要因素，指出施工中应该注意的问题。为编制《镇（乡）村建筑抗震技术规程》提供理论依据。

（2）试验方案

1）模型试件设计及制作

本试验以夯土墙承重房屋为研究对象，取山墙作为试验研究单元，参考各种夯土墙承重房屋山墙的实际尺寸，选用 6000mm×3300mm×720mm 为山墙原型尺寸，根据试验室加载设备条件采用 1:3 缩尺比例，模型尺寸为 2000mm×1100mm×240mm。

为了对比不同因素对墙体抗震性能的影响，设计了3片夯土墙体试件，分别为素土夯土墙体（GQ-1）、带圈梁构造柱的素土夯土墙体（GQ-2）、带圈梁构造柱的加草夯土墙体（GQ-3）。试件的详细尺寸见图2.2-17，其中构造柱尺寸为 240mm×240mm，圈梁尺寸为 120mm×240mm。

夯土墙模型在混凝土底梁上砌筑，墙体夯筑完成1天后开始砌筑圈梁和构造柱。夯土墙完全按民间工艺制作，夯筑墙体时，先将麦草一半长度埋入墙体，另一半墙体拆模后将其拉平砌入构造柱，以加强夯土墙体和构造柱之间的拉结。

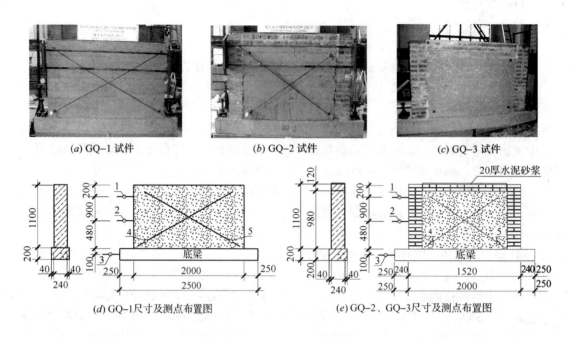

图 2.2-17 试件尺寸及测点布置图

2）加载方案

为了模拟墙体实际受荷状态，先在墙顶施加竖向均布荷载并保持到试验结束，竖向荷载为木屋盖瓦屋面承重夯土墙房屋的使用荷载，然后在墙顶部施加低周反复水平荷载，加载步长及加载速度在试验过程中根据情况进行实时调整。

(3) 试验过程、现象及结果

各墙片试件从开始加载到破坏，都经历了弹性、弹塑性和破坏三个阶段。其破坏形态都表现出剪切破坏的特性，下面分述3片试件的破坏过程。

1）GQ-1：施加水平荷载，每级0.5mm，循环2次，加载速度0.1mm/s。在推0.5mm时，墙体出现细微斜裂缝。随着位移的增加，裂缝不断出现，原有裂缝不断开展、延伸。当位移加至3mm时，墙体两板水平接茬部位出现水平裂缝，先在两侧出现，随着荷载的增加逐渐向内延伸。当位移加至5.5mm时，墙体下部水平裂缝贯通，此时拉力方向已达极限荷载40.5kN。当位移加至7.5mm时，推力方向也达到了极限荷载45.0kN。在8mm循环完毕，准备推8.5mm时，墙体中部水平裂缝突然贯通，在上下水平缝之间的斜裂缝将墙体分割成块体向下脱落，墙体破坏，试验结束。裂缝分布见图2.2-18（注：图中加粗线段为墙体主要裂缝，带虚线裂缝为临界裂缝，图中数字单位为kN）。

2）GQ-2：为了消除构造柱与墙体间的缝隙，首先进行预加载。正式加载时，每级0.5mm，循环2次，加载速度0.1mm/s。在位移1.5mm、荷载为21.3kN时墙体下部出现裂缝。随着位移的增加，新裂缝不断出现，原有裂缝不断开展、延伸。当位移加至4mm时，同GQ-1一样，墙体两板水平接茬部位出现了水平裂缝，先在两侧出现，随着荷载的增加逐渐向内延伸。当位移加至5mm时拉力方向已达极限荷载35.7kN。当位移加至7.5mm时，推力方向也达到了极限荷载36.3kN，裂缝处掉渣现象较严重。在6mm循环完毕后加载速度改为 0.3mm/s，在推 8mm 时两道水平裂缝贯通，在拉 8mm 时大块墙体崩碎塌落，试验结束。裂缝开裂分布见图 2.2-19（注：图中加粗线段为墙体主要裂缝，带虚线裂缝为临界裂缝，图中数字单位为 kN）。

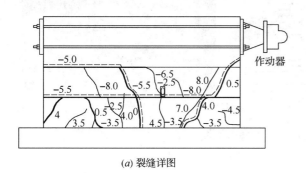 

(a) 裂缝详图　　　　　　　　　　　(b) 墙体破坏图

图 2.2-18　GQ-1 墙体裂缝图

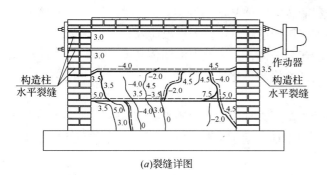 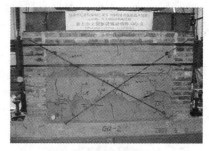

(a) 裂缝详图　　　　　　　　　　　(b) 墙体破坏图

图 2.2-19　GQ-2 墙体裂缝图

3）GQ-3：和 GQ-2 一样先进行预加载，正式加载时，首先采用力控制加载至 20kN，每级 2kN，循环 1 次，加载速度 0.2kN/s。在推 8kN 时，墙体下部首先出现裂缝。在加载至 20kN 之前，仅在墙体下部出现一些细微裂缝。20kN 荷载后，改为位移控制，每级 3mm，循环三次，加载速度 0.3mm/s。当推到 1.3mm 时，由于控制系统出现异常情况，该试件的开裂荷载未能测得。重新按位移控制加载，加载参数不变。推 3mm 时，墙体开始掉渣，推 15mm 时，推力方向达到极限荷载 39.7kN，推 18mm 时，左端砖柱底部被抬起，墙体两道水平裂缝贯通，拉向 18mm 时，达到拉力方向极限荷载 43.1kN。21mm 循环完毕后试验结束。裂缝开裂分布见图 2.2-20（注：图中加粗线段为墙体主要裂缝，带虚线裂缝为临界裂缝，图中数字单位为 kN）。

从试件的破坏可以看出，除夯土墙中期斜裂缝继续出现发展外，在施工时换板接缝处较早出现水平裂缝，且在往复荷载作用下水平缝上下墙体有滑移，裂缝贯通墙体。后期水平裂缝与斜裂缝相交发展贯通，形成两个破坏面，墙体沿施工水平缝剪切破坏，一旦斜裂缝在水平缝之间贯通，墙体即达极限状态。素土墙体最终破坏时，裂缝处大块墙体崩碎脱落，而加草墙体在破坏过程中，由于麦草的拉结作用，裂缝处并未出现大块崩落的现象，这使墙体在受剪破坏后仍能保持一定竖向承载能力，不致立即倒塌且水平变位明显大于素土墙体。

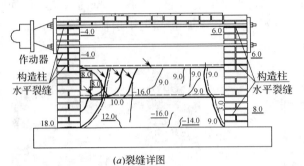 

(a)裂缝详图　　　　　　　　　(b)墙体破坏图

图 2.2-20　GQ-3 墙体裂缝图

(4) 试验结果分析

1）墙体水平承载力

分析试件在水平荷载作用下的开裂荷载及极限荷载，可以看出，夯土墙在 6 度时基本保持完好；在 7 度时已超过或接近开裂荷载，墙体基本已开裂；8 度时墙体到达或接近极限荷载；当地震烈度达到 9 度时，地震作用均已超过墙体的极限荷载。

实际中生土墙承重的房屋，纵横墙连为一体，且惯性力沿墙体高度分布，与将质量集中于墙顶略有区别，其承载力可望达到试验值甚至超过试验值。

2）墙体变形能力

GQ-1 荷载达到极限荷载后即开始下降，表现出明显的脆性破坏特性；GQ-2 构造柱对墙体后期变形有约束作用；GQ-3 土料中加入适量麦草可以大幅提高墙体的变形能力。

3）影响墙体抗震性能的因素

① 材料的影响：夯土墙材料直接影响墙体的承载能力，墙体材料的强度越高，墙体的承载力越大。影响土料强度的主要因素有：土的种类，含水率，掺料的种类及比例等。

另外，墙体加草能提高墙体的极限变形能力，增加夯土墙的延性；在夯土墙中同时加入适量比例的石灰和草秸，既可以提高墙体的抗剪强度，又可以改善其变形性能，对提高夯土墙承重房屋的抗震性能有利。

② 轴向压应力的影响：竖向压应力对墙体抗剪承载力有较大影响。在一定范围内，墙体竖向压应力越大，抗剪承载力越高。

③ 构造柱的影响：加构造柱对对墙体的极限承载力影响不大，但构造柱的存在可以延缓墙体的破坏。在墙体达到极限承载力后，使墙体仍具有一定的延性。

另外，构造柱可以使易受风雨侵蚀的房屋转角部位得到保护，提高房屋的耐久性。

④ 施工方法及施工质量的影响：3 片墙体最终破坏都是由于墙体两板接缝处水平裂缝贯通，说明两板水平接缝处是夯土墙施工的薄弱环节，实际震害也说明了这一点，因此施工时应在水平接缝处竖向加竹片、木条等拉结材料予以加强。

为防止由于夯土墙干缩产生的墙体与构造柱间的缝隙，加构造柱的夯土墙施工时须待夯土墙充分干缩后砌筑构造柱，以保证构造柱、圈梁与墙体紧密接触。

⑤ 构造措施：试验表明，构造柱和圈梁形成的边框体系有效约束了墙体的后期变形，阻止了破碎墙体的倒塌，增强了墙体的后期变形能力。因此，构造柱、圈梁对提高夯土墙体的延性贡献较大，在生土结构房屋中，应特别强调设置构造柱、圈梁，使墙体不致突然

破坏,根据震害调查,一般墙不倒则屋不塌。实际结构中,构造柱、圈梁可用木柱、木梁代替。

(5) 结论

① 承重夯土墙在低周水平反复荷载作用下发生剪切破坏,破坏由主拉应力形成的斜裂缝和由水平剪力在墙体施工接缝处形成的水平裂缝控制,当主斜裂缝与水平裂缝相交,墙体达到剪切破坏的极限状态。

② 构造柱、圈梁形成的边框体系对提高墙体承载力作用不大,但可以有效约束墙体的后期变形,阻止开裂墙体的倒塌,使墙体具有一定的延性,房屋不致突然倒塌。

③ 加入适量掺料的改性土可以提高承重夯土墙的抗剪强度和变形性能。墙体中加适量石灰可提高抗剪强度,加入适量草秸可显著增强其极限变形能力。

④ 两板水平接缝处是夯土墙施工的薄弱环节,施工时应在水平接缝处竖向加竹片、木条等拉结材料予以加强;为防止由于夯土墙干缩产生的墙体与构造柱、圈梁间的缝隙,加构造柱夯土墙施工时须待夯土墙充分干缩后再砌筑构造柱,以保证墙体和构造柱、圈梁紧密接触。用民间建房方法,即先打墙,后开槽嵌入木柱的做法有可取之处。

⑤ 承重夯土墙体具有一定的抗剪强度和变形能力,在地震作用下具有一定的抗震能力,在采取合理构造措施和保证施工质量的情况下,可以做到裂而不倒。由于生土结构的特点,开裂后的修复价值不大,且安全性差,只要地震时不倒塌,震后可利用原土重建。因此,承重夯土墙房屋在 8 度及以下地区使用,能够达到一定的抗震设防要求。

2.2.4 云南农村民居地震安全工程典型土坯、土筑墙力学特性试验研究

(1) 试验目的

云南省是我国地震多发区,农村民居抗震性能较差,其中土木结构占农村民居总数的 72%,在历次地震中均发生过不同程度的破坏。土木房屋在建造时多依据传统经验,随意性较大,很少考虑材料特性的影响,缺乏相关的研究作为技术支持。

为了研究土筑墙、土坯墙砌筑材料的力学特性,昆明理工大学工程抗震研究所进行了一系列试验,包括:云南农村民居土筑墙体土工试验、土坯墙单块土坯试验、土坯砌体试验,这些试验同时为编制《镇(乡)村建筑抗震技术规程》提供了基础研究依据。

(2) 云南农村民居土筑墙体土工试验

云南农村民居土筑墙体土工试验的土样分别来自昆明市周边地区,试验执行标准为 GBT 50123—1999。为了获得土样的基本力学指标,对土样进行了含水率的测试、直接剪切试验、颗粒分析试验、界限含水率联合测定试验、击实试验和三轴剪切试验。

1) 试验内容及结果

① 含水率的测定

为了研究夯土墙在夯筑后含水率的变化过程,在夯土墙片制作初步养护一段时间后每隔 5 天在夯土墙片上取土一次,连续 4 次。测得的结果表明,夯土墙的含水率随着时间的增长而减小,到一定时间后将会趋于稳定,不会有大的变化。

② 直接剪切试验

对 4 个试件分别在不同的垂直压力下进行直接剪切试验,得到土样的基本物理力学性质:黏聚力 $c = 111.5$ kPa,内摩擦角 $\phi = 14.9°$。

③ 颗粒分析试验

对土样其进行颗粒分析试验,将取到的土样进行筛分,得到其颗粒组成,根据土的分类标准,将其命名为良好级配砾、砂混合料。

④ 界限含水率联合测定试验

为了掌握土样的液、塑限情况,采用联合测定的方法对土样进行界限含水率测试。根据土工试验规范查得土样的液限 $W_L = 42.0\%$,塑限 $W_P = 24.9\%$,塑性指数 $I_P = 17.0$。根据土的分类标准,可定此土为中–高塑性黏土。

⑤ 击实试验

传统夯土墙采用人工夯实的方式夯筑而成,其夯筑能量不是很大,根据实际情况,对土样采用轻型击实试验。根据试验结果可算得土样的最大干密度 $\rho_{dm} = 1.61 g/cm^3$,最优含水率 $W_{0p} = 21.8\%$。

⑥ 三轴剪切试验

本试验采用不固结不排水剪(UU)试验,剪切速率为 1mm/min,共制备了 7 组土样,每组试样性质相同,在不同的周围压力下进行试验。试验表明,在相同的围压下,试样含水率高时,其极限轴向应变较大,抗剪强度低,呈延性鼓状破坏;当含水率低时,其极限剪切强度很高,但轴向应变较小,试样呈脆性剪切破坏。

2) 结论

① 夯土墙土料的选择

通过土体剪切强度可以预估墙体的实际承载力,黏性土的抗剪强度包括内摩擦力和黏聚力两部分。内摩擦力为剪切面上下土颗粒相对移动时,土粒表面相互摩擦产生的阻力,夯筑时宜适当控制土的级配,级配良好的土内摩擦力大。黏聚力主要来源于土粒间的各种物理化学作用,使得土颗粒粘结在一块,夯土墙宜选择合适的土,含砂量大的土 c 值小,粘结作用弱。此外还应做好墙体的防水,土的含水率增加时,内摩擦力和黏聚力均减小,应进行防水粉刷。

② 夯筑质量

夯筑越密实,土粒间摩擦力与咬合力越大,墙体强度越高,因此土墙夯筑时应该注意:

A. 夯筑时应分层交错夯筑,每层虚铺厚度不应大于 30cm,土块粒径不应太大,每层夯击不得少于 3 遍,以提高土筑墙的夯实度。

B. 夯土墙拆模后若墙面有蜂窝麻面应随时用原土加压修补以提高墙体的密实度。

C. 夯筑土满一模时,上表面应拉毛,以便和上一模土咬合良好。

D. 墙体夯完后,宜用树叶、塑料膜等覆盖做适当短期养护,防止土中水分过快蒸发造成墙体开裂严重和减少裂缝,提高墙体的整体性。

(3) 云南农村民居土坯墙单块土坯力学特性试验

单块土坯力学特性试验包括抗压(立压和卧压)、抗剪(单剪和双剪)和抗折试验,通过试验,获得土坯的不同强度。试验的土坯全部来自于昆明市周边地区,土坯是由旧房拆迁得到的,质量差别较大,几乎每块土坯都存在裂缝,大部分还存在掉角或掉棱的缺陷。土坯的尺寸稍有差别,长度为 280~295mm,宽度为 145~160mm,厚度为 70~85mm。

在本次试验中规定沿土坯长边方向尺寸为长度,沿土坯短边方向尺寸为宽度,土坯高度为厚度;立压为沿土坯块长边方向加压,卧压为沿土坯块短边方向加压,平压为沿土坯块厚度方向加压。

1)土坯立压试验

立压试验对5块土坯采用分级加载,每级荷载为0.4~0.6kN,每级荷载稳定3min;试验时用4个百分表测量竖向位移,人工读数。试验装置如下图2.2-21所示。

试验测得:土坯沿最长方向加竖向力时最大极限荷载为6.758kN,最小极限荷载为4.345kN;最大压缩位移为22.58mm,最小压缩位移为13.95mm。从裂缝开展来看,立压试验的土坯都出现了较为明显的竖向裂缝,最大裂缝宽度为12mm,部分土坯出现了斜裂缝,这是由于土坯本身的裂缝缺陷和土坯内部有大颗粒的石子造成局部压坏产生的。从破坏形式来说,土坯表现出来的是延性破坏,土坯达到最大压缩位移时也不会出现突然失去承载力的现象,而是承载力逐渐减小直到土坯被压溃;由于是沿土坯最长的方向加载,和其他方向加载相比,土坯偶尔会出现小角度的扭转,但不会出现失稳现象。

2)土坯卧压试验

卧压试验对7块土坯采用分级加载,每级荷载为0.5~2.0kN,每级荷载稳定3分钟;试验时用4个百分表测量竖向位移,人工读数。试验装置如图2.2-22所示。

图2.2-21 土坯立压试验装置

图2.2-22 土坯卧压试验装置

试验测得:土坯卧压强度较立压强度有所提高,最大极限荷载为14.034kN,最小极限荷载为9.751kN,最大压缩位移为14.78mm,最小压缩位移为9.17mm;在竖向荷载下,土坯首先出现竖向裂缝,并不断开展,最大裂缝宽度为1.5mm,基本不会出现斜向裂缝;由于土坯接触面的不平整,会出现局部压坏的现象,特别是土坯中含有石子时,局部压溃的现象更明显,而且石子最后会被挤出,从破坏形式来说土坯表现出来的是延性破坏的特征。

3)土坯单剪试验

单剪试验对7块土坯采用连续加载,加载速度控制在0.1~0.2kN/min。自行设计了固定装置,使土坯在加载时不会发生翘曲,自由端的长度约为土坯长度的1/3,试验装置如图2.2-23所示。

土坯单剪破坏形态见图2.2-24。土坯单剪破坏面和加载钢板面在同一平面内,即土坯沿加载钢板发生破坏，剪切面均匀平整，在剪切面上可以看到土坯内松针被剪断或拉出的痕迹，在剪切过程中可以听到松针被剪断发出的啪啪的声音；如果土坯内松针的含量较高，那么此块土坯的单剪强度会有所提高，说明松针对抗剪强度有较大的影响。

图 2.2-23　土坯单剪试验装置　　　　　图 2.2-24　土坯单剪破坏形态

4）土坯双剪试验

改进单剪试验的固定装置以进行双剪试验，把土坯的两端都固定在支座上，使土坯在加载时两端都不会发生翘曲，在两个夹具之间预留约 60mm 的加载空间，使两个剪切面发生在土坯中间的位置。对 6 块土坯采用连续加载，加载速度控制在 0.1~0.2kN/min。试验装置如图 2.2-25 所示。

土坯双剪破坏形态见图 2.2-26。土坯双剪破坏沿加载钢板的两个面发生破坏，剪切面和加载钢板在一个平面内，剪切面均匀平整，试验后观察剪切面发现：剪切面内松针基本上被剪断或拉出，在剪切过程中可以听到松针被剪断发出的啪啪的声音；同样说明松针对抗剪强度有较大的影响，另外双剪强度较单剪强度有所提高，提高程度为 26.5%。

图 2.2-25　土坯双剪试验装置　　　　　图 2.2-26　土坯双剪破坏形态

5）土坯抗折试验

抗折试验时将单块土坯放置在两个固定的支座上，土坯两边离支座 30mm，在土坯中间位置加载，用窄钢板模拟线荷载。对 6 块土坯采用连续加载，考虑到抗折强度比较低，加载速度控制在 0.05~0.1kN/min，试验装置如图 2.2-27 所示。土坯抗折破坏形态见图 2.2-28。

图 2.2-27　土坯抗折试验装置

图 2.2-28　土坯抗折破坏形态

抗折试验的破坏裂缝首先在土坯底面开展，并逐渐向上延伸，最后形成断裂的通缝，破坏在瞬间完成，是脆性破坏；在裂缝开展过程中可以听到土坯内松针被拉断的声音，如果土坯内松针的含量较高，那么此块土坯的抗折强度也较高，说明松针对抗折强度有较大的影响；另外，此种土坯的抗折强度很低的原因是由于土坯已经使用了相当长的时间，土坯裂缝较多，本身的裂缝缺陷对抗折强度有重要影响，直接决定了土坯的抗折强度，若加载位置存在裂缝的话，抗折强度一般较低，所以土坯抗折强度的离散性较大。

（4）云南农村民居土坯砌体力学性能试验

土坯砌体力学性能试验包括土坯砌体的抗压、抗剪、抗弯试验，通过试验得到土坯砌体的破坏特征以及强度等力学性能参数，并观察土坯砌体在荷载下裂缝的开展形态。

砌体试验用的土坯和单块试验的土坯一样是由昆明市周边的旧房拆迁得到的，砌体试件的制作完全采用民间工艺，保证试件在相同条件下砌筑，在试验室内养护30天。参照《砌体基本力学性能试验方法标准》（GBJ 129—90）进行试验。

1）土坯砌体抗压试验

土坯砌体抗压试验共有6组，每组3个试件，试件尺寸为300mm×160mm×600mm。抗压试验在100kN压力试验机上完成，底座和加载装置自行设计，对土坯砌体采用分级加载，每级荷载为2~3kN，每级荷载稳定3min，加载平均速度为0.5~0.7kN/min，用百分表测量竖向和横向位移，人工读数。正式试验之前预压3次，预压荷载为2~5kN，确定整个试验装置紧密接触后，开始试验。试验装置如图2.2-29所示。

试验开始加压时，在每级荷载作用下试件的竖向位移基本相同；当加压至12~15kN时，试件开始掉土渣，出现少量细小裂缝，达到初裂荷载；随后裂缝开展速度较快，并听到土坯内松针被拉断的啪啪声，当荷载值达到最大时，即为破坏荷载；最后荷载开始缓慢下降，竖向裂缝不断增加、继续开展并贯通整个试件，出现局部失稳现象，此时试验结束。

土坯砌体抗压破坏形态见图2.2-30、图2.2-31。

2）土坯砌体抗剪试验

土坯砌体抗剪试验共有6组，每组3个试件，试件尺寸为300mm×250mm×490mm。抗剪试验在100kN压力试验机上完成，底座和加载装置自行设计，试件立放，对土坯砌体采用连续加载，加载速度约为0.2~0.3kN/min。试验装置如图2.2-32所示。

图 2.2-29 土坯砌体抗压试验装置

图 2.2-30 土坯砌体抗压破坏形态（厚度方向）

图 2.2-31 土坯砌体抗压破坏形态（宽度方向）

土坯砌体抗压破坏形态见图 2.2-33。试验机开始加压后，试件无明显变化，当荷载加至 2~3kN 时可见试件沿通缝截面出现细小裂缝，压力机继续加压，裂缝开始逐渐扩展、增大，随后土坯砌体突然沿通缝截面被剪坏，达到破坏荷载，压力表指针迅速回退，试验结束。

图 2.2-32 土坯砌体抗剪试验装置

图 2.2-33 土坯砌体抗剪破坏形态

土坯砌体抗剪强度较低，破坏突然，土坯与泥浆的粘结面被剪坏。破坏后发现：泥浆与土坯粘结破坏面光滑，泥浆被整体从土坯上剪切下来，泥浆与土坯本身仍然较完整。另外，砌体试件泥浆缝越饱满，单个土坯表面越干净，其抗剪强度越高，部分泥浆缝不平整会出现齿状裂缝，抗剪强度有部分提高。

3) 土坯砌体抗弯试验

土坯砌体抗弯试验分为沿齿缝抗弯试验和沿通缝抗弯试验，每种试验 4 组，每组 3 个试件，沿齿缝抗弯试件尺寸为 290mm×340mm×1200mm，沿通缝抗弯试件尺寸为 290mm×290mm×930mm。由于土坯砌体泥浆粘结力较低，导致试件的抗弯强度很低，不能抵抗自重力作用，本次试验将试件直立起来完成。试验的加载装置自行设计，试件底部垫上钢管形成滑动支座，顶部为自由端，将试件靠在反力架上，用千斤顶加压。采用匀速连续加载，并避免冲击，加载速度约为 0.1~0.2kN/min。试验装置如图 2.2-34 所示。

千斤顶开始加压后，试件变化不明显，继续加载，砌体试件首先在受拉一侧出现裂缝，一部分裂缝首先在中部出现，大部分裂缝首先在上支座附近出现，此种裂缝较中部的裂缝开展快，个别通缝砌体试件由于泥浆粘结力差出现了在从第一条缝被剪坏的现象，其他试件均为受拉侧出现裂缝并迅速开展，直到破坏。土坯砌体抗弯破坏形态见图 2.2-35、图 2.2-36。

通缝试件受弯后沿泥浆粘结面处出现通缝破坏形式；齿缝试件受弯后沿泥浆粘结面出现了明显的齿缝破坏形式，抗弯承载力较通缝试件提高约 20%。土坯砌体抗弯强度很低，沿泥浆粘结面被拉坏，破坏突然，属脆性破坏，土坯砌体的抗弯性能取决于泥浆的粘结强度。破坏后发现试件内的土坯均完好，土坯不能充分发挥作用。

图 2.2-34 土坯砌体抗剪试验装置

图 2.2-35 齿缝抗弯试件破坏形态

图 2.2-36 通缝抗弯试件破坏形态

4）结论

通过试验研究了土坯砌体的破坏过程，分析了影响土坯砌体受压、受剪和受弯性能的主要因素，提出以下改善土坯砌体受力性能的建议和措施：

① 土坯内掺入直径较大的碎石、砖块等杂质会降低土坯砌体的整体力学性能。在制作土坯时应该对土过筛，去除块体杂质。

② 在土坯内添加松针、麦秸、杂草等植物纤维，可提高土坯的延性，改善土坯的受力性能和变形性能。

③ 通过改变土坯制作模型、砌筑方式或在砌体中增加荆条等方法，提高土坯砌体的抗剪强度。

④ 泥浆的粘结强度过低，应在泥浆里加入水泥、石膏、牛马等食草类动物粪便、杂草或糯米浆等外加料来提高泥浆的粘结强度，改善土坯砌体的力学性能。

⑤ 土的抗拉屈服强度要远低于抗压屈服强度不适宜单独制作为受弯构件。

⑥ 土坯砌体的力学性能较差，在地震多发区使用时，应采取适当的加固措施，对土坯砌体墙可采用钢丝网水泥砂浆夹板墙等方法进行加固补强。

2.2.5 村镇木结构房屋抗震性能试验研究

(1) 试验目的

近年来的一些震害表明，我国村镇中木构架承重房屋的抗震能力较差。应针对其在地震灾害中表现出的整体性不足，结构不合理、习惯做法存在缺陷等方面等予以改进，或在构造措施方面予以加强。本次木构架静力试验是对木柱木屋架承重砖墙围护体系进行的拟静力试验，通过试验，观察其破坏过程和破坏形态，研究其在地震荷载作用下的受力特性和破坏机理，检验其抗震性能和构造措施的作用。本试验旨在为村镇木构架房屋的抗震设计提供指导，同时为编制《镇（乡）村建筑抗震技术规程》提供一定的工作基础。

(2) 试验方案

1）模型设计

本试验以某一北方实际村镇房屋为原型，遵照现行有关规范设计出一榀单层单跨木柱木屋架模型。在模型设计过程中充分考虑了北方农村的气候特点和传统习惯，原形房屋的长度为4.5m，屋架的跨度为3m，屋架的间距为2.25m，木屋架的高度为0.75m，木柱高度为2.25m，屋面采用北方广泛使用的黏土平瓦，填充墙体为普通黏土砖。木柱材料为白松，截面尺寸为140mm×100mm，木屋架亦采用白松，扒钉、柱脚、U形扁钢均采用Q235钢材。本工程抗震设防烈度为8度，设计基本地震加速度值为0.2g，设计地震分组为第一组。

2）试验装置

本试验采用拟静力试验加载制度对试验模型的屋架下弦杆节点处施加低周反复水平荷载。用反力墙作为反力装置、20t液压千斤顶作为加载装置。考虑到屋架跨度很大，而且要施加正负（推拉）两个方向水平力。所以用两个小钢梁和两根钢筋连杆将木屋架的下弦杆套起来，千斤顶与其中的一个小钢梁通过铆钉相连，通过千斤顶的伸缩来带动钢梁左右移动。钢梁与屋架下弦的两端用球铰支座相连，这样就可以保证在试验中当千斤顶带动钢梁来回移动时，试件的顶部分别受到向右和向左的水平推力。整个试验装置如图2.2-37所示。

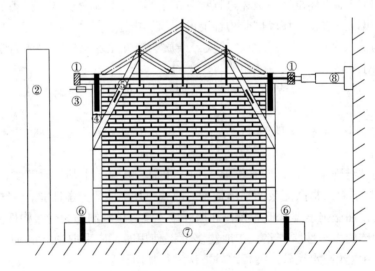

图2.2-37 试验装置图

1—钢梁；2—钢支架；3—位移计；4—细钢丝；5—斜撑应变片；
6—螺栓；7—基础梁；8—千斤顶

3）加载方案

本试验根据《建筑抗震试验方法规程》（JGJ 101—96），按照拟静力试验加载制度，采用先控制力后控制位移的加载方法。考虑到墙体较木构架刚度大很多,且变形能力很弱,承受水平地震力作用时会先破坏,认为墙体破坏前木屋架处于弹性工作阶段,墙体破坏后进入弹塑性工作阶段,以墙体开始出现裂缝作为两阶段分界点。实际试验中因为砖墙裂缝很难观察,故以顶点位移突然增大时的点作为墙体进入弹塑性阶段的标志,把此时的顶点位移作为控制位移加载时的基本位移△。

试验测试主要分为两部分:应变测量和位移测量。应变测量:在柱底短边的外侧面贴两个应变片,这是因为在地震中柱子是压弯构件,在柱底部分所承受的弯矩值最大,在这里产生的应变也最大,贴两片是为了检验木屋架是否出现扭转;在柱顶短边的外侧面贴两个应变片,检测木屋架和木柱的连接情况;在斜撑的表面分别贴应变片以测量斜撑的受力情况;在木屋架的下弦两节点和中点贴应变片检测下弦杆的受力情况。在每根伸入墙体的钢筋上预贴一应变片,测量试验时钢筋的受力情况。位移测量:木柱的顶端、中部和底端分别安置位移计,测量木构架在受力时的水平位移。

(3) 试验过程及现象

前几个循环没有出现明显的现象。当荷载加至13kN时,木构架发出轻微的"劈啪"的声响,因木构架本身存在干缩裂缝,此时的裂缝并没有开展,认为木构架并没破坏,到此时木构架与墙体充分接触,两者同时承受水平力。

加载至17kN时,木构架声响有所持续,结构整体没有出现破坏现象。加载至20kN时,两边柱子同时发出声响,此时位移达到5mm,一侧墙与柱间出现分离,此时对于抵抗水平作用力起主要作用的是墙体。当推力加至25kN时,左侧柱子与墙体分离缝隙达到8mm(图2.2-38)。当荷载加至30kN时,木构架发出响亮的"劈啪"声,墙体出现裂缝,一块砖的部分从墙体落下,顶点位移增至6.14mm,认为此时墙体进入弹塑性阶段,开始用位移来控制加载。

随后控制1△位移加载,墙体裂缝进一步发展,并不断出现新裂缝。在控制2△位移加载时,墙体出现交叉的斜通缝。由于框架对填充墙的约束作用,直到控制3△位移加载时不断出现新裂缝,但缝宽度没有增大。控制4△位移时,最大裂缝宽度达到1.5cm(图2.2-39),认为墙体破坏,最大力达到100kN。考虑到再加大推力可能会有安全问题,试验停止。直到墙体破坏木框架本身的干缩裂缝都没有扩展。

图2.2-38 左侧柱子与墙体分离缝隙

图2.2-39 加载至10t墙体破坏时出现的最大裂缝

试验结束后,框架整体与试验前相对比,发现受力比较大的地方均有所变化,例如梁柱节点处钢夹板发生移动,柱脚与钢夹板间接触不再紧密出现缝隙,斜撑有所变形,拉结铅丝位置有所变化。

(4) 抗震构造措施分析

1) 斜撑作用

通过分析加载过程中所测得的数据可以得出,木柱与木屋架之间木斜撑上的应力值随着荷载的增加而增大,并随着水平力方向的改变而出现正负交替变化的现象。这说明木斜撑从一开始就参与了抵抗地震作用,此时的梁柱节点不再是单纯的铰接而是可以承受一定的弯矩,这一点也可从屋架下杆上部和下部应力不相同得到验证。可以说,木斜撑的增加改善了木构架的受力性能,木柱与木屋架的连接部位趋于刚性连接,使屋架在水平力的作用下可以承担一定的弯矩。通过对斜撑应力的分析还可得知,当水平作用力较小的时候,斜撑作用并不明显,木柱与木屋架之间主要靠榫卯来承受外力;但是随着水平作用力的增加,斜撑的作用逐渐显现,外力由榫卯和斜撑共同承担。这无疑减小了榫卯间的内力,加强了木骨架的稳定性,提高了结构的安全度。试件中的木斜撑如图 2.2-40 所示。

综上所述,斜撑在木结构房屋抗震中具有明显的作用,是一种十分有效的抗震措施。所以在《村庄与集镇建筑抗震技术规程》提出在木柱与屋架(或梁)间设置木斜撑是非常重要的。

2) 拉结铅丝作用

由于黏土砖墙与木结构材料的差异,不能像钢筋混凝土结构中和填充墙实现可靠连接,本试验在查阅相关资料的基础上,采用在农村可以方便使用的方法,即预先把铅丝与木柱捆绑在一起,在砌筑时把铅丝伸入填充墙中,使木构架与填充墙能够较好的成为一个整体,协调工作,防止平面外失稳。通过试验可以看出,铅丝在墙体和木框架共同承受水平地震力时的作用明显,试件基本无失稳现象(图 2.2-41)。此方法经济实用,又便于施工,宜在农村推广使用。

图 2.2-40 试件中的木斜撑

图 2.2-41 试件基本无平面外位移

(5) 结论

通过本试验可以得出如下结论:

① 填充墙对于木结构框架抗震性能有很大的影响,能够提高整体结构的抗水平地震力的能力;

② 木屋架与柱连接处设置的斜撑在抗震中的作用十分明显，应作为重要的设防措施推广使用；

③ 铅丝在墙体和木构架共同承受水平地震力时的作用明显，能够较好地使其成为一个整体，防止平面外失稳。此方法施工简单实用，便于在农村推广。

此外，木结构房屋由于自身重量轻，地震时吸收的地震力也相对较少，由于楼板和墙体体系组成的空间箱形结构使构件之间能相互作用，具有较强的抵抗重力、风和地震能力。从历次震后的调查情况看，木结构承重砖围护墙结构形式的抗震性能较砖石结构要好。所以说，木结构房屋具有良好的受力性能，能够作为一种好的结构形式使用。

2.3 村镇建筑试设计

本规程面对的是我国广大村镇地区量大面广的普通民居建筑，受经济条件及自然条件的制约，村镇建筑在结构形式、建筑材料方面与城市建筑存在较大的差别，以同一标准来要求是不切实际的。本规程的编制以切实提高村镇建筑的抗震能力为目的，不是让某一地区的农民放弃传统习用的结构类型，而是针对现有结构类型在地震灾害中表现出的整体性不足、构造上的不合理、习惯做法存在的缺陷等方面予以改进，并在构造措施上予以加强。这种改进和加强是本着保留地方建筑的特点、风格，在只增加少量造价的原则下提高其抗震能力，即抗震措施所增加的造价控制在农民可承受的范围内，使其具有广泛的应用价值。

本规程中包括的结构类型有土木结构房屋、砖木结构房屋、木结构房屋和石木结构房屋，本试设计报告包括土坯墙承重房屋、夯土墙承重房屋、砖木房屋和石木房屋，内容包括建筑平立面设计、抗震构造措施、抗震承载力验算及造价计算等各个方面，对按照本规程进行设计建造的村镇房屋的抗震能力及采取抗震构造措施后增加的造价进行了定量分析。

（1）建筑设计及抗震构造措施

农村常见的房屋建筑平面较简单，开间、进深及层高不大，大部分房屋不设内纵墙。试设计选取的建筑平、立面具有一定的代表性，考虑到有内纵墙时对纵向抗震较为有利，故试设计采用单层多开间无内纵墙（注：夯土墙典型房屋之一有内纵墙）方案。

抗震构造措施是保证房屋整体抗震能力的重要手段，根据不同的结构类型分别按照本规程相应章节的规定选取抗震构造措施。

（2）抗震承载力验算

本规程的设防目标是："当遭受低于本地区抗震设防烈度的多遇地震影响时，一般不需修理可继续使用；当遭受相当于本地区抗震设防烈度的地震影响时，房屋不致倒塌或发生危及生命的严重破坏。"与设防目标相对应，在墙体截面抗震验算中采用抗震设防烈度（即地震基本烈度）地震作用标准值作为地震作用效应，采用非抗震设计的砌体抗剪强度的平均值作为结构的极限承载力，直接验算结构开裂后的极限承载力，仅适当考虑抗剪强度的安全储备，并采取一定的抗震构造措施作为设防烈度地震影响下不倒墙塌架的进一步保证。

本规程采用极限承载力验算方法，计算公式如下：

$$V_b \leq \gamma_{bE} \zeta_N f_{v,m} A$$

式中 V_b——基本烈度作用下墙体剪力设计值；

γ_{bE}——极限承载力抗震调整系数，对承重墙取 $\gamma_{bE} = 0.95$，对非承重墙取 $\gamma_{bE} = 0.85$；

A——抗震墙墙体横截面面积；

$f_{v,m}$——非抗震设计的砌体抗剪强度平均值；

ζ_N——砌体抗震抗剪强度的正应力影响系数，可按下式计算：

$$\zeta_N = \frac{1}{1.2}\sqrt{1 + 0.45\sigma_0/f_v}$$

σ_0——对应于重力荷载代表值的砌体截面平均压应力；

f_v——非抗震设计的砌体抗剪强度设计值。

按照本规程的抗震设计方法，纵、横向分别选取最不利的前纵墙和内横墙进行抗震承载力验算。

(3) 工程造价分析

工程造价是指形成的建筑产品的价格，包括成本、利润和税金。成本由直接费和间接费组成；直接费是施工过程中构成工程实体和有助于工程实体形成所耗费的人工费、机械费、材料费，构成工程直接成本；间接费包括企业经营管理和组织生产的施工管理费用以及政府规定的必须交纳的有关统筹、保险等费用，构成工程间接成本；利润指施工企业完成承包工程所获得的建筑产品价格和成本间的差额；税金是指国家税法规定的应计入工程造价的营业税、城市建设维护税及教育费附加。

在进行村镇房屋造价分析时，考虑到此类房屋均为农民自行建造，不产生施工间接费、利润、税金等费用，因此，在对房屋进行造价分析时只须计算出工程直接费用，即人工费、材料费、机械费。

按各地预算定额中相应部分各项目工程量和单价，计算得出工程直接费。对抗震构造措施增加的造价与房屋整体造价进行对比，即可得出抗震构造措施造价所占的比例，可以定量分析造价的增加是否在农民可接受的范围，以此对抗震措施的经济性进行评价。

2.3.1 单层砖木房屋试设计

(1) 建筑平立面设计

选取农村常见的单层砖木房屋为试设计模型，房屋为4开间，每开间3.3m，进深6.6m。建筑面积97.3m²。木屋盖双坡屋面，每道轴线上均设有木屋架，纵墙承重。室外地面到檐口高度为3.3m，室内外高差0.3m，檐口到坡屋面顶高度为2.18m。外墙厚370mm，内墙厚240mm，均为实砌，前纵墙开有三个1.5m×1.8m的窗户和一个1.2m×2.4m的门，后纵墙开有两个1.0m×0.6m的高窗，两道内横墙各开有一个0.9m×2.4m的门。该房屋的平面见图2.3-1，侧立面和正立面见图2.3-2及图2.3-3，剖面见图2.3-4。

(2) 抗震构造措施

该房屋采取了相应的抗震构造措施以提高抗震能力，主要包括以下几项：

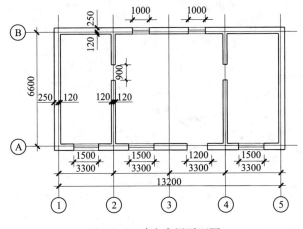

图 2.3-1 砖木房屋平面图

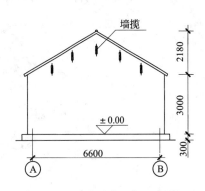

图 2.3-2 砖木房屋侧立面图

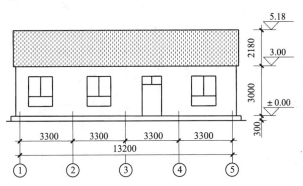

图 2.3-3 砖木房屋正立面图

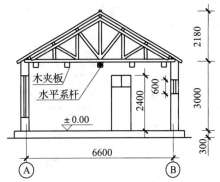

图 2.3-4 砖木房屋剖面图

1）配筋砖圈梁

在所有纵横墙的基础顶部、屋盖（墙顶）标高处各设置一道配筋砖圈梁，配 2φ6 通长钢筋，砂浆强度等级取 M7.5，砂浆层厚度为 20mm。

2）纵横墙交接处连接

纵横墙交接处沿墙高每 750mm 设置 2φ6 拉结钢筋，每边伸入墙内的长度为 750mm 或至门窗洞口。

3）剪刀撑

端开间的两榀屋架之间设置竖向剪刀撑，撑杆截面为 60mm×120mm，详见图 2.3-5。

4）水平系杆

跨中屋檐高度处设置 φ100mm 纵向水平系杆，系杆与屋架下弦钉牢。

5）墙揽

两端山墙山尖墙处各设 5 个角铁墙揽，墙揽为 300mm×50mm×5mm 的角钢，布置位置见侧立面图（图 2.3-2），墙揽与屋架腹杆连接固定。

6）内横墙墙顶连接

内横墙墙顶与屋架下弦每隔1000mm采用木夹板连接，详见图2.3-6。

7）屋盖系统各构件间采用扒钉、铁丝、铁件等连接。

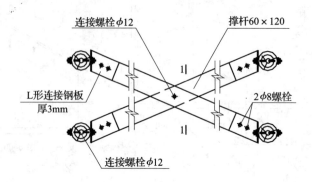

图2.3-5 剪刀撑大样

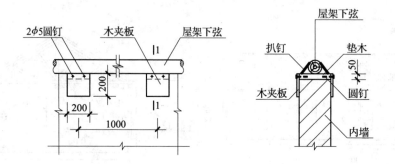

图2.3-6 内墙墙顶与屋架下弦的连接

(3) 抗震能力计算

房屋墙体采用强度等级为MU10的黏土砖和M2.5的砂浆砌筑，墙体材料（黏土砖）重度22kN/m³，木屋架坡屋面折算后（恒载与活载组合）荷载3.5kN/m²，抗震设防烈度为8度（0.2g）。用本规程的极限抗震承载力设计方法对该房屋进行抗震承载力验算。

1）地震作用计算

① 结构等效重力荷载 G_{eq}

对于单层房屋来说，结构等效重力荷载等于墙体重量的一半加上屋盖重量。计算墙体重量和地震时，计算层高为层高加上室内外高差。

屋盖重：97.3 × 3.5 = 340.55kN

纵墙重：(13.2 × 3.3 − 3 × 1.5 × 1.8 − 1.2 × 2.4 + 13.2 × 3.3 − 2 × 1 × 0.6) × 0.37 × 22 = 610.01kN

横墙重：[2 × 6.6 × 3.3 × 0.37 + 2 × (6.6 × 3.3 − 0.9 × 2.4) × 0.24] × 22 = 561.77kN

结构等效重力荷载 G_{eq} = 340.55 + (610.01 + 561.77)/2 = 926.44kN

② 基本烈度地震作用下结构水平地震作用标准值 F_{Ekb}

$$F_{Ekb} = \alpha_{maxb} \times G_{eq}$$

抗震设防烈度为 8 度（0.2g）时，$\alpha_{\mathrm{maxb}} = 0.45$
$$F_{\mathrm{Ekb}} = 0.45 \times 926.44 = 416.90 \mathrm{kN}$$
③ 最不利墙段基本烈度地震作用下剪力标准值 V_b

按照本规程的抗震设计方法，纵、横向分别选取最不利的前纵墙和内横墙进行抗震承载力验算。

根据本规程附录 A.1.2 条规定，木屋盖房屋水平地震剪力可按抗侧力构件（即抗震墙）从属面积上重力荷载代表值的比例分配，从属面积按左右两侧相邻抗震墙间距的一半计算，所以有：

前纵墙 $V_\mathrm{b} = F_{\mathrm{Ekb}}/2 = 208.45 \mathrm{kN}$
内横墙 $V_\mathrm{b} = F_{\mathrm{Ekb}}/3 = 138.97 \mathrm{kN}$

2）墙体抗力计算

根据本规程附录 A.2.1 中公式，墙体抗力为 $\gamma_{\mathrm{bE}} \zeta_\mathrm{N} f_{\mathrm{v,m}} A$。

① 前纵墙

前纵墙为承重墙，极限承载力抗震调整系数 γ_{bE} 取 0.85。

砌体抗震抗剪强度正应力影响系数 ζ_N：
$$\zeta_\mathrm{N} = \frac{1}{1.2} \sqrt{1 + 0.45 \sigma_0 / f_\mathrm{v}}$$

其中，对应于重力荷载代表值的砌体截面平均压应力 σ_0 等于抗震墙体在层高一半处所承受荷载与其横截面面积的比值。

前纵墙在层高一半处所承受荷载由前纵墙重量的一半和屋盖重量的一半组成：
$(13.2 \times 3.3 - 3 \times 1.5 \times 1.8 - 1.2 \times 2.4)/2 \times 0.37 \times 22 + 340.55/2 = 302.88 \mathrm{kN}$
前纵墙横截面面积 A：$(13.2 - 3 \times 1.5 - 1.2) \times 0.37 = 2.775 \mathrm{m}^2$
$$\sigma_0 = 302.88/2.775 = 109.14 \mathrm{kPa}$$

根据本规程附录 A 中表 A.2.2-1，砌筑砂浆强度等级为 M2.5 的普通砖墙体抗剪强度设计值 $f_\mathrm{v} = 0.08 \mathrm{MPa}$，抗剪强度平均值 $f_{\mathrm{v,m}} = 2.38 f_\mathrm{v} = 0.19 \mathrm{MPa}$。
$$\zeta_\mathrm{N} = \frac{1}{1.2} \sqrt{1 + 0.45 \times 109.14/(0.08 \times 1000)} = 1.059$$

前纵墙抗力：$\gamma_{\mathrm{bE}} \zeta_\mathrm{N} f_{\mathrm{v,m}} A = 0.85 \times 1.059 \times 0.19 \times 2.775 \times 1000 = 475.46 \mathrm{kN}$

② 内横墙

内横墙为非承重墙，极限承载力抗震调整系数 γ_{bE} 取 0.95。

内横墙在层高一半处所承受荷载为内横墙重量的一半：
$$(6.6 \times 3.3 - 0.9 \times 2.4)/2 \times 0.24 \times 22 = 51.80 \mathrm{kN}$$

内横墙横截面面积 A：$(6.6 - 0.9) \times 0.24 = 1.368 \mathrm{m}^2$
$$\sigma_0 = 51.80/1.368 = 37.86 \mathrm{kPa}$$
$$f_\mathrm{v} = 0.08 \mathrm{MPa}, \quad f_{\mathrm{v,m}} = 2.38 f_\mathrm{v} = 0.19 \mathrm{MPa}$$
$$\zeta_\mathrm{N} = \frac{1}{1.2} \sqrt{1 + 0.45 \times 37.86/(0.08 \times 1000)} = 0.92$$

内横墙抗力：$\gamma_{\mathrm{bE}} \zeta_\mathrm{N} f_{\mathrm{v,m}} A = 0.95 \times 0.92 \times 0.19 \times 1.368 \times 1000 = 227.10 \mathrm{kN}$

3）墙体抗震承载力验算

前纵墙抗力与作用的比值为：475.46/208.45 = 2.28 > 1，满足验算要求；

内横墙抗力与作用的比值为：227.10/138.97 = 1.63 > 1，满足验算要求。

参照上述计算方法，用本规程的极限抗震承载力设计方法对该房屋进行抗震承载力验算，得出此单层砖木房屋试设计模型在不同设防烈度下满足抗震设防要求的最低砂浆强度等级，如表2.3-1所示。

单层砖木房屋在不同设防烈度下满足抗震承载力要求的最低砂浆强度等级　　表2.3-1

设防烈度	6	7	7.5	8	8.5	9
砂浆强度等级	M1	M1	M1	M1	M2.5	M5

由表2.3-1可见，当设防烈度为6至8度时，采用砂浆强度等级为M1的砂浆砌筑，该房屋的抗震承载力即可满足要求；当设防烈度为8.5度和9度时，满足抗震承载力要求的最低砂浆强度等级分别为M2.5和M5。

（4）造价分析

进行造价分析时，考虑到砖木房屋的屋顶做法有木望板上铺油毡和椽条上铺席箔两种方式，分别计算造价，取费参照《北京市房屋修缮定额》中的规定，计算结果见表2.3-2。

单层砖木房屋造价分析　　表2.3-2

屋面做法	项目	无抗震构造措施	有抗震构造措施	差价	增加百分比
木望板上铺油毡	总造价（元）	28572.83	29611.33	1038.50	3.63%
	单价（元/m²）	293.75	304.42	10.68	
椽条上铺席箔	总造价（元）	26362.65	27401.15	1038.50	3.94%
	单价（元/m²）	271.03	281.70	10.68	

由表2.3-2可知，本试设计中砖木房屋因抗震构造措施所增加的造价不到4%，增加的比例较小，由此可见，按本规程采取相应抗震构造措施的农村单层砖木房屋所增加的费用是很少的，经济上是可行的。

2.3.2 两层砌体房屋试设计

（1）建筑平立面设计

选取农村常见的两层砌体房屋为试设计模型，每层均为3开间，开间分别为3.0m、2.4m（楼梯间）、3.0m，进深6.0m，层高均为3.0m，室内外高差0.3m，建筑面积107.8m²。一、二层顶板均为预应力钢筋混凝土圆孔板，横墙承重。墙厚均为240mm，实砌。该房屋的平、立、剖面图见图2.3-7～图2.3-12。墙体开洞情况见上述各图。

（2）抗震构造措施

该房屋采取了相应的抗震构造措施以提高抗震能力，主要包括以下几项：

1）配筋砖圈梁

在所有纵横墙的基础顶部、楼屋盖（墙顶）标高处各设置一道配筋砖圈梁，配2ϕ6通长钢筋，砂浆强度等级取M7.5，砂浆层厚度为20mm。

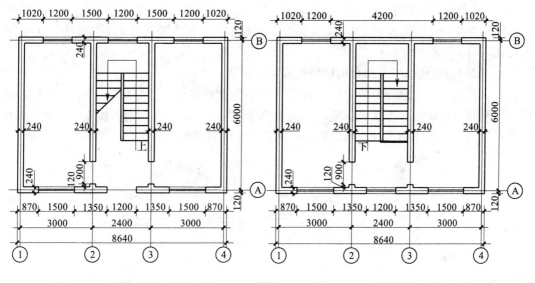

图 2.3-7 砌体房屋一层平面图　　　　　图 2.3-8 砌体房屋二层平面图

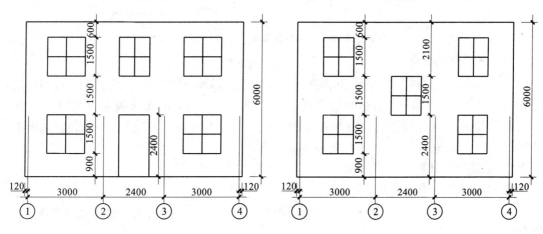

图 2.3-9 砌体房屋正立面图　　　　　图 2.3-10 砌体房屋后立面图

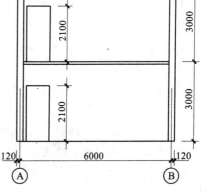

图 2.3-11 砌体房屋侧立面图　　　　　图 2.3-12 砌体房屋横向剖面图

2）纵横墙交接处连接

纵横墙交接处沿墙高每750mm设置2φ6拉结钢筋，每边伸入墙内的长度为750mm或至门窗洞口。

3）预应力圆孔板楼、屋盖的整体性连接及构造

支承在横墙上的预应力圆孔板，板端钢筋搭接，并在板端缝隙中设置直径不小于φ8的拉结钢筋与板端钢筋焊接；板端的孔洞采用砖块与砂浆等材料封堵；板支承处坐浆；板端缝隙采用C20的细石混凝土浇筑密实；板上做水泥砂浆面层。详见图2.3-13。

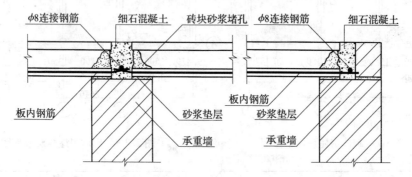

图2.3-13 预制板板端钢筋连接与锚固

（3）抗震能力计算

房屋墙体材料为强度等级MU10的黏土砖，重度22kN/m³，砌筑砂浆强度等级为一层M5、二层M2.5。各部分荷载折算后（恒载与活载组合）为：屋面荷载4.0kN/m²，楼面荷载3.5kN/m²，楼梯间荷载4.0kN/m²。抗震设防烈度为8度（0.2g）。用本规程的极限抗震承载力设计方法对该房屋进行抗震承载力验算。

1）地震作用计算

① 结构等效重力荷载 G_{eq}

对于两层房屋来说，结构等效重力荷载可取一、二层重力荷载代表值之和（$G_1 + G_2$）的95%。

A. 二层重力荷载代表值 G_2

二层重力荷载代表值等于二层墙体重量的一半加上屋盖重量。

屋盖重：$8.4 \times 6 \times 4 = 201.6 \text{kN}$

二层纵墙重：$(8.4 \times 3 \times 2 - 2 \times 1.5 \times 1.5 - 3 \times 1.2 \times 1.5) \times 0.24 \times 22 = 213.84 \text{kN}$

二层横墙重：$(6 \times 3 \times 4 - 2 \times 0.9 \times 2.1) \times 0.24 \times 22 = 360.2 \text{kN}$

二层重力荷载代表值 $G_2 = 201.6 + (213.84 + 360.2)/2 = 488.62 \text{kN}$

B. 一层重力荷载代表值 G_1

一层重力荷载代表值等于一、二层墙体重量与楼梯间重量之和的一半加上楼盖重量。注意计算一层墙体重量时，计算层高 H_1 为一层层高加上室内外高差。

楼盖重：$2 \times 3 \times 6 \times 3.5 = 126 \text{kN}$

一层纵墙重：$(8.4 \times 3.3 \times 2 - 2 \times 1.5 \times 1.5 - 1.2 \times 2.4 - 2 \times 1.2 \times 1.5) \times 0.24 \times 22 = 234.75 \text{kN}$

一层横墙重：$(6 \times 3.3 \times 4 - 2 \times 0.9 \times 2.1) \times 0.24 \times 22 = 398.22 \text{kN}$

楼梯间重：$2.4 \times 6 \times 4 = 57.6 \text{kN}$

一层重力荷载代表值 $G_1 = 126 + (213.84 + 360.2 + 234.75 + 398.22 + 57.6)/2 = 758.30 \text{kN}$

结构等效重力荷载 $G_{eq} = 0.95 \times (G_1 + G_2) = 1184.58 \text{kN}$

② 基本烈度地震作用下房屋各层水平地震作用标准值

水平地震作用标准值 $F_{Ekb} = \alpha_{maxb} \times G_{eq}$

抗震设防烈度为 8 度（0.2g）时，$\alpha_{maxb} = 0.45$

$$F_{Ekb} = 0.45 \times 1184.58 = 533.06 \text{kN}$$

两层房屋的各层按底部剪力法分配地震力：

房屋二层水平地震作用标准值 $F_2 = \dfrac{G_2 H_2}{G_1 H_1 + G_2 H_2} F_{Ekb}$

其中，计算高度 $H_1 = 3.3\text{m}$、$H_2 = 6.3\text{m}$。

$$F_2 = 294.04 \text{kN}$$

房屋一层水平地震作用标准值 $F_1 = F_{Ekb} = 533.06 \text{kN}$

③ 最不利墙段基本烈度地震作用下剪力标准值 V_b

按照本规程的抗震设计方法，纵、横向分别选取最不利的前纵墙和内横墙进行抗震承载力验算。

预应力钢筋混凝土圆孔板属于半刚性楼屋盖，根据本规程附录 A.1.3 条规定，半刚性楼屋盖房屋，其水平地震剪力可取按抗侧力构件（即抗震墙）从属面积上重力荷载代表值的比例和按抗侧力构件（即抗震墙）等效刚度的比例两种分配结果的平均值。从属面积按左右两侧相邻抗震墙间距的一半计算，等效刚度简化后按层高一半处墙体截面积取值。

A. 二层最不利墙段所受地震力

二层前纵墙：

按抗侧力构件（即抗震墙）从属面积上重力荷载代表值的比例为 0.5；

按抗侧力构件（即抗震墙）等效刚度的比例为：

$(8.4 - 2 \times 1.5 - 1.2)/[(8.4 - 2 \times 1.5 - 1.2) + (8.4 - 2 \times 1.2)] = 0.412$

两种分配结果的平均值：$(0.5 + 0.412)/2 = 0.456$

所以，二层前纵墙 $V_b = 0.456 \times F_2 = 134.05 \text{kN}$

二层内横墙：

按抗侧力构件（即抗震墙）从属面积上重力荷载代表值的比例为：$(3 + 2.4)/2/8.4 = 0.321$

按抗侧力构件（即抗震墙）等效刚度的比例为：$(6 - 0.9)/[2 \times (6 - 0.9) + 2 \times 6] = 0.230$

两种分配结果的平均值：$(0.321 + 0.230)/2 = 0.276$

所以，二层内横墙 $V_b = 0.276 \times F_2 = 81.03 \text{kN}$

B. 一层最不利墙段所受地震力

一层最不利墙段所受地震力的分配结果与二层相同，所以有：

一层前纵墙 $V_b = 0.456 \times F_1 = 243.01 \text{kN}$

一层内横墙 $V_b = 0.276 \times F_1 = 146.90 \text{kN}$

2) 墙体抗力计算

根据本规程附录 A.2.1 中公式,墙体抗力为 $\gamma_{bE}\zeta_N f_{v,m} A$。

① 二层最不利墙体抗力

A. 二层前纵墙

二层前纵墙为非承重墙,极限承载力抗震调整系数 γ_{bE} 取 0.95。

砌体抗震抗剪强度正应力影响系数 ζ_N:

$$\zeta_N = \frac{1}{1.2}\sqrt{1 + 0.45\sigma_0/f_v}$$

二层前纵墙在层高一半处所承受荷载为前纵墙重量的一半:

$$(8.4 \times 3 - 2 \times 1.5 \times 1.5 - 1.2 \times 1.5) \times 0.24 \times 22/2 = 49.90 \text{kN}$$

二层前纵墙横截面面积 A:$(8.4 - 2 \times 1.5 - 1.2) \times 0.24 = 1.008 \text{m}^2$

$$\sigma_0 = 49.90/1.008 = 49.50 \text{kPa}$$

根据本规程附录 A 中表 A.2.2-1,砌筑砂浆强度等级为 M2.5 的普通砖墙体抗剪强度设计值 $f_v = 0.08 \text{MPa}$,抗剪强度平均值 $f_{v,m} = 2.38 f_v = 0.19 \text{MPa}$。

$$\zeta_N = \frac{1}{1.2}\sqrt{1 + 0.45 \times 49.5/(0.08 \times 1000)} = 0.942$$

二层前纵墙抗力:$\gamma_{bE}\zeta_N f_{v,m} A = 0.95 \times 0.942 \times 0.19 \times 1.008 \times 1000 = 171.43 \text{kN}$

B. 二层内横墙

二层内横墙为承重墙,极限承载力抗震调整系数 γ_{bE} 取 0.85。

二层内横墙在层高一半处所承受荷载由内横墙重量的一半和所承受的屋盖重量组成:

$$(6 \times 3 - 0.9 \times 2.1) \times 0.24 \times 22/2 + (3 + 2.4)/2/8.4 \times 201.6 = 107.33 \text{kN}$$

二层内横墙横截面面积 A:$(6 - 0.9) \times 0.24 = 1.224 \text{m}^2$

$$\sigma_0 = 107.33/1.224 = 87.69 \text{kPa}$$

$$f_v = 0.08 \text{MPa}, \quad f_{v,m} = 2.38 f_v = 0.19 \text{MPa}。$$

$$\zeta_N = \frac{1}{1.2}\sqrt{1 + 0.45 \times 87.69/(0.08 \times 1000)} = 1.018$$

二层内横墙抗力:$\gamma_{bE}\zeta_N f_{v,m} A = 0.85 \times 1.018 \times 0.19 \times 1.224 \times 1000 = 201.30 \text{kN}$

② 一层最不利墙体抗力

A. 一层前纵墙

一层前纵墙为非承重墙,极限承载力抗震调整系数 γ_{bE} 取 0.95。

一层前纵墙在层高一半处所承受荷载为二层前纵墙重量加上一层前纵墙重量的一半:

$$(8.4 \times 3.3 - 2 \times 1.5 \times 1.5 - 1.2 \times 1.5) \times 0.24 \times 22 +$$
$$(8.4 \times 3.3 - 2 \times 1.5 \times 1.5 - 1.2 \times 2.4) \times 0.24 \times 22/2$$
$$= 166.80 \text{kN}$$

一层前纵墙横截面面积 A:$(8.4 - 2 \times 1.5 - 1.2) \times 0.24 = 1.008 \text{m}^2$

$$\sigma_0 = 166.80/1.008 = 165.47 \text{kPa}$$

一层墙体砌筑砂浆强度等级为 M5,根据本规程附录 A 中表 A.2.2-1,砌筑砂浆强度等级为 M5 的普通砖墙体抗剪强度设计值 $f_v = 0.11 \text{MPa}$,抗剪强度平均值 $f_{v,m} = 2.38 f_v = 0.262 \text{MPa}$。

$$\zeta_N = \frac{1}{1.2}\sqrt{1 + 0.45 \times 165.47/(0.11 \times 1000)} = 1.079$$

一层前纵墙抗力：$\gamma_{bE} \zeta_N f_{v,m} A = 0.95 \times 1.079 \times 0.262 \times 1.008 \times 1000 = 270.54 \text{kN}$

B. 一层内横墙

一层内横墙为承重墙，极限承载力抗震调整系数γ_{bE}取0.85。

一层内横墙在层高一半处所承受荷载由以下几部分组成：

二层内横墙重量加上一层内横墙重量的一半：$(6 \times 3.3 - 0.9 \times 2.1) \times 0.24 \times 22 \times 1.5 = 141.85 \text{kN}$

二层内横墙所承受的屋盖重量：$(3+2.4)/2/8.4 \times 201.6 = 64.8 \text{kN}$

一层内横墙所承受的楼盖重量：$3 \times 6 \times 3.5/2 = 31.5 \text{kN}$

一层内横墙所承受的楼梯间重量：$57.6/2 = 28.8 \text{kN}$

所以，一层内横墙在层高一半处所承受荷载为：$141.85 + 64.8 + 31.5 + 28.8 = 266.95 \text{kN}$

一层内横墙横截面面积A：$(6-0.9) \times 0.24 = 1.224 \text{m}^2$

$$\sigma_0 = 266.95/1.224 = 218.09 \text{kPa}$$

$$f_v = 0.11 \text{MPa}, \quad f_{v,m} = 2.38 f_v = 0.262 \text{MPa}。$$

$$\zeta_N = \frac{1}{1.2}\sqrt{1 + 0.45 \times 218.09/(0.11 \times 1000)} = 1.146$$

一层内横墙抗力：$\gamma_{bE} \zeta_N f_{v,m} A = 0.85 \times 1.146 \times 0.262 \times 1.224 \times 1000 = 312.23 \text{kN}$

3）墙体抗震承载力验算

二层前纵墙抗力与作用的比值为：$171.43/134.05 = 1.28 > 1$，满足验算要求；

二层内横墙抗力与作用的比值为：$201.30/81.03 = 2.48 > 1$，满足验算要求；

一层前纵墙抗力与作用的比值为：$270.54/243.01 = 1.11 > 1$，满足验算要求；

一层内横墙抗力与作用的比值为：$312.23/146.90 = 2.13 > 1$，满足验算要求。

参照上述计算方法，用本规程的极限抗震承载力设计方法对该房屋进行抗震承载力验算，得出此两层砌体房屋试设计模型在不同设防烈度下满足抗震设防要求的最低砂浆强度等级，如表2.3-3所示。

两层砌体房屋试设计模型在不同设防烈度下满足抗震承载力要求的最低砂浆强度等级

表2.3-3

设防烈度		6	7	7.5	8	8.5
砂浆强度等级	二层	M1	M1	M1	M2.5	M5
	一层	M1	M1	M2.5	M5	M10

(4) 造价分析

参照《北京市建设工程预算定额》和《北京市房屋修缮定额》中的规定，对此两层砌体房屋进行造价计算，结果见表2.3-4。

两层砌体房屋造价分析

表2.3-4

造价	项目	无抗震构造措施	有抗震构造措施	差价	增加百分比
	总造价（元）	32804.27	33887.42	1083.15	3.30%
	单价（元/m²）	283.53	292.89	9.36	

由表 2.3-4 可知，本试设计中两层砌体房屋因抗震构造措施所增加的造价在 3.3% 左右，增加的比例较小，由此可见，按本规程采取相应抗震构造措施的农村两层砌体房屋所增加的费用在经济上是可行的。

2.3.3 单层石结构房屋试设计

(1) 建筑平立面设计

选取农村常见的单层料石房屋为试设计模型，房屋为 4 开间，每开间 3.3m，进深 6.6m。建筑面积 97.3m²。木屋盖双坡屋面，除山墙外的每道轴线上均设有木屋架，山墙处硬山搁檩，纵墙和山墙承重。室外地面到檐口高度为 3.3m，室内外高差 0.3m，檐口到坡屋面顶高度为 2.18m。墙厚均为 240mm，前纵墙开有三个 1.5m×1.8m 的窗户和一个 1.2m×2.4m 的门，后纵墙开有两个 1.0m×0.6m 的高窗，两道内横墙各开有一个 0.9m×2.4m 的门。该房屋的平、立、剖面图见图 2.3-14 ~ 图 2.3-17。

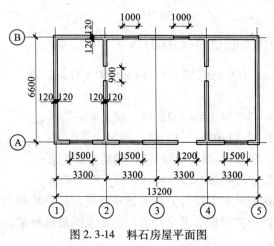

图 2.3-14 料石房屋平面图

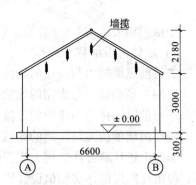

图 2.3-15 料石木房屋侧立面图

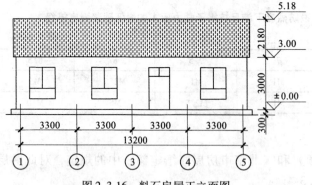

图 2.3-16 料石房屋正立面图

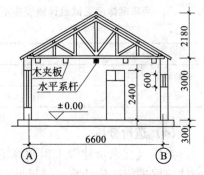

图 2.3-17 料石房屋剖面图

(2) 抗震构造措施

该房屋采取了相应的抗震构造措施以提高抗震能力，主要包括以下几项：

1) 配筋砂浆带圈梁

在所有纵横墙的基础顶部、墙中部、屋盖（墙顶）标高处各设置一道配筋砂浆带，配 3φ10 通长钢筋，砂浆强度等级取 M7.5，砂浆层厚度为 50mm。

2）纵横墙交接处连接

纵横墙交接处沿墙高每600mm设置2ϕ6拉结钢筋，每边伸入墙内的长度为1000mm或至门窗洞口。

3）剪刀撑

端开间的两榀屋架之间设置竖向剪刀撑，撑杆截面为60mm×120mm，详见图2.3-5。

4）水平系杆

跨中屋檐高度处设置ϕ100纵向水平系杆，系杆与屋架下弦钉牢。

5）墙揽

两端山墙山尖墙处各设5个角铁墙揽，墙揽为300mm×50mm×5mm的角钢，布置位置见侧立面图（图2.3-15），墙揽与屋架腹杆连接固定。

6）内横墙墙顶连接

内横墙墙顶与屋架下弦每隔1000mm采用木夹板连接，详见图2.3-6。

7）屋盖系统各构件间采用扒钉、铁丝、铁件等连接。

（3）抗震能力计算

房屋墙体采用强度等级为M1的砂浆砌筑，墙体材料（料石）重度26.4kN/m³，木屋架坡屋面折算后（恒载与活载组合）荷载3.5kN/m²，抗震设防烈度为7度（0.15g）。用本规程的极限抗震承载力设计方法对该房屋进行抗震承载力验算。

1）地震作用计算

① 结构等效重力荷载 G_{eq}

对于单层房屋来说，结构等效重力荷载等于墙体重量的一半加上屋盖重量。

屋盖重：97.3×3.5=340.55kN

纵墙重：（13.2×3.3−3×1.5×1.8−1.2×2.4+13.2×3.3−2×1×0.6）×0.24×26.4=474.82kN

横墙重：[2×6.6×3.3×0.24+2×(6.6×3.3−0.9×2.4)×0.24+2×6.6×2.18×0.24/2]×26.4=615.78kN

（计算横墙重时计入山间墙的重量。）

结构等效重力荷载 G_{eq} =340.55+(474.82+615.78)/2=885.85kN

② 基本烈度地震作用下结构水平地震作用标准值 F_{Ekb}

$$F_{Ekb} = \alpha_{maxb} \times G_{eq}$$

抗震设防烈度为7度（0.15g）时，α_{maxb} =0.36

$$F_{Ekb} = 0.36 \times 885.85 = 318.91 \text{kN}$$

③ 最不利墙段基本烈度地震作用下剪力标准值 V_b

按照本规程的抗震设计方法，纵、横向分别选取最不利的前纵墙和内横墙进行抗震承载力验算。

根据本规程附录A.1.2条规定，木屋盖房屋水平地震剪力可按抗侧力构件（即抗震墙）从属面积上重力荷载代表值的比例分配，从属面积按左右两侧相邻抗震墙间距的一半计算，所以有：

前纵墙 $V_b = F_{Ekb}/2 = 159.45$ kN

内横墙 $V_b = F_{Ekb}/3 = 106.30\text{kN}$

2）墙体抗力计算

根据本规程附录A.2.1中公式，墙体抗力为 $\gamma_{bE}\zeta_N f_{v,m} A$。

① 前纵墙

前纵墙为承重墙，极限承载力抗震调整系数 γ_{bE} 取 0.85。

砌体抗震抗剪强度正应力影响系数 ζ_N：

$$\zeta_N = \frac{1}{1.2}\sqrt{1 + 0.45\sigma_0/f_v}$$

其中，对应于重力荷载代表值的砌体截面平均压应力 σ_0 等于抗震墙体在层高一半处所承受荷载与其横截面面积的比值。

前纵墙在层高一半处所承受荷载由前纵墙重量的一半和所承受屋盖重量（屋盖重量一部分被山墙承担）的一半组成：

$(13.2 \times 3.3 - 3 \times 1.5 \times 1.8 - 1.2 \times 2.4)/2 \times 0.24 \times 26.4 +$
$(13.2 - 3.3) \times 6.6 \times 3.5/2 = 217.56\text{kN}$

前纵墙横截面面积 A：$(13.2 - 3 \times 1.5 - 1.2) \times 0.24 = 1.8\text{m}^2$

$$\sigma_0 = 217.56/1.8 = 120.87\text{kPa}$$

根据本规程附录A中表A.2.2-1，砌筑砂浆强度等级为M1的料石墙体抗剪强度设计值 $f_v = 0.07\text{MPa}$，抗剪强度平均值 $f_{v,m} = 2.7f_v = 0.189\text{MPa}$。

$$\zeta_N = \frac{1}{1.2}\sqrt{1 + 0.45 \times 120.87/(0.07 \times 1000)} = 1.111$$

前纵墙抗力：$\gamma_{bE}\zeta_N f_{v,m} A = 0.85 \times 1.111 \times 0.189 \times 1.8 \times 1000 = 321.27\text{kN}$

② 内横墙

内横墙为非承重墙，极限承载力抗震调整系数 γ_{bE} 取 0.95。

内横墙在层高一半处所承受荷载为内横墙重量的一半：

$(6.6 \times 3.3 - 0.9 \times 2.4)/2 \times 0.24 \times 26.4 = 62.16\text{kN}$

内横墙横截面面积 A：$(6.6 - 0.9) \times 0.24 = 1.368\text{m}^2$

$$\sigma_0 = 62.16/1.368 = 45.44\text{kPa}$$

$f_v = 0.07\text{MPa}$，$f_{v,m} = 2.7f_v = 0.189\text{MPa}$。

$$\zeta_N = \frac{1}{1.2}\sqrt{1 + 0.45 \times 45.44/(0.07 \times 1000)} = 0.947$$

内横墙抗力：$\gamma_{bE}\zeta_N f_{v,m} A = 0.95 \times 0.947 \times 0.189 \times 1.368 \times 1000 = 232.67\text{kN}$

3）墙体抗震承载力验算

前纵墙抗力与作用的比值为：$321.27/159.45 = 2.01 > 1$，满足验算要求；

内横墙抗力与作用的比值为：$232.67/106.30 = 2.19 > 1$，满足验算要求。

参照上述计算方法，用本规程的极限抗震承载力设计方法对该房屋进行抗震承载力验算，得出此单层料石房屋试设计模型在不同设防烈度下满足抗震设防要求的最低砂浆强度等级，如表2.3-5所示。

单层料石房屋在不同设防烈度下满足抗震承载力要求的最低砂浆强度等级　　表2.3-5

设防烈度	6	7	7.5	8	8.5
砂浆强度等级	M1	M1	M1	M1	M2.5

由表 2.3-5 可见，当设防烈度为 6～8 度时，采用砂浆强度等级为 M1 的砂浆砌筑，该房屋的抗震承载力即可满足要求；当设防烈度为 8.5 度时，满足抗震承载力要求的最低砂浆强度等级为 M2.5。

（4）造价分析

参照《北京市房屋修缮定额》中的规定，对此单层料石房屋进行造价计算，结果见表 2.3-6。

单层料石房屋造价分析　　　　　表 2.3-6

造价＼项目	无抗震构造措施	有抗震构造措施	差价	增加百分比
总造价（元）	22992.47	25131.27	2138.80	9.30%
单价（元/m²）	250.11	273.38	23.27	

由表 2.3-6 可知，本试设计中料石房屋因抗震构造措施所增加的造价在 9.3% 左右，增加的比例较小，由此可见，按本规程采取相应抗震构造措施的农村石木房屋所增加的费用在经济上是可行的。

2.3.4 单层土坯墙房屋试设计

（1）建筑平立面设计

选取农村常见的土坯墙承重房屋为试设计模型，房屋为 3 开间，开间分别为 3.3m、3.6m、3.3m，进深 6m。建筑面积 67.33m²。木屋盖双坡屋面，屋面坡度 1:1.7，两道内横墙上均设有木屋架，山墙处硬山搁檩，纵墙和山墙承重。墙体均为土坯砌筑，外墙厚 370mm，内墙厚 240mm，外纵墙及内横墙高 3.6m，室内外高差 0.15m。前纵墙开有两个 1.2m×1.5m 的窗户和一个 1.2m×2.4m 的门，后纵墙开有三个 1.2m×1.5m 的窗户，两道内横墙各开有一个 0.9m×2.1m 的门。门窗洞口处设置木过梁，木过梁与墙体同宽，高 120mm，洞口两边支撑长度 240mm。该房屋的平、立、剖面图见图 2.3-18～图 2.3-21。

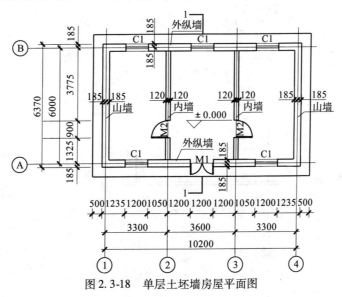

图 2.3-18　单层土坯墙房屋平面图

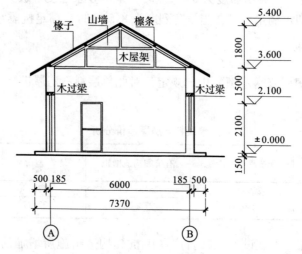

图 2.3-19 1-1 剖面图

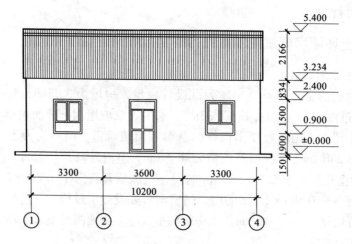

图 2.3-20 单层土坯墙房屋正立面图

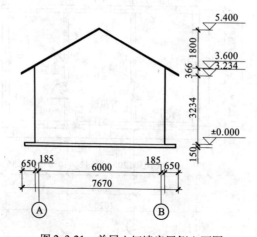

图 2.3-21 单层土坯墙房屋侧立面图

（2）抗震构造措施

该房屋采取了相应的抗震构造措施以提高抗震能力，主要包括以下几项：

1）设置砖构造柱

外墙转角处设置370mm×370mm砖构造柱，内外墙交接处设置370mm×240mm砖构造柱，砖构造柱与土坯咬槎砌筑，并沿墙高每隔500mm设置藤条网片，每边伸入墙内750mm，如图2.3-22、图2.3-23所示。

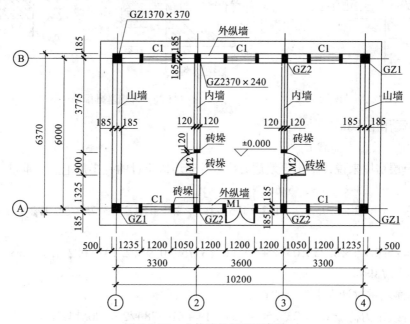

图2.3-22 木构造柱设置示意图

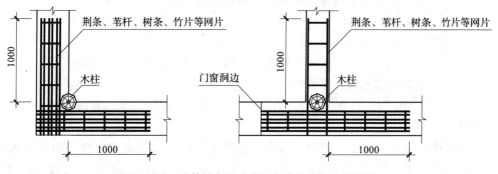

图2.3-23 墙体转角及内外墙交接处木构造柱详图

2）设置配筋砖圈梁

沿外墙墙顶及外墙基础顶面设置闭合配筋砖圈梁，配筋砖圈梁厚度为两皮砖，并在水平灰缝中配置2φ6钢筋，如图2.3-24、图2.3-25所示。

3）门窗洞口两侧设置砖垛

（3）抗震能力计算

房屋墙体材料为强度等级为M1的土坯块，砌筑泥浆强度等级为M1，土坯墙体重度20kN/m³，木屋架坡屋面折算后（恒载与活载组合）荷载3.5kN/m²，抗震设防烈度为8度（0.2g）。用本规程的极限抗震承载力设计方法对该房屋进行抗震承载力验算。

95

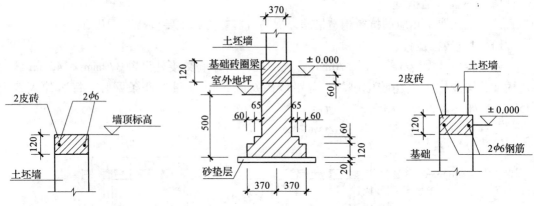

图 2.3-24 墙顶配筋砖圈梁　　　　图 2.3-25 外墙基础配筋砖圈梁

1）地震作用计算

① 结构等效重力荷载 G_{eq}

对于单层房屋来说，结构等效重力荷载等于墙体重量的一半加上屋盖重量。

屋盖重：$67.33 \times 3.5 = 235.66 \text{kN}$

纵墙重：$(10.2 \times 3.75 - 2 \times 1.2 \times 1.5 - 1.2 \times 2.4 + 10.2 \times 3.75 - 3 \times 1.2 \times 1.5) \times 0.37 \times 20 = 478.19 \text{kN}$

横墙重：$[2 \times 6 \times 3.75 \times 0.37 + 2 \times (6 \times 3.75 - 0.9 \times 2.1) \times 0.24 + 2 \times 6 \times 1.8 \times 0.37 / 2] \times 20 = 610.78 \text{kN}$

（计算横墙重时计入山尖墙的重量。）

结构等效重力荷载 $G_{eq} = 235.66 + (478.19 + 610.78)/2 = 780.14 \text{kN}$

② 基本烈度地震作用下结构水平地震作用标准值 F_{Ekb}

$$F_{Ekb} = \alpha_{maxb} \times G_{eq}$$

抗震设防烈度为 8 度（0.2g）时，$\alpha_{maxb} = 0.45$

$$F_{Ekb} = 0.45 \times 780.14 = 351.06 \text{kN}$$

③ 最不利墙段基本烈度地震作用下剪力标准值 V_b

按照本规程的抗震设计方法，纵、横向分别选取最不利的前纵墙和内横墙进行抗震承载力验算。

根据本规程附录 A.1.2 条规定，木屋盖房屋水平地震剪力可按抗侧力构件（即抗震墙）从属面积上重力荷载代表值的比例分配，从属面积按左右两侧相邻抗震墙间距的一半计算，所以有：

前纵墙 $V_b = F_{Ekb}/2 = 175.53 \text{kN}$

内横墙 $V_b = F_{Ekb} \times (3.3 + 3.6)/2/10.2 = 118.74 \text{kN}$

2）墙体抗力计算

根据本规程附录 A.2.1 中公式，墙体抗力为 $\gamma_{bE} \zeta_N f_{v,m} A$。

① 前纵墙

前纵墙为承重墙，极限承载力抗震调整系数 γ_{bE} 取 0.85。

砌体抗震抗剪强度正应力影响系数 ζ_N：

$$\zeta_N = \frac{1}{1.2}\sqrt{1 + 0.45\sigma_0/f_v}$$

其中，对应于重力荷载代表值的砌体截面平均压应力 σ_0 等于抗震墙体在层高一半处所承受荷载与其横截面面积的比值。

前纵墙在层高一半处所承受荷载由前纵墙重量的一半和所承受屋盖重量（屋盖重量一部分被山墙承担）的一半组成：

$(10.2 \times 3.75 - 2 \times 1.2 \times 1.5 - 1.2 \times 2.4)/2 \times 0.37 \times 20 +$
$(10.2 - 3.3)/10.2/2 \times 235.66 = 197.26 \text{kN}$

前纵墙横截面面积 A：$(10.2 - 3 \times 1.2) \times 0.37 = 2.442 \text{m}^2$

$$\sigma_0 = 197.26/2.442 = 80.78 \text{kPa}$$

根据本规程附录 A 中表 A.2.2-2，砌筑泥浆强度等级为 M1 时，其抗压强度平均值 $f_2 = 1.0 \text{MPa}$，抗剪强度设计值 $f_v = 0.05 \text{MPa}$，根据公式（A.2.2-3），土坯墙砌体抗剪强度平均值 $f_{v,m} = 0.125\sqrt{f_2} = 0.125 \text{MPa}$。

$$\zeta_N = \frac{1}{1.2}\sqrt{1 + 0.45 \times 80.78/(0.05 \times 1000)} = 1.095$$

前纵墙抗力：$\gamma_{bE} \zeta_N f_{v,m} A = 0.85 \times 1.095 \times 0.125 \times 2.442 \times 1000 = 284.11 \text{kN}$

② 内横墙

内横墙为非承重墙，极限承载力抗震调整系数 γ_{bE} 取 0.95。

内横墙在层高一半处所承受荷载为内横墙重量的一半：

$(6 \times 3.75 - 0.9 \times 2.1)/2 \times 0.24 \times 20 = 49.46 \text{kN}$

内横墙横截面面积 A：$(6 - 0.9) \times 0.24 = 1.224 \text{m}^2$

$$\sigma_0 = 49.46/1.224 = 40.41 \text{kPa}$$

$f_v = 0.05 \text{MPa}$，$f_2 = 1.0 \text{MPa}$，$f_{v,m} = 0.125\sqrt{f_2} = 0.125 \text{MPa}$。

$$\zeta_N = \frac{1}{1.2}\sqrt{1 + 0.45 \times 40.41/(0.05 \times 1000)} = 0.973$$

内横墙抗力：$\gamma_{bE} \zeta_N f_{v,m} A = 0.95 \times 0.973 \times 0.125 \times 1.224 \times 1000 = 141.43 \text{kN}$

3）墙体抗震承载力验算

前纵墙抗力与作用的比值为：$284.11/175.53 = 1.62 > 1$，满足验算要求；

内横墙抗力与作用的比值为：$141.43/118.74 = 1.19 > 1$，满足验算要求。

参照上述计算方法，用本规程的极限抗震承载力设计方法对该房屋进行抗震承载力验算，得出此单层土坯墙房屋试设计模型采用不同强度等级的泥浆砌筑时对应各设防烈度的抗震承载力验算结果，如表 2.3-7 所示。

单层土坯墙房屋在各设防烈度下抗震承载力验算结果　　　　表 2.3-7

砌筑泥浆强度等级	各设防烈度下抗震承载力验算结果				
级	6	7	7.5	8	8.5
M0.7	满足	满足	满足	满足	不满足
M1	满足	满足	满足	满足	不满足

由表 2.3-7 可见,当砌筑泥浆强度等级为 M0.7 和 M1 时,抗震承载力可满足设防烈度为 8 度的要求,但均无法满足设防烈度为 8.5 度的要求。

(4) 造价分析

按照《全国统一建筑工程预算工程量计算规则(土建工程)》(GJDGZ—101—95)得出各项目的工程量,套用《陕西省建筑工程综合概预算定额》中相应部分的单价,计算得出直接工程费。《陕西省建筑工程综合概预算定额》中未规定的部分项目单价采取调研的方式得到,土坯墙的单价参照砖墙的人工费,椽子的单价参照圆木檩条的单价。此单层土坯墙房屋试设计模型造价计算结果见表 2.3-8。

单层土坯墙房屋造价分析　　　　　　　　表 2.3-8

造价＼项目	无抗震构造措施	有抗震构造措施	差价	增加百分比
总造价(元)	13564.23	14179.76	615.53	4.53%
单价(元/m²)	201.46	210.60	9.14	

由表 2.3-8 可知,本试设计中土坯墙房屋因抗震构造措施所增加的造价在 4.5% 左右,增加的比例较小,由此可见,按本规程采取相应抗震构造措施的农村土坯墙房屋所增加的费用在经济上是可行的。

2.3.5 单层夯土墙房屋试设计

(1) 建筑平立面设计

选取农村常见的夯土墙承重房屋为试设计模型,房屋为 3 开间,每开间均设内横墙,开间分别为 3.9m、4.5m、3.9m,进深 8.4m,因进深较大而设置内纵墙,丰富房屋的使用功能。

该房屋建筑面积 113.92m²。木屋盖双坡屋面,屋面坡度 1:1.7,两道内横墙上均设有木屋架,山墙处硬山搁檩,纵墙和山墙承重。墙体均为土坯砌筑,外墙厚 500mm,内墙厚 300mm,室外地面至檐口高度为 3.6m,室内外高差 0.15m。前纵墙开有两个 1.2m×1.5m 的窗户和一个 1.2m×2.4m 的门,内纵墙开有一个 1.2m×2.1m 的门,后纵墙开有三个 1.2m×1.5m 的窗户,两道内横墙各开有两个 0.9m×2.1m 的门。门窗洞口处设置木过梁,木过梁与墙体同宽,高 120mm,洞口两边支撑长度 240mm。该房屋的平、立、剖面图见图 2.3-26～图 2.3-29。

(2) 抗震构造措施

该房屋采取了相应的抗震构造措施以提高抗震能力,主要包括以下几项:

1) 外墙转角及内外墙交接处设置 ϕ120mm 木构造柱,并沿墙高每隔 500mm 设置藤条网片,每边伸入墙内 750mm,如图 2.3-30、图 2.3-31 所示。

2) 沿外墙墙顶及外墙基础顶面分别设置闭合配筋砖圈梁和木圈梁,配筋砖圈梁厚度为两皮砖,并在水平灰缝中配置 2ϕ6 钢筋,圈梁位置及尺寸见图 2.3-32、图 2.3-33 所示。

3) 门窗洞口两侧沿墙高每 300mm 设置 500mm 长的藤条网片加固洞边。

4) 山墙与内纵墙交接处设扶壁式墙垛,见图 2.3-34。

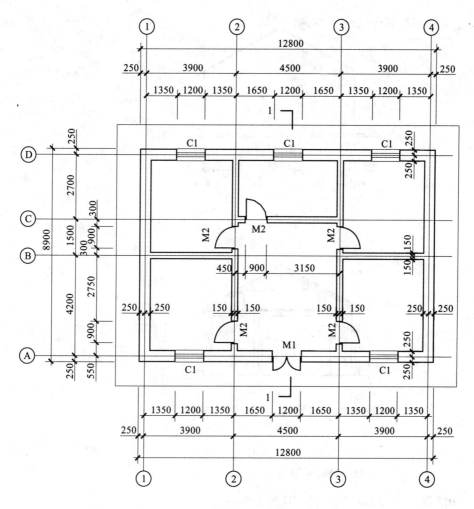

图 2.3-26 单层夯土墙房屋平面图

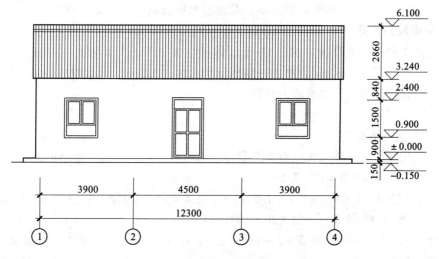

图 2.3-27 单层夯土墙房屋正立面图

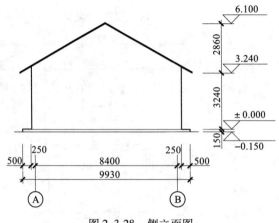

图 2.3-28 侧立面图

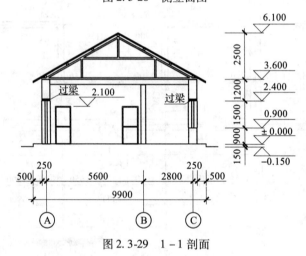

图 2.3-29 1-1 剖面

5) 山墙顶部设 120mm 高卧梁,见图 2.3-35。
6) 外纵墙顶部及檩条出山墙处分别采取相应加固措施,见图 2.3-36、图 2.3-37。
7) 墙体采用泥浆双面粉刷保护墙体;其他细部抗震措施见图 2.3-38。

(3) 抗震能力计算

房屋墙体土料的强度等级为 M1,夯土墙体重度 20kN/m³,木屋架坡屋面折算后(恒载与活载组合)荷载 3.5kN/m²,抗震设防烈度为 8 度(0.2g)。用本规程的极限抗震承载力设计方法对该房屋进行抗震承载力验算。

1) 地震作用计算

① 结构等效重力荷载 G_{eq}

对于单层房屋来说,结构等效重力荷载等于墙体重量的一半加上屋盖重量。

屋盖重:113.92×3.5 = 398.72kN

纵墙重:(12.3×3.6 − 2×1.2×1.5 − 1.2×2.4 + 12.3×3.6 − 3×1.2×1.5)×0.5× 20 + (12.3×3.6 − 0.9×2.1)×0.3×20 = 1021.14kN

横墙重:[2×8.4×3.6×0.5 + 2×(8.4×3.6 − 2×0.9×2.1)×0.3 + 2×8.4×2.5× 0.5/2]×20 = 1132.32kN

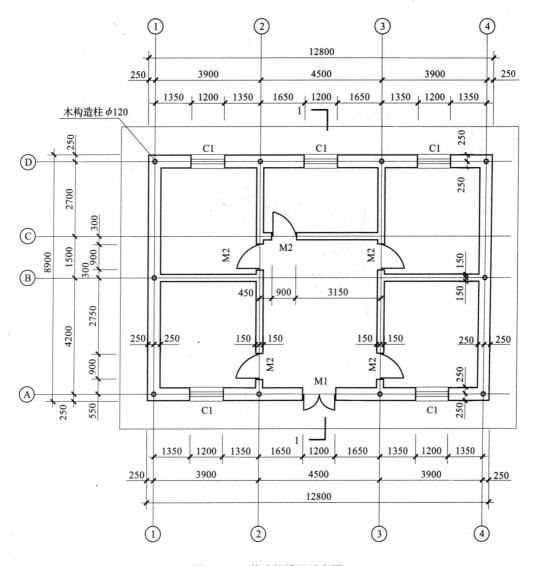

图 2.3-30 构造柱设置示意图

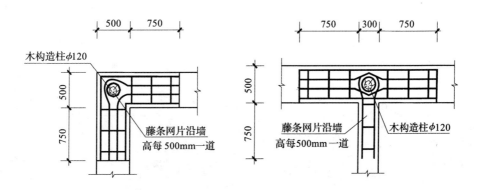

图 2.3-31 墙体转角及内外墙交接处构造柱详图

101

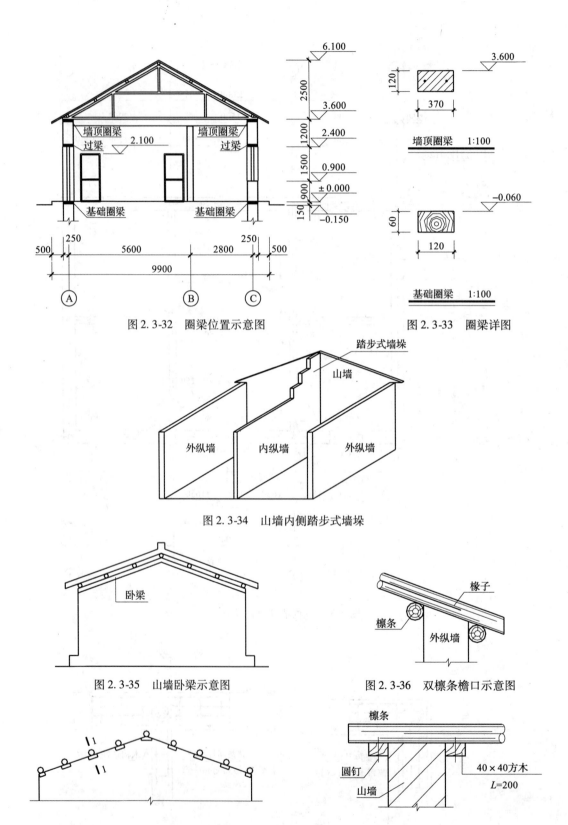

图 2.3-32 圈梁位置示意图
图 2.3-33 圈梁详图
图 2.3-34 山墙内侧踏步式墙垛
图 2.3-35 山墙卧梁示意图
图 2.3-36 双檩条檐口示意图
图 2.3-37 山墙与檩条连接

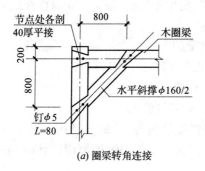
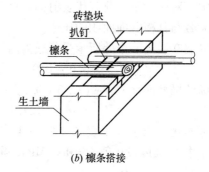

(a) 圈梁转角连接　　　　　　　(b) 檩条搭接

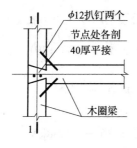
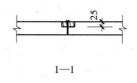

(c) 纵横向木圈梁连接

图 2.3-38　其他抗震构造措施

（计算横墙重时计入山间墙的重量。）

结构等效重力荷载 $G_{eq} = 398.72 + (1021.14 + 1132.32)/2 = 1475.45 \text{kN}$

② 基本烈度地震作用下结构水平地震作用标准值 F_{Ekb}

$$F_{Ekb} = \alpha_{maxb} \times G_{eq}$$

抗震设防烈度为 8 度（0.2g）时，$\alpha_{maxb} = 0.45$

$$F_{Ekb} = 0.45 \times 1475.45 = 663.95 \text{kN}$$

③ 最不利墙段基本烈度地震作用下剪力标准值 V_b

按照本规程的抗震设计方法，纵、横向分别选取最不利的内纵墙和内横墙进行抗震承载力验算。

根据本规程附录 A.1.2 条规定，木屋盖房屋水平地震剪力可按抗侧力构件（即抗震墙）从属面积上重力荷载代表值的比例分配，从属面积按左右两侧相邻抗震墙间距的一半计算，所以有：

内纵墙 $V_b = F_{Ekb}/2 = 331.98 \text{kN}$

内横墙 $V_b = F_{Ekb} \times (3.9 + 4.5)/2/12.3 = 226.72 \text{kN}$

2）墙体抗力计算

根据本规程附录 A.2.1 中公式，墙体抗力为 $\gamma_{bE} \zeta_N f_{v,m} A$。

① 内纵墙

内纵墙为非承重墙，极限承载力抗震调整系数 γ_{bE} 取 0.95。

砌体抗震抗剪强度正应力影响系数 ζ_N：

$$\zeta_N = \frac{1}{1.2}\sqrt{1 + 0.45\sigma_0/f_v}$$

其中，对应于重力荷载代表值的砌体截面平均压应力 σ_0 等于抗震墙体在层高一半处所承受荷载与其横截面面积的比值。

内纵墙在层高一半处所承受荷载为内纵墙重量的一半：

$$(12.3 \times 3.6 - 0.9 \times 2.1) \times 0.3 \times 20/2 = 127.17 \text{kN}$$

前纵墙横截面面积 A：$(12.3-0.9) \times 0.3 = 3.42 \text{m}^2$

$$\sigma_0 = 127.17/3.42 = 37.18 \text{kPa}$$

根据本规程附录 A 中表 A.2.2-2，砌筑土料强度等级为 M1 时，其抗压强度平均值 $f_2 = 1.0$ MPa，抗剪强度设计值 $f_v = 0.05$ MPa，根据公式 A.2.2-3，夯土墙体抗剪强度平均值 $f_{v,m} = 0.125\sqrt{f_2} = 0.125$ MPa。

$$\zeta_N = \frac{1}{1.2}\sqrt{1+0.45 \times 37.18/(0.05 \times 1000)} = 0.963$$

前纵墙抗力：$\gamma_{bE}\zeta_N f_{v,m} A = 0.95 \times 0.963 \times 0.125 \times 3.42 \times 1000 = 391.10 \text{kN}$

② 内横墙

内横墙为非承重墙，极限承载力抗震调整系数 γ_{bE} 取 0.95。

内横墙在层高一半处所承受荷载为内横墙重量的一半：

$$(8.4 \times 3.6 - 2 \times 0.9 \times 2.1)/2 \times 0.3 \times 20 = 79.38 \text{kN}$$

内横墙横截面面积 A：$(8.4-2 \times 0.9) \times 0.3 = 1.98 \text{m}^2$

$$\sigma_0 = 79.38/1.98 = 40.09 \text{kPa}$$

$$f_v = 0.05 \text{MPa}, \quad f_2 = 1.0 \text{MPa}, \quad f_{v,m} = 0.125\sqrt{f_2} = 0.125 \text{MPa}$$

$$\zeta_N = \frac{1}{1.2}\sqrt{1+0.45 \times 40.09/(0.05 \times 1000)} = 0.972$$

内横墙抗力：$\gamma_{bE}\zeta_N f_{v,m} A = 0.95 \times 0.972 \times 0.125 \times 1.98 \times 1000 = 228.54 \text{kN}$

③ 墙体抗震承载力验算

前纵墙抗力与作用的比值为：391.10/331.98 = 1.18 > 1，满足验算要求；

内横墙抗力与作用的比值为：228.54/226.72 = 1.01 > 1，满足验算要求。

参照上述计算方法，用本规程的极限抗震承载力设计方法对该房屋进行抗震承载力验算，得出此单层夯土墙房屋试设计模型采用不同强度等级的土料时对应各设防烈度的抗震承载力验算结果，如表 2.3-9 所示。

单层夯土墙房屋在各设防烈度下抗震承载力验算结果 表 2.3-9

夯土墙土料 强度等级	各设防烈度下抗震承载力验算结果				
	6	7	7.5	8	8.5
M0.7	满足	满足	满足	不满足	不满足
M1	满足	满足	满足	满足	不满足

由表 2.3-9 可见，当夯土墙土料强度等级为 M0.7 时，抗震承载力可满足设防烈度为 7.5 度的要求；当夯土墙土料强度等级为 M1 时，抗震承载力可满足设防烈度为 8 度的要求。

(4) 造价分析

夯土墙承重房屋均为农民自行建造，不产生施工间接费、利润、税金等费用，因此，在对房屋进行造价分析时只须计算出工程直接费用，即人工费、材料费、机械费。

按《全国统一建筑工程预算工程量计算规则（土建工程）》（GJDGZ—101—95）得出各项目的工程量，套用《陕西省建筑工程综合概预算定额》中相应部分的单价，计算得出工程直接费。《陕西省建筑工程综合概预算定额》中未规定的部分项目单价采取实地调研的方式得到。此单层夯土墙房屋试设计模型造价计算结果见表 2.3-10。

单层夯土墙房屋造价分析　　　　　　　　表 2.3-10

项目 造价	无抗震 构造措施	有抗震 构造措施	差价	增加百分比
总造价（元）	18548.97	20082.53	1533.56	8.27%
单价（元/m²）	162.82	176.29	13.47	

由表 2.3-10 可知，本试设计中土坯墙房屋因抗震构造措施所增加的造价在 8.3% 左右，增加的比例较小，由此可见，按本规程采取相应抗震构造措施的农村夯土墙房屋所增加的费用在经济上是可行的。

第3章 规程基本内容

3.1 规程编制原则和设防目标

3.1.1 规程的编制原则

本规程由于适用范围和面对的使用对象与其他的规范标准有一定的差别，在编制伊始就要根据实际情况确定编制原则。

本规程的适用对象是基层技术人员或者村镇中的建筑工匠，应用环境是广大农村和乡镇，考虑到这一特点，本规程应体现出适用对象和应用环境的特色。

从我国当前经济发展现状来看，村镇地区的建筑形式还有很多是沿袭传统的做法，与各地的环境特点和物产密切相关，确定抗震设防措施时，也不能脱离实际情况，应尊重各地村镇传统建筑形式，因地制宜地提出不同结构的抗震要求。同时也要考虑前期投入与结构失效后果所产生的影响，掌握好适当的尺度。

在条文的编制过程中，也要和一般的技术标准有所区别，充分考虑使用者的文化程度和接受能力，编制条文应深入浅出、易于理解，多采用简图、表格等形式，重点在于抗震构造措施，便于基层技术人员和村镇的建筑工匠使用，这样才能充分发挥本规程提高村镇房屋抗震能力的指导作用。

在综合考虑以上各种因素的前提下，确定了本规程的编制原则为"因地制宜、就地取材、简易有效、经济合理"。

3.1.2 规程的设防目标

相对于城市建筑，我国村镇建筑普遍具有单体规模小、就地取材、造价低廉等特点，并且基本上是由当地建筑工匠按传统习惯进行建造，一般不进行正规设计。在抗震能力方面，由于村镇建筑存在主体结构材料强度低（如生土、砌体、石结构）、结构整体性差、房屋各构件之间连接薄弱等问题，加上普遍未采取抗震措施，在地震中震害严重。

针对目前我国大部分村镇地区房屋的现状，《规程》提出村镇建筑的抗震设防目标是："当遭受低于本地区抗震设防烈度的多遇地震影响时，一般不需修理可继续使用；当遭受相当于本地区抗震设防烈度的地震影响时，主体结构不致严重破坏，围护结构不发生大面积倒塌。"

《抗震规范》提出的是"小震不坏，中震可修，大震不倒"的抗震设防三水准目标。从《抗震规范》的设计思想可以看出，概念设计和抗震构造措施是实现设防目标的重要保证，历次的震害经验也充分证明了这一点。在《抗震规范》中对于各类结构的概念设计和抗震构造措施都提出了具体而全面的要求，对于城镇中经正规抗震设计，材料强度有保证、施工质量可靠的房屋，是完全可以达到抗震设防的三水准目标的。但对大部分村镇地区的房屋而言，结构形式及建筑材料的选用有明显的地域性，以土、木、石及砖为主要建筑材料的低造价房屋仍在大量使用和建造，这些房屋在建筑材料、施工技术等方面有较大的局限性，与按照《抗震规范》设计、建造的房屋有很大差别，难以达到《抗震规范》中第三水准的抗震设防目标的要求。以城市和村镇中常见的砖砌体房屋为例，《抗震规范》对砌墙砖和砌筑砂浆的强度等级及力学性能指标参数都有详细的划分和规定，在结构体系和计算要点方面也作出了具体的要求和规定，同时采取了设置强度高、延性好的钢筋混凝土圈梁、构造柱及其他抗震构造措施做为大震不倒的保证；而村镇地区大量建造的低层（二层以下）砌体房屋，由于受技术经济等条件的限制，其主要承重构件为砖墙、砖（或木）柱和木或钢筋混凝土预制楼屋盖，在不大幅度提高造价、不改变结构形式和主要构件材料的条件下，采取的抗震构造措施是设置配筋砖圈梁、配筋砂浆带、木圈梁和墙揽等，与《抗震规范》的钢筋混凝土圈梁、构造柱有很大差别，达到的抗震效果也存在一定的差距。综合考虑各方面的因素，村镇建筑采用"小震不坏，中震主体结构不致严重破坏"的抗震设防目标是比较切合实际的，满足了经济合理、简便易行、有效的原则，在农民可接受的造价范围内较大程度地提高了农村房屋的抗震能力。

一、二层村镇建筑体量小、规模小、房屋质量相对较轻，与城镇建筑比较，其震害影响范围、程度也小。《规程》的"中震主体结构不致严重破坏"抗震设防水准是符合当前国情的。

对于较正规的村镇公用建筑以及三层、三层以上和经济发达的农村地区的民居（如采用了现浇钢筋混凝土构造柱和楼屋盖），则应按照《抗震规范》进行设计。

中震主体结构不致严重破坏采用的是结构极限承载力设计思想，叙述如下：

房屋在地震作用下抗震墙体开裂后，结构进入弹塑性阶段，当地震作用使结构的承载力达到极限状态时，取抗震设防烈度对应为这时的地震作用效应 S，同时取结构的极限承载力作为抗力 R，使：

$$S \leqslant \gamma_{bE} R \tag{3.1-1}$$

式中　S——基本烈度地震作用效应标准值；

γ_{bE}——极限承载力抗震调整系数；

R——结构的极限承载力，取材料强度平均值计算。

结构的极限承载力 R 由结构材料的力学性能与几何尺寸等决定，可以计算。结构抗震极限承载力调整系数 γ_{bE} 考虑了一定的承载力储备，与抗侧力构件（抗震墙）的类型（承重或非承重）有关，并综合考虑了当前我国村镇地区的经济水平。

《规程》本着"因地制宜、就地取材"的原则，充分考虑到我国一些地区（特别是西部经济不发达地区）农民的经济状况较差，没有能力按照《抗震规范》的要求建造砖混结构等抗震性能较好的房屋，缺少保证大震不倒的钢筋混凝土圈梁、构造柱等抗震构造措施，因此采用基本烈度地震进行砌体截面的极限承载力设计，以达到基本烈度不倒墙塌架的设防目标，避免和减少人员伤亡和财产损失。

3.2 规程适用范围和适用对象

3.2.1 规程的适用范围

《规程》的适用范围明确为："《规程》适用于抗震设防烈度为6、7、8和9度（各章节另有规定的按各章节的规定执行）地区村镇建筑的抗震设计与施工。"

这里所称的村镇建筑，也有明确的定义："《规程》村镇建筑系指农村与乡镇中层数为一、二层，采用木或冷轧带肋钢筋预应力圆孔板楼（屋）盖的一般民用房屋。对于村镇中三层及以上的房屋，或采用钢筋混凝土圈梁、构造柱和楼（屋）盖的房屋，应按现行国家标准《建筑抗震设计规范》GB 50011 进行设计。"

这一适用范围的确定，考虑了两方面的因素：其一，近年来很多设防烈度为6度的地区发生了中强地震，造成村镇房屋的严重震害，因此6度及以上地区的村镇房屋必须采取抗震措施；其二，考虑到目前我国村镇地区建设的实际情况，相当大部分村镇地区的建筑仍难以在建筑材料和施工技术水平上达到现行国家标准《建筑抗震设计规范》的要求，在建筑体量和建筑材料上与正规设计建筑的城镇房屋有明显的差别，因此对层数做出了限制，传统的村镇房屋多以木楼（屋）盖为主，近年来冷轧带肋钢筋预应力圆孔板在实际中已开始大量应用，因此也在规程中纳入。

三层以上的房屋，地震作用较一、二层的低矮房屋大，如果仍采用传统的土、木、石等建筑材料，不采取更有效的抗震构造措施作为保证，在地震中难以保证应有的安全性，因此对于三层以上的房屋，应按照《抗震规范》的要求，进行设计建造，以达到相应的抗震设防目标的要求。对于经济发达地区的村镇，有条件采用钢筋混凝土构造柱、圈梁及楼（屋）盖的农户，应从材料强度、结构体系、抗震构造措施方面满足《抗震规范》的各项要求，并保证材料和施工质量，建造能达到《抗震规范》设防水准的抗震房屋。

3.2.2 规程的适用对象

村镇建筑与城市建筑除了结构形式、体量等方面的差别，还有一个很大的差异就是建造方式，村镇房屋的建造除了极少数整村整镇集中规划建设外，基本上都是分散建造，因此集中投入大批施工人员的情况很少。大多数农村房屋在建造时没有完整的规划、设计、施工、质监程序，基本是房主个人出资，请当地的建筑工匠按照户主的要求进行建造。目前，建筑工匠仍是村镇房屋建造的主体，村镇建筑的这种建造方式在相当长的时期内会沿续下去。提高村镇建筑的抗震能力，从培训建筑工匠入手是切合实际的，通过培训使他们掌握应有的抗震常识，就能够在《规程》的指导下建造具有一定抗震能力的房屋。在村镇建设的发展中，也应逐步发挥基层设计单位、乡镇施工队和乡镇的建设技术人员的积极作用，更好地推动村镇抗震能力的建设。

考虑到村镇建设的具体情况，《规程》的适用对象主要是基层设计单位（如县设计室）、乡镇施工队和乡镇建设技术人员，以及村镇建筑工匠。规程编制组在编制过程中结合震害经验，做了大量细致的试设计计算分析与研究工作，编制了相关表格，并将主要抗震措施以详图形式给出，使规程做到了使用人员不必经过复杂计算，主要通过查阅文字图表，即可对量大面广、造价较低的村镇建筑进行抗震设计与施工指导。

3.3 规程主要内容

3.3.1 规程的构成及各章节内容

《规程》为行业标准，编写的内容和有关要求均应符合中华人民共和国住房和城乡建设部组织制定的《工程建设标准编写规定》（建标〔1996〕628号）中的相应规定。

《规程》的构成分为三大部分，即前引部分、正文部分和补充部分。其中前引部分包括封面、扉页、发布通知、前言及目次。正文部分包括总则、术语和符号及技术内容；补充部分包括附录及用词和用语说明。在编写标准条文的同时，尚应编写标准的条文说明。

《规程》编制组在前期调研工作基础上，对我国的村镇建筑常用的结构形式进行了归纳，按不同的承重结构分为四种主要的结构类型，规程中的各章节内容如下：

第1章　总则

第2章　术语、符号

　　第1节　术语；第2节　符号

第3章　抗震基本要求

　　第1节　建筑设计和结构体系；第2节　整体性连接和抗震构造措施；第3节　结构材料和施工要求

第4章　场地、地基和基础

　　第1节　场地；第2节　地基和基础

第5章　砌体结构房屋

　　第1节　一般规定；第2节　抗震构造措施；第3节　施工要求

第6章　木结构房屋

　　第1节　一般规定；第2节　抗震构造措施；第3节　施工要求

第7章　生土结构房屋

　　第1节　一般规定；第2节　抗震构造措施；第3节　施工要求

第8章　石结构房屋

　　第1节　一般规定；第2节　抗震构造措施；第3节　施工要求

附录A　墙体截面抗震受剪极限承载力验算方法

　A.1　水平地震作用标准值计算；A.2　墙体截面抗震受剪极限承载力验算

附录B　砌体结构房屋抗震横墙间距L和房屋宽度B限值

附录C　木结构房屋抗震横墙间距L和房屋宽度B限值

附录D　生土结构房屋抗震横墙间距L和房屋宽度B限值

附录E　石结构房屋抗震横墙间距L和房屋宽度B限值

附录F　过梁计算

附录G　砂浆配合比参考表

附录H　砂浆、砖、混凝土的强度等级与标号对应关系

《规程》用词说明

条文说明

3.3.2 村镇建筑主要抗震措施

如何使地震区的建筑达到抗震设防要求,是工程技术人员着力解决的一个问题。目前在我国的工程抗震领域内,对于抗震设计已有了成熟的设计思想,抗震设计是由三部分内容构成的,即抗震概念设计、抗震设计计算和抗震构造措施,这三者缺一不可。对于村镇房屋,抗震设计也是这三方面的综合。

抗震措施指的是除地震作用计算和抗力计算以外的抗震设计内容,包括抗震构造措施。简单地说就是抗震概念设计和抗震构造措施两方面。在《规程》中,提供了相应的抗震设计计算方法,考虑到使用对象的需求,这部分内容在编制组大量工作的基础上,采用了简便易查的表格形式表达。关于抗震概念设计和抗震构造措施,要适合村镇建筑的建筑和结构特点,抗震构造措施的要求要取材方便、造价低廉、简单易行,同时要具有良好的抗震效果。

(1) 抗震概念设计

地震是一种复杂的自然现象,多年来地震工程和工程抗震方面的技术人员对于建筑结构的地震作用做了大量研究工作,在总结结构破坏机理的基础上,利用力学概念对结构的地震作用进行分析,形成了一系列较为成熟的的抗震设计计算方法,并应用于地震区建筑的抗震设计。同时也应该看到,我们对于客观现象的认识是建立在现有的科学水平上的,很多规律性的东西还有待进一步认识和研究。地震作用具有很大的不确定性和复杂性,结构在地震作用下的受力状态也很复杂,结构分析计算实际上已做了相当大程度的简化,不可能全面、准确地反应建筑结构在地震作用下的复杂机制和破坏形态。因些,一些在抗震计算中难以量化表述的问题,要通过抗震概念设计来进行把握。抗震概念设计是以大量的震害实践为基础的,在分析各类建筑的震害现象时进行归纳总结,形成一系列关于抗震的基本设计原则和设计思想,应用到抗震设计中,对建筑设计和结构体系布置、一些局部构造等做出具体要求,这就是建筑抗震概念设计,良好的概念设计可以有效地减轻震害。

抗震概念设计主要体现在以下几方面:

1) 建筑的体型力求简单、规则、对称、质量和刚度变化均匀。

2) 结构体系的要求

① 具有明确的计算简图和合理的地震作用传递途径;

② 具有多道抗震防线,避免因部分结构或构件破坏而导致整个体系丧失抗震能力或对重力荷载的承载能力;

③ 应具备必要的强度、良好的变形能力和耗能能力;

④ 具有合理的刚度和强度分布,避免因局部削弱或突变形成薄弱部位,产生过大的应力集中或塑性变形集中;对可能出现的薄弱部位,应采取措施提高抗震能力。

3) 抗震结构的各类构件应具有必要的强度和变形能力(或延性)。

4) 抗震结构的各类构件之间应具有可靠的连接。

5) 抗震结构的支撑系统应能保证地震时结构稳定。

6) 非结构构件(围护墙、隔墙、填充墙)要合理设置。

以上是抗震概念设计应遵循的普遍原则,对于村镇建筑,在《规程》的相关条文中都有具体要求，在建造中应严格执行。

（2）抗震构造措施

村镇建筑的抗震构造措施，与城镇建筑相比有较大的不同，一方面是体量和结构上的差异，另一方面必须考虑村镇建筑的客观实际。

以砌体房屋为例，城镇中的新建多层砌体房屋，采用钢筋混凝土楼（屋）盖，层数多在四层以上，体量也较村镇中的一、二层砌体房屋大，同时地震作用也大，因此为达到《抗震规范》中大震不倒的设防要求，采取的抗震构造措施主要是现浇钢筋混凝土圈梁与构造柱，对于圈梁构造柱的设置、构件截面、混凝土强度、钢筋等级等都有具体的要求，施工也要满足有关规范的要求。在规范化程度高的城镇建设中，《抗震规范》和其他相关规范标准的要求是能够达到和满足的。而村镇的砌体房屋，砌体本身的强度相对较低，但层数少、重量相对轻、地震作用小，相配套的抗震构造措施主要是配筋砖圈梁、配筋砂浆带等，材料易得，施工方便，也能满足《规程》的设防要求。采用钢筋混凝土构件在材料供应、施工要求等方面的要求相对较高，在农村施工没有搅拌设备和其他施工条件，配比等不易保证，养护条件也难以达到要求，混凝土的质量保证差，这些都是实际中存在的的问题。

《规程》中针对各结构类型房屋所采取的抗震构造措施，充分考虑了农村建筑的特点和我国大部分村镇地区农民的经济水平，总结了多次震害调研的经验教训，并且在抗震试验研究中验证了一些抗震构造措施的作用。事实证明，一些看似简单的抗震构造措施，在实际中起到了良好的作用。《规程》中的抗震构造措施，结合了各类结构类型房屋的特点，材料价格低廉、施工方法简便，但要注意各项抗震构造措施的详细要求，否则难以达到应有的效果。

3.4 村镇建筑抗震的基本概念

3.4.1 总则中的强制性条文

工程建设标准强制性条文的规定，是控制和保证工程质量最基本的要求。强制性条文是保证建设工程质量安全的必要技术条件，是为确保国家及公众利益而针对建设工程提出的最基本的技术要求，体现的是政府宏观调控的意志，是为政府部门进行建设工程质量监督检查提供的重要技术依据。目前，村镇建设虽然尚未完全纳入政府主管部门的工程质量监督管理体系，但以发展的眼光看，村镇建设的管理必将进入规范的管理体系。

我国目前实施的 2002 年版《工程建设标准强制性条文》（房屋建筑部分）是在 2000 年版的《工程建设标准强制性条文》的基础上进行修订完善而来的。《工程建设标准强制性条文》（房屋建筑部分）是政府站在国家和人民的立场上，对工程技术活动提出的最基本的、必须做到的要求。从某种意义上讲，这就是目前阶段的、具有中国特色的"技术法规"。所有工程建设活动的参与者，也包括管理者和技术人员，都应当熟悉、了解和遵守[1]。

根据《工程建设标准强制性条文》的编制原则，应将工程建设国家和行业标准中直接涉及人民生命财产安全、人身健康、环境保护和其他公众利益的，并考虑了保护资源、节约投资、提高经济效益和社会效益等政策要求的条文纳入强制性条文。《规程》是具有较强实用性的行业标准，根据以上原则，确定的强制性条文主要有两条，即第1.0.4条和1.0.5条，并经《工程建设标准强制性条文》（房屋建筑部分）咨询委员会审查批准。

第1.0.4条规定"抗震设防烈度为6度及以上地区的村镇建筑，必须采取抗震措施。"

第1.0.5条规定"抗震设防烈度必须按国家规定的权限审批、颁发的文件（图件）确定。"

这两条分别与现行《建筑抗震设防规范》GB 50011—2001（2008年版）的第1.0.2条和1.0.4条相对应，采用最严格的规范用语"必须"。

6度地区进行抗震设防的必要性，已在前文中做了阐述。对于村镇建筑，如何在实际中贯彻执行才是重点所在。要改变村镇建设目前随意性、无序、缺乏约束的现状，首先应制订一系列切实可行的村镇抗震防灾的管理措施，政策与技术标准相配套才能把抗震设防要求落到实处。

第1.0.5条中所说的国家规定的权限审批、颁发的文件（图件），主要是指国家质量技术监督局于2001年2月2日发布的中国地震局提出的国家标准《中国地震动参数区划图》GB 18306。

3.4.2 术语和符号

作为一本实用性较强的行业标准，同时考虑到使用对象的特点和《规程》的编制原则，在条文中尽量避免出现过多的专业性强的术语和符号，涉及到的术语主要是一些需要明确的基本概念和解释。

在本节中明确了抗震措施与抗震构造措施的区别，抗震构造措施只是抗震措施的一个组成部分。对村镇各类房屋的结构类型进行了界定，明确了各结构类型的定义及所包含的基本形式，并对主要抗震构造措施进行了说明，解释了《规程》所采用的主要符号的意义。下面对各术语进行解释。

抗震设防烈度：按国家规定的权限批准作为一个地区抗震设防依据的地震烈度。

抗震设防烈度是抗震设防的依据，一般情况下，抗震设防烈度可采用地震基本烈度（作为一个地区抗震设防依据的地震烈度）；一定条件下，可采用抗震设防区划提供的地震动参数（如地面运动加速度峰值、反应谱值等）。抗震设防烈度和抗震设防区划的审批权限，由国家有关主管部门规定。村镇地区的抗震设防烈度，按本地区地震主管部门规定取值。现行国家标准《建筑抗震设计规范》附录A"我国主要城镇抗震设防烈度、设计基本地震加速度和地震加速度分组"中，给出了县级及县级以上城镇中心地区的地震基本烈度（或抗震设防烈度），对于按行政管辖区划分的所属村镇地区，其地震基本烈度值可能高于（或低于）该县市中心地区的地震基本烈度值，一般情况下，应依据《中国地震动参数区划图》GB 18306来确定某一村镇的地震基本烈度；对于分界线附近的地区，应按有关要求进行烈度复核并经地震主管部门批准后采用。

地震作用：由地震动引起的结构动态作用，包括水平地震作用和竖向地震作用。

地震作用是地震动作用于结构后结构产生的动态反应（速度、加速度、变形等）。地震作用是一种间接作用，与地震动的性质和工程结构的动力特性有关，分为水平地震作用、竖向地震作用和扭转地震作用。对于体量小、体型简单的村镇建筑，实际中引起破坏的主要以水平地震作用为主，竖向地震作用和扭转作用的影响较小，一般不予考虑。

抗震措施：除地震作用计算和抗力计算以外的抗震设计内容，包括抗震构造措施。

抗震概念设计和抗震构造措施是从多次震害经验中总结出来的，建筑结构抗震的设计原则和设计思想，以及细部的抗震构造措施，统称为抗震措施。

抗震构造措施：根据抗震概念设计原则，一般不需要计算而对结构和非结构各部分必须采取的各种细部要求。

做为抗震措施的重要组成部分，抗震构造措施对于提高结构的整体性和防倒塌能力起着重要的作用，历次的地震实践中也从正反两方面验证了这一点。《规程》中的抗震构造措施既有共性的要求，也有适用于某种结构类型和建筑材料的特有措施。

场地：工程群体所在地，具有相似的工程地质条件。其范围大体相当于自然村或不小于一平方公里的平面面积。

地震波是通过基岩传播的，并通过基岩上面的覆盖土层作用于房屋，场地条件对上部结构的地震破坏效应有很大的影响，地震还会引起地表震害，加重上部结构的震害。因此，在工程选址时应首先注意对危险和不利地段的回避，尽量选取有利的地段建房。

砌体结构房屋：由砖或砌块和砂浆砌筑而成的墙、柱作为主要承重构件的房屋。砖包括烧结普通砖、烧结多孔砖、蒸压灰砂砖和蒸压粉煤灰砖等，砌块指混凝土小型空心砌块。主要包括实心砖墙、多孔砖墙、蒸压砖墙、小砌块墙和空斗砖墙等砌体承重房屋。

木结构房屋：由木柱作为主要承重构件，生土墙（土坯墙或夯土墙）、砌体墙和石墙作为围护墙的房屋。主要包括穿斗木构架、木柱木屋架、木柱木梁房屋。

生土结构房屋：由生土墙（土坯墙或夯土墙）作为主要承重构件的木楼（屋）盖房屋。主要指土坯墙和夯土墙承重房屋。

石结构房屋：由石砌体作为主要承重构件的房屋。主要指料石和平毛石砌体承重房屋。

以上几种结构类型，是从主要承重结构的材料和结构体系来区分的。在实际中村镇房屋混合承重的情况比较多见，但从抗震的角度来看，混合承重结构材料性质不同，在地震下的反应也不一致，容易加重震害。因此在新建房屋时，要首先确定结构体系，传力途径明确的结构在地震作用下的受力易于分析，也便于采取有效的措施来减轻震害。

传统上，烧结黏土砖是砌体结构的主要砌块材料，黏土砖瓦作为传统的建筑墙体材料，从秦汉时期沿用至今，已经有两千多年的历史。但黏土砖取土制作会占用大量耕地，烧制时耗费煤炭资源，污染环境，不利于可持续发展和环境保护的基本战略。近年来，各地都不同程度地开始禁止在城市建设中使用黏土砖。大部分村镇地区黏土砖的使用尚未禁止，但新型的砌块材料已开始逐步推广。

注意木结构房屋的定义中，是以木柱为主要的承重构件，新建的木结构房屋不得采用硬山搁檩，端山墙处应设置端屋架或木梁，以保证结构有明确的传力途径。

土坯墙和夯土墙房屋在我国各地农村中仍有一定的数量，生土房屋是历史悠久的房屋结构类型之一，虽然材料强度低，但具有保温性能好，材料易取得，可回收还田的优点。采取相应的抗震构造措施，也能具有一定的抗震能力。

石结构房屋在产石地区也有一定的应用。《规程》中石结构房屋限定为料石和平毛石砌体承重房屋，对于石材料的规整度也有一定的要求，以保证满足基本的砌筑质量。不允许采用乱毛石和卵石砌筑墙体，乱毛石和卵石过于不规整，砌体质量难以保证，在震害调查中，这类房屋破坏较重。

结构体系：房屋承受竖向和水平荷载的构件及其相互连接形式的总称。

承受竖向荷载和水平荷载的构件可能是相同的，也可能不同。对于砌体结构房屋、生土结构房屋和石结构房屋，墙体同时承受竖向荷载和水平荷载（即地震作用）；对于木结构房屋，承受竖向荷载的是木构架，因为在水平地震作用下木柱的侧向变形受到刚度大的围护墙的限制，水平地震作用主要由围护墙来承受。

结构单元：能够独立地承受竖向和水平荷载的房屋单元，通常由伸缩缝、沉降缝相隔离。

平、立面规则是地震区建筑的一个基本要求，规则的房屋受力简单，地震作用在抗侧力构件上的分布均匀，不易出现局部应力集中的现象。当出于使用要求等采用不规则的平、立面时，应采用伸缩缝或沉降缝分隔为相对规则的几部分，以减轻震害。

木构造柱：为加强结构整体性和提高墙体的抗倒塌能力，在房屋墙体的规定部位设置的木柱。

这里所说的木构造柱不是主要承受竖向荷载的承重木柱，而是在生土结构房屋中，主要用于加强房屋整体性的构造措施。在8度地区建造生土结构房屋时，要求在内外墙交接处和墙体转角处设置木构造柱，与木圈梁形成约束框架，以约束墙体的变形，提高房屋的整体性和抗倒塌能力。

配筋砖圈梁：为加强结构整体性和提高墙体的抗倒塌能力，在承重墙体的底部或顶部，在两皮或多皮砖砌筑砂浆中配置水平钢筋所构成的水平约束构件。

配筋砖圈梁是村镇房屋特有的抗震构造措施之一，适用于砌体结构房屋和生土结构房屋。历次震害表明，设有圈梁的砌体房屋的震害相对未设置圈梁的房屋要轻得多，其作用十分明显，设置圈梁是增强房屋整体性和抗倒塌能力的有效措施。在村镇地区，考虑到施工条件和经济发展状况，设置配筋砖圈梁是简单有效、经济可行的抗震构造措施。

配筋砂浆带：为加强结构整体性和提高墙体的抗倒塌能力，在承重墙体沿竖向的中部设置 50~60mm 厚的水平砂浆带，砂浆带中配置通长水平钢筋。

配筋砂浆带也是村镇房屋特有的抗震构造措施之一，适用于生土结构房屋和石结构房屋。其作用与配筋砖圈梁类似，适用于村镇地区低造价房屋的抗震设防。

抗震墙：主要用以抵抗地震水平作用的墙体，墙体厚度及材料强度应满足各章相应规定。

对于砌体结构房屋、生土结构房屋和石砌体房屋，承重墙体是抵抗水平地震作用的主要构件，对于木结构房屋，承受水平地震作用的主要是围护墙和填充墙。

水平系杆：沿房屋纵向在跨中屋檐高度处设置的联系杆件，通常采用木杆或角钢制作。

水平系杆是纵向的联系杆件，主要用于做为设置竖向剪刀撑、减小横墙平面外变形的连接构件，可以有效加强屋盖系统的整体性。

第4章　村镇建筑抗震基本要求和设计方法

4.1　村镇房屋建筑设计和结构体系的要求

4.1.1　建筑设计原则

从建筑设计的角度说，形状比较简单、规则的房屋，在地震作用下受力明确，同时便于进行结构分析，在设计上也易于处理。以往的震害经验也充分表明，简单、规整的房屋在遭遇地震时破坏也相对较轻。平、立面局部突出或转折的房屋，在地震作用下易于在某些部位产生应力集中现象，这些部位首先产生破坏乃至失效，会引起"连锁反应"，加重震害。

规程中明确规定了："房屋体型应简单、规整，平面不宜局部突出或凹进，立面不宜高度不等。"村镇房屋一般体量不大，形状也相对简单，比较容易满足要求。如果因为使用功能或其他方面的要求，出现平、立面严重不规则的情况，可以考虑设缝将结构分隔成相对规则的几个结构单元，这样对抗震比较有利。

总之，村镇房屋建筑设计应遵循简单规整的原则。

4.1.2　结构体系要求

结构体系的要求涉及多个方面，是村镇房屋设计建造中应该遵循的基本要求。

（1）纵横墙的布置宜均匀对称，在平面内宜对齐，沿竖向应上下连续；在同一轴线上，窗间墙的宽度宜均匀。

墙体均匀、对称布置，在平面内对齐、竖向连续是传递地震作用的要求，这样沿主轴方向的地震作用能够均匀对称地分配到各个抗侧力墙段，避免出现应力集中或因扭转造成部分墙段受力过大而破坏、倒塌。图4.1-1和图4.1-2是江西九江地区移民建镇的二层砖砌体房屋，外纵墙在一、二层上下不连续，即二层外纵墙外挑，在7度地震影响下二层墙体普遍严重开裂。

（2）抗震墙层高的1/2处门窗洞口所占的水平横截面面积，对承重横墙不应大于总截面面积的25%；对承重纵墙不应大于总截面面积的50%。

抗震墙是砌体房屋抵抗水平地震作用的主要构件，对纵横墙开洞率作出规定是为了确保抗震墙体有足够的抗剪承载能力所需的水平截面面积。在我国的大部分地区，很多房屋前纵墙开洞过大，除纵横墙交接处留有墙垛外，基本均为门窗洞口，抗震墙体截面严重不足，不但整体的抗震能力不能满足要求，局部尺寸过小的门窗间墙在水平地震作用会因局部失效导致房屋整体破坏。前后纵墙开洞不一致还会造成地震作用下的房屋平面扭转，加重震害。

图4.1-1　九江地区外纵墙上下不连续的砖砌体房屋　　　　图4.1-2　外挑纵墙的破坏，窗角斜裂缝

2006年2月9日，我国浙江省文成县和泰顺县交界处发生震级（M_L）为4.6级地震，这次地震的震中烈度为6度。震中6度区及周围不足6度影响的地区都有部分分房屋发生了破坏。图4.1-3为当地砖砌体房屋中常见的建筑形式，前纵墙开洞很大，门、窗间基本只余一个墙垛的宽度，图4.1-4为窗间墙的破坏形态。在墙上部门窗上沿高度处出现水平裂缝。

图4.1-3　浙江文成前纵墙大开洞的砖砌体房屋　　　　图4.1-4　浙江文成砖砌体房屋窗间墙的破坏

（3）烟道、风道和垃圾道不应削弱承重墙体；当墙体被削弱时，应对墙体采取加强措施。

烟道等竖向孔洞在墙体中留置时，留洞处墙体的厚度会削弱，等于在墙体上出现了刚度突变的部分，刚度的突变容易引起局部的应力集中，在地震作用下削弱的部分会首先发生破坏。为了避免出现这种情况，可以将烟囱改为附墙式，或者在烟道周围的砌体中增加配筋，提高强度。

（4）二层房屋的楼层不应错层，楼梯间不宜设在房屋的尽端和转角处，且不宜设置悬挑楼梯。

楼梯间因为有斜向的踏步板和与楼板不在一个高度的平台板，尤其顶层有一层半高的墙，墙体的侧向支承较弱。震害经验表明，楼梯间是抗震的薄弱部位，设置在房屋尽端或转角处时会进一步加重震害，宜尽量避免将楼梯间设于尽端和转角处。悬挑楼梯靠在墙体内嵌固的一端来保持受力平衡，墙体如果在地震中破坏，楼梯板嵌固端失效发生倾覆，容易造成人员跌落伤亡。图 4.1-5 是浙江文成砖砌体房屋顶层楼梯间的墙体，图 4.1-6 是墙上部的裂缝。

图 4.1-5　浙江文成砖砌体房屋的顶层楼梯间墙体　　　　图 4.1-6　楼梯间墙体上部的剪切裂缝

（5）不应采用无锚固的钢筋混凝土预制挑檐。

挑檐是非结构构件，破坏不会影响主体结构的安全，但会掉落伤人，尤其是在出入口位置。预制挑檐是悬挑构件，仅依靠自重抗倾覆可靠性很差，在日常使用中就存在安全隐患。地震时一旦破坏会掉落伤人。因此如果采用预制的钢筋混凝土挑檐，应有可靠的锚固措施来保证其稳定性。

（6）木屋架不得采用无下弦的人字屋架或无下弦的拱形屋架。

无下弦的人字屋架和拱形屋架端部节点有向外的水平推力，在地震作用下屋架端点位移增加会进一步加大对外纵墙的推力，使外纵墙产生外倾破坏。因此不得采用这两种形式的屋架。

（7）同一房屋不应采用木柱与砖柱、木柱与石柱混合的承重结构；也不应在同一高度采用砖（砌块）墙、石墙、土坯墙、夯土墙等不同材料墙体混合的承重结构。

混合承重结构在村镇民居中较为常见，严格地说混合结构并不是一种明确的结构形式，实际中往往是各种材料（土、木、砖、石）混合承重，毫无章法，基本上就是在建房时尽可能利用手头所有的材料，只顾及竖向荷载的传递，不考虑共同承重。不同材料的墙体无法咬砌筑，纵横墙交接处为通缝，完全没有连接，造成房屋整体性差。另一方面在地震作用下不同材料的性能差别和动力反应存在差异，也会加重震害。因此这类房屋的抗震性能普遍较差。

震害调查发现，有的房屋纵横墙采用不同材料砌筑，如纵墙用砖砌筑、横墙和山墙用土坯砌筑，这类房屋由于两种材料砌块的规格不同，砖与土坯之间不能咬槎砌筑，不同材料墙体之间为通缝，导致房屋整体性差，在地震中破坏严重，抗震性能甚至低于生土结构；又如有些地区采用的外砖里坯（亦称里生外熟）承重墙，地震中墙体倒塌现象较为普遍。

图 4.1-7 为浙江文成砖墙（下半部分为石墙）与生土墙混合承生的的房屋，横墙为下部石墙上部砖墙的砌体，山墙为夯土墙，由于纵横墙体材料不同无法咬砌，等于完全没有

连接，地震时墙体连接处闪开，严重开裂。

图 4.1-8 是浙江文成砖柱、砖墙与石墙混合承重的房屋，一层有外廊，二层外纵墙在砖柱支承的石梁上砌筑。地震中石梁断裂，墙体也出现了斜裂缝（图 4.1-9）。

图 4.1-7　浙江文成混合承重房屋（纵墙为砖墙，山墙为夯土墙）

图 4.1-8　浙江文成砖与石墙混合承重的房屋　　图 4.1-9　浙江文成砖、石混合承重房屋石梁的震害

这里所说的不同墙体混合承重，是指在同一高度（层）相邻墙体采用不同材料，对于下部采用砖（石）墙，上部采用土坯墙，或下部采用石墙，上部采用砖或土坯墙的做法则不受此限制，但这类房屋的抗震承载力应按上部相对较弱的墙体考虑。

以上的各项要求，是从历次震害中总结出来的经验，属于抗震概念设计的内容，在建造村镇房屋时要注意遵守。

4.2　整体性连接和抗震构造措施

加强房屋的整体性连接是提高各类房屋抗震能力的普遍性原则。采取有效措施使各个构件之间连接紧密，形成整体，就可以避免或延缓重要的连接部位在地震作用下失效，减轻房屋在地震中的破坏，防止倒塌。本节是对各类结构形式房屋的共性要求，不管哪种结构类型的房屋，都应该注意满足有关要求。对于各种结构类型有针对性的要求详见各章内容。

4.2.1　楼、屋盖构件的支承和连接

楼、屋盖构件在地震中塌落会造成人员伤亡和财产损失，农村房屋因楼、屋盖构件支

承长度不足而导致的楼屋盖塌落现象在地震中都很常见。塌落的原因主要是两方面的相互作用：一是墙体与屋架、梁、檩条及屋面板之间，檩条等楼（屋）盖构件和屋架及梁之间，在地震作用下变形和位移不协调，造成构件在支承处的滑动和错位；二是楼（屋）盖构件在支承处没有可靠的连接措施，来保证在产生相对位移的情况下不滑落。因此加强楼、屋盖构件的整体性连接也要从支承长度和支承部位的构造两方面来要求。

(1) 《规程》对于楼、屋盖支承和连接的要求

1) 楼、屋盖构件的支承长度不应小于表 4.2-1 的规定。

楼、屋盖构件的最小支承长度（mm） 表 4.2-1

构件名称	预应力圆孔板		木屋架、木梁		对接木龙骨、木檩条	搭接木龙骨、木檩条
位置	墙上	混凝土梁上	墙上	屋架上	墙上	屋架上、墙上
支承长度与连接方式	80（板端钢筋连接并灌缝）	60（板端钢筋连接并灌缝）	240（木垫板）	60（木夹板与螺栓）	120（砂浆垫层、木夹板与螺栓）	满搭

2) 木屋架、木梁在外墙上的支承部位应符合下列要求：

① 搁置在砖（砌块）墙和石墙上的木屋架或木梁下应设置木垫板或混凝土垫块，木垫板的长度和厚度分别不宜小于500mm、60mm，宽度不宜小于240mm或墙厚；

② 搁置在生土墙上的木屋架或木梁在外墙上的支承长度不应小于370mm，且宜满搭，支承处应设置木垫板；木垫板的长度、宽度和厚度分别不宜小于500mm、370mm 和 60mm；

③ 木垫板下应铺设砂浆垫层；木垫板与木屋架、木梁之间应采用铁钉或扒钉连接。

(2) 各种类型楼、屋盖的支承与连接

1) 预应力圆孔板

木楼（屋）盖是农村房屋传统采用的形式，但近些年来，木材的砍伐受到一定限制，价格也逐渐抬高，随着预制构件的发展，目前部分地区的农村在建造砌体房屋时，开始大量使用预应力圆孔板。预应力圆孔板是一种现代建筑构件，与现浇混凝土楼（屋）盖相比，具有施工方便、价格相对低廉的优点。但应该注意的是，震害调查表明，预应力圆孔板在强烈地震中容易脱落造成人员伤亡，在目前采用较多的几种楼（屋）盖形式中，预应力圆孔板的震害和造成的伤亡和损失较为严重。

预应力楼（屋）盖的整体性与现浇钢筋混凝土楼（屋）盖相比有较大差距，甚至不如支撑完备、构件间连接合理的木楼（屋）盖。现浇楼（屋）盖具有良好的整体性，即使墙体局部倒塌也不会造成楼盖整体塌落。木楼（屋）盖是柔性的，具有一定的变形能力，各构件之间有可靠连接时可以承受一定的变形，因局部失效而塌落时也会造成伤亡，但木构件重量相对较轻。预应力圆孔板是靠两端支承的，如果支承长度不足或支承处没有可靠的连接措施，有一定的水平错动时就会掉落，而且重量大，伤害力强。加强预应力圆孔板楼（屋）盖的安全性，首先要保证楼板满足一定的支承长度要求，并且应采取措施，加强板端的连接，将板端钢筋相互连接并用细石混凝土灌缝就是一项基本的构造做法。

图 4.2-1 是汶川地震中的震害照片，图中左下角为支承预制板的花篮梁，可以看到仅梁上皮有一层残留的座浆。图 4.2-2 是掉落的预制板的端头，可以看到板端的胡子筋没有连接，而是弯折后顺到板端，板头孔洞未封堵，板端也未按要求将端部钢筋连接后用细石混凝土灌缝。这样板端部支承的安全性大大降低，在静载下一般不会出现问题，但对于抗震来说是一个严重的安全隐患，在地震中楼板容易因支承处失效掉落，伤人毁物。

图 4.2-1　汶川地震中预制楼板从花篮梁上掉落

图 4.2-2　预制板板端弯折的胡子筋

2）木屋架和木梁

以木屋架和木梁为主要承重构件的木屋盖是农村多年来沿袭的传统做法，很多地区仍在采用。木屋架和木梁在墙体上的支承是否可靠是决定木屋盖安全性的关键。屋架和梁的端部支承在墙体上，支承部位应具有一定的稳定性，墙体要能承受屋架或梁传来的集中荷载。

木屋架和木梁浮搁在墙体上时，水平地震往复作用下屋架（梁）支承处会松动，屋架（梁）与墙体之间相互错动，严重时会造成屋架（梁）掉落，导致屋面局部甚至全部塌落破坏。在木屋架或梁下加设垫木既可以加强屋盖构件与墙体的锚固，还增大了端部支承面积，有利于分散作用在墙体上的竖向压力。直接搁置在生土墙上时，正常使用中就会在支承处出现裂缝。（图 4.2-3）

图 4.2-3　硬山搁檩的生土墙房屋，檩条支承处出现因局部受压造成的竖向裂缝

由于生土墙体强度较低,抗压能力差,因此木屋架和木梁在外墙上的支承长度要求大于砖石墙体,同时也要求木屋架和木梁在支承处设置木垫块或砖砌垫层,以减少支承处墙体的局部压应力。

3) 木龙骨和木檩条

木龙骨和木檩条,可以有两种支承方式,对接或者搭接,分别有不同的要求。

当木龙骨或檩条在屋架上对接时,支承长度受屋架上弦截面的限制(图4.2-4),但一般屋架上弦截面宽度或直径不小于120mm,因此最小支承长度为60mm,为避免地震时发生错动掉落塌架,不能直接浮搁在屋架上,而应采用木夹板和螺栓将对接的木龙骨或檩条连接牢固。当在墙上对接时,要在墙顶的支承处铺设砂浆,再放置龙骨或檩条(图4.2-5),砂浆可以填实龙骨(檩条)与墙顶之间的空隙,这样既可以使龙骨(檩条)对墙顶的局部压力尽可能均衡,还可以起到一定的稳定作用,然后再用木夹板和螺栓连接,这样连接处就比较可靠,即使在水平地震作用下有相互错动也不会轻易掉落。搭接时则必须满搭,即搭接长度要大于屋架上弦断面或墙的宽度。

图4.2-4 木龙骨的搭接长度不足

图4.2-5 木龙骨在墙上支承处铺设砂浆

4.2.2 易倒塌构件

烟囱、女儿墙是突出屋面的非结构构件,地震时极易破坏,从面掉落伤人。这是由于地震时的一种"鞭梢效应"引起的。

突出屋面的烟囱、女儿墙等局部突出的非结构构件,如果没有可靠的连接,在地震中是最容易破坏的部位。震害表明,在6度区这些构件就有损坏和塌落,7、8度区破坏就比较严重和普遍,易掉落砸物伤人。因此减小高度或采取拉结措施是减轻破坏的有效手段。

《规程》规定:突出屋面无锚固的烟囱、女儿墙等易倒塌构件的出屋面高度,8度及8度以下时不应大于500mm;9度时不应大于400mm。当超出时,应采取拉结措施。

注:坡屋面上的烟囱高度由烟囱的根部上沿算起。

4.2.3 门窗洞口的有关构造要求

砌体房屋的墙体是承受水平地震作用的唯一构件,开洞过大会减小墙体的抗剪面积,削弱墙体的抗震能力。因此，控制墙体上的开洞宽度，是避免因局部墙体的失效导致房屋倒塌的有效措施。横墙和内纵墙上的洞口宽度不宜大于1.5m；外纵墙上的洞口宽度不宜大于1.8m或开间尺寸的一半。

地震现场调查可知，过梁支承处墙体出现倒八字裂缝是较为普遍的破坏现象，有时也会由于支承长度不足而发生破坏。因此地震区过梁支承长度要求在240mm以上（6~8度区），9度时更应提高要求，要求在360mm以上。

开洞部位的门窗框对洞口有一定的约束作用，墙体门窗洞口的侧面应均匀分布预埋木砖，门洞每侧宜埋置3块，窗洞每侧宜埋置2块，门、窗框应采用圆钉与预埋木砖钉牢。

4.2.4 屋盖的有关构造要求

地震中溜瓦是瓦屋面常见的破坏形式（图4.2-6），冷摊瓦屋面的底瓦浮搁在椽条上时更容易发生溜瓦，掉落伤人。因此，本条要求冷摊瓦屋面的底瓦与椽条应有锚固措施。根据地震现场调查情况，建议在底瓦的弧边两角设置钉孔，采用铁钉与椽条钉牢（图4.2-7）。盖瓦可用石灰或水泥砂浆压垄等做法与底瓦粘结牢固。该项措施还可以防止风暴对冷摊瓦屋面造成的破坏。

图4.2-6 云南普洱地震中屋面溜瓦　　　　图4.2-7 四川广元震后重建时使用的带钉孔瓦

农村中不少硬山搁檩房屋的檩条直接搁置在山尖墙的砖块上，山尖墙的墙顶为锯齿形，搁置檩条的砖块只在下表面和上侧面有砂浆粘结，有的甚至只是简单地浮搁（图4.2-8）。地震时高大的山尖墙容易发生出平面破坏或砖块掉落伤人，所以要求采用砂浆将山尖墙墙顶顺坡塞实找平，一方面加强墙顶的整体性，另一方面也可将檩条固定，避免滑脱（图4.2-9）。

出于使用上的习惯，一些地区的村镇房屋设有较宽的外挑檐，在屋檐外挑梁的上面砌筑用于搁置檩条的小段墙体，甚至砌成花格状，没有任何拉结措施（图4.2-10），地震时容易破坏掉落伤人，因此明确规定不得采用。当建筑功能方面确有需要时该位置可采用三角形小屋架或设瓜柱解决外挑部位檩条的支承问题（图4.2-11）。

图 4.2-8 云南砌块房屋檩条浮搁在山墙上

图 4.2-9 浙江文成砖砌体房屋山墙处檩条用砖和砂浆塞实

图 4.2-10 湖南村镇房屋挑梁的不合理做法

图 4.2-11 四川广元重建房屋外挑部位做法

4.3 结构材料和施工要求

4.3.1 结构材料

墙体砌筑材料、木构件和连接件、钢筋及混凝土的材质和强度等级直接关系到墙体、木构架的承载能力和房屋整体性连接的可靠性，对结构材料的性能指标和选材提出基本的要求是必须的。

《规程》中规定，结构材料性能指标，应符合下列要求：

（1）砖及砌块的强度等级：烧结普通砖、烧结多孔砖、混凝土小型空心砌块不应低于MU7.5；蒸压灰砂砖、蒸压粉煤灰砖不应低于MU15；

（2）砌筑砂浆强度等级：烧结普通砖、烧结多孔砖、料石和平毛石砌体不应低于M1；混凝土小型空心砌块不应低于Mb5；蒸压灰砂砖、蒸压粉煤灰砖不应低于M2.5；

（3）钢筋宜采用HPB235（Ⅰ级）和HRB335（Ⅱ级）热轧钢筋；

（4）铁件、扒钉等连接件宜采用Q235钢材；

（5）木构件应选用干燥、纹理直、节疤少、无腐朽的木材；

（6）生土墙体土料应选用杂质少的黏性土；

（7）石材应质地坚实，无风化、剥落和裂纹；

（8）混凝土小型空心砌块孔洞的灌注，应采用专用灌孔混凝土，强度等级不应低于Cb20；

（9）混凝土构件的强度等级不应低于C20；

（10）不同强度等级砂浆的配合比可参照表4.3-1~表4.3-3进行配置。

水泥砂浆配合比参考表（32.5级水泥） 表4.3-1

砂浆强度等级	用量(kg/m³)与比例	配 比								
		粗砂			中砂			细砂		
		水泥	砂子	水	水泥	砂子	水	水泥	砂子	水
M1	用量	195	1500	270	200	1450	300	205	1400	330
	比例	1	7.69	1.38	1	7.25	1.50	1	6.83	1.61
M2.5	用量	207	1500	270	213	1450	300	220	1400	330
	比例	1	7.25	1.30	1	6.81	1.41	1	6.36	1.50
M5	用量	253	1500	270	260	1450	300	268	1400	330
	比例	1	5.93	1.07	1	5.58	1.15	1	5.22	1.23
M7.5	用量	276	1500	270	285	1450	300	294	1400	330
	比例	1	5.43	0.98	1	5.09	1.05	1	4.76	1.12
M10	用量	305	1500	270	315	1450	300	325	1400	330
	比例	1	4.92	0.89	1	4.60	0.95	1	4.31	1.02
M15	用量	359	1500	270	370	1450	300	381	1400	330
	比例	1	4.18	0.75	1	3.92	0.81	1	3.67	0.87

混合砂浆配合比参考表（32.5级水泥） 表4.3-2

砂浆强度等级	用量(kg/m³)与比例	配 比								
		粗砂			中砂			细砂		
		水泥	石灰	砂子	水泥	石灰	砂子	水泥	石灰	砂子
M1	用量	157	173	1500	163	167	1450	169	161	1400
	比例	1	1.10	9.53	1	1.02	8.87	1	0.95	8.26
M2.5	用量	176	154	1500	183	147	1450	190	140	1400
	比例	1	0.88	8.52	1	0.80	7.92	1	0.74	7.40
M5	用量	204	126	1500	212	118	1450	220	110	1400
	比例	1	0.62	7.35	1	0.56	6.84	1	0.50	6.36
M7.5	用量	233	97	1500	242	88	1450	251	79	1400
	比例	1	0.42	6.44	1	0.36	5.99	1	0.31	5.58
M10	用量	261	69	1500	271	59	1450	281	49	1400
	比例	1	0.26	5.75	1	0.22	5.35	1	0.17	4.98

混合砂浆配合比参考表（42.5级水泥）　　　　表4.3-3

砂浆强度等级	用量（kg/m³）与比例	配比								
		粗砂			中砂			细砂		
		水泥	石灰	砂子	水泥	石灰	砂子	水泥	石灰	砂子
M1	用量	121	209	1500	125	205	1450	129	201	1400
	比例	1	1.73	12.40	1	1.64	11.60	1	1.56	10.86
M2.5	用量	135	195	1500	140	190	1450	145	185	1400
	比例	1	1.44	11.11	1	1.36	10.36	1	1.28	9.66
M5	用量	156	174	1500	162	168	1450	168	162	1400
	比例	1	1.12	9.62	1	1.04	8.95	1	0.96	8.33
M7.5	用量	178	152	1500	185	145	1450	192	138	1400
	比例	1	0.85	8.43	1	0.78	7.84	1	0.72	7.29
M10	用量	199	131	1500	207	123	1450	215	115	1400
	比例	1	0.66	7.54	1	0.59	7.00	1	0.53	6.51

4.3.2 施工要求

对于不同的结构形式，对于施工有不同的特殊要求，但有些要求是共同的，都应该遵守，才能保证施工质量。

《规程》中有关施工要求有以下规定：

（1）HPB235（光圆）钢筋端头应设置180°弯钩。

光圆钢筋端头设置180°弯钩可以保证钢筋在砂浆层中的锚固，充分发挥钢筋的拉结作用。

（2）外露铁件应作防锈处理。

地震作用下，木构架节点处受力复杂，榫接节点的榫头容易松动和脱出，易造成木构架倾斜和倒塌，在节点的连接处加设铁件是加强木构架整体性的主要措施。铁件锈蚀会降低连接的效果甚至失效，因此外露铁件应作防锈处理。

（3）嵌在墙内的木柱宜采取防腐措施；木柱伸入基础内部分必须采取防腐和防潮措施。

木柱嵌入墙内不利于通风防腐，当出现腐朽、虫蚀或其他问题时也不易检查发现。木柱伸入基础部分容易受潮，柱根长期受潮糟朽引起截面处严重削弱，从而导致木柱在地震中倾斜、折断，引起房屋的严重破坏甚至倒塌。

（4）配筋砖圈梁和配筋砂浆带中的钢筋应完全包裹在砂浆中，不得露筋；砂浆层应密实。

配筋砖圈梁和配筋砂浆带中的钢筋应完全包裹在砂浆中，如果钢筋暴露在空气中或砂浆不密实，空气中的水分易于渗入，日久将使钢筋锈蚀，失去作用。

（5）有纵横墙连接钢筋的灰缝处，勾缝砂浆强度等级不应低于M5，并应抹压密实。

在设有纵横墙连接钢筋的灰缝处，采用强度等级高、抹压密实的勾缝砂浆，可有效保护钢筋。

4.4 楼屋盖

4.4.1 木楼、屋盖

木楼、屋盖在村镇中应用很多，形式也多种多样，用于楼盖时比较简单，木龙骨上铺木板（图4.4-1）。用于屋盖时有坡屋顶和平屋顶两种形式，其中坡屋顶又分为单坡（多用于西北地区）和双坡屋盖。

坡屋顶中，双坡屋盖的稳定性要优于单坡屋盖，单坡屋面结构不对称，房屋前后墙体高差大，地震时前后墙的惯性力相差较大，高墙易首先破坏引起屋盖塌落或房屋的倒塌。西北地区的生土房屋中单坡木屋盖的采用较多，存在抗震安全隐患，所以《规程》中明确规定：生土结构房屋不宜采用单坡屋盖；坡屋顶的坡度不宜大于30°；屋面宜采用轻质材料（瓦屋面）。

对坡度做出限制是为了避免山尖墙高度过大，高大的山尖墙是抗震的薄弱部位，容易在水平地震力作用下产生平面外的破坏，严重时墙体倒塌，造成屋盖破坏甚至塌落，伤人毁物。

坡屋顶房屋一般采用瓦屋面，重量较轻，有利于抗震（图4.4-2），但平屋顶通常采用的是泥背屋面，有些地区出于保温隔热的要求，泥背较厚，而且逐年维修时不清除原有屋面层，直接在上面增加厚度，致使屋面厚度越来越大，重量不断增加，不但不利于抗震，还会造成屋面构件在长期荷载下弯曲变形。因此，对于木屋盖平屋顶的屋面，采用泥背时如果维修，应先清除原有屋面层，保证屋面重量不在原有基础上增加。图4.4-3是新疆喀什的生土承重平屋顶木屋盖房屋，屋面的泥背厚达几十厘米，可以看到外廊处的木梁已有一定程度的弯曲变形。图4.4-4是喀什平屋顶的内部做法，檩条上密排椽条，上面为泥背。

图4.4-1 木楼盖做法

图4.4-2 坡面屋做法（上铺瓦，内视图）

图4.4-3 新疆喀什平屋顶木楼屋盖房屋

图4.4-4 平屋顶木屋盖内部做法

4.4.2 预制楼屋盖

钢筋混凝土圆孔楼板在我国华东、中南地区应用广泛，鉴于冷拔光圆钢丝握裹性能差，以及农村施工条件所限，自行制造的圆孔楼板质量难以保证，在正常受力状态下的安全性也缺乏可靠的保证。因此《规程》中明确要求采用工厂生产的冷轧带肋钢筋预应力圆孔楼板作为楼、屋盖。

4.5 结构设计中的有关要求

4.5.1 层数和高度限制

土、砖、石等均属于脆性材料，材料强度低，变形能力差，在水平地震作用下开裂破坏是导致村镇房屋破坏、造成人员伤亡的主要因素。房屋的抗震能力除与材料、施工等多方面因素有关外，与房屋的总高度和层数直接相关。各类村镇房屋与正规设计城镇房屋相比，在结构体系、材料、施工技术等方面有较大差距，抗震构造措施限于经济水平，远达不到现行《抗震规范》的要求，因此要对层数和高度进行严格的控制，以保证房屋的抗震能力达到《规程》设防目标的要求。对于不同的结构形式，分别有不同的要求，应严格遵守，以保证房屋的抗震基本安全。

注意房屋的高度是从室外地平算起，单层房屋的层高和二层房屋的一层计算层高也应该是实际层高加上室、内外高差。

4.5.2 局部尺寸限值

对局部尺寸做出限值（最小值）规定是为了满足墙体抗剪承载力的要求，目的在于防止因这些部位的破坏而造成整栋房屋的破坏甚至倒塌。根据震害经验，窗洞角部是抗震的薄弱部位，窗间墙的X形裂缝和由窗角延伸的八字形裂缝是典型的震害现象；门（窗）洞边墙位于墙角处，在地震作用下易出现应力集中，很容易产生破坏甚至局部倒塌；对这些部位的房屋局部尺寸做出限制，就是为了防止因这些部位的失效，形成"各个击破"以至带来连锁的反应，造成房屋整体的破坏甚至倒塌。

目前很多村镇房屋都存在门窗洞口开设不合理的现象，前纵墙开洞过大，甚至窗间只留墙垛，后纵墙不开窗或仅开小的高窗，这样前、后墙的刚度相差很大，地震时一方面薄弱的前纵墙会首先破坏，另一方面容易出现扭转，加重震害。

图 4.5-1 是张北地区的砖砌体房屋，窗间墙很窄；图 4.5-2 是江西九江地震中窗间墙的破坏情况，过窄的窗间墙不足以抵抗地震剪力，出现严重的剪切破坏裂缝。

图 4.5-1　张北地区砖砌体房屋门窗间墙局部尺寸过小　　图 4.5-2　江西九江地震中开裂的窗间墙

《规程》中各章针对不同结构类型和不同墙体类别，分别做出了墙体局部尺寸的详细规定。

4.5.3　墙体承重房屋的结构体系

墙体承重的村镇房屋包括土墙、砌体墙和石墙承重，震害实践表明，房屋的震害程度与承重体系有关。相对而言，横墙承重或纵横墙共同承重房屋的震害较轻。纵墙承重房屋一般横墙间距较大，即纵墙的横向支撑较少，震害较重。横墙承重房屋中纵墙只承受自重，起围护及稳定作用，这种体系的横墙间距小，横墙间有纵墙拉结，具有较好的整体性和空间刚度，因此抗震性能较好。纵墙承重房屋横墙起分隔作用，通常间距较大，房屋的横向刚度差，对纵墙的支承较弱，纵墙在地震作用下易出现弯曲破坏。

4.6　结构抗震承载力设计方法

《规程》的设防目标是："当遭受低于本地区抗震设防烈度的多遇地震影响时，一般不需修理可继续使用；当遭受相当于本地区抗震设防烈度的地震影响时，房屋不致倒塌或发生危及生命的严重破坏。"与设防目标相对应，在截面抗震验算中采用基本烈度（与抗震设防烈度相当）地震作用标准值和抗剪强度平均值分别计算作用和抗力，直接验算结构的极限承载力，适当考虑抗剪强度的安全储备，同时采取一定的抗震构造措施作为设防烈度地震影响下不倒墙塌架的进一步保证。

4.6.1　水平地震作用标准值及水平地震剪力的计算

村镇房屋层数较少，高度较低，采用底部剪力法进行水平地震作用的计算。

(1) 基本烈度地震作用

基本烈度地震作用下结构的总水平地震作用标准值按下式确定:

$$F_{Ekb} = \alpha_{maxb} G_{eq} \tag{4.6-1}$$

式中 F_{Ekb}——基本烈度下的结构总水平地震作用标准值;

α_{maxb}——基本烈度下的水平地震影响系数最大值,按表4.6-1采用;

G_{eq}——结构等效重力荷载,单质点应取总重力荷载代表值,二质点可取总重力荷载代表值的95%。

基本烈度水平地震影响系数最大值 α_{maxb} 表 4.6-1

烈度	6度	7度	7度(0.15g)	8度	8度(0.30g)	9度
α_{maxb}	0.12	0.23	0.36	0.45	0.68	0.90

注:7度(0.15g)指《建筑抗震设计规范》(GB 50011—2001)(以下简称《抗震规范》)附录A中抗震设防烈度为7度,设计基本地震加速度为0.15g的地区;8度(0.30g)指《抗震规范》附录A中抗震设防烈度为8度,设计基本地震加速度为0.30g的地区。

各层的水平地震作用标准值按下式计算:

对于单层房屋:

$$F_{11} = F_{Ekb} \tag{4.6-2}$$

对于两层房屋:

$$F_{21} = \frac{G_1 H_1}{G_1 H_1 + G_2 H_2} F_{Ekb} \tag{4.6-3}$$

$$F_{22} = \frac{G_2 H_2}{G_1 H_1 + G_2 H_2} F_{Ekb} \tag{4.6-4}$$

式中 F_{11}——单层房屋的水平地震作用标准值(kN);

F_{21}——两层房屋质点1的水平地震作用标准值(kN);

F_{22}——两层房屋质点2的水平地震作用标准值(kN);

G_{eq}——结构等效总重力荷载(kN),单层房屋应取总重力荷载代表值,两层房屋可取总重力荷载代表值的95%;

G_1、G_2——分别为集中于质点1和质点2的重力荷载代表值(kN),应分别取结构和构件自重标准值与0.5倍的楼面活荷载、0.5倍的屋面雪荷载之和;

H_1、H_2——分别为质点1和质点2的计算高度(m)。

(2) 水平地震剪力的分配

水平地震剪力在各墙体间的分配,与屋盖的刚度有关,《规程》中的村镇房屋,主要的楼、屋盖形式有两种,即柔性的木楼、屋盖及半刚性的预制钢筋混凝土楼、屋盖。水平地震剪力的分配原则如下:

1) 木楼盖、木屋盖等柔性楼、屋盖房屋,其水平地震剪力V可按抗侧力构件(即抗震墙)从属面积上重力荷载代表值的比例分配,从属面积按左右两侧相邻抗震墙间距的一半计算。

2) 冷轧带肋钢筋预应力圆孔板楼、屋盖等半刚性楼、屋盖房屋,其水平地震剪力V可取以下两种分配结果的平均值:

① 按抗侧力构件（即抗震墙）从属面积上重力荷载代表值的比例分配；
② 按抗侧力构件（即抗震墙）等效刚度的比例分配。简化计算时可大致按各墙体1/2层高处的水平截面面积占该方向抗震墙总水平截面面积的比例分配。

4.6.2 材料强度值的确定

《规程》中进行抗震承载力验算时采用的强度指标是抗剪强度平均值$f_{v,m}$，各种材料（砖、砌块、土坯、石材）的抗剪强度平均值的确定方法及与抗剪强度设计值的关系如下：

（1）砌体（包括砖、砌块及石材）抗剪强度平均值

1）由砌体抗剪强度设计值求砌体抗剪强度平均值

非抗震设计的砌体抗剪强度平均值$f_{v,m}$与砌体抗剪强度设计值f_v之间的关系如下：

砌体强度标准值是取强度平均值的概率密度分布函数0.05的分位值，即

$$f_{v,k} = f_{v,m}(1 - 1.645\delta_f) \tag{4.6-5}$$

式中 $f_{v,k}$——非抗震设计的砌体抗剪强度标准值；

$f_{v,m}$——非抗震设计的砌体抗剪强度平均值；

δ_f——砌体强度的变异系数，对于各类砌体抗剪强度变异系数δ_f可取为0.2（毛石砌体δ_f取为0.26）。

由式（4.6-5），可以得到砌体抗震强度标准值与平均值之间的关系：

$$f_{v,k} = f_{v,m}(1 - 1.645 \times 0.20) = 0.67 f_{v,m} \tag{4.6-6}$$
$$（毛石砌体 f_{v,k} = 0.57 f_{v,m}）$$

砌体结构的材料分项系数$\gamma_f = 1.6$（现行国家标准《砌体结构设计规范》），所以抗剪强度设计值与标准值的关系为：

$$f_v = f_{v,k}/\gamma_f$$

将$f_{v,k} = 0.67 f_{v,m}$及$\gamma_f = 1.6$代入上式得出砌体抗剪强度平均值与设计值之间的关系：

$$f_v = f_{v,k}/\gamma_f = 0.67 f_{v,m}/1.6 = 0.42 f_{v,m} \tag{4.6-7}$$
$$（毛石砌体 f = 0.36 f_m）$$

式中 f_v——非抗震设计的砌体抗剪强度设计值。

也即：

$$f_{v,m} = 2.38 f_v（毛石砌体 f_{v,m} = 2.78 f_v） \tag{4.6-8}$$

抗剪强度设计值f_v可由现行《砌体结构设计规范》（GB 50003—2001）查得，砂浆强度等级为M1时f_v可查《砌体结构设计规范》（GBJ 3—88）。

2）砌体规范中的砌体抗剪强度平均值计算公式

砌体抗剪强度取决于砌筑砂浆强度，砌体规范对于各类砌体抗剪强度平均值采用统一的计算公式：

$$f_{v,m} = k_5 \sqrt{f_2} \tag{4.6-9}$$

式中 f_2——由标准试验方法测得砂浆抗压强度平均值，可取砂浆强度等级，如M1取为1.0，以此类推。

对于砖砌体，k_5取为0.125；对于毛石砌体，k_5取为0.188。

用以上两种方法求得的$f_{v,m}$略有差异，经比较，最后采用以下关系式：

对砖砌体：$f_{v,m} = 2.38 f_v$
对石砌体：$f_{v,m} = 2.70 f_v$

（2）生土墙抗剪强度平均值

现行砌体规范中，没有给出生土墙体的抗剪强度设计值 f_v，生土墙的抗剪强度平均值的计算可参考上文中的方法2）。此时，f_2 取砌筑泥浆的抗压强度平均值，对于生土墙，砌筑泥浆与土坯的材料相同，根据试验结果，泥浆试块与土坯抗压强度平均值基本一致。参考部分试验资料，包括中国建筑科学研究院工程抗震研究所、长安大学建工学院及新疆自治区喀什地区质检站所做的砌筑泥浆及土坯的抗压强度试验结果，并参考原《砖石结构设计规范》（GBJ 3—73）的有关规定，生土墙（块体与砌筑泥浆）的抗压强度平均值在1.0MPa 左右，以此作为 f_2 的取值，k_5 取为 0.125，即可求出生土墙体的抗剪强度平均值 $f_{v,m} = 0.125 \text{MPa}$。

4.6.3 墙体截面抗震受剪极限承载力验算方法

《规程》采用极限承载力验算方法，计算公式如下：

$$V_b \leq \gamma_{bE} \zeta_N f_{v,m} A \tag{4.6-10}$$

式中　V_b——基本烈度作用下墙体剪力标准值；

　　　γ_{bE}——极限承载力抗震调整系数，对承重墙取 $\gamma_{bE} = 0.95$，对非承重墙取 $\gamma_{bE} = 0.85$；

　　　A——抗震墙墙体横截面面积；

　　　$f_{v,m}$——非抗震设计的砌体抗剪强度平均值；

　　　ζ_N——砌体抗震抗剪强度的正应力影响系数，根据《抗震规范》，对砖砌体可按下式计算：

$$\zeta_N = \frac{1}{1.2} \sqrt{1 + 0.45 \sigma_0 / f_v} \tag{4.6-11}$$

混凝土小型砌块按下式计算：

$$\zeta_N = \begin{cases} 1 + 0.25 \sigma_0 / f_v & (\sigma_0 / f_v \leq 5) \\ 2.25 + 0.17(\sigma_0 / f_v - 5) & (\sigma_0 / f_v > 5) \end{cases} \tag{4.6-12}$$

　　　σ_0——对应于重力荷载代表值的砌体截面平均压应力；

　　　f_v——非抗震设计的砌体抗剪强度设计值。

4.6.4 抗震承载力设计计算结果的表达方式

《规程》面对的使用对象是村镇地区的基层技术人员和建筑工匠，特点是图文并茂，条文具有较强的可操作性，条文中尽量不涉及计算内容，便于使用。在附录 A 中列出了抗震承载力验算的具体方法，供具有一定专业知识的技术人员进行设计计算的参考。为了便于使用，针对不同的结构类型，进行了试设计计算，计算结果经适当归整后按不同结构形式分别列于附录 B～附录 E，附录中用表格形式列出了与墙厚、墙体类别、设防烈度、砂浆（泥浆）强度、房屋高度等对应的计算结果，结果以抗震横墙间距 L 和房屋宽度 B 限值的形式给出，并与各章节中的最大抗震横墙间距（房屋宽度）限值条文相协调，可直接查表使用。

4.7 过梁设计计算方法

对于钢筋砖过梁,《规程》采用的是《砌体结构设计规范》(GB 50003—2001)中的计算方法,也用以计算配筋石过梁。

4.7.1 荷载的计算

过梁的荷载,应按下列规定采用:

(1) 梁、板荷载

对砖、混凝土小型空心砌块和土坯砌体,当梁、板下的墙体高度 $h_w < l_n$ 时(l_n 为过梁的净跨),应计入梁、板传来的荷载。当梁、板下的墙体高度 $h_w \geq l_n$ 时,可不考虑梁、板荷载。

(2) 墙体荷载

1) 对砖和土坯砌体,当过梁上的墙体高度 $h_w < l_n/3$ 时,应按墙体的均布自重采用。当墙体高度 $h_w \geq l_n/3$ 时,应按高度为 $l_n/3$ 墙体的均布自重来采用。

2) 对混凝土小型空心砌块和石砌体,当过梁上的墙体高度 $h_w < l_n/2$ 时,应按墙体的均布自重采用。当墙体高度 $h_w \geq l_n/2$ 时,应按高度为 $l_n/2$ 墙体的均布自重采用。

4.7.2 钢筋砖(石)梁的受弯承载力计算

钢筋砖(石)过梁的受弯承载力可按下式计算:

$$M \leq 0.85 h_0 f_y A_s \tag{4.7-1}$$

式中 M——按简支梁计算的跨中弯矩设计值(N·mm);

f_y——钢筋的抗拉强度设计值(N/mm²),对 HPB235(Ⅰ级)和 HRB335(Ⅱ级)热轧钢筋 f_y 分别为 210N/mm²、310N/mm²;

A_s——受拉钢筋的截面面积(mm²);

h_0——过梁截面的有效高度(mm),$h_0 = h - a_s$;

a_s——受拉钢筋重心至截面下边缘的距离(mm);

h——过梁的截面计算高度(mm),取过梁底面以上的墙体高度,但不大于 $l_n/3$;当考虑梁、板传来的荷载时,则按梁、板下的高度采用。

过梁底面砂浆层处的钢筋,其直径不应小于 6mm,间距不宜大于 100mm,钢筋伸入支座砌体内的长度不宜小于 240mm,砂浆层的厚度不宜小于 30mm。

4.7.3 木过梁的受弯承载力计算

木过梁的受弯承载力可按下式计算:

$$M \leq W_n f_m \tag{4.7-2}$$

式中 M——按简支梁计算的跨中弯矩设计值(N·mm);

W_n——木过梁的净截面抵抗矩(mm³),对矩形截面 W_n 为 $bh^2/6$,对圆形截面 W_n 为 $\pi d^3/32$;

f_m——木材抗弯强度设计值(N/mm²),木材的强度等级和强度设计值应分别按表

4.7-1 和表 4.7-2 采用；

b——矩形木过梁净截面宽度（mm）；

h——矩形木过梁净截面高度（mm）；

d——圆形木过梁净截面直径（mm）。

木材的强度等级 表 4.7-1

强度等级	组别	选用树种
针叶树种木材		
TC17	A	柏木　长叶松　湿地松　粗皮落叶松
	B	东北落叶松　欧洲赤松　欧洲落叶松
TC15	A	铁杉　油杉　太平洋海岸黄柏　花旗松-落叶松　西部铁杉　南方松
	B	鱼鳞云松　西南云松　南亚松
TC13	A	油松　新疆落叶松　云南松　马尾松　扭叶　松北美落叶松　海岸松
	B	红皮云松　丽江云松　樟子松　红松　西加云松　俄罗斯红松　欧洲云松　北美山地云松　北美短叶松
TC11	A	西北云松　新疆云松　北美黄松　云杉-松-冷杉　铁-冷杉　东部铁杉　杉木
	B	冷杉　速生杉木　速生马尾松　新西兰辐射松
阔叶树种木材		
TB20		青冈　椆木　门格里斯木　卡普木　沉水稍克木　绿心木　紫心木　李叶豆　塔特布木
TB17		栎木　达荷玛木　萨佩莱木　苦油树　毛罗藤黄
TB15		椎栗（栲木）　桦木　黄梅兰　梅萨瓦木　水曲柳　红劳罗木
TB13		深红梅兰蒂　浅红梅兰蒂　百梅兰蒂　巴西红厚壳木
TB11		大叶猴　小叶猴

木材的强度设计值和弹性模量（N/mm²） 表 4.7-2

强度等级	组别	抗弯 f_m	顺纹抗压及承压 f_c	顺纹抗拉 f_t	顺纹抗剪 f_v	横纹承压 $f_{c,90}$			弹性模量 E
						全表面	局部表面和齿面	拉力螺栓垫板下	
TC17	A	17	16	10.0	1.7	2.3	3.5	4.6	10000
	B		15	9.5	1.6				
TC15	A	15	13	9.0	1.6	2.1	3.1	4.2	10000
	B		12	9.0	1.5				
TC13	A	13	12	8.5	1.5	1.9	2.9	3.8	10000
	B		10	8.0	1.4				9000
TC11	A	11	10	7.5	1.4	1.8	2.7	3.6	9000
	B		10	7.0	1.2				
TB20	—	20	18	12.0	2.8	4.2	6.3	8.4	12000
TB17	—	17	16	11.0	2.4	3.8	5.7	7.6	11000
TB15	—	15	14	10.0	2.0	3.1	4.7	6.2	10000
TB13	—	13	12	9.0	1.4	2.4	3.6	4.8	8000
TB11	—	11	10	8.0	1.3	2.1	3.2	4.1	7000

为了便于使用,《规程》编制组进行了相应的计算工作,确定了不同情况下钢筋砖(石)过梁和木过梁的直径、根数等,可以直接查表选用。

参考文献

[1] 陈国义.《工程建设标准强制性条文》(房屋建筑部分)综述

[2] 中华人民共和国住房和城乡建设部. 镇(乡)村建筑抗震技术规程(JGJ 161—2008). 北京:中国建筑工业出版社,2008

[3] 中华人民共和国建设部. 建筑抗震设计规范(GB 50011—2001). 北京:中国建筑工业出版社,2002

[4] 中华人民共和国建设部. 砌体结构设计规范(GB 50003—2001). 北京:中国建筑工业出版社,2002

第5章 场地、地基和基础

5.1 建筑场地的选择

5.1.1 建筑场地的划分

(1) 建筑场地的各地段划分标准

场地,指大体上相当于厂区、居民点、自然村的区域范围内的建筑或构筑物所在地,在其范围内,影响反应谱特性的岩土性状和土层覆盖厚度大致相近。

一般认为,对抗震有利的地段是指地震时地面无残余变形的坚硬或开阔平坦密实均匀的、中硬土范围或地区;而不利地段为可能产生明显形变或地基失效的某一范围或地区;危险地段指可能发生严重的地面残余变形的某一范围或区段。因此在选择建筑场地时,应按表5.1-1的规定划分建筑抗震有利、不利和危险的地段,其他地段可视为可进行建设的一般场地。

建筑抗震有利、不利和危险地段的划分　　　　表5.1-1

地段类型	地质、地形、地貌
有利地段	稳定基岩,坚硬土,开阔、平坦、密实、均匀的中硬土等
不利地段	软弱土,液化土,条状突出的山嘴,高耸孤立的山丘,非岩质的陡坡,河岸和边坡的边缘,平面分布上成因、岩性、状态明显不均匀的土层(如故河道、疏松的断层破碎带、暗埋的塘浜沟谷和半填半挖地基)等
危险地段	地震时可能发生滑坡、崩塌、地陷、地裂、泥石流等及发震断裂带上可能发生地表错位的部位

(2) 场地震害说明

1) 场地不利地段

① 条状突出的山嘴、高耸孤立的山丘、非岩质的陡坡(图5.1-1和图5.1-2)

地震强震观测资料表明,这些地貌因素造成的孤突地形上的地面最大加速度较坡脚下高。历次震害证明,位于这些地带的建筑物震害指数与平地上同类地基相比要高很多。

② 河岸和边坡边缘

宏观震害表明,在现代河道、河岸地段,往往易于出现喷水冒砂及地裂发育现象,边坡边缘易出现土质松动、滑动现象(图5.1-3),由此造成房屋破坏、倒塌,严重时会使整个居民点遭到劫难。

图 5.1-1 汶川地震不稳定的陡坡滑塌　　　　图 5.1-2 孤立山包上的房屋

③ 不均匀地基

浅层岩土在平面上的成因、岩性、状态明显不均匀的地段，通常易于因不均匀沉陷而发生较重震害（图 5.1-4），而一般的不均匀地基（地基的土层成因和岩性相同，但地基的不同部分土层的厚度或状态有差异），则破坏较少。不均匀地段的土层包括故河道、断层破碎带及暗埋的塘滨沟谷以及边坡上半挖半填的地基。

图 5.1-3 河岸滑坡毁坏房屋　　　　图 5.1-4 不均匀沉陷造成房屋破坏

④ 易液化土

砂土液化所造成的震害现象，主要有：液化后的地基沉陷，特别是不均匀沉陷引起地基基础和结构破坏（图 5.1-5），地裂引起建筑物上部结构破坏，地表的喷砂冒水引起上部建筑物的倾斜和设备被埋没（图 5.1-6），液化引起地面的移动和河边坡的崩塌等。

⑤ 软弱土

软弱土通常指饱和松散的粉细砂和粉质土，软塑或流塑状态的淤泥和淤泥质土，松散的人工填土、冲填土和杂填土。

地震时容易出现地裂缝，有明显震陷，加剧房屋的沉降、倾斜或导致墙体开裂（图 5.1-7 和图 5.1-8）。

强度较低的淤泥质地基，地震时可能产生较大的震陷，造成建筑物破坏。

图 5.1-5　房屋地基不均匀沉陷倾斜

图 5.1-6　地面喷砂冒水，房屋倾斜

图 5.1-7　出现地裂缝

图 5.1-8　地裂缝将墙体拉裂

震陷是在地震作用下土体产生的附加沉陷，在地震作用下会产生震陷的土有：饱和软土、结构松散的黄土和填土等。此外相对密实度低的地下水位以上的砂土和碎石土产生震陷的可能性较大。

在填土地基中，冲填土地基震害较重，这种类型的地基多为旧水坑和洼地，冲填物多为疏浚河道的泥砂，多数地区潜水埋藏较浅，而使冲填土完全处于饱和状态，因此地震时易产生附加变形，造成较重的震害。宏观震害现象表明，杂填土和素填土地基也会造成较重的震害。

2）场地的危险地段

① 滑坡、崩塌、泥石流

地震时由于山体斜坡的失稳，往往易于产生滑坡、崩塌、泥石流、岩石散落等现象，从而造成人员伤亡和建筑物损坏（图 5.1-1 和图 5.1-3）。

② 地裂缝和发震断裂的错位

地震时的地裂缝现象通常可分为构造性和非构造性两种。构造性多出现在强震时宏观震中附近，并伴有错位现象。非构造性地裂多发生在河谷地区、河漫滩、低级阶地前缘地带、故河道河岸部分等地，一般易产生与河岸平行的地裂缝，土体则常常沿这些地裂缝向核心呈阶梯形下滑。

活断层通过的场地不安全。地震活动断层错动能摧毁位于断层上的一切建筑物，地震断层活动引发地表破裂也会对建筑物造成破坏。有的活动断层会发生蠕动，长年累积的错动能致使断层上的建筑物破坏。

5.1.2 建筑场地的选择

选址原则为：建筑场地宜选择对建筑抗震有利的地段；宜避开不利地段；当无法避开时，应采取有效措施；不应在危险地段建造房屋。

地势较为开阔平坦、地下水位埋藏较深、基岩埋藏较浅且完整、土质坚硬而稳定的地带，这些场地对建房非常有利；建筑物场地应尽量避开山嘴、故河道、填埋的水塘、沟坑，远离湖岸边、孤立的山坡、悬崖旁等不利地段，不能避开时，应采取相应的对策，如对软弱地基进行人工处理，以提高其承载力等；不应该将建筑物建在现今活动的断裂带上。

5.2 地基和基础

5.2.1 地基和基础的基本要求

（1）同一结构单元的基础不宜设置在性质明显不同的地基土上；
（2）同一结构单元不宜采用不同类型的基础；
（3）同一结构单元基础底面不在同一标高时，应按1:2的台阶逐步放坡（图5.2-1）；
（4）相邻基础底面埋置不在同一标高时，相邻基础的净距与底面标高差之比不宜小于2（图5.2-2）；

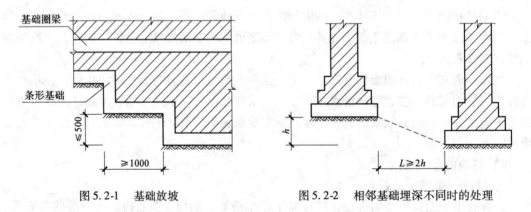

图 5.2-1 基础放坡　　　　图 5.2-2 相邻基础埋深不同时的处理

（5）基础材料可采用砖、石、灰土或三合土等；砖基础应采用实心砖砌筑，对灰土或三合土应夯实。

1）砖基础用普通黏土砖由砂浆砌筑而成。为了满足防潮的要求，砖和砂浆应采用较高的强度等级，且不宜采用空心砖。在采用砖基础时，通常将灰土或三合土作为基础垫层。

2）石基础多用于产石地区，用平毛石或毛料石由砂浆砌筑而成。

3）灰土基础是用经过消解的石灰粉和过筛的黏土，按一定体积比（灰土比例为2:8

或3:7），洒适量水拌合均匀（以手紧握成团，两指轻捏又松散为宜），然后分层夯实而成。一般每层虚铺220～250mm，夯实后为150mm厚。石灰粉为气硬性材料，在大气中能硬结，但抗冻性能较差，因此灰土基础只适用于地下水位之上和冰冻线以下的深度。

4）三合土基础由石灰、黄砂、骨料（碎砖、碎石）以1:2:4或1:3:6的体积比拌合后，以150mm厚为一步（虚铺200mm）分层夯实。三合土基础适用于土质较好、地下水位较低的地区。

对于以上的（1）和（2）而言，由于村镇民居占地面积小，基础平面简单，易于保证地基土和基础类型的一致性，避免了因地基土性质不同或基础类型的差异引起不均匀沉降，造成上部结构的破坏。

对于（3）而言，当建筑场地存在旧河沟、暗浜或局部回填土，确实无法避开时，为保证基础持力层具有足够的承载力，需要挖除软弱土层换填或放坡。逐步放坡可以避免基础高度转换处产生应力集中破坏。

5.2.2 不良地基的处理

(1) 垫层换填

对于村镇建筑的浅基础，采用垫层换填是一种有效的解决方法，适用于处理地基表层软弱土和暗沟、暗塘等软弱土地基。

当地基有淤泥、液化土或严重不均匀土层时，应采取垫层换填方法进行处理，换填材料和垫层厚度、处理宽度结合地基和基础的基本要求应符合下列事项：

1）垫层换填可选用砂石、黏性土、灰土或质地坚硬的工业废渣等材料，并应分层夯实；

2）换填材料应砂石级配良好，黏性土中有机物含量不得超过5%，灰土体积配合比宜为2:8或3:7，土料宜用粉质黏土，不宜使用块状黏土和砂质粉土，不得含有松软杂质，并应过筛，其颗粒不得大于15mm。石灰宜用新鲜的消石灰，颗粒粒径不得大于5mm；

① 灰土垫层适用于软弱土、湿陷性黄土、软硬不均地基以及新老杂填土。施工时要排除基槽内的积水和淤泥，挖去软土，夯实后回填拌合均匀的2:8或3:7（体积比）石灰黏土，每层铺150～250mm，夯至100～150mm，至灰土声音清脆为止。

② 水撼砂垫层适用于一般软弱地基，不宜用于湿陷性黄土或不透水的黏性土地区。施工时要在基槽内分层（200mm）填中砂、粗砂或天然砂砾石，灌水没过砂层，用铁钎摇撼或振捣，渗水后再铺第二层，至基础底标高。砂石的最大粒径不宜大于50mm。对湿陷性黄土地基，不得选用砂石等透水材料。

③ 灰浆碎砖三合土垫层的石灰：砂：碎砖（碎石或炉渣）按1:2:4或1:3:6的体积比拌合均匀，分层夯实。特别要注意，铺好的三合土，不可隔日夯打。

3）垫层的底面宜至老土层，垫层厚度通常不大于3m，否则工程量大、施工难、不经济；

4）垫层在基础底面以外的处理宽度：垫层底面每边应超过垫层厚度的1/2且不小于基础宽度的1/5；垫层顶面宽度可从垫层底面两侧向上，按基坑开挖期间保持边坡稳定的当地经验放坡确定，垫层顶面每边超出基础底边不宜小于300mm。

(2) 湿陷性黄土地基的处理

1) 湿陷性黄土地基的平面处理范围，应符合下列要求：

① 当为局部处理时，其处理范围应大于基础底面的面积。在非自重湿陷性黄土场地，每边应超出基础底面宽度的1/4，并不应小于0.50m；在自重湿陷性黄土场地，每边应超出基础底面宽度的3/4，并不应小于1m。

② 当为整片处理时，其处理范围应大于建筑物底层平面的面积，超出建筑物外墙基础外缘的宽度，每边不宜小于处理土层厚度的1/2，并不应小于2m。

2) 村镇建筑多属丙、丁类建筑。对丙类建筑进行地基处理时，应消除地基的部分湿陷量。其最小处理厚度，应符合下列要求：

① 当地基湿陷等级为Ⅰ级时：对单层建筑可不处理地基；对多层建筑，地基处理厚度不应小于1m，且下部未处理湿陷性黄土层的湿陷起始压力值不宜小于100kPa；并应采取结构措施和基本防水措施。

② 当地基湿陷等级为Ⅱ级时：在非自重湿陷性黄土场地，对单层建筑，地基处理厚度不应小于1m，且下部未处理湿陷性黄土层的湿陷起始压力值不宜小于80kPa；对多层建筑，地基处理厚度不宜小于2m，且下部未处理湿陷性黄土层的湿陷起始压力值不宜小于100kPa；在自重湿陷性黄土场地，地基处理厚度不应小于2.50m，且下部未处理湿陷性黄土层的剩余湿陷量，不应大于200mm；并应采取结构措施和检漏防水措施。

③ 当地基湿陷等级为Ⅲ级或Ⅳ级时，对多层建筑宜采用整片处理，地基处理厚度分别不应小于3m或4m，且下部未处理湿陷性黄土层的剩余湿陷量，单层及多层建筑均不应大于200mm。

3) 湿陷性黄土地基的湿陷等级，应根据湿陷量的计算值和自重湿陷量的计算值等因素，按表5.2-1判定。

湿陷性黄土地基的湿陷等级 表5.2-1

Δ_s (mm)	湿陷类型 Δ_{zs} (mm)	非自重湿陷性场地 $\Delta_{zs} \leq 70$	自重湿陷性场地 $70 < \Delta_{zs} \leq 350$	$\Delta_{zs} > 350$
$\Delta_s \leq 300$		Ⅰ（轻微）	Ⅱ（中等）	—
$300 < \Delta_s \leq 700$		Ⅱ（中等）	*Ⅱ（中等）或Ⅲ（严重）	Ⅲ（严重）
$\Delta_s > 700$		Ⅱ（中等）	Ⅲ（严重）	Ⅳ（很严重）

* 当湿陷量的计算值 $\Delta_s > 600$mm、自重湿陷量的计算值 $\Delta_{zs} > 300$mm 时，可判为Ⅲ级，其他情况可判为Ⅱ级。

其中，湿陷性黄土场地自重湿陷量的计算值 Δ_{zs}，应按下式计算：

$$\Delta_{zs} = \beta_0 \sum_{i=1}^{n} \delta_{zsi} h_i \quad (5.2\text{-}1)$$

式中 δ_{zsi}——第i层土的自重湿陷系数；

h_i——第 i 层土的厚度;

β_0——因地区土质而异的修正系数,在缺乏实测资料时,可按下列规定取值:

① 陇西地区取 1.50;

② 陇东—陕北—晋西地区取 1.20;

③ 关中地区取 0.90;

④ 其他地区取 0.50。

自重湿陷量的计算值 Δ_{zs},应自天然地面(当挖、填方的厚度和面积较大时,应自设计地面)算起,至其下非湿陷性黄土层的顶面止,其中自重湿陷系数 δ_{zs} 值小于 0.015 的土层不累计。

湿陷性黄土地基受水浸湿饱和,其湿陷量的计算值 Δ_s 应符合下列规定:

① 湿陷量的计算值 Δ_s,应按下式计算:

$$\Delta_s = \beta_0 \sum_{i=1}^{n} \delta_{si} h_i \qquad (5.2\text{-}2)$$

式中 δ_{si}——第 i 层土的湿限系数;

h_i——第 i 层土的厚度;

β_0——考虑基底下地基土的受水浸湿可能性和侧向挤出等因素的修正系数,在缺乏实测资料时,可按下列规定取值:

A. 基底下 0~5m 深度内,取 1.50;

B. 基底下 5~10m 深度内,取 1.00;

C. 基底下 10m 以下至非湿陷性黄土层顶面,在自重湿陷性黄土场地,可取工程所在地区的 β_0 值。

② 湿陷量的计算值 Δ_s 的计算深度,应自基础底面(如基底标高不确定时,自地面下 1.50m)算起;在非自重湿陷性黄土场地,累计至基底下 10m(或地基压缩层)深度止;在自重湿陷性黄土场地,累计至非湿陷黄土层的顶面止。其中湿陷系数 δ_s(10m 以下为 δ_{zs})小于 0.015 的土层不累计。

4)选择地基处理方法,应根据湿陷性黄土的特性,并考虑施工设备、施工进度、材料来源和当地环境等因素,经技术经济综合分析比较后确定。湿陷性黄土地基常用的处理方法,可按表 5.2-2 选择其中一种或多种相结合的最佳处理方法(表中 S_r 为湿陷性黄土的饱和度)。

湿陷性黄土地基常用的处理方法 表 5.2-2

名称	适用范围	可处理的湿陷性黄土层厚度(m)
垫层法	地下水位以上,局部或整片处理	1~3
强夯法	地下水位以上,$S_r \leq 60\%$ 的湿陷性黄土,局部或整片处理	3~12
挤密法	地下水位以上,$S_r \leq 65\%$ 的湿陷性黄土	5~15
预浸水法	自重湿陷性黄土场地,地基湿陷等级为Ⅲ级或Ⅳ级,可消除地面下 6m 以下湿陷性黄土层的全部湿陷性	6m 以上尚应采用垫层或其他方法处理
其他方法	经试验研究或工程实践证明行之有效	

5）在雨期、冬期选择垫层法、强夯法和挤密法等处理地基时，施工期间应采取防雨和防冻措施，防止填料（土或灰土）受雨水淋湿或冻洁，并应防止地面水流入已处理和未处理的基坑或基槽内。选择垫层法和挤密法处理湿陷性黄土地基，不得使用盐渍土、膨胀土、冻土、有机质等不良土料和粗颗粒的透水性（如砂、石）材料作填料。

6）地基处理前，除应做好场地平整、道路畅通和接通水、电外，还应清除场地内影响地基处理施工的地上和地下管线及其他障碍物。

(3) 膨胀土地基的处理

1）膨胀土地基处理可采用换土、砂石垫层、土性改良等方法。确定处理方法应根据土的胀缩等级、地方材料及施工工艺等，进行综合技术经济比较。

2）换土垫层：可采用非膨胀性土或灰土。换土厚度可通过变形计算确定。

3）砂石垫层：平坦场地上Ⅰ、Ⅱ级膨胀土的地基处理，宜采用砂、碎石垫层。垫层厚度不应小于300mm。垫层宽度应大于基底宽度，两侧宜采用与垫层相同的材料回填，并做好防水处理。

根据地基的膨胀、收缩变形对低层砖混房屋的影响程度进行，地基的胀缩等级，可按表5.2-3分为三级。

膨胀土地基的胀缩等级　　　　　　　表5.2-3

地基分级变形量	级别
$15 \leq S_e < 35$	Ⅰ
$35 \leq S_e < 70$	Ⅱ
$S_e \geq 70$	Ⅲ

膨胀土地基变形计算，可按以下三种情况：

① 当离地表1m处地基土的天然含水量等于或接近最小值时或地面有覆盖且无蒸发可能性，以及建筑物在使用期间，经常有水浸湿地基，可按下式计算膨胀变形量：

$$S_e = \psi_e \sum_{i=1}^{n} \delta_{epi} h_i \tag{5.2-3}$$

式中　S_e——地基土的膨胀变形量（mm）；

　　　ψ_e——计算膨胀变形量的经验系数，宜根据当地经验确定，无经验时，三层及三层以下建筑物，可采用0.6；

　　　δ_{epi}——基础底面下第i层土在该土的平均自重压力与平均附加压力之和作用下的膨胀率，由室内试验确定；

　　　h_i——第i层土的计算厚度（mm）；

　　　n——自基础底面至计算深度内所划分的土层数（图5.2-3），计算深度应根据大气影响深度确定；有浸水可能时，可按浸水影响深度确定。

② 当离地表1m处地基土的天然含水量大于1.2倍塑限含水量时，或直接受有高温作用的地基，可按下式计算收缩变形量：

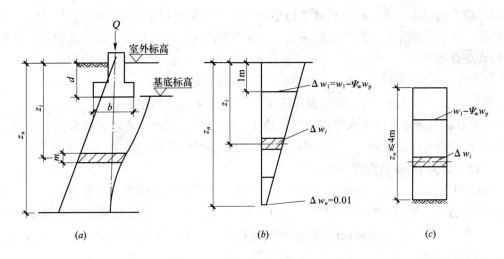

图 5.2-3 地基土变形计算示意

$$S_s = \psi_s \sum_{i=1}^{n} \lambda_{si} \Delta w_i h_i \tag{5.2-4}$$

式中 S_s——地基土的收缩变形量（mm）；

ψ_s——计算收缩变形量的经验系数，宜根据当地经验确定，无经验时，三层及三层以下建筑物，可采用 0.8；

λ_{si}——第 i 层土的收缩系数，应由室内试验确定；

Δw_i——地基土收缩过程中，第 i 层土可能发生的含水量变化的平均值（以小数计），在计算深度内，各土层的含水量变化值，应按下式计算：

$$\Delta \omega_i = \Delta w_1 - (\Delta w_1 - 0.01)(z_i - 1)/(z_n - 1) \tag{5.2-5}$$

$$\Delta \omega_1 = w_1 - \psi_w w_p \tag{5.2-6}$$

式中 w_1、w_p——为地表下 1m 处土的天然含水量和塑限含水量（小数）；

ψ_w——土的湿度系数；

z_i——第 i 层土的深度（m）；

z_n——计算深度，可取大气影响深度（m），在地表下 4m 土层深度内存在不透水基岩时，可假定含水量变化值为常数，在计算深度内有稳定地下水位时，可计算至水位以上 3m。

③ 在其他情况下，可按下式计算地基土的胀缩变形量

$$S = \psi \sum_{i=1}^{n} (\delta_{epi} + \lambda_{si} \Delta w_i) h_i \tag{5.2-7}$$

式中 S——地基土胀缩变形量（mm）；

ψ——计算胀缩变形量的经验系数，可取 0.7。

5.2.3 基础埋深、基础墙高度及防潮层的一般要求

(1) 基础埋深

基础的埋置深度是指从室外地坪到基础底面的距离。村镇房屋上部结构荷载较小，对

地基承载力的要求不高，在满足地基稳定和变形要求的前提下，基础宜浅埋，施工方便、造价低。在实际操作中，基础埋置深度应结合当地情况，考虑土质、地下水位及气候条件等因素综合确定：

1) 除岩石地基外，基础埋置深度不宜小于 500mm；

2) 当为季节性冻土时，宜埋置在冻深以下或采取其他防冻措施；

3) 基础宜埋置在地下水位以上，当地下水位较高，基础不能埋置在水位以上时，宜将基础底面设置在最低地下水位 200mm 以下，施工时尚应考虑基坑排水。

(2) 基础墙的砌筑高度

由于生土墙受潮湿后强度大幅降低，故要求基础墙体尽可能距室外地坪高一些，防止雨水侵蚀墙体。故当上部墙体为生土墙时，基础砖（石）墙砌筑高度应取室外地坪以上 500mm 和室内地坪以上 200mm 中的较大者（具体见 5.2.6 节中的图）。

(3) 基础防潮层

防潮层的作用是阻止土壤中的潮气和水分对墙体造成侵蚀，影响墙体的强度和耐久性，同时可防止因室内潮湿影响居住的舒适性。

基础的防潮层宜采用 1:2.5 的水泥砂浆内掺 5% 的防水剂铺设，厚度不宜小于 20mm，并应设置在室内地面以下 60mm 标高处；当该标高处设置配筋砖圈梁或配筋砂浆带时，防潮层可与配筋砖圈梁或配筋砂浆合并设置，便于施工。

5.2.4 石砌基础的要求

(1) 基础放角和刚性角要求

1) 石砌基础的高度应符合下式要求：

$$H_0 \geqslant 3(b - b_1)/4 \tag{5.2-8}$$

式中 H_0——基础的高度；
b——基础底面的宽度；
b_1——墙体的厚度。

2) 阶梯形石基础的每阶放出宽度，平毛石不宜大于 100mm，每阶应不少于两层；毛料石采用一阶两皮时，不宜大于 200mm，采用一阶一皮时，不宜大于 120mm。基础阶梯应满足下式要求：

$$H_i/b_i \geqslant 1.5 \tag{5.2-9}$$

式中 H_i——基础阶梯的高度；
b_i——基础阶梯收进宽度。

毛石属于抗压性能好，而抗拉、抗弯性能较差的脆性材料，毛石基础是一种刚性基础。刚性基础需要具有非常大的抗弯刚度，受弯后基础不允许挠曲变形和开裂。因此，设计时必须保证基础内产生的拉应力和剪应力不超过相应的材料强度设计值，这种保证通常是通过限制基础台阶宽高比来实现的。在这种限制下，基础的相对高度一般都比较大，几乎不发生挠曲变形。

（2）不同类型石基础的构造要求（图 5.2-4～图 5.2-12）

1）平毛石基础砌体的第一皮块石应座浆，并将大面朝下；阶梯形平毛石基础，上阶平毛石压砌下阶平毛石长度不应小于下阶平毛石长度的 2/3；相邻阶梯的毛石应相互错缝搭砌。

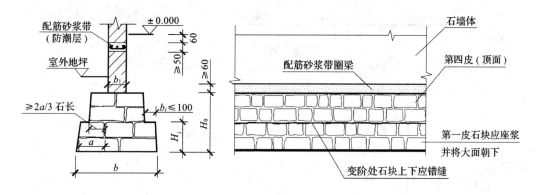

图 5.2-4　毛石基础（阶梯形）　　　　图 5.2-5　阶梯形毛石基础侧立面示意

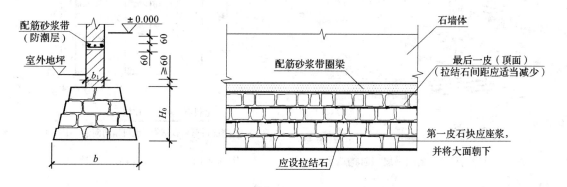

图 5.2-6　毛石基础（梯形）　　　　图 5.2-7　阶梯形毛石基础侧立面示意

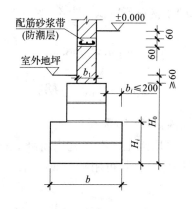 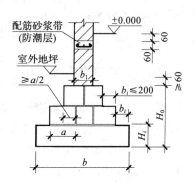

图 5.2-8　毛料石基础两皮一阶　　　　图 5.2-9　毛料石基础一皮一阶

2）料石基础砌体的第一皮应座浆丁砌；阶梯形料石基础，上阶石块与下阶石块搭接长度不应小于下阶石块长度的 1/2。

145

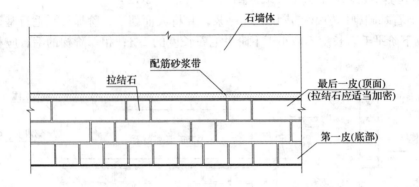

图 5.2-10　毛料石基础一皮一阶侧立面示意

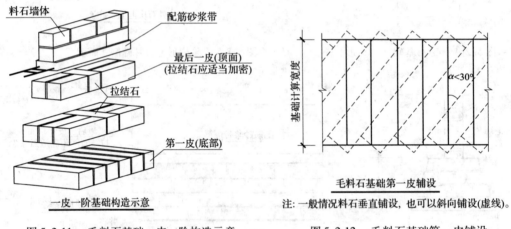

图 5.2-11　毛料石基础一皮一阶构造示意　　图 5.2-12　毛料石基础第一皮铺设

5.2.5　实心砖和灰土（三合土）基础的要求

（1）为了满足基础强度和防潮的要求，砌筑基础的材料不应低于上部墙体的砂浆和砖的强度等级。砂浆强度等级不应低于 M2.5；

（2）灰土（三合土）基础厚度不宜小于 300mm，宽度不宜小于 700mm。

5.2.6　用于生土墙下各种材料基础的要求（图 5.2-13～图 5.2-18）

（1）防潮层处兼作配筋砂浆带，1:2.5 水泥砂浆内掺 5% 防水剂。

（2）灰土体积配合比宜为 2:8 或 3:7。土料宜用粉质黏土，石灰宜用新鲜消石灰。三合土体积配合比宜为 1:3:6 或 1:2:4（石灰：砂：骨料），骨料可用砾石或碎石。

（3）卵石应破开使用。

5.2.7　用于砖墙下石基础的要求（图 5.2-19～图 5.2-21）

（1）防潮层处兼作配筋砂浆带，1:2.5 水泥砂浆内掺 5% 防水剂。

（2）卵石应破开使用。

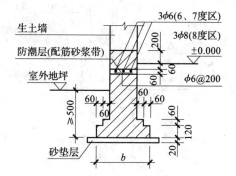
图 5.2-13 砖基础

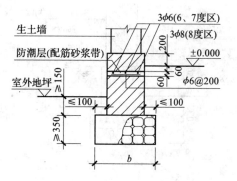
图 5.2-14 卵石基础

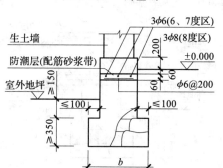
图 5.2-15 毛料石基础

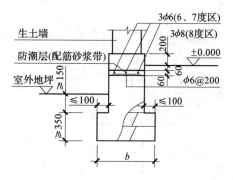
图 5.2-16 平毛石基础

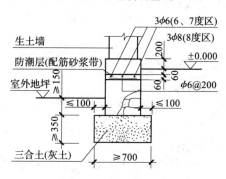
图 5.2-17 三合土平毛石基础

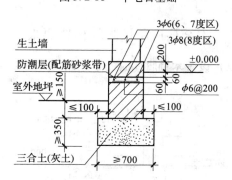
图 5.2-18 三合土砖基础

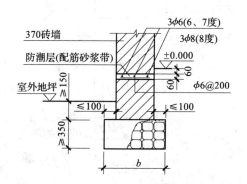

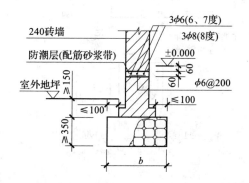

图 5.2-19 用于 370、240 砖墙卵石基础

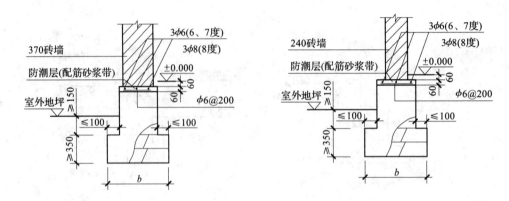

图 5.2-20　用于 370、240 砖墙毛料石基础

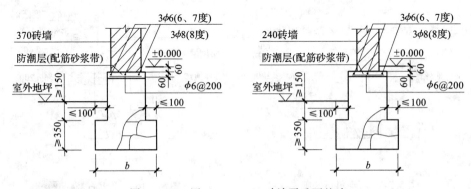

图 5.2-21　用于 370、240 砖墙平毛石基础

5.2.8　木结构房屋柱脚的构造要求

(1) 设置木锁脚枋时的要求（图 5.2-22～图 5.2-24）

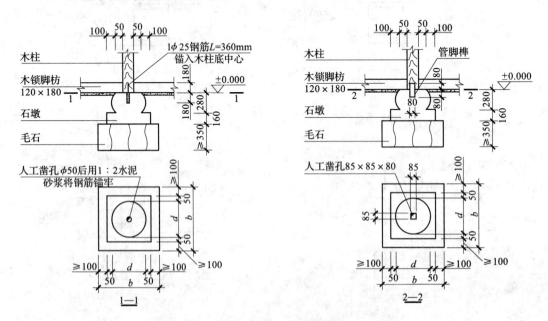

图 5.2-22　在 6、7 度区设置木锁脚枋时的要求

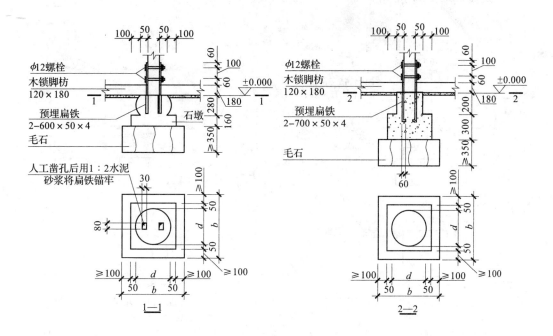

图 5.2-23 在 8 度区设置木锁脚枋时的要求

图 5.2-24 设置木锁脚枋的立面图

(2) 未设置木锁脚枋时的要求（图 5.2-25～图 5.2-27）

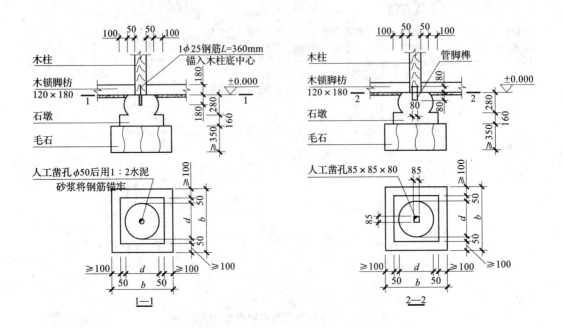

图 5.2-25 在 6、7 度区未设置木锁脚枋时的要求

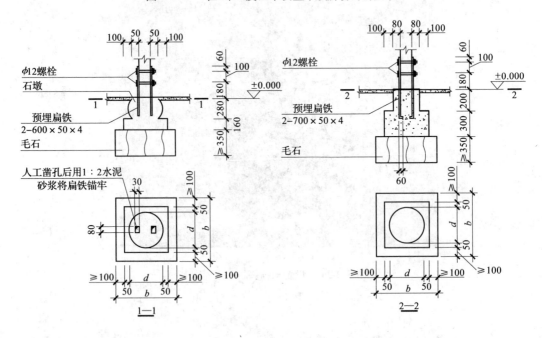

图 5.2-26 在 8 度区未设置木锁脚枋时的要求

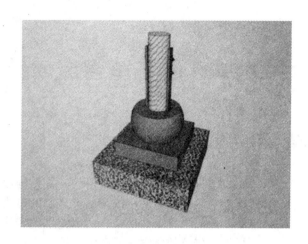

图 5.2-27　未设木锁脚枋的立面图

参考文献

[1] 中国土木工程协会编. 注册岩土工程师专业考试复习教程 [M]. 第 2 版. 北京：中国建筑工业出版社，2003

[2] 陈希哲主编. 土力学地基基础 [M]. 第 4 版. 北京：清华大学出版社，2004

[3] 中华人民共和国住房与城乡建设部. 建筑抗震设计规范（GB 50011—2008）[S]. 2008

[4] 范迪璞，张淑琴，施海伦. 村镇房屋抗震与设计 [M]. 北京：科学出版社，1991

[5] 中华人民共和国城乡建设环境保护部. 膨胀土地区建筑技术规范（GBJ 112—87）[S]. 1987

[6] 中华人民共和国建设部. 湿陷性黄土地区建筑规范（GB 50025—2004）[S]. 2004

[7] 中华人民共和国住房与城乡建设部. 镇（乡）村建筑抗震技术规程（JGJ 161—2008）[S]. 2008

[8] 陆鸣等. 农村民居抗震指南. 北京：地震出版社，2006

[9] 中国建筑标准设计研究院. 农村民宅抗震构造详图（SG618 - 1 ~ 4）[S]. 2008

第6章 砌体结构房屋

6.1 村镇砌体结构房屋概述

砌体结构房屋历史悠久,是我国目前村镇中最为普遍的一种结构形式。砖砌体房屋在我国各地都有广泛的应用。传统上的砌体房屋使用的是黏土烧制的砖块,分为青砖和红砖两大类,基本的规格类似,但一些地区也有一些规格方面有差别的砖块。近些年来,城乡人口不断增多,建筑数量急剧增加,传统的烧结普通砖因为取土占用耕地、耗费能源,使用开始受到限制,在我国很多地方都开始推进墙体材料革新和推广节能建筑。在这种大形势下,不同类别的砌块开始广泛应用。

1992年,国务院发布了《国务院批转国家建材局等部门关于加快墙体材料革新和推广节能建筑意见的通知》(国发〔1992〕66号),开始在各地区和有关部门的共同推进下开展我国墙体材料革新工作,简称为"禁实",即禁用黏土实心砖进行建设。这项工作的开展经历了曲折的过程,在2005年和2007年,国务院办公厅和建设部又先后发布了《国务院办公厅关于进一步推进墙体材料革新和推广节能建筑的通知》(国办发〔2005〕33号)和《建设部关于进一步加强禁止使用烧结普通砖工作的通知》(建科〔2007〕74号),对这项工作的开展作出了进一步的要求。

"禁实"的推行和落实在城市中取得了较大的进展,但应该看到在一些农村地区,还需要一个比较长的过程,同时也存在一定的地区差异,因此在一定时间内烧结普通砖还会在某些地区继续使用,因此《规程》中仍保留了烧结普通砖的相关内容。

6.1.1 村镇常见砌体结构房屋

在我国目前村镇中,砌体结构还是以烧结普通砖为主要砌筑材料,不同地区都现存大量的砖砌体房屋,并且新建的也仍有相当数量采用烧结普通砖,只是在砌筑方式和砖的规格方面有一些地区性的差别。图6.1-1是浙江文成空斗砖墙农村房屋,采用的是具有当地特有规格的"大仓砖";图6.1-2~图6.1-5为各地采用标准烧结普通砖的实心或空斗砖墙房屋;图6.1-6为云南省宁洱地区采用砌块砌筑的单层房屋。

不论采用何种砌块砌筑的房屋,震害特点是基本一致的,破坏程度视墙体的砌筑方式(实砌还是空斗)、砌筑砂浆强度、砌块强度、砌筑质量、房屋结构布置是否合理等会有一定的差别。

农村砌体房屋基本上未经过正规设计,普遍存在砌筑砂浆强度低(水泥含量低,强度差)、纵横墙交接处无拉结措施、无圈梁构造柱以及房屋整体性差等抗震不利因素,在较低烈度时(6度左右)就会产生震害。低层的砌体房屋墙体在水平地震作用下的的剪切破坏是主要的破坏形式,表现为墙体斜裂缝或X形裂缝,首先会出现在门窗洞角、窗间墙等部位。当墙体严重破坏时,屋盖系统因墙体失去支撑也会破坏。空斗墙因为墙体抗剪面积小,墙体的整体性拉结不好,同样烈度下更容易破坏。

图6.1-1 浙江文成空斗砖墙房屋

图6.1-2 黑龙江省实心砖墙房屋

图6.1-3 新疆实心砖墙抗震安居房

图6.1-4 湖南农村新建空斗砖墙房屋

图6.1-5 江西九江地区农村空斗砖墙房屋子

图6.1-6 云南宁洱地区砌块房屋

图6.1-7是浙江文成地区的空斗砖墙房屋震害，在6度烈度区，空斗墙体就出现了明显的剪切斜裂缝，当地采用全斗砌筑非标准的"大仓砖"，砖块尺寸较标准砖长而且薄，立砌时抗剪面积小，除沿齿缝剪切破坏外，如果采用的砌筑砂浆强度较高，砖也会被剪坏，图6.1-8为被剪断的砖块，从照片中可以看出全部是立砌的空斗墙。图6.1-9为江西九江地震中破坏的空斗墙房屋的墙体，从照片上可以看出砌筑砂浆含泥量大，强度不高，裂缝主要是沿齿缝发展。图6.1-10、图6.1-11为江西九江地震空斗砖墙房屋的破坏形态，

153

墙体的斜裂缝及门窗洞角的斜裂缝。图6.1-12～图6.1-18分别为四川汶川地震、云南大姚地震和云南普洱地震中砖砌体房屋的震害现象，严重的局部墙体倒塌，有的墙体出现剪切斜裂缝或门窗洞角裂缝，纵横墙连接不好时的竖向裂缝也是常见的破坏形态。

图6.1-7 浙江文成地区空斗墙房屋震害

图6.1-8 被剪断的立砌大仓砖

图6.1-9 江西九江空斗砖墙破坏图

图6.1-10 江西九江空斗砖墙房屋震害

图6.1-11 江西九江空斗砖墙房屋
震害（窗角斜裂缝）

图6.1-12 四川汶川地震中砖柱木构架
混合承重房屋震害

图 6.1-13 云南大姚地震实心砖墙房屋震害

图 6.1-14 汶川地震中严重破坏的实心砖墙房屋

图 6.1-15 普洱地震中实心砖房纵横墙交接处破坏

图 6.1-16 普洱地震中实心砖房震害

图 6.1-17 汶川地震实心砖房屋墙体 X 形裂缝

图 6.1-18 汶川地震中两层砌体房屋的破坏

6.1.2 规程中砌体结构房屋

规程中的砌体结构房屋要满足规程中的抗震设防要求,对于材料、层数、楼盖等有一定的基本要求。

以砌体墙为承重结构,在不同地区屋面做法有所区别,北方地区一般为烧结黏土平瓦

155

屋面，为满足冬季保温的要求，多采用吊顶做法，屋盖较重，南方地区则以小青瓦屋盖居多。钢筋混凝土圆孔楼板在我国华东、中南地区应用广泛，鉴于冷拔光圆钢丝握裹性能差，以及农村施工条件所限，自行制造的圆孔楼板质量难以保证，本规程要求采用工厂生产的冷轧带肋钢筋预应力圆孔楼板作为楼、屋盖。

砌体房屋的承重墙体材料传统上为烧结黏土砖，目前随着建筑材料的发展和适应少占农田、限制粘土砖的环保要求，墙体材料已大为扩展。以墙体砌块材料和墙体砌筑方式可划分为以下几种形式：

（1）实心砖墙。实心砖墙的承重材料是烧结普通砖。烧结普通砖由黏土、页岩、煤矸石或粉煤灰为主要原料，经高温焙烧而成，为实心或孔洞率不大于规定值且外形尺寸符合规定的砖，分为烧结黏土砖、烧结页岩砖、烧结煤矸石砖和烧结粉煤灰砖等，标准规格为240mm×115mm×53mm。

实心砖墙厚度多为一砖墙（240mm）或一砖半墙（370mm）。当材料和施工质量有保证时，实心砖墙体具有较好的抗震能力。

（2）多孔砖墙。多孔砖墙的承重材料是烧结多孔砖，简称多孔砖。以黏土、页岩、煤矸石为主要原料，经焙烧而成，孔洞率不小于25%，孔为圆形或非圆形，孔尺寸小而数量多，主要用于承重部位的墙体。目前多孔砖分为P型砖和M型砖，P型多孔砖外形尺寸为240mm×115mm×90mm，M型多孔砖外形尺寸为190mm×190mm×190mm。

（3）小砌块墙。小砌块墙的承重材料是混凝土小型空心砌块，是普通混凝土小型空心砌块和轻骨料混凝土空心砌块的的总称，简称小砌块。普通混凝土小型空心砌块以碎石和击碎卵石为粗骨料，简称普通小砌块；轻骨料混凝土小型空心砌块以浮石、火山渣、自然煤矸石、陶粒等为粗骨料，简称轻骨料小砌块；主规格尺寸均为390mm×190mm×190mm，孔洞率在25%～50%之间。

（4）蒸压砖墙。蒸压砖墙的承重材料是蒸压灰砂砖、蒸压粉煤灰砖，简称蒸压砖。蒸压砖属于非烧结硅酸盐砖，是指采用硅酸盐材料压制成坯并经高压釜蒸气养护制成的砖，分为蒸压灰砂砖和蒸压粉煤灰砖，其规格与标准砖相同。蒸压灰砂砖以石灰和砂为主要原料，蒸压粉煤灰砖以粉煤灰、石灰为主要原料，掺加适量石膏和集料。

（5）空斗砖墙。空斗砖墙是采用烧结普通砖砌筑的空心墙体，厚度一般为一砖（240mm）。空斗墙砌筑形式有一斗一眠、三斗一眠、五斗一眠、七斗一眠等，有的地区甚至在一层内均采用无眠砖砌筑。空斗墙的优点是节约用砖量，但因墙体砖块立砌，拉结不好，墙体整体性差，因此抗震性能相对较差。目前在我国南方长江流域、华东、中南等地区应用仍较为广泛。

6.2 砌体结构房屋设计的一般规定

6.2.1 层数和高度的限制

砌体材料是脆性材料，材料强度低，变形能力差，水平地震作用是导致砖墙承重房屋破坏的主要因素。房屋的抗震能力除与材料、施工等多方面因素有关外，与房屋的总高度和层数也直接相关。

村镇砌体房屋与正规设计的多层砖砌体房屋相比，在结构体系、材料、施工技术等方面有比较大的差距，抗震构造措施方面由于经济水平、技术能力的限制，远达不到现行《建筑抗震设计规范》中多层砖砌体房屋的有关要求，因此对村镇中砌体房屋的层数和高度进行限制，以保证砌体房屋的抗震能力达到本规程设防目标的要求。对抗震性能较差的空斗墙承重房屋的层高要求更为严格。

规程中对房屋层数和高度有明确的规定。

砌体结构房屋的层数和高度应符合下列要求：

（1）房屋的层数和总高度不应超过表6.2-1的规定；

（2）房屋的层高：单层房屋不应超过4.0m；两层房屋不应超过3.6m。

房屋层数和总高度限值（m） 表6.2-1

墙体类别	最小墙厚（mm）	烈度							
		6		7		8		9	
		高度	层数	高度	层数	高度	层数	高度	层数
实心砖墙、多孔砖墙	240	7.2	2	7.2	2	6.6	2	3.3	1
小砌块墙	190	7.2	2	7.2	2	6.6	2	3.3	1
多孔砖墙 蒸压砖墙	190 240	7.2	2	6.6	2	6.0	2	3.0	1
空斗墙	240	7.2	2	6.0	2	3.3	1	—	—

注：房屋总高度指室外地面到主要屋面板板顶或檐口的高度。

6.2.2 抗震横墙间距和局部尺寸限值

除墙体的剪切破坏和纵横墙连接处的破坏外，弯曲破坏也是砌体结构房屋的一种常见破坏形式。当横墙间距较大时，因为木、混凝土预制楼板楼（屋）盖的刚度相对于钢筋混凝土现浇楼板低，把地震作用传递给横墙的能力相对较差，一部分地震作用就会垂直作用在纵墙上，纵墙呈平面外受弯的受力状态，产生弯曲破坏。弯曲破坏的特征为水平弯拉破坏，首先在薄弱部位如窗口下沿窗间墙处出现水平裂缝，严重时墙体外闪导致房屋倒塌（图6.2-1、图6.2-2）。震害实践表明，横墙间距越大的房屋，震害越严重。

图6.2-1 汶川地震中实心砖墙房屋纵墙水平裂缝

图6.2-2 普洱地震实心砖房纵横破坏

所以规程中对砌体房屋的抗震横墙间距也做出了规定，以避免纵墙在平面外的水平地震作用下破坏。

房屋抗震横墙间距，不应超过表6.2-2的要求。

房屋抗震横墙最大间距（m） 表6.2-2

墙体类别	最小墙厚（mm）	房屋层数	楼层	烈 度					
				木楼、屋盖			预应力圆孔板楼、屋盖		
				6、7	8	9	6、7	8	9
实心砖墙	240	一层	1	11.0	9.0	5.0	15.0	12.0	6.0
多孔砖墙	240	二层	2	11.0	9.0	—	15.0	12.0	—
小砌块墙	190		1	9.0	7.0	—	11.0	9.0	—
多孔砖墙	190	一层	1	9.0	7.0	5.0	11.0	9.0	6.0
蒸压砖墙	240	二层	2	9.0	7.0	—	11.0	9.0	—
			1	7.0	5.0	—	9.0	7.0	—
空斗墙	240	一层	1	7.0	5.0	—	9.0	7.0	—
		二层	2	7.0	—	—	9.0	—	—
			1	5.0	—	—	7.0	—	—

砌体结构房屋的墙体是主要的抗侧力构件，一般来说，墙体水平总截面积越大，就越容易满足抗震要求。对砖砌体房屋局部尺寸作出限制，是为了防止因这些部位的破坏失效，引起房屋整体的破坏。本条参考现行《建筑抗震设计规范》中多层砌体房屋的有关规定，放宽了一些局部尺寸的要求。

还应该注意的是洞口（墙段）布置的均匀对称，同一片墙体上窗洞大小应尽可能一致，窗间墙宽度尽可能相等或接近，并均匀布置，避免各墙段之间刚度相差过大引起地震作用分配不均匀，从而使承受地震作用较大的墙段率先破坏。震害表明，墙段布置均匀对称时，各墙段的抗剪承载力能够充分发挥，墙体的震害相对较轻，各墙段宽度不均匀时，有时宽度大的墙段因承担较多的地震作用，破坏反而重于宽度小的墙段。

砌体结构房屋的局部尺寸限值，宜符合表6.2-3的要求。

房屋局部尺寸限值（m） 表6.2-3

部 位	6、7度	8度	9度
承重窗间墙最小宽度	0.8	1.0	1.3
承重外墙尽端至门窗洞边的最小距离	0.8	1.0	1.3
非承重外墙尽端至门窗洞边的最小距离	0.8	0.8	1.0
内墙阳角至门窗洞边的最小距离	0.8	1.2	1.8

6.2.3 结构体系

震害实践表明，房屋的震害程度与承重体系有关。相对而言，横墙承重或纵横墙共同承重房屋的震害较轻，纵墙承重房屋因横向支撑较少震害较重。横墙承重房屋中，纵墙只承受墙体的自重，起围护和稳定作用，这种体系横墙间距小，横墙之间由纵墙拉结，具有较好的整体性和空间刚度，因此抗震性能较好。纵墙承重房屋中横墙起分隔作用，通常间距较大，房屋的横向刚度差，对纵墙的支承较弱，纵墙在地震作用下容易出现弯曲破坏。

采用硬山搁檩屋盖时，如果山墙与屋盖系统没有有效的拉结措施，山墙为独立悬墙，平面外的抗弯刚度很小，纵向地震作用下山墙承受由檩条传来的水平推力，容易产生外闪破坏。在8度地震区檩条拔出、山墙外闪以至房屋倒塌是常见的破坏现象。因此在8度及以上高烈度地区不应采用硬山搁檩屋盖做法。图6.2-3为江西九江地区常见的空斗墙房屋，山墙处为硬山搁檩，图6.2-4为普洱地震中硬山搁檩房屋山墙处的破坏，在檐口高度处出现水平裂缝。

图6.2-3 江西九江硬山搁檩房屋山墙

图6.2-4 普洱地震硬山搁檩房屋山墙破坏

规程对砌体房屋的结构体系，做出了明确规定，主要是承重体系和对硬山搁檩房屋的要求：

（1）应优先采用横墙承重或纵横墙共同承重的结构体系；
（2）当为8、9度时不应采用硬山搁檩屋盖。

6.2.4 承重墙体的厚度

墙体是砌体房屋的主要承重构件和围护结构，本条中最小墙厚的规定是为了保证承重墙体基本的承载力和稳定性，在实际中还应该根据当地情况综合考虑所在地区的设防烈度和气候条件确定。在高烈度地区，墙厚由抗震承载力的要求控制，可计算确定或按规程中的有关规定采用。在我国北方，墙厚的确定一般要考虑保温要求，墙体实际厚度通常要大于抗震承载力计算所需的墙厚。

实心砖墙、蒸压砖墙，当墙体厚度为120mm（俗称1/2砖墙）和180mm（俗称3/4砖墙）时，其自身的稳定性、抗压和抗剪能力差，不能作为抗震墙看待。因此，实心砖墙、蒸压砖墙厚度不应小于240mm，也就是不应小于一砖厚。

6.2.5 屋架、梁支承部位的加强

屋架或梁跨度较大时，端部支承处墙体承受较大的竖向压力，加设壁柱可增大承载面积，避免墙体因静载下的竖向承载力不足而破坏，并提高屋架（梁）支承部位墙体的稳定性。

为了便于在实际中操作，规程中对不同厚度和种类的砌体分别做出了详细要求：

（1）240mm 以上厚实心砖墙、蒸压砖墙、多孔砖墙为6m；190mm 厚多孔砖墙为4.8m；

（2）190mm 厚小砌块墙为4.8m；

（3）240mm 厚空斗墙为4.8m。

6.3 抗震构造措施

村镇地区的低造价砌体房屋，在建造材料、施工技术水平上与城镇的砌体房屋有一定的差别，采用的抗震构造措施也不尽相同。对于经济水平较高的村镇地区，如果施工技术水平可以保证钢筋混凝土构件的设计和施工质量，可以参考现行《建筑抗震设计规范》中多层砌体房屋的有关抗震构造措施，如现浇钢筋混凝土构造柱和圈梁等。对于大部分的村镇砌体房屋，采用的抗震构造措施基本为低造价、就地取材和简单易行的，施工难度不大，熟练的建筑工匠就可以达到施工要求。原则是有效提高房屋的抗震能力，但不会造成房屋造价的大幅度提高，也不会因为施工水平局限而削弱抗震构造措施的作用。

6.3.1 配筋砖圈梁的设置和构造

历次震害表明，设有圈梁的砌体房屋的震害相对未设置圈梁的房屋要轻得多，设置圈梁是增强房屋整体性和抗倒塌能力的有效措施，作用十分明显。在村镇地区，考虑到施工条件和经济发展状况，设置配筋砖圈梁是简单有效、经济可行的抗震构造措施。

配筋砖圈梁是村镇砌体结构房屋的重要抗震构造措施，可以有效加强房屋整体性，增强房屋刚度，并且可以使墙体受力均匀，对墙体起到约束作用，提高墙体的抗震承载力。

配筋砖圈梁的设置位置要考虑能切实提高墙体的整体性，有效约束墙体。规程规定了配筋砖圈梁的设置位置：

（1）所有纵横墙的基础顶部、每层楼、屋盖（墙顶）标高处；

（2）当8度为空斗墙房屋和9度时尚应在层高的中部设置一道。

在确定配筋砖圈梁的设置位置后，还要满足一定的构造要求，如采用的砂浆强度等级、厚度及配筋构造要求等，对这些具体构造要求做出规定是为了保证配筋砖圈梁的质量，使其起到应有的作用。一般当采用小砌块墙体时，由于小砌块的孔洞大，不易配置水平钢筋和保证钢筋的锚固，所以要求在配筋砖圈梁高度处卧砌不少于两皮普通砖的配筋砖圈梁。

（1）砂浆强度等级：6、7度时不应低于M5，8、9度时不应低于M7.5；

（2）配筋砖圈梁砂浆层的厚度不宜小于30mm；

（3）配筋砖圈梁的纵向钢筋配置不应低于表6.3-1的要求；

配筋砖圈梁最小纵向配筋　　　　　　表6.3-1

墙体厚度 t（mm）	6、7度	8度	9度
≤240	2ϕ6	2ϕ6	2ϕ6
370	2ϕ6	2ϕ6	3ϕ8
490	2ϕ6	3ϕ6	3ϕ8

(4)配筋砖圈梁交接（转角）处的钢筋应搭接（图6.3-1）；

(5)当采用小砌块墙体时，在配筋砖圈梁高度处应卧砌不少于两皮普通砖。

6.3.2 墙体的整体性连接

墙体是砌体结构的竖向承载构件，同时也是承担地震力的构件，围合的墙体构成了房屋的主体结构，墙体的整体性连接质量好不好，对于整个房屋的抗震性能至关重要。规程中对纵横墙体的连接、出屋面楼梯间墙体及后砌承重墙的整体性都做出了具体的要求。

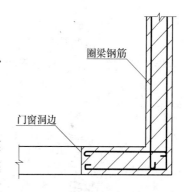

图6.3-1 配筋砖圈梁在洞口边、转角处钢筋搭接做法

农村房屋中，纵横墙交接部位的连接是个薄弱的环节，图6.3-2是实砌墙体和空斗墙体的交接部位，基本是直槎，两种墙体不能很好地咬砌。图6.3-3是空斗墙体的转角处，虽然可看出部分咬砌，但交接处未实砌，墙体的连接还不是很牢固。

图6.3-2 实心墙体和空斗墙之间为直槎连接

图6.3-3 空斗墙体的连接

砌体房屋的纵横墙连接处如墙体转角和内外墙交接处是抗震的薄弱部位，刚度大、应力集中，尤其是房屋的四角还承受地震的扭转作用，地震破坏更为普遍和严重。我国大部分地区的村镇房屋基本不进行抗震设防，房屋墙体在转角处缺少有效的拉结，纵横墙体连接不牢固，往往在7度时就出现破坏现象，8度区则破坏明显。在转角处加设水平拉结钢筋可以加强转角处和内外墙交接处墙体的连接，约束该部位墙体，减轻地震时的破坏。震害调查表明，在内外墙连接处设置有水平拉结钢筋时，8度及8度以下时未见破坏，但在9度及以上时，锚固不好的拉结筋会出现被拔出的现象。

出屋面的楼梯间由于地震动力反应放大的鞭梢效应，更容易遭受破坏，其震害比主体结构更加严重，更需要加强纵、横墙的拉结。

规程中规定，纵横墙交接处的连接应符合下列要求：

(1)7度时空斗墙房屋、其他房屋中长度大于7.2m的大房间，及8度和9度时，外墙转角及纵横墙交接处，应沿墙高每隔750mm设置2ϕ6拉结钢筋或ϕ4@200拉结钢丝网片，拉结钢筋或网片每边伸入墙内的长度不宜小于750mm或伸至门窗洞边

（图 6.3-4）；

（2）突出屋顶的楼梯间的纵横墙交接处，应沿墙高每隔 750mm 设 2φ6 拉结钢筋，且每边伸入墙内的长度不宜小于 750mm（图 6.3-4）。

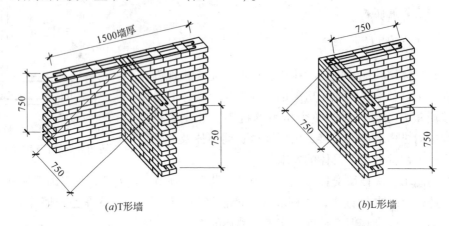

图 6.3-4 纵横墙交接处拉结
(a) T 形墙 (b) L 形墙

不出屋面的楼梯间也是抗震的薄弱部位，顶层楼梯间墙体高度大于层高，外墙的高度是层高的 1.5 倍，在地震中容易遭受破坏。顶层楼梯间的震害较其他部位的墙体重，通常在墙体上出现交叉裂缝，角部的纵横墙在不同方向地震力作用下会出现 V 字形裂缝。楼梯间是疏散通道，为保证震时人员安全疏散，应加强构造措施提高楼梯间墙体的整体性。规程参照现行《建筑抗震设计规范》的有关条文，对楼梯间墙体的整体性提出了高于一般部位墙体的构造要求：8、9 度时，顶层楼梯间的横墙和外墙，宜沿墙高每隔 750mm 设置 2φ6 通长钢筋。

在砌体房屋中，除了承重墙体和外围护墙，为了空间分隔的需要，还有一些后砌的非承重墙，后砌非承重隔墙虽然不承受楼、屋面荷载，也不是承担水平地震作用的主要构件，但与承重墙和楼、屋面构件没有可靠连接时，在水平地震作用下平面外的稳定性很差，易局部倒塌伤人。因此当非承重墙不能与承重墙和外围护墙同时砌筑时，应在砌筑承重墙时预先留置水平拉结钢筋，在砌筑非承重墙时砌入墙内，加强承重墙与非承重墙之间的连接。非承重墙长度较大时还应该在墙顶与楼、屋面构件之间采取连接措施，如木夹板护墙等，限制墙顶位移，减小墙体平面外弯曲。有关的抗震试验研究结果表明，在墙顶设置连接措施具有明显效果。后砌隔墙顶部一般有屋架、大梁或檩条等，墙顶可以和这些水平的屋面构件连接，以保持墙体的稳定性。

规程中规定：后砌非承重隔墙应沿墙高每隔 750mm 设置 2φ6 拉结钢筋或 φ4@200 钢丝网片与承重墙拉结，拉结钢筋或钢丝网片每边伸入墙内的长度不宜小于 500mm；长度大于 5m 的后砌隔墙，墙顶应与梁、楼板或檩条连接，连接做法应符合本规程第六章（即木结构房屋一章）的有关规定。

6.3.3 门窗过梁

门窗过梁不是主要的承重构件，也不直接承受地震作用，但过梁承担着洞口上部墙体的重量，如果过梁的强度不满足要求，在日常使用中也会出现耐久性的问题。图6.3-5是湖南长沙郊区农村的门窗洞口过梁做法，用加长的木窗框上沿作为木过梁，上面卧砌一皮实心砖，在实际使用过程中，如果木过梁的截面不够大，洞口较宽，木过梁会在上部墙体重量作用下产生变形，到一定程度窗上墙与窗间墙交界处会出现裂缝，如图6.3-6所示。墙体出现裂缝后，耐久性和强度都会降低，一旦遭遇地震，震害也会较墙体完好的房屋严重。

图6.3-5 湖南农村门窗过梁做法

图6.3-6 过梁强度和刚度不足
上部墙体出现裂缝

对于地震区，过梁的选择要求要严格一些。无筋的砖砌平过梁或砖砌拱形过梁，在地震中低烈度区就会发生破坏，出现裂缝，严重时过梁脱落。因此，在地震区不应采用无筋砖过梁。钢筋砖过梁在7、8度地震区破坏较少，跨度较大（1.5m以上）时也会出现破坏，在9度地震区破坏则较为普遍。规程对钢筋砖过梁的砂浆层强度等级、砂浆层厚度及过梁截面高度内的砌筑砂浆强度等级均做了明确规定，底面砂浆层中的配筋经过计算求得，并规定了支承长度的最低要求，在建造时直接按照规程的要求选取类型、配筋，并按要求施工就可以了。

钢筋混凝土楼、屋盖房屋，门窗洞口宜采用钢筋混凝土过梁；木楼屋盖房屋，门窗洞口可采用钢筋混凝土过梁或钢筋砖过梁。当门窗洞口采用钢筋砖过梁时，钢筋砖过梁的构造应符合下列规定：

（1）钢筋砖过梁底面砂浆层中的纵向钢筋配筋量不应低于表6.3-2的要求，也可按附录F的方法计算确定；钢筋直径不应小于6mm，间距不宜大于100mm；钢筋伸入支座砌体内的长度不宜小于240mm；

钢筋砖过梁底面砂浆层最小配筋　　　　　表6.3-2

过梁上墙体高度 h_w（m）	门窗洞口宽度 b（m）	
	$b \leq 1.5$	$1.5 < b \leq 1.8$
$h_w \geq b/3$	3φ6	3φ6
$0.3 < h_w < b/3$	4φ6	3φ8

（2）钢筋砖过梁底面砂浆层的厚度不宜小于30mm，砂浆层的强度等级不应低于M5；

（3）钢筋砖过梁截面高度内的砌筑砂浆强度等级不宜低于M5；

（4）当采用多孔砖或小砌块墙体时，在钢筋砖过梁底面应卧砌不少于两皮普通砖，伸入洞边不小于240mm。

6.3.4　木楼、屋盖的抗震构造措施

木楼、屋盖是我国传统的常用形式，具体的做法随各地区的自然条件、建造习惯有一定的差别，地域性比较明显。但不管采用什么样的楼、屋盖形式，要提高地震作用下的安全性，关键是加强各构件之间的连接，保证楼、屋盖系统有一定的整体性。

木楼屋盖通常是由木龙骨和搁栅、木板等组成的，木龙骨在墙上的搭接不应浮搁，并且在墙上的搭接长度不应太短，一般应满搭，防止脱落。龙骨长度不足必须对接时应采用规程规定的连接措施，以保证对接处有一定的强度和刚度，防止地震时接头处松动掉落。木楼面各木构件之间相互连接可以提高木楼盖的整体性和刚度，减轻震害。

木楼盖应符合下列构造要求：

（1）搁置在砖墙上的木龙骨下应铺设砂浆垫层；

（2）内墙上龙骨应满搭或采用夹板对接或燕尾榫、扒钉连接；

（3）木龙骨与搁栅、木板等木构件应采用圆钉、扒钉等相互连接。

震害经验表明，在屋檐高度处的跨中设置纵向水平系杆可以加强砌体房屋木屋盖系统的纵向稳定性，当与竖向剪刀撑连接时可提高木屋盖系统的纵向抗侧力能力，改善砌体房屋的抗震性能。采用墙揽与各道横墙连接时可以加强横墙平面外的稳定性。

因此，规程中规定：木屋盖房屋应在房屋中部屋檐高度处设置纵向水平系杆，系杆应采用墙揽与各道横墙连接或与屋架下弦杆钉牢。

设置屋架对于房屋的抗震有利，烈度较低时（6、7度）也可以采用硬山搁檩屋盖，但是要满足一定的连接要求。图6.3-7是硬山搁檩的砌块房屋，檩条在墙上满搭，但支承处为浮搁，如果发生地震，极易从墙上滑落造成屋盖的塌落。图6.3-8是四川广元震后重建的房屋，也是硬山搁檩，尚在施工过程中。

图6.3-7　硬山搁檩的砌块房屋，檩条浮搁　　　图6.3-8　四川广元施工中的空斗墙硬山搁檩房屋

震害调查表明，7度地震区硬山搁檩屋盖就会因檩条从山墙中拔出造成屋盖的局部破坏，因此在6、7度区采用硬山搁檩屋盖时要采取措施加强檩条与山墙的连接，同时加强屋盖系统各构件之间的连接，提高屋盖的整体性和刚度，以减小屋盖在地震作用下的变形和位移，减轻山墙的破坏。对于硬山搁檩屋盖，规程对采用硬山搁檩屋盖房屋的屋盖整体性和连接提出了明确的构造要求。

当6、7度采用硬山搁檩屋盖时，应符合下列构造要求：

（1）当为坡屋面时，应采用双坡或拱形屋面；

（2）檩条支承处应设垫木，垫木下应铺设砂浆垫层；

（3）端檩应出檐，内墙上檩条应满搭或采用夹板对接或燕尾榫、扒钉连接；

（4）木屋盖各构件应采用圆钉、扒钉或铅丝等相互连接；

（5）竖向剪刀撑宜设置在中间檩条和中间系杆处；剪刀撑与檩条、系杆之间及剪刀撑中部宜采用螺栓连接；剪刀撑两端与檩条、系杆应顶紧不留空隙（图6.3-9）；

（6）木檩条宜采用8号铅丝与配筋砖圈梁中的预埋件拉结。

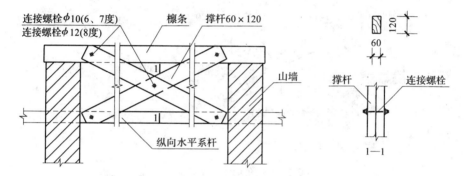

图6.3-9　硬山搁檩屋盖山尖墙竖向剪刀撑

图6.3-10是汶川地震后青川县重建的房屋，在脊檩和水平系杆之间加设了竖向剪刀撑，水平系杆下为纵向的隔墙。

图6.3-10　汶川地震后青川县重建房屋中的竖向剪刀撑

木屋架屋盖是由屋架、檩条和椽条共同组成的，木屋架本身的连接和整体性以及屋盖各构件之间连接的强弱，都与地震时屋盖系统的震害程度有直接的关系。

加强木屋架屋盖檩条间及檩条与其他屋面构件的连接，其目的是为了加强屋盖的整体性，避免地震时各构件之间连接失效造成屋盖的塌落。屋盖各构件的牢固连接对屋盖刚度的提高也有利于减小屋盖变形，减轻震害。这些加强连接的措施实施起来并不困难，有些也是村镇房屋建造时的常规做法。但对于屋盖整体性的提高有很好的效果。

当采用木屋架屋盖时，应符合下列构造要求：
(1) 木屋架上檩条应满搭或采用夹板对接或燕尾榫、扒钉连接；
(2) 屋架上弦檩条搁置处应设置檩托，檩条与屋架应采用扒钉或铅丝等相互连接；
(3) 檩条与其上面的椽子或木望板应采用圆钉、铅丝等相互连接；
(4) 竖向剪刀撑的构造做法应符合第六章第6.2.10条的规定。

规程第六章即本指南中的第7章"木结构房屋"，规程第6.2.10条规定：

三角形木屋架的剪刀撑宜设置在靠近上弦屋脊节点和下弦中间节点处；剪刀撑与屋架上、下弦之间及剪刀撑中部宜采用螺栓连接（图6.3-11）；剪刀撑两端与屋架上、下弦应顶紧不留空隙。

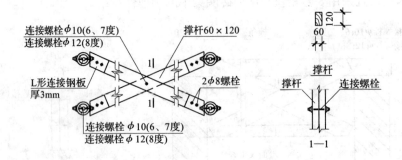

图6.3-11 三角形木屋架竖向剪刀撑

6.3.5 空斗墙体有关要求

空斗墙房屋的破坏规律与实心砖墙房屋类似，也是以地震作用下的剪切裂缝为主，但墙体的有效水平截面积小，墙体的整体性也相对较差，抗震性能总体来说不如使用同等强度的材料、房屋建筑形式及体量、高度、层数等基本相同的实心砖墙房屋。为了加强空斗墙体房屋的整体性，在一些抗震薄弱部位和承受楼屋盖重量的主要受力部位采用实心卧砌予以加强。这些承重部位、关键部位和薄弱部位的加强可以在一定程度上提高空斗墙房屋的整体抗震性能，另一方面也是考虑在竖向荷载（楼、屋盖重量及墙体自身重量）下墙体的承载力及稳定性的要求。

图6.3-12和图6.3-13是浙江文成的空斗砖墙房屋的做法。当地采用的是全斗到顶的习惯做法，在楼板下也只立砌一皮实心砖；支承楼面梁的墙垛和房屋的转角部位也是全部斗砌（图6.3-14、图6.3-15）。这样对于竖向承重和抗震很不利的做法在大部分空斗墙房屋中都存在，因此为了保证空斗墙房屋具有一定的抗震能力，满足规程中的设防要求，对空斗墙体的实砌部位做出了明确的规定，提出了具体的要求。这样虽然在某种程度上提高了造价，但有效地增强了房屋的安全性和耐久性，一旦遭遇地震，更能够有效地减轻震害，减少人员伤亡和财产损失。

图 6.3-12 浙江文成空斗墙房屋楼板处立砌一皮实心砖（外视）　　图 6.3-13 楼板下立砌一皮实心砖（内视）

图 6.3-14 浙江文成空斗墙房屋楼面梁下未实砌　　图 6.3-15 浙江文成空斗墙房屋转角处未实砌

空斗墙体的下列部位，应卧砌成实心砖墙：

(1) 转角处和纵横墙交接处距墙体中心线不小于 300mm 宽度范围内墙体；
(2) 室内地面以上不少于三皮砖、室外地面以上不少于十皮砖标高处以下部分墙体；
(3) 楼板、龙骨和檩条等支承部位以下通长卧砌四皮砖；
(4) 屋架或大梁支承处沿全高，且宽度不小于 490mm 范围内的墙体；
(5) 壁柱或洞口两侧 240mm 宽度范围内；
(6) 屋檐或山墙压顶下通长卧砌两皮砖；
(7) 配筋砖圈梁处通长卧砌两皮砖。

6.3.6 小砌块墙体有关要求

规程中所指的小砌块是工厂正规生产的，满足强度和规格要求的小砌块，现在有些地区的农村采用自制的小砌块，俗称水泥砖，强度很差，多数用来砌筑院墙或非居住房屋，也有个别用于住宅，这种不规范的水泥砖强度没有保证，不能用于建造砌体墙承重的房屋。

混凝土小型空心砌块房屋在屋架、大梁的支撑面以下部分的墙段要承受楼、屋面的重量，转角处和纵横墙交接处以及壁柱或洞口两侧部位为重要的关键部位，对这些部位墙体沿全高将小砌块的孔洞灌实，可以有效地提高房屋的抗震承载能力。

在小砌块房屋墙体中设置芯柱并配置竖向插筋可以增加房屋的整体性和延性，提高抗震能力。芯柱与配筋砖圈梁交叉时，可在交叉部位局部支模浇筑混凝土，同时可以保证芯柱与配筋砖圈梁的竖向和水平向的连续性，可以有效地约束墙体，充分发挥抗倒塌的作用。

小砌块墙体的下列部位，应采用不低于 Cb20 灌孔混凝土，沿墙全高将孔洞灌实作为芯柱：

（1）转角处和纵横墙交接处距墙体中心线不小于 300mm 宽度范围内墙体；

（2）屋架、大梁的支承处墙体，灌实宽度不应小于 500mm；

（3）壁柱或洞口两侧不小于 300mm 宽度范围内。

小砌块房屋的芯柱竖向插筋不应小于 $\phi 12$，并应贯通墙身；芯柱与墙体配筋砖圈梁交叉部位局部采用现浇混凝土，在灌孔时同时浇筑，芯柱的混凝土和插筋、配筋砖圈梁的水平配筋应连续通过。

6.3.7 预应力圆孔板楼（屋）盖的整体性连接

近些年，预应力圆孔板在村镇建筑中的应用也越来越多了，作为一种预制构件，可以大批量生产，有很大的应用优势，但在使用中必须注意满足一定的要求，才能保证安全性。

当采用钢筋混凝土预应力圆孔板楼、屋盖时，应该满足整体性连接和构造方面的一些要求。由于农村房屋缺乏有效的抗震构造措施，预制圆孔板楼、屋盖的整体性很差。震害调查表明，在 7 度地震作用下，有相当数量的房屋预制圆孔楼板纵向板缝开裂，在高烈度下，墙体产生平面外变形致使板端支承处松动，如果连接不好，板会失去支承掉落伤人。该条的规定是为了加强预制圆孔板楼、屋盖的整体性。

预应力圆孔板楼、屋盖的整体性连接及构造，应符合下列要求：

（1）支承在墙或混凝土梁上的预应力圆孔板，板端钢筋应搭接，并应在板端缝隙中设置直径不小于 $\phi 8$ 的拉结钢筋与板端钢筋焊接（图 6.3-16）；

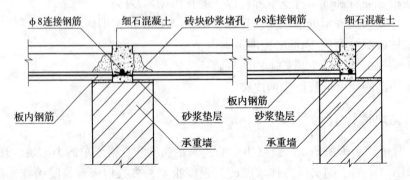

图 6.3-16 预制板板端钢筋连接与锚固

（2）预应力圆孔板板端的孔洞，应采用砖块与砂浆等材料封堵；

（3）预应力圆孔板支承处应有坐浆；板端缝隙应采用不低于 C20 的细石混凝土浇筑密实；板上应有水泥砂浆面层。

当有关的连接要求切实做到位时，预应力圆孔板的抗震安全性才能得到充分的保障。目前农村房屋中采用预应力圆孔板很多，但大部分在构造措施方面没有达到应有的要求，板的整体性连接普遍存在问题。在静载下一般不会出现太大问题，但在地震时，预应力圆孔板在连接和构造方面的不足会成为薄弱环节。历次地震中，连接不好的预制板掉落伤人毁物是常见的震害现象，应该引起足够的重视。与传统的木楼、屋盖相比，预应力圆孔板楼、屋盖有施工简单快捷的优点，承载能力也较高，但也应该注意到，预应力圆孔板是单一的楼、屋盖构件，自身重量大，需要有力的连接措施才能形成整体，否则地震时单块板支承失效，一旦掉落破坏性很大，不像木楼、屋盖构件重量相对较轻，各构件之间还有一定的连接，即使塌落伤人，从破坏程度上也相对预制板轻一些。图 6.3-17 是湖南一些地区农村建房时采用的预应力圆孔板，可以看到板端预留的连接用的"胡子筋"都被截断了。图 6.3-18 是施工中的空斗砖墙房屋，预应力圆孔板简单搭在墙体上，下面有少许坐浆，但板端钢筋已截断，板端圆孔也未封堵。

图 6.3-17　湖南农村地区采用的预应力圆孔板

图 6.3-18　预应力圆孔板的支承做法（不合理）

6.3.8　其他构造措施

当设置钢筋混凝土楼、屋面梁时，因为钢筋混凝土梁承担一定范围内的楼、屋盖重量和楼、屋面的活荷载，两端支承处墙体压力集中，局部压应力较大。当砌体的抗压强度较低时，梁下墙体会产生竖向裂缝，所以要求设置素混凝土或钢筋混凝土垫块，用来分散墙上的压应力，避免在长期作用的竖向静力荷载下墙体出现破坏，加重震害。

规程明确规定：钢筋混凝土梁下应设置混凝土或钢筋混凝土垫块。

当采用木屋盖时，木屋架各构件之间的连接、山墙、山尖墙墙揽的设置与构造等均应符合第 7 章 "木结构房屋" 第 3 节中的有关规定，在此不再赘述。

6.4 施工要求

有了合理的设计和构造措施，房屋的质量最终必须由施工来保证。砖墙施工方式和质量的好坏直接关系到墙体的整体性和承载能力，在村镇建房中应予以足够的重视，改进传统做法中的不良施工习惯，切实保证施工质量。本节从多个方面对墙体的施工方式和质量要求做出了具体规定，对于空斗墙体规程中提出了更多有针对性的要求，以保证空斗墙体房屋具有一定的抗震性能。

实心墙体的砌筑形式有多种，但不管哪种形式都必须错缝咬槎砌筑，使其具有良好的连接和整体性。

砖砌体施工应符合下列要求：

（1）砌筑前，砖或砌块应提前1~2天浇水润湿；

砖在砌筑前湿润主要是为了防止在砌筑时因砖干燥吸水过快使砂浆失水，影响砖与砂浆之间的粘合。但应注意砖不应过湿，应提前洇湿、表面微干即可。

（2）砖砌体的灰缝应横平竖直，厚薄均匀；水平灰缝的厚度宜为10mm，不应小于8mm，也不应大于12mm；水平灰缝砂浆应饱满，竖向灰缝不得出现透明缝、瞎缝和假缝；

灰缝的厚度在适宜的范围内时，即便于施工又可以保证质量、节约材料，过薄或过厚都不利于保证砌体的强度。水平灰缝的质量直接影响墙体的抗剪承载力，必须保证饱满，竖缝也应该具有一定的饱满度。

（3）砖砌体应上下错缝，内外搭砌；砖柱不得采用包心砌法（图6.4-1）；

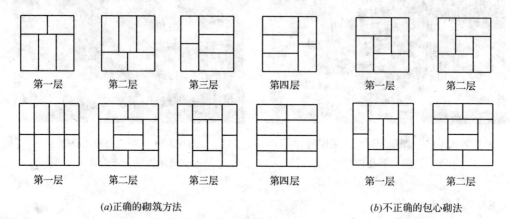

图6.4-1 砖柱的砌筑方法

采用包心砌法的砖柱沿竖向有通缝，抗震性能差，因此不应该采用。

（4）砖砌体在转角和内外墙交接处应同时砌筑。对不能同时砌筑而又必须留置的临时间断处，应砌成斜槎，斜槎的水平长度不应小于高度的2/3；严禁砌成直槎；

转角和内外墙交接处是受力集中的部位，应同时砌筑以保证整体连接和承载力，必须留槎时应按本条要求采取相应措施。

（5）砌筑钢筋砖过梁时，应设置砂浆层底模板和临时支撑；钢筋砖过梁的钢筋应埋入砂浆层中，过梁端部钢筋伸入支座内的长度应符合本规程第3.2.5条的要求，并设90°弯钩埋入墙体的竖缝中，竖缝应用砂浆填塞密实；

钢筋砖过梁是受弯构件，底面砂浆层中的钢筋承受拉力，必须埋入砂浆层中使其充分发挥作用，并保证保护层的厚度，防止钢筋锈蚀降低承载力。钢筋端部设90º弯钩埋入墙体的竖缝中以免被拉出。

规程第3.2.5条规定：门窗洞口过梁的支承长度，6~8度时不应小于240mm，9度时不应小于360mm。

（6）小砌块墙纵横墙交结处拉结筋的端部应设置90°弯钩，弯钩应向下伸入小砌块的孔中，并用砂浆等材料将孔洞填塞密实；

由于小砌块有孔洞，纵横墙交结处拉结筋在孔洞处不能很好地被砂浆裹住，将钢筋端部设置成90°弯钩向下插入小砌块的孔中，并用砂浆等材料将孔洞填塞密实才能起到锚固作用。

（7）埋入砖砌体中的拉结筋，应位置准确、平直，其外露部分在施工中不得任意弯折；设有拉结筋的水平灰缝应密实，不得露筋；

埋入砖砌体中的拉结筋是保证房屋整体性的重要抗震构造措施，应保证施工质量。在施工过程中，有些位置如后砌隔墙的拉结筋是预先留置的，在交接处甩出的拉结钢筋在砌筑隔墙时砌入墙体内，因此不能随意弯折露出部分，以免影响钢筋的平直度和在墙体内的位置，必要时应采取临时措施暂时固定。拉结筋埋入水平灰缝，灰缝砂浆在钢筋外形成保护层，砂浆的密实度决定了保护层的效果，因此埋有水平拉结筋的灰缝一定要密实，钢筋的位置也要准确，不要偏离设计位置，向内偏离会影响拉结效果，向外偏离则会减小钢筋的外保护层厚度。露筋是更不允许出现的情况。

（8）砖砌体每日砌筑高度不宜超过1.5m。

砂浆在砌筑后，达到的强度值和时间相关，对每日砌筑高度做出限制是为了避免砌体在砂浆凝固、强度达到设计值前承受过大的竖向荷载，产生压缩变形，影响砌体的最终强度。

空斗墙体水平灰缝面积小，抗剪能力弱于同等厚度、材料强度相同的实心砖墙，因此对砌筑质量的要求更高。在我国大部分农村地区，空斗墙房屋因为有省砖，自重轻的优点，使用仍很广泛，在一定时期内不可能完全改为实砌方式。但在地震区，要有一定的要求，不能采用全斗到顶或多斗一眠的砌筑方式。

规程中规定，空斗墙体施工除应满足上述砖砌体施工的有关要求外，尚应符合下列要求：

（1）空斗墙体沿高度应采用一眠一斗的砌筑形式，设置配筋砖圈梁和纵横墙拉结钢筋处应采用两眠砌筑，沿水平方向每隔一块斗砖应砌一至二块丁砖，墙面不得有竖向通缝；

（2）空斗墙体应采用整砖砌筑，不够整砖处应加丁砖，不得砍凿斗砖；

（3）空斗墙体不应采用非水泥砂浆砌筑；

（4）空斗墙体中的洞口，必须在砌筑时预留，严禁砌完后再行砍凿；

（5）空斗墙体与实心砌体的竖向连接处，应相互搭砌。

空斗墙房屋的抗震性能与砌筑质量和砂浆强度有很大关系。空斗墙中的眠砖用于拉结两块斗砖，并保证空斗墙的整体性和稳定性，因此要求地震区采用一斗一眠的砌筑方式。非水泥砂浆强度低，难以保证地震时墙体的承载力，因此在砌筑空斗墙房屋时要求不应采用非水泥砂浆，应采用混合砂浆或水泥砂浆砌筑。

图 6.4-2 和图 6.4-3 是江西九江地震时空斗房屋的震害，墙体分别采用的是五斗一眠砌筑和七斗一眠砌筑，从照片中可以看出墙体都出现了典型的剪切斜裂缝，图 6.4-3 中山墙的裂缝几乎贯通全高，裂缝也很宽。

图 6.4-2　江西九江空斗房屋　　　　　图 6.4-3　江西九江空斗房屋
　　　　震害（五斗一眠）　　　　　　　　　　震害（七斗一眠）

图 6.4-4 和图 6.4-5 也是江西九江地震中的空斗墙房屋，墙体采用的是一斗一眠的砌筑方式，照片中可以看出，墙体的砌筑质量也较好，没有出现明显的震害。与图 6.4-2 和图 6.4-3 中的震害相比较，采用不同的砌筑方式时，墙体和整个房屋的抗震性能有一定的差别。一斗一眠的砌筑方式，墙体的整体性相对较好，因此地震中的破坏也比多斗一眠砌筑的墙体轻很多。

图 6.4-4　江西九江空斗　　　　　　图 6.4-5　江西九江空斗
　　　　房屋（一斗一眠）　　　　　　　　　　房屋墙体（一斗一眠）

空斗墙的稳定性相对较差，要求洞口在砌筑之时完成，不得砌筑后再行砍凿，以免对墙体造成破坏。在空斗墙房屋中为了增强重要部位的整体性和提高竖向承载力，设有局部加强的实心砌筑部位，这些部位与空斗部分刚度不同，竖向连接处应搭砌，不得出现竖向通缝,以降低刚度差异的不利影响,发挥局部加强的有利作用。

6.5 砌体结构房屋设计实例

砌体结构房屋的抗震设计,由多个环节组成,要满足相应的要求。首先是选择建筑场地,确定地基和基础形式,有关的具体要求可参照第 5 章中的内容;房屋的层数、高度、开间布置等主要从使用要求出发,但要满足本章中第 2 节的要求;抗震构造措施是保证房屋抗震能力的关键所在,要根据拟建房屋所在地区的抗震设防烈度、结构体系和规模、材料及墙体砌筑方式、楼屋盖形式等综合选择确定;抗震设计计算在规程中采用了表格的方式,可以通过查表验证是否满足抗震承载力的要求。

下面通过两个试设计实例说明抗震设计的要点,采用规程的附表进行抗震承载力验证。

6.5.1 单层砖木房屋试设计

(1) 建筑平、立面布置和结构选型

建筑平立面设计主要考虑使用要求,但要满足《规程》对结构的一般要求及构件局部尺寸等方面的规定。

建筑所在地区抗震设防烈度为 8 度,设计基本地震加速度值为 $0.20g$。

房屋为 4 开间单层砖木结构,每开间 3.3m,进深 6.6m,木屋盖双坡屋面,每道轴线上均设有木屋架,纵墙承重。建筑面积 $97.3m^2$。平面见图 6.5-1,主要设计参数如下:

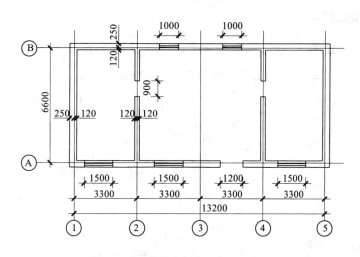

图 6.5-1 单层砖木房屋平面示意图

层高及总高:室外地面到檐口高度为 3.6m,室内外高差 0.3m,符合表 6.2-1 规定的限值:总高 6.6m,2 层,单层房屋层高不应超过 4.0m;

抗震横墙间距:最大横墙间距(②轴和④轴之间)为 6.6m,符合表 6.2-2 规定的限值:240mm 厚实心砖墙、木屋盖的一层房屋,8 度时最大抗震横墙间距为 9m;

墙体种类:外墙厚 370mm,内墙厚 240mm,均为实砌,砌筑砂浆强度等级拟采用

M2.5；

墙体局部尺寸：窗间墙最小宽度为1.8m，外墙尽端至门窗洞边的最小距离是1.15m，满足表6.2-3规定的限值：均为1.0m。

(2) 墙体抗震承载力验算

符合《规程》相关要求的村镇房屋，不需要进行复杂的抗震承载力验算，根据有关参数，利用《规程》附表进行抗震横墙间距和房屋宽度限值校核即可。

拟建房屋的各参数：抗震设防烈度为8度，一层四开间，计算层高3.6m（层高加室内外高差）；抗震横墙最大间距6.6m；外墙厚370mm，内墙厚240mm；1/2层高处门窗洞口所占的水平横截面面积：承重横墙为6.8%，承重纵墙为29.2%，符合《规程》有关要求。

查表6.6-3，8度，一层，层高为3.6m。

抗震横墙间距最大值（L）为6.6m，查"与砂浆强度等级对应的房屋宽度限值（B）"一栏，当砌筑砂浆强度等级为M2.5时，房屋宽度B下限和上限值分别为5.1m和9m。现房屋宽度为6.6m，满足要求。

经校核，该单层砖木房屋的抗震承载力满足要求。

6.5.2 两层砌体房屋试设计

(1) 建筑平、立面布置和结构选型

建筑所在地区抗震设防烈度为8度，设计基本地震加速度值为0.20g。

房屋为3开间两层砌体结构，开间分别为3.0m和2.4m（楼梯间），进深6.0m，一、二层顶板均为预应力钢筋混凝土圆孔板，横墙承重。建筑面积107.8m²。平面见图6.5-2和图6.5-3，主要设计参数如下：

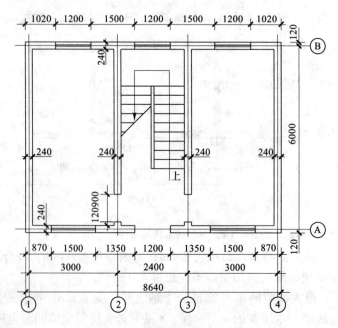

图6.5-2 两层砌体房屋一层平面图

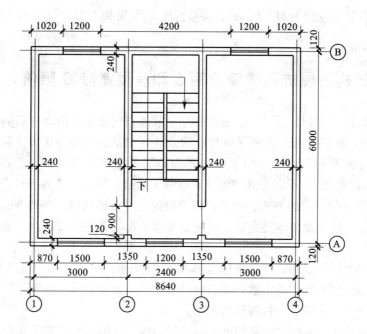

图 6.5-3 两层砌体房屋二层平面图

层高及总高：一层层高为 3.0m，室内外高差 0.3m，二层层高为 3.3m，室外地面至檐口高 6.6m，符合表 6.2-1 规定的限值：总高 6.6m，2 层，两层房屋层高不应超过 3.6m；

抗震横墙间距：最大横墙间距为 3.0m，符合表 6.2-2 规定的限值：240mm 厚实心砖墙、预应力圆孔板楼屋面的二层房屋，8 度时最大抗震横墙间距一层为 9m，二层为 12m。

墙体种类：外墙和内墙厚均为 240mm，实砌，砌筑砂浆强度等级拟采用 M5；

墙体局部尺寸：窗间墙（非承重）最小宽度为 1.35m，非承重外墙尽端至门窗洞边的最小距离是 0.87m，满足表 6.2-3 规定的限值：承重窗间墙最小宽度为 1.0m，非承重外墙尽端至门窗洞边的最小距离为 0.8m。

（2）墙体抗震承载力验算

拟建房屋的各参数：抗震设防烈度为 8 度，两层三开间，计算层高一层（包括室内外高差）和二层均为 3.3m；抗震横墙最大间距 3.0m；墙厚 240mm；1/2 层高处门窗洞口所占的水平横截面面积：承重横墙一、二层均为 7.5%，承重纵墙一、二层分别为 45.1% 和 38.2%，符合《规程》有关要求。

查表 6.6-1，8 度，两层，层高一、二层均为 3.3m。

一层抗震横墙间距最大值（L）为 3.0m，查"与砂浆强度等级对应的房屋宽度限值（B）"一栏，当砌筑砂浆强度等级为 M5 时，房屋宽度 B 下限和上限值分别为 4m 和 4.8m。现房屋宽度为 6m，不满足要求。

二层抗震横墙间距最大值（L）为 3.0m，查"与砂浆强度等级对应的房屋宽度限值（B）"一栏，当砌筑砂浆强度等级为 M5 时，房屋宽度 B 下限和上限值分别为 4m 和 8.4m。现房屋宽度为 6m，满足要求。

经校核，该两层砌体房屋的一层抗震承载力不满足要求，需要对砌筑砂浆强度进行适当调整。

一层砌筑砂浆强度改为 M7.5，查表房屋宽度 B 下限和上限值分别为 4m 和 6.3m，满足要求。

6.6 砌体结构房屋抗震横墙间距 L 和房屋宽度 B 限值

本节内容摘自《规程》附录 B。表中各项参数是当房屋纵、横墙开洞的水平截面面积率 λ_A 分别为 50% 和 25% 时，按照《规程》附录 A 的方法进行房屋抗震承载力验算，并将计算结果适当归整后得到的。给出了不同平面布局房屋（多开间或单开间）、墙体类别（不同厚度及砌块类别）、不同烈度、砌筑砂浆强度等级、层数、层高等对应的抗震横墙间距 L 和房屋宽度 B 限值表的方式，便于村镇农民建房时直接选用，在基本确定拟建房屋的平面布局、层数、高度及墙体类别后，直接查表即可选取满足抗震承载力要求的砌筑砂浆强度等级。

表中的层高为计算层高，注意单层房屋和二层房屋的一层层高应该加上室内外高差。

当房屋为多开间布置，除山墙外尚有内横墙时，如果各道横墙间距不同时，表中抗震横墙间距值对应于其中最大的抗震横墙间距。

表中分档给出了与不同抗震横墙间距对应的房屋宽度的上限值和下限值，在基本确定了拟建房屋上述各参数及所在地区的抗震设防烈度后，可直接查表，当选取的房屋宽度范围在上、下限值之间时，采用该等级及以上强度等级砂浆砌筑的房屋，墙体的抗震承载力即可满足本规程的设防要求。

使用本限值表时应满足的相应规定：

（1）表中的抗震横墙间距，对横墙间距不同的木楼、屋盖房屋为最大横墙间距值；对预应力圆孔板楼、屋盖房屋为横墙间距的平均值。表中分别给出房屋宽度的下限值和上限值，对确定的抗震横墙间距，房屋宽度应在下限值和上限值之间选取确定；抗震横墙间距取其他值时，可内插得对应的房屋宽度限值。

（2）表中为"—"者，表示采用该强度等级砂浆砌筑墙体的房屋，其墙体抗震承载力不能满足对应的设防烈度地震作用的要求，应提高砌筑砂浆强度等级。

（3）当两层房屋 1、2 层墙体采用相同强度等级的砂浆砌筑时，实际房屋宽度应按第 1 层限值采用。

（4）当两层房屋 1、2 层墙体采用不同强度等级的砂浆砌筑或 1、2 层采用不同形式的楼（屋）盖时，实际房屋宽度应同时满足表中 1、2 层限值要求。

（5）墙厚为 240mm 的实心砖墙木楼（屋）盖房屋，与抗震横墙间距 L 对应的房屋宽度 B 的限值宜按表 6.6-1 采用。

抗震横墙间距和房屋宽度限值（240mm 实心砖墙木楼屋盖）（m）　　表 6.6-1

烈度	层数	层号	层高	抗震横墙间距	与砂浆强度等级对应的房屋宽度限值									
					M1		M2.5		M5		M7.5		M10	
					下限	上限	下限	上限	下限	上限	下限	上限	下限	上限
6	一	1	4.0	3~11	4	11	4	11	4	11	4	11	4	11
7	一	1	4.0	3~11	4	11	4	11	4	11	4	11	4	11

续表

烈度	层数	层号	层高	抗震横墙间距	与砂浆强度等级对应的房屋宽度限值									
					M1		M2.5		M5		M7.5		M10	
					下限	上限	下限	上限	下限	上限	下限	上限	下限	上限
7 (0.15g)	一	1	4.0	3	4	6	4	9.9	4	11	4	11	4	11
				3.6	4	6.8	4	11	4	11	4	11	4	11
				4.2	4	7.4	4	11	4	11	4	11	4	11
				4.8	4	8	4	11	4	11	4	11	4	11
				5.4	4	8.5	4	11	4	11	4	11	4	11
				6	4	9	4	11	4	11	4	11	4	11
				6.6	4.3	9.4	4	11	4	11	4	11	4	11
				7.2	4.8	9.8	4	11	4	11	4	11	4	11
				7.8	5.3	10.1	4	11	4	11	4	11	4	11
				8.4	5.9	10.4	4	11	4	11	4	11	4	11
				9	6.5	10.7	4	11	4	11	4	11	4	11
				9.6	7.1	11	4	11	4	11	4	11	4	11
				10.2	7.8	11	4	11	4	11	4	11	4	11
				11	8.9	11	4	11	4	11	4	11	4	11
8	一	1	3.6	3	4	4.8	4	8.1	4	9	4	9	4	9
				3.6	4	5.4	4	9	4	9	4	9	4	9
				4.2	4	5.9	4	9	4	9	4	9	4	9
				4.8	4.1	6.3	4	9	4	9	4	9	4	9
				5.4	4.6	6.7	4	9	4	9	4	9	4	9
				6	5.6	7.1	4	9	4	9	4	9	4	9
				6.6	6.5	7.4	4	9	4	9	4	9	4	9
				7.2	7.6	7.7	4	9	4	9	4	9	4	9
				7.8~8.4	—	—	4	9	4	9	4	9	4	9
				9	—	—	4.3	9	4	9	4	9	4	9
8 (0.30g)	一	1	3.6	3	—	—	4	4.7	4	6.9	4	9	4	9
				3.6	—	—	4	5.3	4	7.7	4	9	4	9
				4.2	—	—	4	5.8	4	8.4	4	9	4	9
				4.8	—	—	4.8	6.2	4	9	4	9	4	9
				5.4	—	—	5.4	6.6	4	9	4	9	4	9
				6	—	—	7	7	4	9	4	9	4	9
				6.6	—	—	—	—	4.1	9	4	9	4	9
				7.2	—	—	—	—	4.7	9	4	9	4	9
				7.8	—	—	—	—	5.3	9	4	9	4	9
				8.4	—	—	—	—	6	9	4	9	4	9
				9	—	—	—	—	6.8	9	4	9	4	9
9	一	1	3.3	3	—	—	—	—	4	5.1	4	6	4	6
				3.6	—	—	—	—	4	5.7	4	6	4	6
				4.2	—	—	—	—	4	6	4	6	4	6
				4.8	—	—	—	—	4.4	6	4	6	4	6
				5	—	—	—	—	4.7	6	4	6	4	6
			3.0	3	—	—	—	—	4	5.6	4	6	4	6
				3.6~5	—	—	—	—	4	6	4	6	4	6

续表

烈度	层数	层号	层高	抗震横墙间距	与砂浆强度等级对应的房屋宽度限值									
					M1		M2.5		M5		M7.5		M10	
					下限	上限	下限	上限	下限	上限	下限	上限	下限	上限
6	二	2	3.6	3~11	4	11	4	11	4	11	4	11	4	11
		1	3.6	3~9	4	11	4	11	4	11	4	11	4	11
7	二	2	3.6	3	4	7.7	4	11	4	11	4	11	4	11
				3.6	4	8.7	4	11	4	11	4	11	4	11
				4.2	4	9.5	4	11	4	11	4	11	4	11
				4.8	4	10.3	4	11	4	11	4	11	4	11
				5.4~9	4	11	4	11	4	11	4	11	4	11
				9.6	4.3	11	4	11	4	11	4	11	4	11
				10.2	4.6	11	4	11	4	11	4	11	4	11
				11	5	11	4	11	4	11	4	11	4	11
		1	3.6	3	4	5.1	4	8	4	10.8	4	11	4	11
				3.6	4	5.8	4	9.2	4	11	4	11	4	11
				4.2	4	6.5	4	10.3	4	11	4	11	4	11
				4.8	4	7.1	4	11	4	11	4	11	4	11
				5.4	4.4	7.7	4	11	4	11	4	11	4	11
				6	4.9	8.2	4	11	4	11	4	11	4	11
				6.6	5.4	8.7	4	11	4	11	4	11	4	11
				7.2	6	9.2	4	11	4	11	4	11	4	11
				7.8	6.5	9.6	4	11	4	11	4	11	4	11
				8.4	7.1	10	4	11	4	11	4	11	4	11
				9	7.7	10.4	4.2	11	4	11	4	11	4	11
7 (0.15g)	二	2	3.6	3	4	4.2	4	7.2	4	10.2	4	11	4	11
				3.6	4.3	4.8	4	8.2	4	11	4	11	4	11
				4.2	5.1	5.2	4	9	4	11	4	11	4	11
				4.8	—	—	4	9.7	4	11	4	11	4	11
				5.4	—	—	4	10.3	4	11	4	11	4	11
				6	—	—	4	10.9	4	11	4	11	4	11
				6.6~7.2	—	—	4	11	4	11	4	11	4	11
				7.8	—	—	4.3	11	4	11	4	11	4	11
				8.4	—	—	4.7	11	4	11	4	11	4	11
				9	—	—	5.1	11	4	11	4	11	4	11
				9.6	—	—	5.6	11	4	11	4	11	4	11
				10.2	—	—	6.1	11	4	11	4	11	4	11
				11	—	—	6.8	11	4	11	4	11	4	11
		1	3.6	3	—	—	4	4.3	4	6.1	4	7.9	4	9.6
				3.6	—	—	4	4.9	4	7	4	9	4	11
				4.2	—	—	4.5	5.5	4	7.8	4	10.1	4	11
				4.8	—	—	5.3	6	4	8.6	4	11	4	11
				5.4	—	—	—	—	4	9.3	4	11	4	11
				6	—	—	—	—	4.2	9.9	4	11	4	11
				6.6	—	—	—	—	4.6	10.5	4	11	4	11
				7.2	—	—	—	—	5.1	11	4	11	4	11

续表

烈度	层数	层号	层高	抗震横墙间距	与砂浆强度等级对应的房屋宽度限值									
					M1		M2.5		M5		M7.5		M10	
					下限	上限	下限	上限	下限	上限	下限	上限	下限	上限
7 (0.15g)	二	1	3.6	7.8	—	—	—	—	5.6	11	4	11	4	11
				8.4	—	—	—	—	6.1	11	4	11	4	11
				9	—	—	—	—	6.7	11	4	11	4	11
8	二	2	3.3	3	—	—	4	5.8	4	8.4	4	9	4	9
				3.6	—	—	4	6.5	4	9	4	9	4	9
				4.2	—	—	4	7.2	4	9	4	9	4	9
				4.8	—	—	4	7.7	4	9	4	9	4	9
				5.4	—	—	4	8.2	4	9	4	9	4	9
				6	—	—	4.4	8.6	4	9	4	9	4	9
				6.6	—	—	5	9	4	9	4	9	4	9
				7.2	—	—	5.7	9	4	9	4	9	4	9
				7.8	—	—	6.4	9	4	9	4	9	4	9
				8.4	—	—	7.3	9	4	9	4	9	4	9
				9	—	—	8.2	9	4	9	4	9	4	9
		1	3.3	3	—	—	—	—	4	4.8	4	6.3	4	7.8
				3.6	—	—	—	—	4	5.5	4	7.2	4	9
				4.2	—	—	—	—	4	6.1	4	8.1	4	9
				4.8	—	—	—	—	4.5	6.7	4	8.8	4	9
				5.4	—	—	—	—	5.2	7.2	4	9	4	9
				6	—	—	—	—	6	7.7	4	9	4	9
				6.6	—	—	—	—	6.8	8.1	4	9	4	9
				7	—	—	—	—	7.3	8.4	4	9	4	9
8 (0.30g)	二	2	3.3	3	—	—	—	—	4	4.9	4	6.6	4	8.3
				3.6	—	—	—	—	4	5.5	4	7.4	4	9
				4.2	—	—	—	—	4	6	4	8.1	4	9
				4.8	—	—	—	—	4.7	6.5	4	8.7	4	9
				5.4	—	—	—	—	5.7	6.9	4	9	4	9
				6	—	—	—	—	6.8	7.2	4	9	4	9
				6.6	—	—	—	—	—	—	4.6	9	4	9
				7.2	—	—	—	—	—	—	5.3	9	4	9
				7.8	—	—	—	—	—	—	6.1	9	4	9
				8.4	—	—	—	—	—	—	6.9	9	4	9
				9	—	—	—	—	—	—	7.9	9	4	9
		1	3.3	3	—	—	—	—	—	—	—	—	4	4.4
				3.6	—	—	—	—	—	—	—	—	4	5.1
				4.2	—	—	—	—	—	—	—	—	4.6	5.7
				4.8	—	—	—	—	—	—	—	—	5.5	6.2
				5.4	—	—	—	—	—	—	—	—	6.4	6.7
				6~7	—	—	—	—	—	—	—	—	—	—

（6）墙厚为370mm的实心砖墙木楼（屋）盖房屋（单开间），与抗震横墙间距 L 对应的房屋宽度 B 的限值宜按表6.6-2采用。

抗震横墙间距和房屋宽度限值（370mm实心砖墙木楼屋盖）（m） 表6.6-2

烈度	层数	层号	层高	抗震横墙间距	M1 下限	M1 上限	M2.5 下限	M2.5 上限	M5 下限	M5 上限	M7.5 下限	M7.5 上限	M10 下限	M10 上限
6	一	1	4.0	3~11	4	11	4	11	4	11	4	11	4	11
7	一	1	4.0	3~11	4	11	4	11	4	11	4	11	4	11
7 (0.15g)	一	1	4.0	3	4	6.9	4	11	4	11	4	11	4	11
				3.6	4	7.9	4	11	4	11	4	11	4	11
				4.2	4	8.8	4	11	4	11	4	11	4	11
				4.8	4	9.6	4	11	4	11	4	11	4	11
				5.4	4	10.3	4	11	4	11	4	11	4	11
				6~11	4	11	4	11	4	11	4	11	4	11
8	一	1	3.6	3	4	5.6	4	9	4	9	4	9	4	9
				3.6	4	6.3	4	9	4	9	4	9	4	9
				4.2	4	7	4	9	4	9	4	9	4	9
				4.8	4	7.7	4	9	4	9	4	9	4	9
				5.4	4	8.2	4	9	4	9	4	9	4	9
				6	4	8.7	4	9	4	9	4	9	4	9
				6.6~9	4	9	4	9	4	9	4	9	4	9
8 (0.30g)	一	1	3.6	3	—	—	4	5.5	4	7.9	4	9	4	9
				3.6	—	—	4	6.2	4	9	4	9	4	9
				4.2	—	—	4	6.9	4	9	4	9	4	9
				4.8	4	4.1	4	7.5	4	9	4	9	4	9
				5.4	4	4.4	4	8.1	4	9	4	9	4	9
				6	4	4.7	4	8.6	4	9	4	9	4	9
				6.6	4.2	4.9	4	9	4	9	4	9	4	9
				7.2	4.7	5.2	4	9	4	9	4	9	4	9
				7.8	5.3	5.4	4	9	4	9	4	9	4	9
				8.4~9	—	—	4	9	4	9	4	9	4	9
9	一	1	3.3	3	—	—	4	4	4	6	4	6	4	6
				3.6	—	—	4	4.5	4	6	4	6	4	6
				4.2	—	—	4	5	4	6	4	6	4	6
				4.8	—	—	4	5.4	4	6	4	6	4	6
				5	—	—	4	5.5	4	6	4	6	4	6
			3.0	3	—	—	4	4.4	4	6	4	6	4	6
				3.6	—	—	4	4	4	6	4	6	4	6
				4.2	—	—	4	5.5	4	6	4	6	4	6
				4.8	—	—	4	5.9	4	6	4	6	4	6
				5	—	—	4	6	4	6	4	6	4	6

续表

烈度	层数	层号	层高	抗震横墙间距	与砂浆强度等级对应的房屋宽度限值									
					M1		M2.5		M5		M7.5		M10	
					下限	上限	下限	上限	下限	上限	下限	上限	下限	上限
6	二	2	3.6	3~11	4	11	4	11	4	11	4	11	4	11
		1	3.6	3~9	4	11	4	11	4	11	4	11	4	11
7	二	2	3.6	3	4	8.8	4	11	4	11	4	11	4	11
				3.6	4	10	4	11	4	11	4	11	4	11
				4.2~11	4	11	4	11	4	11	4	11	4	11
		1	3.6	3	4	5.6	4	8.7	4	11	4	11	4	11
				3.6	4	6.5	4	10.2	4	11	4	11	4	11
				4.2	4	7.3	4	11	4	11	4	11	4	11
				4.8	4	8.1	4	11	4	11	4	11	4	11
				5.4	4	8.8	4	11	4	11	4	11	4	11
				6	4	9.5	4	11	4	11	4	11	4	11
				6.6	4	10.2	4	11	4	11	4	11	4	11
				7.2	4	10.8	4	11	4	11	4	11	4	11
				7.8~9	4	11	4	11	4	11	4	11	4	11
7 (0.15g)	二	2	3.6	3	4	4.8	4	8.2	4	11	4	11	4	11
				3.6	4	5.5	4	9.4	4	11	4	11	4	11
				4.2	4	6.1	4	10.5	4	11	4	11	4	11
				4.8	4	6.7	4	11	4	11	4	11	4	11
				5.4	4	7.2	4	11	4	11	4	11	4	11
				6	4	7.7	4	11	4	11	4	11	4	11
				6.6	4	8.2	4	11	4	11	4	11	4	11
				7.2	4	8.6	4	11	4	11	4	11	4	11
				7.8	4	9	4	11	4	11	4	11	4	11
				8.4	4	9.3	4	11	4	11	4	11	4	11
				9	4	9.7	4	11	4	11	4	11	4	11
				9.6	4	10	4	11	4	11	4	11	4	11
				10.2	4	10.3	4	11	4	11	4	11	4	11
				11	4.2	10.7	4	11	4	11	4	11	4	11
		1	3.6	3	—	—	4	4.7	4	6.7	4	8.6	4	10.5
				3.6	—	—	4	5.5	4	7.8	4	10	4	11
				4.2	—	—	4	6.2	4	8.8	4	11	4	11
				4.8	—	—	4	6.9	4	9.7	4	11	4	11
				5.4	4	4.2	4	7.5	4	10.6	4	11	4	11
				6	4.3	4.6	4	8.1	4	11	4	11	4	11
				6.6	4.7	4.9	4	8.6	4	11	4	11	4	11
				7.2	5.2	5.2	4	9.2	4	11	4	11	4	11
				7.8	—	—	4	9.7	4	11	4	11	4	11
				8.4	—	—	4	10.2	4	11	4	11	4	11
				9	—	—	4	10.6	4	11	4	11	4	11

续表

烈度	层数	层号	层高	抗震横墙间距	与砂浆强度等级对应的房屋宽度限值									
					M1		M2.5		M5		M7.5		M10	
					下限	上限	下限	上限	下限	上限	下限	上限	下限	上限
8	二	2	3.3	3	—	—	4	6.7	4	9	4	9	4	9
				3.6	4	4.3	4	7.6	4	9	4	9	4	9
				4.2	4	4.8	4	8.5	4	9	4	9	4	9
				4.8	4	5.2	4	9	4	9	4	9	4	9
				5.4	4	5.6	4	9	4	9	4	9	4	9
				6	4	5.9	4	9	4	9	4	9	4	9
				6.6	4	6.3	4	9	4	9	4	9	4	9
				7.2	4	6.6	4	9	4	9	4	9	4	9
				7.8	4	6.9	4	9	4	9	4	9	4	9
				8.4	4.1	7.1	4	9	4	9	4	9	4	9
				9	4.5	7.4	4	9	4	9	4	9	4	9
		1	3.3	3	—	—	—	—	4	5.3	4	7	4	8.6
				3.6	—	—	4	4.2	4	6.1	4	8.1	4	9
				4.2	—	—	4	4.7	4	6.9	4	9	4	9
				4.8	—	—	4	5.2	4	7.7	4	9	4	9
				5.4	—	—	4	5.7	4	8.4	4	9	4	9
				6	—	—	4	6.1	4	9	4	9	4	9
				6.6	—	—	4	6.6	4	9	4	9	4	9
				7	—	—	4	6.8	4	9	4	9	4	9
8 (0.30g)	二	2	3.3	3	—	—	—	—	4	5.6	4	7.5	4	9
				3.6	—	—	4	4.2	4	6.4	4	8.6	4	9
				4.2	—	—	4	4.7	4	7.1	4	9	4	9
				4.8	—	—	4	5.1	4	7.8	4	9	4	9
				5.4	—	—	4	5.5	4	8.4	4	9	4	9
				6	—	—	4	5.8	4	8.9	4	9	4	9
				6.6	—	—	4	6.2	4	9	4	9	4	9
				7.2	—	—	4	6.5	4	9	4	9	4	9
				7.8	—	—	4.1	6.8	4	9	4	9	4	9
				8.4	—	—	4.5	7	4	9	4	9	4	9
				9	—	—	4.9	7.3	4	9	4	9	4	9
		1	3.3	3	—	—	—	—	—	—	—	—	4	4.9
				3.6	—	—	—	—	—	—	4	4.4	4	5.7
				4.2	—	—	—	—	—	—	4	5	4	6.4
				4.8	—	—	—	—	—	—	4	5.5	4	7.1
				5.4	—	—	—	—	4	4.3	4	6	4	7.7
				6	—	—	—	—	4.2	4.6	4	6.5	4	8.3
				6.6	—	—	—	—	4.7	4.9	4	6.9	4	8.9
				7	—	—	—	—	5	5.1	4	7.2	4	9

（7）外墙厚为370mm、内墙厚为240mm的实心砖墙木楼（屋）盖房屋，与抗震横墙间距 L 对应的房屋宽度 B 的限值宜按表6.6-3采用。

抗震横墙间距和房屋宽度限值（外墙370mm、内墙240mm实心砖墙木楼屋盖）(m)

表6.6-3

烈度	层数	层号	层高	抗震横墙间距	与砂浆强度等级对应的房屋宽度限值									
					M1		M2.5		M5		M7.5		M10	
					下限	上限	下限	上限	下限	上限	下限	上限	下限	上限
6	一	1	4.0	3~11	4	11	4	11	4	11	4	11	4	11
7	一	1	4.0	3~11	4	11	4	11	4	11	4	11	4	11
7 (0.15g)	一	1	4.0	3	4	9	4	11	4	11	4	11	4	11
				3.6	4	10.2	4	11	4	11	4	11	4	11
				4.2	4.6	11	4	11	4	11	4	11	4	11
				4.8	5.4	11	4	11	4	11	4	11	4	11
				5.4	6.2	11	4	11	4	11	4	11	4	11
				6	7.1	11	4	11	4	11	4	11	4	11
				6.6	8.1	11	4	11	4	11	4	11	4	11
				7.2	9.1	11	4.2	11	4	11	4	11	4	11
				7.8	10.2	11	4.6	11	4	11	4	11	4	11
				8.4	—	—	5	11	4	11	4	11	4	11
				9	—	—	5.4	11	4	11	4	11	4	11
				9.6	—	—	5.9	11	4	11	4	11	4	11
				10.2	—	—	6.3	11	4	11	4	11	4	11
				11	—	—	7	11	4	11	4	11	4	11
8	一	1	3.6	3	4.5	7.2	4	9	4	9	4	9	4	9
				3.6	5.7	8.1	4	9	4	9	4	9	4	9
				4.2	7	8.8	4	9	4	9	4	9	4	9
				4.8	8.4	9	4	9	4	9	4	9	4	9
				5.4	—	—	4	9	4	9	4	9	4	9
				6	—	—	4.6	9	4	9	4	9	4	9
				6.6	—	—	5.1	9	4	9	4	9	4	9
				7.2	—	—	5.7	9	4	9	4	9	4	9
				7.8	—	—	6.4	9	4	9	4	9	4	9
				8.4	—	—	7.1	9	4.2	9	4	9	4	9
				9	—	—	7.8	9	4.6	9	4	9	4	9
8 (0.30g)	一	1	3.6	3	—	—	5.1	7.1	4	9	4	9	4	9
				3.6	—	—	6.6	7.9	4	9	4	9	4	9
				4.2	—	—	8.3	8.6	4.1	9	4	9	4	9
				4.8	—	—	—	—	4.9	9	4	9	4	9
				5.4	—	—	—	—	5.8	9	4	9	4	9
				6	—	—	—	—	6.7	9	4.3	9	4	9
				6.6	—	—	—	—	7.8	9	4.8	9	4	9
				7.2	—	—	—	—	9	9	5.5	9	4	9
				7.8	—	—	—	—	—	—	6.1	9	4.4	9
				8.4	—	—	—	—	—	—	6.8	9	4.8	9
				9	—	—	—	—	—	—	7.6	9	5.3	9

续表

烈度	层数	层号	层高	抗震横墙间距	与砂浆强度等级对应的房屋宽度限值									
					M1		M2.5		M5		M7.5		M10	
					下限	上限	下限	上限	下限	上限	下限	上限	下限	上限
9	一	1	3.3	3	—	—	—	—	4.4	6	4	6	4	6
				3.6	—	—	—	—	5.8	6	4	6	4	6
				4.2	—	—	—	—	—	—	4.2	6	4	6
				4.8~5	—	—	—	—	—	—	—	—	4	6
			3.0	3	—	—	—	—	4	6	4	6	4	6
				3.6	—	—	—	—	4.8	6	4	6	4	6
				4.2	—	—	—	—	6	6	4	6	4	6
				4.8	—	—	—	—	—	—	4.3	6	4	6
				5	—	—	—	—	—	—	4.6	6	4	6
6	二	2	3.6	3~11	4	11	4	11	4	11	4	11	4	11
		1	3.6	3~9	4	11	4	11	4	11	4	11	4	11
7	二	2	3.6	3~5.4	4	11	4	11	4	11	4	11	4	11
				6	4.5	11	4	11	4	11	4	11	4	11
				6.6	5	11	4	11	4	11	4	11	4	11
				7.2	5.4	11	4	11	4	11	4	11	4	11
				7.8	5.9	11	4	11	4	11	4	11	4	11
				8.4	6.5	11	4	11	4	11	4	11	4	11
				9	7	11	4	11	4	11	4	11	4	11
				9.6	7.5	11	4	11	4	11	4	11	4	11
				10.2	8.1	11	4.2	11	4	11	4	11	4	11
				11	8.9	11	4.6	11	4	11	4	11	4	11
		1	3.6	3	4.9	7.5	4	11	4	11	4	11	4	11
				3.6	5.9	8.6	4	11	4	11	4	11	4	11
				4.2	6.9	9.7	4	11	4	11	4	11	4	11
				4.8	7.9	10.6	4	11	4	11	4	11	4	11
				5.4	8.9	11	4.5	11	4	11	4	11	4	11
				6	10	11	4.9	11	4	11	4	11	4	11
				6.6	—	—	5.4	11	4	11	4	11	4	11
				7.2	—	—	5.9	11	4	11	4	11	4	11
				7.8	—	—	6.4	11	4.3	11	4	11	4	11
				8.4	—	—	6.9	11	4.6	11	4	11	4	11
				9	—	—	7.4	11	5	11	4	11	4	11

续表

烈度	层数	层号	层高	抗震横墙间距	与砂浆强度等级对应的房屋宽度限值									
					M1		M2.5		M5		M7.5		M10	
					下限	上限	下限	上限	下限	上限	下限	上限	下限	上限
7 (0.15g)	二	2	3.6	3	—	—	4	10.8	4	11	4	11	4	11
				3.6~4.2	—	—	4	11	4	11	4	11	4	11
				4.8	—	—	4.3	11	4	11	4	11	4	11
				5.4	—	—	4.9	11	4	11	4	11	4	11
				6	—	—	5.6	11	4	11	4	11	4	11
				6.6	—	—	6.3	11	4	11	4	11	4	11
				7.2	—	—	7	11	4.2	11	4	11	4	11
				7.8	—	—	7.8	11	4.6	11	4	11	4	11
				8.4	—	—	8.6	11	5	11	4	11	4	11
				9	—	—	9.5	11	5.5	11	4	11	4	11
				9.6	—	—	10.4	11	5.9	11	4.1	11	4	11
				10.2	—	—	—	—	6.4	11	4.4	11	4	11
				11	—	—	—	—	7	11	4.9	11	4	11
		1	3.6	3	—	—	—	—	4	9	4	11	4	11
				3.6	—	—	—	—	4.6	10.4	4	11	4	11
				4.2	—	—	—	—	5.4	11	4	11	4	11
				4.8	—	—	—	—	6.3	11	4.3	11	4	11
				5.4	—	—	—	—	7.2	11	4.9	11	4	11
				6	—	—	—	—	8.1	11	5.4	11	4.1	11
				6.6	—	—	—	—	9	11	6	11	4.6	11
				7.2	—	—	—	—	10	11	6.6	11	5	11
				7.8	—	—	—	—	11	11	7.3	11	5.5	11
				8.4	—	—	—	—	—	—	7.9	11	5.9	11
				9	—	—	—	—	—	—	8.5	11	6.4	11
8	二	2	3.3	3	—	—	4	8.6	4	9	4	9	4	9
				3.6	—	—	4.3	9	4	9	4	9	4	9
				4.2	—	—	5.2	9	4	9	4	9	4	9
				4.8	—	—	6.2	9	4	9	4	9	4	9
				5.4	—	—	7.3	9	4	9	4	9	4	9
				6	—	—	8.6	9	4.6	9	4	9	4	9
				6.6	—	—	—	—	5.2	9	4	9	4	9
				7.2	—	—	—	—	5.8	9	4	9	4	9
				7.8	—	—	—	—	6.5	9	4.3	9	4	9
				8.4	—	—	—	—	7.2	9	4.7	9	4	9
				9	—	—	—	—	7.9	9	5.2	9	4	9
		1	3.3	3	—	—	—	—	5.5	7.1	4	9	4	9
				3.6	—	—	—	—	6.8	8.1	4.3	9	4	9
				4.2	—	—	—	—	8.2	9	5.1	9	4	9
				4.8	—	—	—	—	—	—	6	9	4.3	9
				5.4	—	—	—	—	—	—	6.8	9	4.9	9
				6	—	—	—	—	—	—	7.8	9	5.5	9
				6.6	—	—	—	—	—	—	8.7	9	6.2	9
				7	—	—	—	—	—	—	—	—	6.6	9

续表

烈度	层数	层号	层高	抗震横墙间距	与砂浆强度等级对应的房屋宽度限值									
					M1		M2.5		M5		M7.5		M10	
					下限	上限	下限	上限	下限	上限	下限	上限	下限	上限
8 (0.30g)	二	2	3.0	3	—	—	—	—	4.1	9	4	9	4	9
				3.6	—	—	—	—	5.2	9	4	9	4	9
				4.2	—	—	—	—	6.6	9	4	9	4	9
				4.8	—	—	—	—	8.2	9	4.7	9	4	9
				5.4	—	—	—	—	—	—	5.5	9	4	9
				6	—	—	—	—	—	—	6.5	9	4.4	9
				6.6	—	—	—	—	—	—	7.5	9	5	9
				7.2	—	—	—	—	—	—	8.7	9	5.7	9
				7.8	—	—	—	—	—	—	—	—	6.4	9
				8.4	—	—	—	—	—	—	—	—	7.2	9
				9	—	—	—	—	—	—	—	—	8.1	9
		1	3.0	3	—	—	—	—	—	—	—	—	5.4	7.2
				3.6	—	—	—	—	—	—	—	—	6.8	8.2
				4.2	—	—	—	—	—	—	—	—	8.4	9
				4.8~7	—	—	—	—	—	—	—	—	—	—

（8）墙厚为240mm的多孔砖墙木楼（屋）盖房屋，与抗震横墙间距L对应的房屋宽度B的限值宜按表6.6-4采用。

抗震横墙间距和房屋宽度限值（240多孔砖墙木楼屋盖）（m） 表6.6-4

烈度	层数	层号	层高	抗震横墙间距	与砂浆强度等级对应的房屋宽度限值									
					M1		M2.5		M5		M7.5		M10	
					下限	上限	下限	上限	下限	上限	下限	上限	下限	上限
6	一	1	4.0	3~11	4	11	4	11	4	11	4	11	4	11
7	一	1	4.0	3~11	4	11	4	11	4	11	4	11	4	11
7 (0.15g)	一	1	4.0	3	4	6.6	4	10.7	4	11	4	11	4	11
				3.6	4	7.3	4	11	4	11	4	11	4	11
				4.2	4	8	4	11	4	11	4	11	4	11
				4.8	4	8.6	4	11	4	11	4	11	4	11
				5.4	4	9.1	4	11	4	11	4	11	4	11
				6	4	9.6	4	11	4	11	4	11	4	11
				6.6	4	10	4	11	4	11	4	11	4	11
				7.2	4.1	10.4	4	11	4	11	4	11	4	11
				7.8	4.5	10.7	4	11	4	11	4	11	4	11
				8.4	5	11	4	11	4	11	4	11	4	11
				9	5.5	11	4	11	4	11	4	11	4	11
				9.6	6.1	11	4	11	4	11	4	11	4	11
				10.2	6.7	11	4	11	4	11	4	11	4	11
				11	7.5	11	4	11	4	11	4	11	4	11

续表

烈度	层数	层号	层高	抗震横墙间距	与砂浆强度等级对应的房屋宽度限值								
					M1		M2.5		M5		M7.5		M10	
					下限	上限	下限	上限	下限	上限	下限	上限	下限	上限
8	一	1	3.6	3	4	5.3	4	8.8	4	9	4	9	4	9
				3.6	4	5.9	4	9	4	9	4	9	4	9
				4.2	4	6.4	4	9	4	9	4	9	4	9
				4.8	4	6.8	4	9	4	9	4	9	4	9
				5.4	4.1	7.2	4	9	4	9	4	9	4	9
				6	4.7	7.6	4	9	4	9	4	9	4	9
				6.6	5.5	7.9	4	9	4	9	4	9	4	9
				7.2	6.3	8.1	4	9	4	9	4	9	4	9
				7.8	7.3	8.4	4	9	4	9	4	9	4	9
				8.4	8.3	8.6	4	9	4	9	4	9	4	9
				9	—	—	4	9	4	9	4	9	4	9
8 (0.30g)	一	1	3.6	3	—	—	4	5.2	4	7.5	4	9	4	9
				3.6	—	—	4	5.8	4	8.4	4	9	4	9
				4.2	—	—	4	6.3	4	9	4	9	4	9
				4.8	—	—	4	6.7	4	9	4	9	4	9
				5.4	—	—	4.8	7.1	4	9	4	9	4	9
				6	—	—	5.7	7.5	4	9	4	9	4	9
				6.6	—	—	6.8	7.8	4	9	4	9	4	9
				7.2	—	—	8	8	4	9	4	9	4	9
				7.8	—	—	—	—	4.5	9	4	9	4	9
				8.4	—	—	—	—	5.1	9	4	9	4	9
				9	—	—	—	—	5.8	9	4	9	4	9
9	一	1	3.3	3	—	—	—	—	4	5.6	4	6	4	6
				3.6	—	—	4	4.2	4	6	4	6	4	6
				4.2	—	—	4.6	4.6	4	6	4	6	4	6
				4.8	—	—	—	—	4	6	4	6	4	6
				5	—	—	—	—	4.5	6	4	6	4	6
			3.0	3	—	—	4	4.1	4	6	4	6	4	6
				3.6	—	—	4	4.6	4	6	4	6	4	6
				4.2~5	—	—	—	—	4	6	4	6	4	6
6	二	2	3.6	3~11	4	11	4	11	4	11	4	11	4	11
		1	3.6	3~9	4	11	4	11	4	11	4	11	4	11
7	二	2	3.6	3	4	8.4	4	11	4	11	4	11	4	11
				3.6	4	9.4	4	11	4	11	4	11	4	11
				4.2	4	10.3	4	11	4	11	4	11	4	11
				4.8~10.2	4	11	4	11	4	11	4	11	4	11
				11	4.3	11	4	11	4	11	4	11	4	11

续表

烈度	层数	层号	层高	抗震横墙间距	与砂浆强度等级对应的房屋宽度限值									
					M1		M2.5		M5		M7.5		M10	
					下限	上限	下限	上限	下限	上限	下限	上限	下限	上限
7	二	1	3.6	3	4	5.6	4	8.7	4	11	4	11	4	11
				3.6	4	6.3	4	10	4	11	4	11	4	11
				4.2	4	7.1	4	11	4	11	4	11	4	11
				4.8	4	7.7	4	11	4	11	4	11	4	11
				5.4	4	8.3	4	11	4	11	4	11	4	11
				6	4.2	8.8	4	11	4	11	4	11	4	11
				6.6	4.7	9.3	4	11	4	11	4	11	4	11
				7.2	5.1	9.8	4	11	4	11	4	11	4	11
				7.8	5.6	10.2	4	11	4	11	4	11	4	11
				8.4	6.1	10.6	4	11	4	11	4	11	4	11
				9	6.6	11	4	11	4	11	4	11	4	11
7 (0.15g)	二	2	3.6	3	4	4.7	4	7.9	4	11	4	11	4	11
				3.6	4	5.2	4	8.9	4	11	4	11	4	11
				4.2	4	5.7	4	9.7	4	11	4	11	4	11
				4.8	4.2	6.2	4	10.4	4	11	4	11	4	11
				5.4	5	6.5	4	11	4	11	4	11	4	11
				6	5.8	6.9	4	11	4	11	4	11	4	11
				6.6	6.7	7.2	4	11	4	11	4	11	4	11
				7.2~8.4	—	—	4	11	4	11	4	11	4	11
				9	—	—	4.4	11	4	11	4	11	4	11
				9.6	—	—	4.8	11	4	11	4	11	4	11
				10.2	—	—	5.2	11	4	11	4	11	4	11
				11	—	—	5.8	11	4	11	4	11	4	11
		1	3.6	3	—	—	4	4.8	4	6.7	4	8.7	4	10.6
				3.6	—	—	4	5.5	4	7.7	4	9.9	4	11
				4.2	—	—	4	6.1	4	8.6	4	11	4	11
				4.8	—	—	4.4	6.6	4	9.3	4	11	4	11
				5.4	—	—	5.1	7.1	4	10.1	4	11	4	11
				6	—	—	5.7	7.6	4	10.7	4	11	4	11
				6.6	—	—	6.5	8	4	11	4	11	4	11
				7.2	—	—	7.2	8.4	4.4	11	4	11	4	11
				7.8	—	—	8	8.8	4.8	11	4	11	4	11
				8.4	—	—	8.9	9.2	5.2	11	4	11	4	11
				9	—	—	—	—	5.7	11	4	11	4	11

续表

烈度	层数	层号	层高	抗震横墙间距	与砂浆强度等级对应的房屋宽度限值									
					M1		M2.5		M5		M7.5		M10	
					下限	上限	下限	上限	下限	上限	下限	上限	下限	上限
8	二	2	3.3	3	—	—	4	6.4	4	9	4	9	4	9
				3.6	—	—	4	7.1	4	9	4	9	4	9
				4.2	—	—	4	7.8	4	9	4	9	4	9
				4.8	—	—	4	8.3	4	9	4	9	4	9
				5.4	—	—	4	8.8	4	9	4	9	4	9
				6	—	—	4	9	4	9	4	9	4	9
				6.6	—	—	4.2	9	4	9	4	9	4	9
				7.2	—	—	4.8	9	4	9	4	9	4	9
				7.8	—	—	5.4	9	4	9	4	9	4	9
				8.4	—	—	6.1	9	4	9	4	9	4	9
				9	—	—	6.8	9	4	9	4	9	4	9
		1	3.3	3	—	—	—	—	4	5.4	4	7	4	8.6
				3.6	—	—	—	—	4	6.1	4	8	4	9
				4.2	—	—	—	—	4	6.8	4	8.8	4	9
				4.8	—	—	—	—	4	7.4	4	9	4	9
				5.4	—	—	—	—	4.4	7.9	4	9	4	9
				6	—	—	—	—	5	8.4	4	9	4	9
				6.6	—	—	—	—	5.7	8.9	4	9	4	9
				7	—	—	—	—	6.1	9	4.1	9	4	9
8 (0.30g)	二	2	3.3	3	—	—	—	—	4	5.4	4	7.3	4	9
				3.6	—	—	—	—	4	6.1	4	8.1	4	9
				4.2	—	—	—	—	4	6.6	4	8.8	4	9
				4.8	—	—	—	—	4	7.1	4	9	4	9
				5.4	—	—	—	—	4.7	7.5	4	9	4	9
				6	—	—	—	—	5.6	7.9	4	9	4	9
				6.6	—	—	—	—	6.6	8.2	4	9	4	9
				7.2	—	—	—	—	7.8	8.5	4.5	9	4	9
				7.8	—	—	—	—	—	—	5.1	9	4	9
				8.4	—	—	—	—	—	—	5.8	9	4	9
				9	—	—	—	—	—	—	6.6	9	4.4	9
		1	3.3	3	—	—	—	—	—	—	—	—	4	5
				3.6	—	—	—	—	—	—	4	4.5	4	5.7
				4.2	—	—	—	—	—	—	4.5	4.9	4	6.3
				4.8	—	—	—	—	—	—	—	—	4.5	6.9
				5.4	—	—	—	—	—	—	—	—	5.3	7.4
				6	—	—	—	—	—	—	—	—	6.2	7.8
				6.6	—	—	—	—	—	—	—	—	7.1	8.3
				7	—	—	—	—	—	—	—	—	7.8	8.5

(9) 墙厚为190mm 的多孔砖墙木楼（屋）盖房屋，与抗震横墙间距 L 对应的房屋宽度 B 的限值宜按表6.6-5采用。

抗震横墙间距和房屋宽度限值（190mm多孔砖墙木楼屋盖）（m）　　　表6.6-5

烈度	层数	层号	层高	抗震横墙间距	与砂浆强度等级对应的房屋宽度限值									
					M1		M2.5		M5		M7.5		M10	
					下限	上限	下限	上限	下限	上限	下限	上限	下限	上限
6	一	1	4.0	3~9	4	9	4	9	4	9	4	9	4	9
7	一	1	4.0	3~9	4	9	4	9	4	9	4	9	4	9
7 (0.15g)	一	1	4.0	3	4	5.8	4	9	4	9	4	9	4	9
				3.6	4	6.5	4	9	4	9	4	9	4	9
				4.2	4	7	4	9	4	9	4	9	4	9
				4.8	4	7.5	4	9	4	9	4	9	4	9
				5.4	4	7.9	4	9	4	9	4	9	4	9
				6	4	8.2	4	9	4	9	4	9	4	9
				6.6	4.1	8.6	4	9	4	9	4	9	4	9
				7.2	4.7	8.8	4	9	4	9	4	9	4	9
				7.8	5.3	9	4	9	4	9	4	9	4	9
				8.4	5.9	9	4	9	4	9	4	9	4	9
				9	6.6	9	4	9	4	9	4	9	4	9
8	一	1	3.6	3	4	4.7	4	7	4	7	4	7	4	7
				3.6	4	5.1	4	7	4	7	4	7	4	7
				4.2	4	5.5	4	7	4	7	4	7	4	7
				4.8	4	5.9	4	7	4	7	4	7	4	7
				5.4	4.8	6.2	4	7	4	7	4	7	4	7
				6	5.8	6.5	4	7	4	7	4	7	4	7
				6.6~7	—	—	4	7	4	7	4	7	4	7
8 (0.30g)	一	1	3.6	3	—	—	4	4.6	4	6.6	4	7	4	7
				3.6	—	—	4	5.1	4	7	4	7	4	7
				4.2	—	—	4	5.5	4	7	4	7	4	7
				4.8	—	—	4.9	5.8	4	7	4	7	4	7
				5.4	—	—	6.1	6.1	4	7	4	7	4	7
				6	—	—	—	—	4	7	4	7	4	7
				6.6	—	—	—	—	4.2	7	4	7	4	7
				7	—	—	—	—	4.7	7	4	7	4	7
9	一	1	3.0	3	—	—	—	—	4	5.3	4	6	4	6
				3.6	—	—	—	—	4	5.8	4	6	4	6
				4.2~4.8	—	—	—	—	4	6	4	6	4	6
				5	—	—	—	—	4.3	6	4	6	4	6

续表

烈度	层数	层号	层高	抗震横墙间距	与砂浆强度等级对应的房屋宽度限值									
					M1		M2.5		M5		M7.5		M10	
					下限	上限	下限	上限	下限	上限	下限	上限	下限	上限
6	二	2	3.6	3~9	4	9	4	9	4	9	4	9	4	9
		1	3.6	3~7	4	9	4	9	4	9	4	9	4	9
7	二	2	3.3	3	4	8.7	4	9	4	9	4	9	4	9
				3.6~9	4	9	4	9	4	9	4	9	4	9
		1	3.3	3	4	5.8	4	9	4	9	4	9	4	9
				3.6	4	6.6	4	9	4	9	4	9	4	9
				4.2	4	7.3	4	9	4	9	4	9	4	9
				4.8	4	7.9	4	9	4	9	4	9	4	9
				5.4	4	8.5	4	9	4	9	4	9	4	9
				6	4	9	4	9	4	9	4	9	4	9
				6.6	4.4	9	4	9	4	9	4	9	4	9
				7	4.7	9	4	9	4	9	4	9	4	9
7 (0.15g)	二	2	3.3	3	4	4.9	4	8.3	4	9	4	9	4	9
				3.6	4	5.5	4	9	4	9	4	9	4	9
				4.2	4	5.9	4	9	4	9	4	9	4	9
				4.8	4.3	6.4	4	9	4	9	4	9	4	9
				5.4	5.1	6.8	4	9	4	9	4	9	4	9
				6	6	7.1	4	9	4	9	4	9	4	9
				6.6	7.1	7.4	4	9	4	9	4	9	4	9
				7.2~9	—	—	4	9	4	9	4	9	4	9
		1	3.3	3	—	—	4	5	4	7	4	9	4	9
				3.6	—	—	4	5.7	4	8	4	9	4	9
				4.2	—	—	4	6.3	4	8.9	4	9	4	9
				4.8	—	—	4.3	6.9	4	9	4	9	4	9
				5.4	—	—	4.9	7.4	4	9	4	9	4	9
				6	—	—	5.5	7.9	4	9	4	9	4	9
				6.6	—	—	6.4	8.3	4	9	4	9	4	9
				7	—	—	6.9	8.6	4	9	4	9	4	9
8	二	2	3.0	3	—	—	4	6.7	4	7	4	7	4	7
				3.6~6	—	—	4	7	4	7	4	7	4	7
				6.6	—	—	4.3	7	4	7	4	7	4	7
				7	—	—	4.8	7	4	7	4	7	4	7
		1	3.0	3	—	—	—	—	4	5.7	4	7	4	7
				3.6	—	—	—	—	4	6.4	4	7	4	7
				4.2~5	—	—	—	—	4	7	4	7	4	7

续表

烈度	层数	层号	层高	抗震横墙间距	与砂浆强度等级对应的房屋宽度限值									
					M1		M2.5		M5		M7.5		M10	
					下限	上限	下限	上限	下限	上限	下限	上限	下限	上限
8 (0.30g)	二	2	3.0	3	—	—	—	—	4	5.7	4	7	4	7
				3.6	—	—	—	—	4	6.4	4	7	4	7
				4.2	—	—	—	—	4	6.9	4	7	4	7
				4.8	—	—	—	—	4	7	4	7	4	7
				5.4	—	—	—	—	5	7	4	7	4	7
				6	—	—	—	—	6.1	7	4	7	4	7
				6.6	—	—	—	—	—	—	4.1	7	4	7
				7	—	—	—	—	—	—	4.6	7	4	7
		1	3.0	3	—	—	—	—	—	—	4	4.2	4	5.3
				3.6	—	—	—	—	—	—	4.4	4.7	4	6
				4.2	—	—	—	—	—	—	—	—	4	6.7
				4.8	—	—	—	—	—	—	—	—	4.5	7
				5	—	—	—	—	—	—	—	—	4.7	7

（10）墙厚为240mm 的蒸压砖墙木楼（屋）盖房屋，与抗震横墙间距 L 对应的房屋宽度 B 的限值宜按表6.6-6采用。

抗震横墙间距和房屋宽度限值（240mm 蒸压砖墙木楼屋盖）（m）　　表 **6.6-6**

烈度	层数	层号	层高	抗震横墙间距	与砂浆强度等级对应的房屋宽度限值							
					M2.5		M5		M7.5		M10	
					下限	上限	下限	上限	下限	上限	下限	上限
6	一	1	4.0	3~9	4	9	4	9	4	9	4	9
7	一	1	4.0	3~9	4	9	4	9	4	9	4	9
7 (0.15g)	一	1	4.0	3	4	7.6	4	9	4	9	4	9
				3.6	4	8.5	4	9	4	9	4	9
				4.2~7.8	4	9	4	9	4	9	4	9
				8.4	4.1	9	4	9	4	9	4	9
				9	4.5	9	4	9	4	9	4	9
8	一	1	3.6	3	4	6.2	4	7	4	7	4	7
				3.6	4	6.9	4	7	4	7	4	7
				4.2~6	4	7	4	7	4	7	4	7
				6.6	4.3	7	4	7	4	7	4	7
				7	4.6	7	4	7	4	7	4	7

续表

烈度	层数	层号	层高	抗震横墙间距	与砂浆强度等级对应的房屋宽度限值							
					M2.5		M5		M7.5		M10	
					下限	上限	下限	上限	下限	上限	下限	上限
8 (0.30g)	一	1	3.6	3	—	—	4	5	4	6.4	4	7
				3.6	—	—	4	5.5	4	7	4	7
				4.2	—	—	4	6	4	7	4	7
				4.8	—	—	4.6	6.5	4	7	4	7
				5.4	—	—	5.5	6.8	4	7	4	7
				6	—	—	6.7	7	4.1	7	4	7
				6.6	—	—	—	—	4.8	7	4	7
				7	—	—	—	—	5.2	7	4	7
9	一	1	3.0	3	—	—	—	—	4	5.2	4	6
				3.6	—	—	—	—	4	5.7	4	6
				4.2	—	—	—	—	4	6	4	6
				4.8	—	—	—	—	4.4	6	4	6
				5	—	—	—	—	4.7	6	4	6
6	二	2	3.6	3~9	4	9	4	9	4	9	4	9
		1	3.6	3~7	4	9	4	9	4	9	4	9
7	二	2	3.3	3~9	4	9	4	9	4	9	4	9
		1	3.3	3	4	6.7	4	9	4	9	4	9
				3.6	4	7.7	4	9	4	9	4	9
				4.2	4	8.5	4	9	4	9	4	9
				4.8~7	4	9	4	9	4	9	4	9
7 (0.15g)	二	2	3.3	3	4	5.9	4	8.1	4	9	4	9
				3.6	4	6.6	4	9	4	9	4	9
				4.2	4	7.2	4	9	4	9	4	9
				4.8	4	7.7	4	9	4	9	4	9
				5.4	4	8.2	4	9	4	9	4	9
				6	4	8.6	4	9	4	9	4	9
				6.6	4.5	9	4	9	4	9	4	9
				7.2	5.1	9	4	9	4	9	4	9
				7.8	5.7	9	4	9	4	9	4	9
				8.4	6.4	9	4	9	4	9	4	9
				9	7.1	9	4.2	9	4	9	4	9
		1	3.3	3	—	—	4	4.9	4	6.2	4	7.5
				3.6	—	—	4	5.6	4	7.1	4	8.6
				4.2	—	—	4	6.2	4	7.9	4	9
				4.8	—	—	4.2	6.7	4	8.6	4	9
				5.4	—	—	4.9	7.3	4	9	4	9
				6	—	—	5.5	7.7	4	9	4	9
				6.6	—	—	6.2	8.2	4.4	9	4	9
				7	—	—	6.7	8.4	4.7	9	4	9

193

续表

烈度	层数	层号	层高	抗震横墙间距	与砂浆强度等级对应的房屋宽度限值							
					M2.5		M5		M7.5		M10	
					下限	上限	下限	上限	下限	上限	下限	上限
8	二	2	3.0	3	4	4.7	4	6.6	4	7	4	7
				3.6	4	5.2	4	7	4	7	4	7
				4.2	4	5.7	4	7	4	7	4	7
				4.8	4.3	6.1	4	7	4	7	4	7
				5.4	5.2	6.5	4	7	4	7	4	7
				6	6.1	6.8	4	7	4	7	4	7
				6.6	—	—	4	7	4	7	4	7
				7	—	—	4.3	7	4	7	4	7
		1	3.0	3	—	—	—	—	4	4.9	4	6.1
				3.6	—	—	—	—	4	5.6	4	6.9
				4.2	—	—	—	—	4	6.2	4	7
				4.8	—	—	—	—	4.2	6.8	4	7
				5	—	—	—	—	4.4	6.9	4	7

（11）墙厚为370mm的蒸压砖墙木楼（屋）盖房屋（单开间），与抗震横墙间距 L 对应的房屋宽度 B 的限值宜按表6.6-7采用。

抗震横墙间距和房屋宽度限值（370mm蒸压砖墙木楼屋盖）（m）　　表6.6-7

烈度	层数	层号	层高	抗震横墙间距	与砂浆强度等级对应的房屋宽度限值							
					M2.5		M5		M7.5		M10	
					下限	上限	下限	上限	下限	上限	下限	上限
6	一	1	4.0	3~9	4	9	4	9	4	9	4	9
7	一	1	4.0	3~9	4	9	4	9	4	9	4	9
7 (0.15g)	一	1	4.0	3	4	8.7	4	9	4	9	4	9
				3.6~9	4	9	4	9	4	9	4	9
8	一	1	3.6	3~7	4	7	4	7	4	7	4	7
8 (0.30g)	一	1	3.6	3	4	4	4	5.7	4	7	4	7
				3.6	4	4.6	4	6.5	4	7	4	7
				4.2	4	5.1	4	7	4	7	4	7
				4.8	4	5.5	4	7	4	7	4	7
				5.4	4	5.9	4	7	4	7	4	7
				6	4	6.3	4	7	4	7	4	7
				6.6	4	6.6	4	7	4	7	4	7
				7	4	6.8	4	7	4	7	4	7

续表

烈度	层数	层号	层高	抗震横墙间距	与砂浆强度等级对应的房屋宽度限值							
					M2.5		M5		M7.5		M10	
					下限	上限	下限	上限	下限	上限	下限	上限
9	一	1	3.0	3	—	—	4	4.6	4	6	4	6
				3.6	—	—	4	5.2	4	6	4	6
				4.2	—	—	4	5.8	4	6	4	6
				4.8	4	4.2	4	6	4	6	4	6
				5	4	4.3	4	6	4	6	4	6
6	二	2	3.6	3~9	4	9	4	9	4	9	4	9
		1	3.6	3~7	4	9	4	9	4	9	4	9
7	二	2	3.3	3~9	4	9	4	9	4	9	4	9
		1	3.3	3	4	7.4	4	9	4	9	4	9
				3.6	4	8.6	4	9	4	9	4	9
				4.2~7	4	9	4	9	4	9	4	9
7 (0.15g)	二	2	3.3	3	4	6.8	4	9	4	9	4	9
				3.6	4	7.7	4	9	4	9	4	9
				4.2	4	8.5	4	9	4	9	4	9
				4.8~9	4	9	4	9	4	9	4	9
		1	3.3	3	—	—	4	5.4	4	6.9	4	9
				3.6	4	4.5	4	6.2	4	7.9	4	9
				4.2	4	5.1	4	7	4	8.9	4	9
				4.8	4	5.6	4	7.8	4	9	4	9
				5.4	4	6.1	4	8.4	4	9	4	9
				6	4	6.6	4	9	4	9	4	9
				6.6	4	7	4	9	4	9	4	9
				7	4	7.3	4	9	4	9	4	9
8	二	2	3.0	3	4	5.5	4	7	4	7	4	7
				3.6	4	6.2	4	7	4	7	4	7
				4.2	4	6.9	4	7	4	7	4	7
				4.8~7	4	7	4	7	4	7	4	7
		1	3.0	3	—	—	4	4.2	4	5.5	4	6.8
				3.6	—	—	4	4.9	4	6.4	4	7
				4.2	—	—	4	5.5	4	7	4	7
				4.8	4	4.2	4	6.1	4	7	4	7
				5	4	4.3	4	6.2	4	7	4	7

（12）外墙厚为370mm、内墙厚为240mm的蒸压砖墙木楼（屋）盖房屋，抗震横墙间距 L 和房屋宽度 B 的限值宜按表6.6-8采用。

抗震横墙间距和房屋宽度限值（外370mm 内240mm 蒸压砖墙木楼屋盖）（m） 表6.6-8

烈度	层数	层号	层高	抗震横墙间距	与砂浆强度等级对应的房屋宽度限值							
					M2.5		M5		M7.5		M10	
					下限	上限	下限	上限	下限	上限	下限	上限
6	一	1	4.0	3~9	4	9	4	9	4	9	4	9
7	一	1	4.0	3~9	4	9	4	9	4	9	4	9
7 (0.15g)	一	1	4.0	3~4.8	4	9	4	9	4	9	4	9
				5.4	4.3	9	4	9	4	9	4	9
				6	4.8	9	4	9	4	9	4	9
				6.6	5.4	9	4	9	4	9	4	9
				7.2	6	9	4	9	4	9	4	9
				7.8	6.7	9	4.4	9	4	9	4	9
				8.4	7.3	9	4.8	9	4	9	4	9
				9	8	9	5.3	9	4	9	4	9
8	一	1	3.6	3	4	7	4	7	4	7	4	7
				3.6	4	7	4	7	4	7	4	7
				4.2	4.4	7	4	7	4	7	4	7
				4.8	5.2	7	4	7	4	7	4	7
				5.4	6.1	7	4	7	4	7	4	7
				6	—	—	4.4	7	4	7	4	7
				6.6	—	—	4.9	7	4	7	4	7
				7	—	—	5.3	7	4	7	4	7
8 (0.30g)	一	1	3.6	3	—	—	4.7	7	4	7	4	7
				3.6	—	—	6.1	7	4	7	4	7
				4.2	—	—	—	—	4.6	7	4	7
				4.8	—	—	—	—	5.6	7	4	7
				5.4	—	—	—	—	6.7	7	4.6	7
				6	—	—	—	—	—	—	5.6	7
				6.6	—	—	—	—	—	—	6.4	7
				7	—	—	—	—	—	—	6.7	7
9	一	1	3.0	3	—	—	—	—	4.2	6	4	6
				3.6	—	—	—	—	5.6	6	4	6
				4.2	—	—	—	—	—	—	4.6	6
				4.8	—	—	—	—	—	—	5.7	6
				5	—	—	—	—	—	—	—	—
6	二	2	3.6	3~9	4	9	4	9	4	9	4	9
		1	3.6	3~7	4	9	4	9	4	9	4	9

续表

烈度	层数	层号	层高	抗震横墙间距	与砂浆强度等级对应的房屋宽度限值							
					M2.5		M5		M7.5		M10	
					下限	上限	下限	上限	下限	上限	下限	上限
7	二	2	3.3	3~7.8	4	9	4	9	4	9	4	9
				8.4	4.1	9	4	9	4	9	4	9
				9	4.4	9	4	9	4	9	4	9
		1	3.3	3~3.6	4	9	4	9	4	9	4	9
				4.2	4.2	9	4	9	4	9	4	9
				4.8	4.8	9	4	9	4	9	4	9
				5.4	5.4	9	4	9	4	9	4	9
				6	6	9	4.1	9	4	9	4	9
				6.6	6.6	9	4.5	9	4	9	4	9
				7	7	9	4.7	9	4	9	4	9
7 (0.15g)	二	2	3.3	3	4	8.7	4	9	4	9	4	9
				3.6	4	9	4	9	4	9	4	9
				4.2	4.8	9	4	9	4	9	4	9
				4.8	5.6	9	4	9	4	9	4	9
				5.4	6.6	9	4	9	4	9	4	9
				6	7.6	9	4.5	9	4	9	4	9
				6.6	8.7	9	5	9	4	9	4	9
				7.2	—	—	5.6	9	4	9	4	9
				7.8	—	—	6.2	9	4.4	9	4	9
				8.4	—	—	6.9	9	4.8	9	4	9
				9	—	—	7.6	9	5.2	9	4	9
		1	3.3	3	—	—	5.2	9	4	9	4	9
				3.6	—	—	6.3	9	4.3	9	4	9
				4.2	—	—	7.6	9	5	9	4	9
				4.8	—	—	8.9	9	5.8	9	4	9
				5.4	—	—	—	—	6.6	9	4	9
				6	—	—	—	—	7.5	9	4	9
				6.6	—	—	—	—	8.4	9	4	9
				7	—	—	—	—	9	9	4	9
8	二	2	3.0	3	4.6	7	4	7	4	7	4	7
				3.6	5.9	7	4	7	4	7	4	7
				4.2	—	—	4	7	4	7	4	7
				4.8	—	—	4.8	7	4	7	4	7
				5.4	—	—	5.6	7	4	7	4	7
				6	—	—	6.5	7	4.3	7	4	7
				6.6	—	—	—	—	4.9	7	4	7
				7	—	—	—	—	5.3	7	4	7

续表

烈度	层数	层号	层高	抗震横墙间距	与砂浆强度等级对应的房屋宽度限值							
					M2.5		M5		M7.5		M10	
					下限	上限	下限	上限	下限	上限	下限	上限
8	二	1	3.0	3	—	—	—	—	5	7	4	7
				3.6	—	—	—	—	6.2	7	4.4	7
				4.2	—	—	—	—	—	—	5.2	7
				4.8	—	—	—	—	—	—	6.1	7
				5	—	—	—	—	—	—	6.4	7

（13）墙厚为190mm的小砌块墙木楼（屋盖）房屋，与抗震横墙间距 L 对应的房屋宽度 B 的限值宜按表6.6-9采用。

抗震横墙间距和房屋宽度限值（小砌块墙木楼屋盖）（m） 表6.6-9

烈度	层数	层号	层高	抗震横墙间距	与砂浆强度等级对应的房屋宽度限值											
					普通小砌块						轻骨料小砌块					
					M5		M7.5		M10		M5		M7.5		M10	
					下限	上限	下限	上限	下限	上限	下限	上限	下限	上限	下限	上限
6	一	1	4.0	3~11	4	11	4	11	4	11	4	11	4	11	4	11
7	一	1	4.0	3~11	4	11	4	11	4	11	4	11	4	11	4	11
7 (0.15g)	一	1	4.0	3	4	8.4	4	11	4	11	4	9.7	4	11	4	11
				3.6	4	9.3	4	11	4	11	4	10.7	4	11	4	11
				4.2	4	10.2	4	11	4	11	4	11	4	11	4	11
				4.8	4	10.9	4	11	4	11	4	11	4	11	4	11
				5.4~11	4	11	4	11	4	11	4	11	4	11	4	11
8	一	1	3.6	3	4	6.7	4	9	4	9	4	7.8	4	9	4	9
				3.6	4	7.5	4	9	4	9	4	8.6	4	9	4	9
				4.2	4	8.1	4	9	4	9	4	9	4	9	4	9
				4.8	4	8.7	4	9	4	9	4	9	4	9	4	9
				5.4~9	4	9	4	9	4	9	4	9	4	9	4	9
8 (0.30g)	一	1	3.6	3	—	—	4	5.3	4	6	4	4.7	4	6.4	4	7.2
				3.6	—	—	4	5.9	4	6.7	4	5.1	4	7	4	7.9
				4.2	—	—	4	6.4	4	7.3	4	5.5	4	7.5	4	8.5
				4.8	—	—	4	6.8	4	7.8	4	5.8	4	7.9	4	9
				5.4	—	—	4	7.2	4	8.2	4	6.1	4	8.3	4	9
				6	—	—	4.2	7.6	4	8.6	4.6	6.3	4	8.7	4	9
				6.6	—	—	4.7	7.9	4	9	5.2	6.6	4	9	4	9
				7.2	—	—	5.3	8.2	4.4	9	5.9	6.8	4	9	4	9
				7.8	—	—	5.9	8.4	4.8	9	6.6	6.9	4.1	9	4	9
				8.4	—	—	6.5	8.6	5.3	9	—	—	4.5	9	4	9
				9	—	—	7.1	8.8	5.8	9	—	—	4.9	9	4.1	9

续表

烈度	层数	层号	层高	抗震横墙间距	与砂浆强度等级对应的房屋宽度限值											
					普通小砌块						轻骨料小砌块					
					M5		M7.5		M10		M5		M7.5		M10	
					下限	上限	下限	上限	下限	上限	下限	上限	下限	上限	下限	上限
9	一	1	3.3	3	—	—	—	—	4	4.4	—	—	4	4.7	4	5.4
				3.6	—	—	—	—	4	4.9	—	—	4	5.1	4	5.9
				4.2	—	—	—	—	4	5.3	—	—	4	5.5	4	6
				4.8	—	—	—	—	4.7	5.6	—	—	4	5.8	4	6
				5	—	—	—	—	5	5.8	—	—	4.2	5.9	4	6
			3.0	3	—	—	—	—	4	4.8	—	—	4	5	4	5.7
				3.6	—	—	—	—	4	5.2	—	—	4	5.4	4	6
				4.2	—	—	—	—	4	5.6	—	—	4	5.8	4	6
				4.8	—	—	—	—	4	6	—	—	4	6	4	6
				5	—	—	—	—	4.3	6	—	—	4	6	4	6
6	二	2	3.6	3~11	4	11	4	11	4	11	4	11	4	11	4	11
		1	3.6	3~9	4	11	4	11	4	11	4	11	4	11	4	11
7	二	2	3.6	3~11	4	11	4	11	4	11	4	11	4	11	4	11
		1	3.6	3	4	8.3	4	11	4	11	4	9.3	4	11	4	11
				3.6	4	9.5	4	11	4	11	4	10.5	4	11	4	11
				4.2	4	10.5	4	11	4	11	4	11	4	11	4	11
				4.8~9	4	11	4	11	4	11	4	11	4	11	4	11
7 (0.15g)	二	2	3.6	3	4	6	4	8	4	9.1	4	7.2	4	9.6	4	10.8
				3.6	4	6.7	4	9	4	10.1	4	7.9	4	10.6	4	11
				4.2	4	7.4	4	9.8	4	11	4	8.6	4	11	4	11
				4.8	4	7.9	4	10.6	4	11	4	9.1	4	11	4	11
				5.4	4	8.4	4	11	4	11	4	9.6	4	11	4	11
				6	4	8.8	4	11	4	11	4	10.1	4	11	4	11
				6.6	4	9.2	4	11	4	11	4	10.4	4	11	4	11
				7.2	4	9.6	4	11	4	11	4	10.8	4	11	4	11
				7.8	4	9.9	4	11	4	11	4	11	4	11	4	11
				8.4	4	10.2	4	11	4	11	4	11	4	11	4	11
				9	4.2	10.5	4	11	4	11	4	11	4	11	4	11
				9.6	4.4	10.8	4	11	4	11	4	11	4	11	4	11
				10.2	4.7	11	4	11	4	11	4	11	4	11	4	11
				11	5.1	11	4	11	4	11	4	11	4	11	4	11

续表

烈度	层数	层号	层高	抗震横墙间距	与砂浆强度等级对应的房屋宽度限值						轻骨料小砌块					
					普通小砌块											
					M5		M7.5		M10		M5		M7.5		M10	
					下限	上限	下限	上限	下限	上限	下限	上限	下限	上限	下限	上限
7 (0.15g)	二	1	3.6	3	4	4.5	4	5.7	4	6.3	4	5.2	4	6.7	4	7.4
				3.6	4	5.1	4	6.5	4	7.2	4	5.9	4	7.6	4	8.4
				4.2	4	5.7	4	7.2	4	8	4	6.5	4	8.3	4	9.2
				4.8	4	6.3	4	7.9	4	8.7	4	7	4	9	4	10
				5.4	4.4	6.7	4	8.5	4	9.4	4	7.5	4	9.6	4	10.7
				6	4.8	7.2	4	9.1	4	10	4	8	4	10.2	4	11
				6.6	5.3	7.6	4	9.6	4	10.6	4	8.4	4	10.7	4	11
				7.2	5.8	8	4.1	10.1	4	11	4.1	8.7	4	11	4	11
				7.8	6.3	8.3	4.4	10.5	4	11	4.5	9	4	11	4	11
				8.4	6.7	8.6	4.8	10.9	4.2	11	4.8	9.3	4	11	4	11
				9	7.2	8.9	5.1	11	4.5	11	5.1	9.6	4	11	4	11
8	二	2	3.3	3	4	4.7	4	6.4	4	7.3	4	5.7	4	7.7	4	8.8
				3.6	4	5.3	4	7.2	4	8.2	4	6.3	4	8.5	4	9
				4.2	4	5.7	4	7.8	4	8.9	4	6.8	4	9	4	9
				4.8	4	6.2	4	8.4	4	9	4	7.2	4	9	4	9
				5.4	4	6.5	4	8.9	4	9	4	7.6	4	9	4	9
				6	4.2	6.8	4	9	4	9	4	7.9	4	9	4	9
				6.6	4.7	7.1	4	9	4	9	4	8.2	4	9	4	9
				7.2	5.1	7.4	4	9	4	9	4	8.4	4	9	4	9
				7.8	5.6	7.6	4	9	4	9	4	8.7	4	9	4	9
				8.4	6	7.9	4.1	9	4	9	4.2	8.9	4	9	4	9
				9	6.5	8.1	4.5	9	4	9	4.6	9	4	9	4	9
		1	3.3	3	—	—	4	4.3	4	4.9	4	4	4	5.2	4	5.8
				3.6	—	—	4	4.9	4	5.5	4	4.5	4	5.9	4	6.6
				4.2	—	—	4	5.5	4	6.1	4	4.9	4	6.4	4	7.2
				4.8	—	—	4.1	6	4	6.7	4	5.3	4	6.9	4	7.8
				5.4	—	—	4.5	6.4	4	7.2	4.4	5.6	4	7.4	4	8.3
				6	—	—	5	6.8	4.4	7.6	5	5.9	4	7.8	4	8.7
				6.6	—	—	5.4	7.2	4.8	8	5.6	6.2	4	8.2	4	9
				7	—	—	5.7	7.4	4	8.3	6	6.4	4.1	8.4	4	9

（14）墙厚为240mm 的空斗墙木楼（屋）盖房屋，与抗震横墙间距 L 对应的房屋宽度 B 的限值宜按表6.6-10采用。

抗震横墙间距和房屋宽度限值（240mm 空斗墙木楼屋盖）（m） 表 6.6-10

烈度	层数	层号	层高	抗震横墙间距	与砂浆强度等级对应的房屋宽度限值								
					M1		M2.5		M5		M7.5		M10	
					下限	上限	下限	上限	下限	上限	下限	上限	下限	上限
6	一	1	4.0	3~7	4	7	4	7	4	7	4	7	4	7
7	一	1	3.6	3	4	6.5	4	7	4	7	4	7	4	7
				3.6~7	4	7	4	7	4	7	4	7	4	7
7 (0.15g)	一	1	3.6	3	—	—	4	5.9	4	7	4	7	4	7
				3.6	—	—	4	6.5	4	7	4	7	4	7
				4.2~7	—	—	4	7	4	7	4	7	4	7
8	一	1	3.3	3	—	—	4	4.7	4	6	4	6	4	6
				3.6	—	—	4	5.1	4	6	4	6	4	6
				4.2	—	—	4	5.6	4	6	4	6	4	6
				4.8	—	—	4	5.9	4	6	4	6	4	6
				5	—	—	4.3	6	4	6	4	6	4	6
8 (0.30g)	一	1	3.3	3	—	—	—	—	—	—	4	5.1	4	6
				3.6	—	—	—	—	—	—	4	5.6	4	6
				4.2~4.8	—	—	—	—	—	—	4	6	4	6
				5	—	—	—	—	—	—	4.3	6	4	6
6	二	2	3.6	3~7	4	7	4	7	4	7	4	7	4	7
		1	3.6	3~5	4	7	4	7	4	7	4	7	4	7
7	二	2	3.0	3	4	4.9	4	7	4	7	4	7	4	7
				3.6	4	5.4	4	7	4	7	4	7	4	7
				4.2	4	5.8	4	7	4	7	4	7	4	7
				4.8	4	6.2	4	7	4	7	4	7	4	7
				5.4	4	6.5	4	7	4	7	4	7	4	7
				6	4	6.8	4	7	4	7	4	7	4	7
				6.6	4.5	7	4	7	4	7	4	7	4	7
				7	4.9	7	4	7	4	7	4	7	4	7
		1	3.0	3	—	—	4	5.4	4	7	4	7	4	7
				3.6	—	—	4	6.1	4	7	4	7	4	7
				4.2	—	—	4	6.7	4	7	4	7	4	7
				4.8~5	—	—	4	7	4	7	4	7	4	7
7 (0.15g)	二	2	3.0	3	—	—	4	4.5	4	6.4	4	7	4	7
				3.6	—	—	4	4.9	4	7	4	7	4	7
				4.2	—	—	4	5.3	4	7	4	7	4	7
				4.8	—	—	4.2	5.7	4	7	4	7	4	7
				5.4	—	—	5	6	4	7	4	7	4	7
				6	—	—	5.9	6.3	4	7	4	7	4	7
				6.6	—	—	7	6.5	4	7	4	7	4	7
				7	—	—	—	—	4	7	4	7	4	7

续表

烈度	层数	层号	层高	抗震横墙间距	与砂浆强度等级对应的房屋宽度限值									
					M1		M2.5		M5		M7.5		M10	
					下限	上限	下限	上限	下限	上限	下限	上限	下限	上限
7 (0.15g)	二	1	3.0	3	—	—	—	—	—	—	4	5.2	4	6.4
				3.6	—	—	—	—	—	—	4	5.8	4	7
				4.2	—	—	—	—	—	—	4	6.4	4	7
				4.8	—	—	—	—	—	—	4	6.9	4	7
				5	—	—	—	—	—	—	4	7	4	7

（15）墙厚为240mm的实心砖墙预应力圆孔板楼（屋）盖房屋，与抗震横墙间距 L 对应的房屋宽度 B 的限值宜按表6.6-11采用。

抗震横墙间距和房屋宽度限值（240mm实心砖墙圆孔板楼屋盖）(m)　　表6.6-11

烈度	层数	层号	层高	抗震横墙间距	与砂浆强度等级对应的房屋宽度限值									
					M1		M2.5		M5		M7.5		M10	
					下限	上限	下限	上限	下限	上限	下限	上限	下限	上限
6	一	1	4.0	3~15	4	15	4	15	4	15	4	15	4	15
7	一	1	4.0	3	4	13.1	4	15	4	15	4	15	4	15
				3.6	4	14.7	4	15	4	15	4	15	4	15
				4.2~15	4	15	4	15	4	15	4	15	4	15
7 (0.15g)	一	1	4.0	3	4	7.6	4	12.2	4	15	4	15	4	15
				3.6	4	8.6	4	13.7	4	15	4	15	4	15
				4.2	4	9.4	4	15	4	15	4	15	4	15
				4.8	4	10.1	4	15	4	15	4	15	4	15
				5.4	4	10.8	4	15	4	15	4	15	4	15
				6	4	11.4	4	15	4	15	4	15	4	15
				6.6	4	11.9	4	15	4	15	4	15	4	15
				7.2	4	12.4	4	15	4	15	4	15	4	15
				7.8	4	12.8	4	15	4	15	4	15	4	15
				8.4	4	13.2	4	15	4	15	4	15	4	15
				9	4	13.6	4	15	4	15	4	15	4	15
				9.6	4	13.9	4	15	4	15	4	15	4	15
				10.2	4.2	14.2	4	15	4	15	4	15	4	15
				10.8	4.5	14.5	4	15	4	15	4	15	4	15
				11.4	4.8	14.8	4	15	4	15	4	15	4	15
				12	5.1	15	4	15	4	15	4	15	4	15
				12.6	5.4	15	4	15	4	15	4	15	4	15
				13.2	5.7	15	4	15	4	15	4	15	4	15
				13.8	6.1	15	4	15	4	15	4	15	4	15
				14.4	6.4	15	4	15	4	15	4	15	4	15
				15	6.8	15	4	15	4	15	4	15	4	15

续表

烈度	层数	层号	层高	抗震横墙间距	与砂浆强度等级对应的房屋宽度限值									
					M1		M2.5		M5		M7.5		M10	
					下限	上限	下限	上限	下限	上限	下限	上限	下限	上限
8	一	1	3.6	3	4	6.2	4	10.1	4	12	4	12	4	12
				3.6	4	6.9	4	11.3	4	12	4	12	4	12
				4.2	4	7.5	4	12	4	12	4	12	4	12
				4.8	4	8.1	4	12	4	12	4	12	4	12
				5.4	4	8.6	4	12	4	12	4	12	4	12
				6	4	9	4	12	4	12	4	12	4	12
				6.6	4	9.4	4	12	4	12	4	12	4	12
				7.2	4.4	9.8	4	12	4	12	4	12	4	12
				7.8	4.9	10.1	4	12	4	12	4	12	4	12
				8.4	5.4	10.4	4	12	4	12	4	12	4	12
				9	5.9	10.6	4	12	4	12	4	12	4	12
				9.6	6.5	10.9	4	12	4	12	4	12	4	12
				10.2	7.1	11.1	4	12	4	12	4	12	4	12
				10.8	7.7	11.3	4	12	4	12	4	12	4	12
				11.4	8.4	11.5	4	12	4	12	4	12	4	12
				12	9.2	11.7	4.2	12	4	12	4	12	4	12
8 (0.30g)	一	1	3.6	3	—	—	4	6.1	4	8.6	4	11.2	4	12
				3.6	—	—	4	6.8	4	9.6	4	12	4	12
				4.2	—	—	4	7.4	4	10.5	4	12	4	12
				4.8	—	—	4	7.9	4	11.3	4	12	4	12
				5.4	—	—	4	8.4	4	12	4	12	4	12
				6	—	—	4	8.8	4	12	4	12	4	12
				6.6	—	—	4	9.2	4	12	4	12	4	12
				7.2	—	—	4.6	9.6	4	12	4	12	4	12
				7.8	—	—	5.1	9.9	4	12	4	12	4	12
				8.4	—	—	5.7	10.2	4	12	4	12	4	12
				9	—	—	6.4	10.4	4	12	4	12	4	12
				9.6	—	—	7.2	10.7	4	12	4	12	4	12
				10.2	—	—	8	10.9	4.3	12	4	12	4	12
				10.8	—	—	8.9	11.1	4.7	12	4	12	4	12
				11.4	—	—	10	11.3	5.1	12	4	12	4	12
				12	—	—	11.1	11.5	5.5	12	4	12	4	12
9	一	1	3.3	3	—	—	4	4.5	4	6	4	6	4	6
				3.6	—	—	4	5	4	6	4	6	4	6
				4.2	—	—	4	5.4	4	6	4	6	4	6
				4.8	—	—	4.4	5.8	4	6	4	6	4	6
				5.4	—	—	5.3	6	4	6	4	6	4	6
				6	—	—	—	—	4	6	4	6	4	6

续表

烈度	层数	层号	层高	抗震横墙间距	与砂浆强度等级对应的房屋宽度限值									
					M1		M2.5		M5		M7.5		M10	
					下限	上限	下限	上限	下限	上限	下限	上限	下限	上限
9	一	1	3.0	3	—	—	4	4.8	4	6	4	6	4	6
				3.6	—	—	4	5.4	4	6	4	6	4	6
				4.2	—	—	4	5.8	4	6	4	6	4	6
				4.8	—	—	4	6	4	6	4	6	4	6
				5.4	—	—	4.5	6	4	6	4	6	4	6
				6	—	—	5.4	6	4	6	4	6	4	6
6	二	2	3.6	3~15	4	15	4	15	4	15	4	15	4	15
		1	3.6	3	4	13.7	4	15	4	15	4	15	4	15
				3.6~11	4	15	4	15	4	15	4	15	4	15
7	二	2	3.6	3	4	9.5	4	15	4	15	4	15	4	15
				3.6	4	10.7	4	15	4	15	4	15	4	15
				4.2	4	11.7	4	15	4	15	4	15	4	15
				4.8	4	12.6	4	15	4	15	4	15	4	15
				5.4	4	13.4	4	15	4	15	4	15	4	15
				6	4	14.1	4	15	4	15	4	15	4	15
				6.6	4	14.8	4	15	4	15	4	15	4	15
				7.2~13.8	4	15	4	15	4	15	4	15	4	15
				14.4	4.2	15	4	15	4	15	4	15	4	15
				15	4.4	15	4	15	4	15	4	15	4	15
		1	3.6	3	4	6.2	4	9.5	4	12.6	4	15	4	15
				3.6	4	7	4	10.7	4	14.4	4	15	4	15
				4.2	4	7.7	4	11.9	4	15	4	15	4	15
				4.8	4	8.4	4	12.9	4	15	4	15	4	15
				5.4	4	9	4	13.9	4	15	4	15	4	15
				6	4	9.6	4	14.7	4	15	4	15	4	15
				6.6	4	10.1	4	15	4	15	4	15	4	15
				7.2	4	10.4	4	15	4	15	4	15	4	15
				7.8	4	11	4	15	4	15	4	15	4	15
				8.4	4.2	11.4	4	15	4	15	4	15	4	15
				9	4.4	11.8	4	15	4	15	4	15	4	15
				9.6	4.8	12.2	4	15	4	15	4	15	4	15
				10.2	5.1	12.5	4	15	4	15	4	15	4	15
				11	5.5	12.9	4	15	4	15	4	15	4	15

续表

烈度	层数	层号	层高	抗震横墙间距	与砂浆强度等级对应的房屋宽度限值									
					M1		M2.5		M5		M7.5		M10	
					下限	上限	下限	上限	下限	上限	下限	上限	下限	上限
7 (0.15g)	二	2	3.6	3	4	5.4	4	8.9	4	12.5	4	15	4	15
				3.6	4	6	4	10	4	14	4	15	4	15
				4.2	4	6.6	4	11	4	15	4	15	4	15
				4.8	4	7.1	4	11.8	4	15	4	15	4	15
				5.4	4	7.6	4	12.6	4	15	4	15	4	15
				6	4	8	4	13.3	4	15	4	15	4	15
				6.6	4.3	8.4	4	13.9	4	15	4	15	4	15
				7.2	4.8	8.7	4	14.4	4	15	4	15	4	15
				7.8	5.3	9	4	15	4	15	4	15	4	15
				8.4	5.8	9.3	4	15	4	15	4	15	4	15
				9	6.4	9.5	4	15	4	15	4	15	4	15
				9.6	7.1	9.8	4	15	4	15	4	15	4	15
				10.2	7.8	10	4	15	4	15	4	15	4	15
				10.8	8.8	10.3	4	15	4	15	4	15	4	15
				11.4	9.3	10.4	4.2	15	4	15	4	15	4	15
				12	10.2	10.6	4.4	15	4	15	4	15	4	15
				12.6	—	—	4.7	15	4	15	4	15	4	15
				13.2	—	—	5	15	4	15	4	15	4	15
				13.8	—	—	5.3	15	4	15	4	15	4	15
				14.4	—	—	5.6	15	4	15	4	15	4	15
				15	—	—	6	15	4	15	4	15	4	15
		1	3.6	3	—	—	4	5.3	4	7.3	4	9.3	4	11.3
				3.6	—	—	4	6	4	8.3	4	10.6	4	12.8
				4.2	—	—	4	6.6	4	9.2	4	11.7	4	14.2
				4.8	—	—	4	7.2	4	10	4	12.7	4	15
				5.4	—	—	4	7.8	4	10.7	4	13.7	4	15
				6	—	—	4	8.2	4	11.4	4	14.5	4	15
				6.6	—	—	4.4	8.7	4	12	4	15	4	15
				7.2	—	—	4.7	9	4	12.4	4	15	4	15
				7.8	—	—	5.3	9.5	4	13.1	4	15	4	15
				8.4	—	—	5.8	9.8	4	13.6	4	15	4	15
				9	—	—	6.3	10.1	4.1	14	4	15	4	15
				9.6	—	—	6.8	10.4	4.4	14.4	4	15	4	15
				10.2	—	—	7.3	10.7	4.7	14.8	4	15	4	15
				11	—	—	8.1	11	5.1	15	4	15	4	15

续表

烈度	层数	层号	层高	抗震横墙间距	与砂浆强度等级对应的房屋宽度限值									
					M1		M2.5		M5		M7.5		M10	
					下限	上限	下限	上限	下限	上限	下限	上限	下限	上限
8	二	2	3.3	3	4	4.2	4	7.2	4	10.2	4	12	4	12
				3.6	4	4.7	4	8.1	4	11.4	4	12	4	12
				4.2	4	5.2	4	8.8	4	12	4	12	4	12
				4.8	4.2	5.5	4	9.5	4	12	4	12	4	12
				5.4	4.9	5.9	4	10.1	4	12	4	12	4	12
				6	5.8	6.2	4	10.6	4	12	4	12	4	12
				6.6	—	—	4	11.1	4	12	4	12	4	12
				7.2	—	—	4	11.5	4	12	4	12	4	12
				7.8	—	—	4	11.9	4	12	4	12	4	12
				8.4	—	—	4	12	4	12	4	12	4	12
				9	—	—	4.4	12	4	12	4	12	4	12
				9.6	—	—	4.8	12	4	12	4	12	4	12
				10.2	—	—	5.2	12	4	12	4	12	4	12
				10.8	—	—	5.9	12	4	12	4	12	4	12
				11.4	—	—	6.2	12	4	12	4	12	4	12
				12	—	—	6.7	12	4	12	4	12	4	12
		1	3.3	3	—	—	4	4.1	4	5.8	4	7.5	4	9.2
				3.6	—	—	4	4.6	4	6.6	4	8.5	4	10.4
				4.2	—	—	4	5.1	4	7.3	4	9.4	4	11.5
				4.8	—	—	4.4	5.6	4	7.9	4	10.2	4	12
				5.4	—	—	5.1	5.9	4	8.4	4	10.9	4	12
				6	—	—	5.8	6.3	4	8.9	4	11.6	4	12
				6.6	—	—	6.6	6.6	4	9.4	4	12	4	12
				7.2	—	—	—	—	4.3	9.7	4	12	4	12
				7.8	—	—	—	—	4.8	10.2	4	12	4	12
				8.4	—	—	—	—	5.3	10.6	4	12	4	12
				9	—	—	—	—	5.8	10.9	4.1	12	4	12
8 (0.30g)	二	2	3.3	3	—	—	4	4.2	4	6.1	4	8.1	4	10.1
				3.6	—	—	4	4.7	4	6.9	4	9.1	4	11.3
				4.2	—	—	4	5.1	4	7.5	4	9.9	4	12
				4.8	—	—	4.9	5.5	4	8.1	4	10.7	4	12
				5.4	—	—	—	—	4	8.6	4	11.3	4	12
				6	—	—	—	—	4	9	4	11.9	4	12
				6.6	—	—	—	—	4.2	9.4	4	12	4	12
				7.2	—	—	—	—	4.8	9.7	4	12	4	12
				7.8	—	—	—	—	5.4	10.1	4	12	4	12
				8.4	—	—	—	—	6.1	10.4	4	12	4	12
				9	—	—	—	—	6.9	10.6	4.3	12	4	12
				9.6	—	—	—	—	7.8	10.9	4.7	12	4	12
				10.2	—	—	—	—	8.8	11.1	5.2	12	4.1	12
				10.8	—	—	—	—	10.3	11.4	5.9	12	4.3	12
				11.4	—	—	—	—	11.2	11.5	6.2	12	4.7	12
				12	—	—	—	—	—	—	6.8	12	4	12

续表

烈度	层数	层号	层高	抗震横墙间距	与砂浆强度等级对应的房屋宽度限值									
					M1		M2.5		M5		M7.5		M10	
					下限	上限	下限	上限	下限	上限	下限	上限	下限	上限
8 (0.30Fg)	二	1	3.3	3	—	—	—	—	—	—	4	4.3	4	5.4
				3.6	—	—	—	—	—	—	4	4.8	4	6.1
				4.2	—	—	—	—	—	—	4	5.3	4	6.7
				4.8	—	—	—	—	—	—	4.6	5.8	4	7.3
				5.4	—	—	—	—	—	—	5.3	6.2	4	7.8
				6	—	—	—	—	—	—	6.2	6.6	4.3	8.3
				6.6	—	—	—	—	—	—	—	—	4.9	8.7
				7.2	—	—	—	—	—	—	—	—	5.3	9
				7.8	—	—	—	—	—	—	—	—	6.2	9.5
				8.4	—	—	—	—	—	—	—	—	6.9	9.8
				9	—	—	—	—	—	—	—	—	7.6	10.1

（16）墙厚为370mm的实心砖墙预应力圆孔板楼（屋）盖房屋（单开间），与抗震横墙间距 L 对应的房屋宽度 B 的限值宜按表6.6-12采用。

抗震横墙间距和房屋宽度限值（370mm实心砖墙圆孔板楼屋盖）（m）　　表6.6-12

烈度	层数	层号	层高	抗震横墙间距	与砂浆强度等级对应的房屋宽度限值									
					M1		M2.5		M5		M7.5		M10	
					下限	上限	下限	上限	下限	上限	下限	上限	下限	上限
6	一	1	4.0	3~15	4	15	4	15	4	15	4	15	4	15
7	一	1	4.0	3	4	14.9	4	15	4	15	4	15	4	15
				3.6~15	4	15	4	15	4	15	4	15	4	15
7 (0.15g)	一	1	4.0	3	4	8.7	4	13.9	4	15	4	15	4	15
				3.6	4	9.9	4	15	4	15	4	15	4	15
				4.2	4	11.1	4	15	4	15	4	15	4	15
				4.8	4	12.1	4	15	4	15	4	15	4	15
				5.4	4	13	4	15	4	15	4	15	4	15
				6	4	13.9	4	15	4	15	4	15	4	15
				6.6	4	14.7	4	15	4	15	4	15	4	15
				7.2~15	4	15	4	15	4	15	4	15	4	15
8	一	1	3.6	3	4	7.1	4	11.6	4	12	4	12	4	12
				3.6	4	8.1	4	12	4	12	4	12	4	12
				4.2	4	9	4	12	4	12	4	12	4	12
				4.8	4	9.8	4	12	4	12	4	12	4	12
				5.4	4	10.5	4	12	4	12	4	12	4	12
				6	4	11.2	4	12	4	12	4	12	4	12
				6.6	4	11.8	4	12	4	12	4	12	4	12
				7.2~12	4	12	4	12	4	12	4	12	4	12

续表

烈度	层数	层号	层高	抗震横墙间距	与砂浆强度等级对应的房屋宽度限值									
					M1		M2.5		M5		M7.5		M10	
					下限	上限	下限	上限	下限	上限	下限	上限	下限	上限
8 (0.30g)	一	1	3.6	3	4	4	4	7	4	9.9	4	12	4	12
				3.6	4	4.5	4	7.9	4	11.3	4	12	4	12
				4.2	4	5	4	8.8	4	12	4	12	4	12
				4.8	4	5.5	4	9.6	4	12	4	12	4	12
				5.4	4	5.9	4	10.3	4	12	4	12	4	12
				6	4	6.3	4	10.9	4	12	4	12	4	12
				6.6	4	6.6	4	11.5	4	12	4	12	4	12
				7.2	4	6.9	4	12	4	12	4	12	4	12
				7.8	4.5	7.2	4	12	4	12	4	12	4	12
				8.4	4.9	7.5	4	12	4	12	4	12	4	12
				9	5.4	7.7	4	12	4	12	4	12	4	12
				9.6	6	8	4	12	4	12	4	12	4	12
				10.2	6.5	8.2	4	12	4	12	4	12	4	12
				10.8	7.1	8.4	4	12	4	12	4	12	4	12
				11.4	7.7	8.6	4	12	4	12	4	12	4	12
				12	8.4	8.7	4	12	4	12	4	12	4	12
9	一	1	3.3	3	—	—	4	5.2	4	6	4	6	4	6
				3.6	—	—	4	5.9	4	6	4	6	4	6
				4.2	—	—	4	6	4	6	4	6	4	6
				4.8~5.4	—	—	4	6	4.1	6	4	6	4	6
				6	—	—	4	6	4.8	6	4	6	4	6
			3.0	3	—	—	4	5.7	4	6	4	6	4	6
				3.6~6	—	—	4	6	4	6	4	6	4	6
6	二	2	3.6	3~15	4	15	4	15	4	15	4	15	4	15
		1	3.6	3~11	4	11	4	11	4	11	4	11	4	11
7	二	2	3.6	3	4	10.8	4	15	4	15	4	15	4	15
				3.6	4	12.4	4	15	4	15	4	15	4	15
				4.2	4	13.8	4	15	4	15	4	15	4	15
				4.8~15	4	15	4	15	4	15	4	15	4	15
		1	3.6	3	4	6.8	4	10.5	4	14	4	15	4	15
				3.6	4	7.9	4	12.1	4	15	4	15	4	15
				4.2	4	8.9	4	13.6	4	15	4	15	4	15
				4.8	4	9.8	4	15	4	15	4	15	4	15
				5.4	4	10.6	4	15	4	15	4	15	4	15
				6	4	11.4	4	15	4	15	4	15	4	15
				6.6	4	12.1	4	15	4	15	4	15	4	15
				7.2	4	12.6	4	15	4	15	4	15	4	15
				7.8	4	13.4	4	15	4	15	4	15	4	15
				8.4	4	14	4	15	4	15	4	15	4	15
				9	4	14.6	4	15	4	15	4	15	4	15
				9.6	4	15	4	15	4	15	4	15	4	15
				10.2	4	15	4	15	4	15	4	15	4	15
				11	4	15	4	15	4	15	4	15	4	15

续表

烈度	层数	层号	层高	抗震横墙间距	与砂浆强度等级对应的房屋宽度限值									
					M1		M2.5		M5		M7.5		M10	
					下限	上限	下限	上限	下限	上限	下限	上限	下限	上限
7 (15g)	二	2	3.6	3	4	6.1	4	10.2	4	14.2	4	15	4	15
				3.6	4	7	4	11.6	4	15	4	15	4	15
				4.2	4	7.8	4	12.9	4	15	4	15	4	15
				4.8	4	8.5	4	14.1	4	15	4	15	4	15
				5.4	4	9.2	4	15	4	15	4	15	4	15
				6	4	9.8	4	15	4	15	4	15	4	15
				6.6	4	10.3	4	15	4	15	4	15	4	15
				7.2	4	10.8	4	15	4	15	4	15	4	15
				7.8	4	11.3	4	15	4	15	4	15	4	15
				8.4	4	11.8	4	15	4	15	4	15	4	15
				9	4	12.2	4	15	4	15	4	15	4	15
				9.6	4	12.6	4	15	4	15	4	15	4	15
				10.2	4	12.9	4	15	4	15	4	15	4	15
				10.8	4	13.4	4	15	4	15	4	15	4	15
				11.4	4	13.6	4	15	4	15	4	15	4	15
				12	4.2	13.9	4	15	4	15	4	15	4	15
				12.6	4.4	14.2	4	15	4	15	4	15	4	15
				13.2	4.7	14.4	4	15	4	15	4	15	4	15
				13.8	4.9	14.7	4	15	4	15	4	15	4	15
				14.4	5.2	14.9	4	15	4	15	4	15	4	15
				15	5.5	15	4	15	4	15	4	15	4	15
		1	3.6	3	—	—	4	5.9	4	8.1	4	10.3	4	12.5
				3.6	4	4.1	4	6.8	4	9.4	4	11.9	4	14.5
				4.2	4	4.6	4	7.6	4	10.5	4	13.4	4	15
				4.8	4	5	4	8.4	4	11.6	4	14.8	4	15
				5.4	4	5.5	4	9.1	4	12.6	4	15	4	15
				6	4	5.9	4	9.8	4	13.5	4	15	4	15
				6.6	4.2	6.3	4	10.4	4	15	4	15	4	15
				7.2	4.5	6.5	4	10.8	4	15	4	15	4	15
				7.8	5	6.9	4	11.5	4	15	4	15	4	15
				8.4	5.5	7.3	4	12	4	15	4	15	4	15
				9	5.9	7.5	4	12.5	4	15	4	15	4	15
				9.6	6.4	7.8	4	13	4	15	4	15	4	15
				10.2	6.9	8.1	4	13.4	4	15	4	15	4	15
				11	7.5	8.4	4	14	4	15	4	15	4	15

续表

烈度	层数	层号	层高	抗震横墙间距	与砂浆强度等级对应的房屋宽度限值									
					M1		M2.5		M5		M7.5		M10	
					下限	上限	下限	上限	下限	上限	下限	上限	下限	上限
8	二	2	3.3	3	4	4.9	4	8.3	4	11.8	4	12	4	12
				3.6	4	5.5	4	9.5	4	12	4	12	4	12
				4.2	4	6.1	4	10.5	4	12	4	12	4	12
				4.8	4	6.7	4	11.5	4	12	4	12	4	12
				5.4	4	7.2	4	12	4	12	4	12	4	12
				6	4	7.6	4	12	4	12	4	12	4	12
				6.6	4	8.1	4	12	4	12	4	12	4	12
				7.2	4	8.4	4	12	4	12	4	12	4	12
				7.8	4	8.8	4	12	4	12	4	12	4	12
				8.4	4	9.1	4	12	4	12	4	12	4	12
				9	4	9.4	4	12	4	12	4	12	4	12
				9.6	4.3	9.7	4	12	4	12	4	12	4	12
				10.2	4.7	10	4	12	4	12	4	12	4	12
				10.8	5.2	10.3	4	12	4	12	4	12	4	12
				11.4	5.4	10.5	4	12	4	12	4	12	4	12
				12	5.8	10.7	4	12	4	12	4	12	4	12
		1	3.3	3	—	—	4	4.6	4	6.5	4	8.4	4	10.3
				3.6	—	—	4	5.3	4	7.5	4	9.7	4	11.9
				4.2	—	—	4	5.9	4	8.4	4	10.8	4	12
				4.8	—	—	4	6.5	4	9.2	4	11.9	4	12
				5.4	—	—	4	7	4	10	4	12	4	12
				6	—	—	4	7.5	4	10.7	4	12	4	12
				6.6	—	—	4	8	4	11.4	4	12	4	12
				7.2	—	—	4	8.3	4	11.8	4	12	4	12
				7.8	—	—	4	8.9	4	12	4	12	4	12
				8.4	—	—	4	9.2	4	12	4	12	4	12
				9	—	—	4.3	9.6	4	12	4	12	4	12
8 (0.30g)	二	2	3.3	3	—	—	4	4.8	4	7.1	4	9.4	4	11.6
				3.6	—	—	4	5.5	4	8.1	4	10.6	4	12
				4.2	—	—	4	6.1	4	8.9	4	11.8	4	12
				4.8	—	—	4	6.6	4	9.7	4	12	4	12
				5.4	—	—	4	7.1	4	10.5	4	12	4	12
				6	—	—	4	7.5	4	11.1	4	12	4	12
				6.6	—	—	4	7.9	4	11.7	4	12	4	12
				7.2	—	—	4	8.3	4	12	4	12	4	12
				7.8	—	—	4	8.7	4	12	4	12	4	12
				8.4	—	—	4	9	4	12	4	12	4	12
				9	—	—	4.3	9.3	4	12	4	12	4	12
				9.6	—	—	4.7	9.6	4	12	4	12	4	12
				10.2	—	—	5.1	9.8	4	12	4	12	4	12
				10.8	—	—	5.7	10.2	4	12	4	12	4	12
				11.4	—	—	6	10.3	4	12	4	12	4	12
				12	—	—	6.5	10.5	4	12	4	12	4	12

续表

烈度	层数	层号	层高	抗震横墙间距	与砂浆强度等级对应的房屋宽度限值									
					M1		M2.5		M5		M7.5		M10	
					下限	上限	下限	上限	下限	上限	下限	上限	下限	上限
8 (0.30g)	二	1	3.3	3	—	—	—	—	—	—	4	4.8	4	6
				3.6	—	—	—	—	4	4.1	4	5.5	4	7
				4.2	—	—	—	—	4	4.6	4	6.2	4	7.8
				4.8	—	—	—	—	4	5	4	6.8	4	8.6
				5.4	—	—	—	—	4	5.4	4	7.4	4	9.3
				6	—	—	—	—	4	5.8	4	7.9	4	9.9
				6.6	—	—	—	—	4.2	6.2	4	8.4	4	10.5
				7.2	—	—	—	—	4.6	6.4	4	8.7	4	10.9
				7.8	—	—	—	—	5.2	6.8	4	9.3	4	11.7
				8.4	—	—	—	—	5.7	7.1	4	9.7	4	12
				9	—	—	—	—	6.3	7.4	4.3	10	4	12

（17）外墙厚为370mm、内墙厚为240mm的实心砖墙预应力圆孔板楼（屋）盖房屋，与抗震横墙间距L对应的房屋宽度B的限值宜按表6.6-13采用。

抗震横墙间距和房屋宽度限值（外370mm，内240mm实心砖墙圆孔板楼屋盖）（m）

表6.6-13

烈度	层数	层号	层高	抗震横墙间距	与砂浆强度等级对应的房屋宽度限值									
					M1		M2.5		M5		M7.5		M10	
					下限	上限	下限	上限	下限	上限	下限	上限	下限	上限
6	一	1	4.0	3~15	4	15	4	15	4	15	4	15	4	15
7	一	1	4.0	3~15	4	15	4	15	4	15	4	15	4	15
7 (0.15g)	一	1	4.0	3	4	11.4	4	15	4	15	4	15	4	15
				3.6	4	12.8	4	15	4	15	4	15	4	15
				4.2	4	14.1	4	15	4	15	4	15	4	15
				4.8~7.2	4	15	4	15	4	15	4	15	4	15
				7.8	4.3	15	4	15	4	15	4	15	4	15
				8.4	4.7	15	4	15	4	15	4	15	4	15
				9	5	15	4	15	4	15	4	15	4	15
				9.6	5.4	15	4	15	4	15	4	15	4	15
				10.2	5.8	15	4	15	4	15	4	15	4	15
				10.8	6.2	15	4	15	4	15	4	15	4	15
				11.4	6.5	15	4	15	4	15	4	15	4	15
				12	6.9	15	4	15	4	15	4	15	4	15
				12.6	7.3	15	4	15	4	15	4	15	4	15
				13.2	7.8	15	4.2	15	4	15	4	15	4	15
				13.8	8.2	15	4.4	15	4	15	4	15	4	15
				14.4	8.6	15	4.6	15	4	15	4	15	4	15
				15	9.1	15	4.8	15	4	15	4	15	4	15

续表

烈度	层数	层号	层高	抗震横墙间距	与砂浆强度等级对应的房屋宽度限值									
					M1		M2.5		M5		M7.5		M10	
					下限	上限	下限	上限	下限	上限	下限	上限	下限	上限
8	一	1	3.6	3	4	9.2	4	12	4	12	4	12	4	12
				3.6	4	10.3	4	12	4	12	4	12	4	12
				4.2	4	11.3	4	12	4	12	4	12	4	12
				4.8	4	12	4	12	4	12	4	12	4	12
				5.4	4	12	4	12	4	12	4	12	4	12
				6	4.4	12	4	12	4	12	4	12	4	12
				6.6	4.9	12	4	12	4	12	4	12	4	12
				7.2	5.4	12	4	12	4	12	4	12	4	12
				7.8	6	12	4	12	4	12	4	12	4	12
				8.4	6.5	12	4	12	4	12	4	12	4	12
				9	7.1	12	4	12	4	12	4	12	4	12
				9.6	7.7	12	4	12	4	12	4	12	4	12
				10.2	8.4	12	4.2	12	4	12	4	12	4	12
				10.8	9.1	12	4.4	12	4	12	4	12	4	12
				11.4	9.8	12	4.7	12	4	12	4	12	4	12
				12	10.5	12	5	12	4	12	4	12	4	12
8 (0.30g)	一	1	3.6	3	—	—	4	9	4	12	4	12	4	12
				3.6	—	—	4	10.1	4	12	4	12	4	12
				4.2	—	—	4	11	4	12	4	12	4	12
				4.8	—	—	4	11.9	4	12	4	12	4	12
				5.4	—	—	4.5	12	4	12	4	12	4	12
				6	—	—	5.1	12	4	12	4	12	4	12
				6.6	—	—	5.8	12	4	12	4	12	4	12
				7.2	—	—	6.5	12	4	12	4	12	4	12
				7.8	—	—	7.2	12	4.2	12	4	12	4	12
				8.4	—	—	8.1	12	4.7	12	4	12	4	12
				9	—	—	8.9	12	5.1	12	4	12	4	12
				9.6	—	—	9.9	12	5.5	12	4	12	4	12
				10.2	—	—	10.9	12	6	12	4.1	12	4	12
				10.8	—	—	—	—	6.4	12	4.4	12	4	12
				11.4	—	—	—	—	6.9	12	4.7	12	4	12
				12	—	—	—	—	7.5	12	5.1	12	4	12
9	一	1	3.3	3	—	—	4	6	4	6	4	6	4	6
				3.6	—	—	4.4	6	4	6	4	6	4	6
				4.2	—	—	5.4	6	4	6	4	6	4	6
				4.8	—	—	—	—	4	6	4	6	4	6
				5.4	—	—	—	—	4.1	6	4	6	4	6
				6	—	—	—	—	4.8	6	4	6	4	6

续表

烈度	层数	层号	层高	抗震横墙间距	与砂浆强度等级对应的房屋宽度限值									
					M1		M2.5		M5		M7.5		M10	
					下限	上限	下限	上限	下限	上限	下限	上限	下限	上限
9	一	1	3.0	3~3.6	—	—	4	6	4	6	4	6	4	6
				4.2	—	—	4.6	6	4	6	4	6	4	6
				4.8	—	—	5.5	6	4	6	4	6	4	6
				5.4	—	—	—	—	4	6	4	6	4	6
				6	—	—	—	—	4.1	6	4	6	4	6
6	二	2	3.6	3~15	4	15	4	15	4	15	4	15	4	15
		1	3.6	3~11	4	15	4	15	4	15	4	15	4	15
7	二	2	3.6	3	4	14.1	4	15	4	15	4	15	4	15
				3.6~10.2	4	15	4	15	4	15	4	15	4	15
				10.8	4.3	15	4	15	4	15	4	15	4	15
				11.4	4.5	15	4	15	4	15	4	15	4	15
				12	4.7	15	4	15	4	15	4	15	4	15
				12.6	4.9	15	4	15	4	15	4	15	4	15
				13.2	5.2	15	4	15	4	15	4	15	4	15
				13.8	5.4	15	4	15	4	15	4	15	4	15
				14.4	5.7	15	4	15	4	15	4	15	4	15
				15	5.9	15	4	15	4	15	4	15	4	15
		1	3.6	3	4	9.1	4	14	4	15	4	15	4	15
				3.6	4	10.4	4	15	4	15	4	15	4	15
				4.2	4	11.5	4	15	4	15	4	15	4	15
				4.8	4	12.5	4	15	4	15	4	15	4	15
				5.4	4	13.5	4	15	4	15	4	15	4	15
				6	4.4	14.3	4	15	4	15	4	15	4	15
				6.6	4.8	15	4	15	4	15	4	15	4	15
				7.2	5	15	4	15	4	15	4	15	4	15
				7.8	5.6	15	4	15	4	15	4	15	4	15
				8.4	6	15	4	15	4	15	4	15	4	15
				9	6.4	15	4	15	4	15	4	15	4	15
				9.6	6.8	15	4	15	4	15	4	15	4	15
				10.2	7.2	15	4.2	15	4	15	4	15	4	15
				11	7.7	15	4.5	15	4	15	4	15	4	15

续表

烈度	层数	层号	层高	抗震横墙间距	与砂浆强度等级对应的房屋宽度限值									
					M1		M2.5		M5		M7.5		M10	
					下限	上限	下限	上限	下限	上限	下限	上限	下限	上限
7 (15g)	二	2	3.6	3	4	8	4	13.3	4	15	4	15	4	15
				3.6	4	9	4	14.9	4	15	4	15	4	15
				4.2	4	9.9	4	15	4	15	4	15	4	15
				4.8	4.3	10.6	4	15	4	15	4	15	4	15
				5.4	4.9	11.3	4	15	4	15	4	15	4	15
				6	5.5	12	4	15	4	15	4	15	4	15
				6.6	6.2	12.6	4	15	4	15	4	15	4	15
				7.2	6.8	13.1	4	15	4	15	4	15	4	15
				7.8	7.6	13.5	4	15	4	15	4	15	4	15
				8.4	8.3	14	4.1	15	4	15	4	15	4	15
				9	9.1	14.4	4.4	15	4	15	4	15	4	15
				9.6	9.9	14.7	4.7	15	4	15	4	15	4	15
				10.2	10.8	15	5.1	15	4	15	4	15	4	15
				10.8	12.1	15	5.5	15	4	15	4	15	4	15
				11.4	12.7	15	5.7	15	4	15	4	15	4	15
				12	13.8	15	6.1	15	4	15	4	15	4	15
				12.6	14.9	15	6.5	15	4.2	15	4	15	4	15
				13.2	—	—	6.8	15	4.4	15	4	15	4	15
				13.8	—	—	7.2	15	4.7	15	4	15	4	15
				14.4	—	—	7.6	15	4.9	15	4	15	4	15
				15	—	—	8	15	5.1	15	4	15	4	15
		1	3.6	3	—	—	4	7.8	4	10.8	4	13.8	4	15
				3.6	—	—	4	8.9	4	12.3	4	15	4	15
				4.2	—	—	4.1	9.9	4	13.7	4	15	4	15
				4.8	—	—	4.7	10.8	4	14.9	4	15	4	15
				5.4	—	—	5.3	11.6	4	15	4	15	4	15
				6	—	—	5.9	12.3	4	15	4	15	4	15
				6.6	—	—	6.5	13	4.2	15	4	15	4	15
				7.2	—	—	6.9	13.4	4.5	15	4	15	4	15
				7.8	—	—	7.8	14.2	5	15	4	15	4	15
				8.4	—	—	8.5	14.7	5.4	15	4	15	4	15
				9	—	—	9.1	15	5.8	15	4.3	15	4	15
				9.6	—	—	9.8	15	6.2	15	4.6	15	4	15
				10.2	—	—	10.6	15	6.6	15	4.9	15	4	15
				11	—	—	11.6	15	7.2	15	5.3	15	4.2	15

续表

烈度	层数	层号	层高	抗震横墙间距	与砂浆强度等级对应的房屋宽度限值									
					M1		M2.5		M5		M7.5		M10	
					下限	上限	下限	上限	下限	上限	下限	上限	下限	上限
8	二	2	3.3	3	4	6.3	4	10.7	4	12	4	12	4	12
				3.6	4.4	7	4	12	4	12	4	12	4	12
				4.2	5.4	7.7	4	12	4	12	4	12	4	12
				4.8	6.3	8.3	4	12	4	12	4	12	4	12
				5.4	7.4	8.8	4	12	4	12	4	12	4	12
				6	8.6	9.3	4	12	4	12	4	12	4	12
				6.6	—	—	4.2	12	4	12	4	12	4	12
				7.2	—	—	4.7	12	4	12	4	12	4	12
				7.8	—	—	5.1	12	4	12	4	12	4	12
				8.4	—	—	5.6	12	4	12	4	12	4	12
				9	—	—	6.1	12	4	12	4	12	4	12
				9.6	—	—	6.7	12	4.1	12	4	12	4	12
				10.2	—	—	7.2	12	4.4	12	4	12	4	12
				10.8	—	—	8	12	4.8	12	4	12	4	12
				11.4	—	—	8.4	12	5	12	4	12	4	12
				12	—	—	9.1	12	5.4	12	4	12	4	12
		1	3.3	3	—	—	4.1	6.1	4	8.6	4	11.1	4	12
				3.6	—	—	5	6.9	4	9.8	4	12	4	12
				4.2	—	—	5.9	7.6	4	10.8	4	12	4	12
				4.8	—	—	6.9	8.3	4.1	11.7	4	12	4	12
				5.4	—	—	7.9	8.9	4.7	12	4	12	4	12
				6	—	—	9	9.4	5.2	12	4	12	4	12
				6.6	—	—	—	—	5.8	12	4.1	12	4	12
				7.2	—	—	—	—	6.2	12	4.4	12	4	12
				7.8	—	—	—	—	7	12	4.9	12	4	12
				8.4	—	—	—	—	7.7	12	5.4	12	4.1	12
				9	—	—	—	—	8.3	12	5.8	12	4.5	12
8 (0.30g)	二	2	3.3	3	—	—	4	6.2	4	9.1	4	12	4	12
				3.6	—	—	5	6.9	4	10.2	4	12	4	12
				4.2	—	—	6.2	7.6	4	11.2	4	12	4	12
				4.8	—	—	7.5	8.2	4	12	4	12	4	12
				5.4	—	—	—	—	4.6	12	4	12	4	12
				6	—	—	—	—	5.3	12	4	12	4	12
				6.6	—	—	—	—	6	12	4	12	4	12
				7.2	—	—	—	—	6.8	12	4.4	12	4	12
				7.8	—	—	—	—	7.7	12	4.9	12	4	12
				8.4	—	—	—	—	8.6	12	5.4	12	4	12
				9	—	—	—	—	9.7	12	6	12	4.3	12
				9.6	—	—	—	—	10.8	12	6.5	12	4.7	12
				10.2	—	—	—	—	—	—	7.1	12	5.1	12
				10.8	—	—	—	—	—	—	8	12	5.6	12
				11.4	—	—	—	—	—	—	8.4	12	5.9	12
				12	—	—	—	—	—	—	9.2	12	6.4	12

续表

烈度	层数	层号	层高	抗震横墙间距	与砂浆强度等级对应的房屋宽度限值									
					M1		M2.5		M5		M7.5		M10	
					下限	上限	下限	上限	下限	上限	下限	上限	下限	上限
8 (0.30)	二	1	3.3	3	—	—	—	—	—	—	4.1	6.3	4	8
				3.6	—	—	—	—	—	—	5	7.2	4	9
				4.2	—	—	—	—	—	—	6	7.9	4.3	10
				4.8	—	—	—	—	—	—	7.1	8.6	5	10.9
				5.4	—	—	—	—	—	—	8.3	9.3	5.7	11.7
				6	—	—	—	—	—	—	9.6	9.8	6.5	12
				6.6	—	—	—	—	—	—	—	—	7.3	12
				7.2	—	—	—	—	—	—	—	—	7.9	12
				7.8	—	—	—	—	—	—	—	—	9.1	12
				8.4	—	—	—	—	—	—	—	—	10.1	12
				9	—	—	—	—	—	—	—	—	11.2	12

（18）墙厚为240mm的多孔砖墙预应力圆孔板楼（屋）盖房屋，与抗震横墙间距 L 对应的房屋宽度 B 的限值宜按表6.6-14采用。

抗震横墙间距和房屋宽度限值（240mm多孔砖墙圆孔板楼屋盖）（m）　　表6.6-14

烈度	层数	层号	层高	抗震横墙间距	与砂浆强度等级对应的房屋宽度限值									
					M1		M2.5		M5		M7.5		M10	
					下限	上限	下限	上限	下限	上限	下限	上限	下限	上限
6	一	1	4.0	3~15	4	15	4	15	4	15	4	15	4	15
7	一	1	4.0	3	4	14	4	15	4	15	4	15	4	15
				3.6~15	4	15	4	15	4	15	4	15	4	15
7 (0.15g)	一	1	4.0	3	4	8.3	4	13.2	4	15	4	15	4	15
				3.6	4	9.2	4	14.7	4	15	4	15	4	15
				4.2	4	10.1	4	15	4	15	4	15	4	15
				4.8	4	10.8	4	15	4	15	4	15	4	15
				5.4	4	11.4	4	15	4	15	4	15	4	15
				6	4	12	4	15	4	15	4	15	4	15
				6.6	4	12.5	4	15	4	15	4	15	4	15
				7.2	4	13	4	15	4	15	4	15	4	15
				7.8	4	13.4	4	15	4	15	4	15	4	15
				8.4	4	13.8	4	15	4	15	4	15	4	15
				9	4	14.2	4	15	4	15	4	15	4	15
				9.6	4	14.5	4	15	4	15	4	15	4	15
				10.2	4	14.8	4	15	4	15	4	15	4	15
				10.8	4	15	4	15	4	15	4	15	4	15
				11.4	4.1	15	4	15	4	15	4	15	4	15
				12	4.4	15	4	15	4	15	4	15	4	15
				12.6	4.7	15	4	15	4	15	4	15	4	15
				13.2	5	15	4	15	4	15	4	15	4	15
				13.8	5.3	15	4	15	4	15	4	15	4	15
				14.4	5.6	15	4	15	4	15	4	15	4	15
				15	5.9	15	4	15	4	15	4	15	4	15

续表

烈度	层数	层号	层高	抗震横墙间距	与砂浆强度等级对应的房屋宽度限值									
					M1		M2.5		M5		M7.5		M10	
					下限	上限	下限	上限	下限	上限	下限	上限	下限	上限
8	一	1	3.6	3	4	6.7	4	10.9	4	12	4	12	4	12
				3.6	4	7.4	4	12	4	12	4	12	4	12
				4.2	4	8.1	4	12	4	12	4	12	4	12
				4.8	4	8.6	4	12	4	12	4	12	4	12
				5.4	4	9.1	4	12	4	12	4	12	4	12
				6	4	9.6	4	12	4	12	4	12	4	12
				6.6	4	10	4	12	4	12	4	12	4	12
				7.2	4	10.3	4	12	4	12	4	12	4	12
				7.8	4	10.6	4	12	4	12	4	12	4	12
				8.4	4	10.9	4	12	4	12	4	12	4	12
				9	4.4	11.2	4	12	4	12	4	12	4	12
				9.6	4.8	11.4	4	12	4	12	4	12	4	12
				10.2	5.2	11.6	4	12	4	12	4	12	4	12
				10.8	5.7	11.8	4	12	4	12	4	12	4	12
				11.4	6.2	12	4	12	4	12	4	12	4	12
				12	6.7	12	4.3	12	4	12	4	12	4	12
8 (0.30g)	一	1	3.6	3	—	—	4	6.6	4	9.4	4	12	4	12
				3.6	4	4.3	4	7.4	4	10.4	4	12	4	12
				4.2	4.3	4.6	4	8	4	11.3	4	12	4	12
				4.8	—	—	4	8.5	4	12	4	12	4	12
				5.4	—	—	4	9	4	12	4	12	4	12
				6	—	—	4	9.5	4	12	4	12	4	12
				6.6	—	—	4	9.8	4	12	4	12	4	12
				7.2	—	—	4	10.2	4	12	4	12	4	12
				7.8	—	—	4.4	10.5	4	12	4	12	4	12
				8.4	—	—	4.9	10.8	4	12	4	12	4	12
				9	—	—	5.5	11	4	12	4	12	4	12
				9.6	—	—	6.1	11.3	4	12	4	12	4	12
				10.2	—	—	6.8	11.5	4	12	4	12	4	12
				10.8	—	—	7.5	11.7	4.1	12	4	12	4	12
				11.4	—	—	8.4	11.9	4.4	12	4	12	4	12
				12	—	—	9.3	12	4.8	12	4	12	4	12
9	一	1	3.3	3	—	—	4	4.9	4	6	4	6	4	6
				3.6	—	—	4	5.4	4	6	4	6	4	6
				4.2	—	—	4	5.9	4	6	4	6	4	6
				4.8	—	—	4	6	4	6	4	6	4	6
				5.4	—	—	4.4	6	4	6	4	6	4	6
				6	—	—	5.3	6	4	6	4	6	4	6

续表

烈度	层数	层号	层高	抗震横墙间距	与砂浆强度等级对应的房屋宽度限值									
					M1		M2.5		M5		M7.5		M10	
					下限	上限	下限	上限	下限	上限	下限	上限	下限	上限
9	一	1	3.0	3	—	—	4	5.3	4	6	4	6	4	6
				3.6	—	—	4	5.8	4	6	4	6	4	6
				4.2~6	—	—	4	6	4	6	4	6	4	6
6	二	2	3.6	3~15	4	15	4	15	4	15	4	15	4	15
		1	3.6	3~11	4	15	4	15	4	15	4	15	4	15
7	二	2	3.6	3	4	10.2	4	15	4	15	4	15	4	15
				3.6	4	11.4	4	15	4	15	4	15	4	15
				4.2	4	12.5	4	15	4	15	4	15	4	15
				4.8	4	13.4	4	15	4	15	4	15	4	15
				5.4	4	14.2	4	15	4	15	4	15	4	15
				6	4	14.9	4	15	4	15	4	15	4	15
				6.6~15	4	15	4	15	4	15	4	15	4	15
		1	3.6	3	4	6.6	4	10.2	4	13.6	4	15	4	15
				3.6	4	7.5	4	11.5	4	15	4	15	4	15
				4.2	4	8.3	4	12.7	4	15	4	15	4	15
				4.8	4	9	4	13.7	4	15	4	15	4	15
				5.4	4	9.6	4	14.7	4	15	4	15	4	15
				6	4	10.2	4	15	4	15	4	15	4	15
				6.6	4	10.7	4	15	4	15	4	15	4	15
				7.2	4	11	4	15	4	15	4	15	4	15
				7.8	4	11.6	4	15	4	15	4	15	4	15
				8.4	4	12	4	15	4	15	4	15	4	15
				9	4	12.3	4	15	4	15	4	15	4	15
				9.6	4.1	12.7	4	15	4	15	4	15	4	15
				10.2	4.4	13	4	15	4	15	4	15	4	15
				11	4.8	13.4	4	15	4	15	4	15	4	15
7 (0.15g)	二	2	3.6	3	4	5.9	4	9.7	4	13.5	4	15	4	15
				3.6	4	6.6	4	10.8	4	15	4	15	4	15
				4.2	4	7.2	4	11.8	4	15	4	15	4	15
				4.8	4	7.7	4	12.7	4	15	4	15	4	15
				5.4	4	8.1	4	13.5	4	15	4	15	4	15
				6	4	8.6	4	14.1	4	15	4	15	4	15
				6.6	4	8.9	4	14.7	4	15	4	15	4	15
				7.2	4.1	9.3	4	15	4	15	4	15	4	15
				7.8	4.5	9.6	4	15	4	15	4	15	4	15
				8.4	5	9.8	4	15	4	15	4	15	4	15
				9	5.5	10.1	4	15	4	15	4	15	4	15
				9.6	6	10.3	4	15	4	15	4	15	4	15
				10.2	6.6	10.5	4	15	4	15	4	15	4	15
				10.8	7.4	10.8	4	15	4	15	4	15	4	15
				11.4	7.9	10.9	4	15	4	15	4	15	4	15
				12	8.6	11.1	4	15	4	15	4	15	4	15
				12.6	9.4	11.2	4	15	4	15	4	15	4	15
				13.2	10.2	11.4	4	15	4	15	4	15	4	15
				13.8	11.1	11.5	4	15	4	15	4	15	4	15
				14.4	—	—	4	15	4	15	4	15	4	15
				15	—	—	4	15	4	15	4	15	4	15

续表

烈度	层数	层号	层高	抗震横墙间距	与砂浆强度等级对应的房屋宽度限值									
					M1		M2.5		M5		M7.5		M10	
					下限	上限	下限	上限	下限	上限	下限	上限	下限	上限
7 (0.15g)	二	1	3.6	3	—	—	4	5.8	4	8	4	10.1	4	12.3
				3.6	—	—	4	6.5	4	9	4	11.4	4	13.9
				4.2	—	—	4	7.2	4	9.9	4	12.6	4	15
				4.8	—	—	4	7.8	4	10.8	4	13.7	4	15
				5.4	—	—	4	8.3	4	11.5	4	14.6	4	15
				6	—	—	4	8.8	4	12.2	4	15	4	15
				6.6	—	—	4	9.3	4	12.8	4	15	4	15
				7.2	—	—	4	9.5	4	13.2	4	15	4	15
				7.8	—	—	4.6	10.1	4	13.9	4	15	4	15
				8.4	—	—	5	10.4	4	14.3	4	15	4	15
				9	—	—	5.4	10.7	4	14.8	4	15	4	15
				9.6	—	—	5.8	11	4	15	4	15	4	15
				10.2	—	—	6.3	11.3	4	15	4	15	4	15
				11	—	—	6.9	11.6	4	15	4	15	4	15
8	二	2	3.3	3	4	4.6	4	7.9	4	11.1	4	12	4	12
				3.6	4	5.2	4	8.8	4	12	4	12	4	12
				4.2	4	5.6	4	9.5	4	12	4	12	4	12
				4.8	4	6	4	10.2	4	12	4	12	4	12
				5.4	4.2	6.4	4	10.8	4	12	4	12	4	12
				6	4.8	6.7	4	11.3	4	12	4	12	4	12
				6.6	5.6	6.9	4	11.8	4	12	4	12	4	12
				7.2	6.4	7.2	4	12	4	12	4	12	4	12
				7.8	7.4	7.4	4	12	4	12	4	12	4	12
				8.4	—	—	4	12	4	12	4	12	4	12
				9	—	—	4	12	4	12	4	12	4	12
				9.6	—	—	4.1	12	4	12	4	12	4	12
				10.2	—	—	4.5	12	4	12	4	12	4	12
				10.8	—	—	5	12	4	12	4	12	4	12
				11.4	—	—	5.3	12	4	12	4	12	4	12
				12	—	—	5.8	12	4	12	4	12	4	12
		1	3.3	3	—	—	4	4.5	4	6.4	4	8.2	4	10
				3.6	—	—	4	5.1	4	7.2	4	9.2	4	11.3
				4.2	—	—	4	5.6	4	7.9	4	10.2	4	12
				4.8	—	—	4	6	4	8.5	4	11	4	12
				5.4	—	—	4.3	6.4	4	9.1	4	11.7	4	12
				6	—	—	4.9	6.8	4	9.6	4	12	4	12
				6.6	—	—	5.5	7.1	4	10.1	4	12	4	12
				7.2	—	—	6	7.3	4	10.3	4	12	4	12
				7.8	—	—	7	7.7	4.2	10.9	4	12	4	12
				8.4	—	—	7.8	8	4.5	11.2	4	12	4	12
				9	—	—	8.6	8.2	5	11.5	4	12	4	12

续表

烈度	层数	层号	层高	抗震横墙间距	与砂浆强度等级对应的房屋宽度限值									
					M1		M2.5		M5		M7.5		M10	
					下限	上限	下限	上限	下限	上限	下限	上限	下限	上限
8 (0.30g)	二	2	3.3	3	—	—	4	4.6	4	6.8	4	8.9	4	11
				3.6	—	—	4	5.1	4	7.5	4	9.9	4	12
				4.2	—	—	4	5.6	4	8.2	4	10.7	4	12
				4.8	—	—	4.1	6	4	8.7	4	11.5	4	12
				5.4	—	—	4.9	6.3	4	9.2	4	12	4	12
				6	—	—	5.8	6.6	4	9.7	4	12	4	12
				6.6	—	—	6.9	6.9	4	10.1	4	12	4	12
				7.2	—	—	—	—	4	10.4	4	12	4	12
				7.8	—	—	—	—	4.6	10.8	4	12	4	12
				8.4	—	—	—	—	5.2	11	4	12	4	12
				9	—	—	—	—	5.8	11.3	4	12	4	12
				9.6	—	—	—	—	6.5	11.6	4	12	4	12
				10.2	—	—	—	—	7.3	11.8	4.4	12	4	12
				10.8	—	—	—	—	8.6	12	5	12	4	12
				11.4	—	—	—	—	9.3	12	5.3	12	4	12
				12	—	—	—	—	10.4	12	5.8	12	4	12
		1	3.3	3	—	—	—	—	—	—	4	4.8	4	6
				3.6	—	—	—	—	—	—	4	5.4	4	6.7
				4.2	—	—	—	—	—	—	4	5.9	4	7.4
				4.8	—	—	—	—	—	—	4	6.4	4	8
				5.4	—	—	—	—	—	—	4.5	6.8	4	8.5
				6	—	—	—	—	—	—	5.1	7.2	4	9
				6.6	—	—	—	—	—	—	5.9	7.5	4.2	9.4
				7.2	—	—	—	—	—	—	6.4	7.7	4.5	9.7
				7.8	—	—	—	—	—	—	7.6	8.1	5.2	10.2
				8.4	—	—	—	—	—	—	—	—	5.8	10.5
				9	—	—	—	—	—	—	—	—	6.4	10.8

（19）墙厚为190mm 的多孔砖墙预应力圆孔板楼（屋）盖房屋，与抗震横墙间距 L 对应的房屋宽度 B 的限值宜按表6.6-15采用。

抗震横墙间距和房屋宽度限值（190mm 多孔砖墙圆孔板楼屋盖）（m）　　表 6.6-15

烈度	层数	层号	层高	抗震横墙间距	与砂浆强度等级对应的房屋宽度限值									
					M1		M2.5		M5		M7.5		M10	
					下限	上限	下限	上限	下限	上限	下限	上限	下限	上限
6	一	1	4.0	3～11	4	11	4	11	4	11	4	11	4	11
7	一	1	4.0	3～11	4	11	4	11	4	11	4	11	4	11

续表

烈度	层数	层号	层高	抗震横墙间距	与砂浆强度等级对应的房屋宽度限值									
					M1		M2.5		M5		M7.5		M10	
					下限	上限	下限	上限	下限	上限	下限	上限	下限	上限
7 (0.15g)	一	1	4.0	3	4	7.4	4	11	4	11	4	11	4	11
				3.6	4	8.1	4	11	4	11	4	11	4	11
				4.2	4	8.8	4	11	4	11	4	11	4	11
				4.8	4	9.4	4	11	4	11	4	11	4	11
				5.4	4	9.9	4	11	4	11	4	11	4	11
				6	4	10.4	4	11	4	11	4	11	4	11
				6.6	4	10.8	4	11	4	11	4	11	4	11
				7.2~10.2	4	11	4	11	4	11	4	11	4	11
				11	4.4	11	4	11	4	11	4	11	4	11
8	一	1	3.6	3	4	5.9	4	9	4	9	4	9	4	9
				3.6	4	6.5	4	9	4	9	4	9	4	9
				4.2	4	7	4	9	4	9	4	9	4	9
				4.8	4	7.5	4	9	4	9	4	9	4	9
				5.4	4	7.9	4	9	4	9	4	9	4	9
				6	4	8.2	4	9	4	9	4	9	4	9
				6.6	4	8.5	4	9	4	9	4	9	4	9
				7.2	4	8.7	4	9	4	9	4	9	4	9
				7.8	4.1	9	4	9	4	9	4	9	4	9
				8.4	4.6	9	4	9	4	9	4	9	4	9
				9	5.1	9	4	9	4	9	4	9	4	9
8 (0.30g)	一	1	3.6	3	—	—	4	4.5	4	5.8	4	8.3	4	9
				3.6	—	—	4	5	4	6.4	4	9	4	9
				4.2	—	—	4	5.5	4	6.9	4	9	4	9
				4.8	—	—	4	5.9	4	7.4	4	9	4	9
				5.4	—	—	4	6.2	4	7.7	4	9	4	9
				6	—	—	4	6.6	4	8.1	4	9	4	9
				6.6	—	—	4	6.8	4	8.4	4	9	4	9
				7.2	—	—	4.6	7.1	4	8.6	4	9	4	9
				7.8	—	—	5.3	7.3	4	8.9	4	9	4	9
				8.4	—	—	6.1	7.5	4	9	4	9	4	9
				9	—	—	6.9	7.7	4	9	4	9	4	9
9	一	1	3.0	3	—	—	4	4.6	4	6	4	6	4	6
				3.6	—	—	4	5	4	6	4	6	4	6
				4.2	—	—	4	5.4	4	6	4	6	4	6
				4.8	—	—	4	5.7	4	6	4	6	4	6
				5.4	—	—	4.8	6	4	6	4	6	4	6
				6	—	—	—	—	4	6	4	6	4	6

续表

烈度	层数	层号	层高	抗震横墙间距	与砂浆强度等级对应的房屋宽度限值									
					M1		M2.5		M5		M7.5		M10	
					下限	上限	下限	上限	下限	上限	下限	上限	下限	上限
6	二	2	3.6	3~11	4	11	4	11	4	11	4	11	4	11
		1	3.6	3~9	4	11	4	11	4	11	4	11	4	11
7	二	2	3.3	3	4	9.6	4	11	4	11	4	11	4	11
				3.6	4	10.6	4	11	4	11	4	11	4	11
				4.2~11	4	11	4	11	4	11	4	11	4	11
		1	3.3	3	4	6.3	4	9.7	4	11	4	11	4	11
				3.6	4	7	4	10.8	4	11	4	11	4	11
				4.2	4	7.7	4	11	4	11	4	11	4	11
				4.8	4	8.2	4	11	4	11	4	11	4	11
				5.4	4	8.7	4	11	4	11	4	11	4	11
				6	4	9.2	4	11	4	11	4	11	4	11
				6.6	4	9.6	4	11	4	11	4	11	4	11
				7.2	4	9.8	4	11	4	11	4	11	4	11
				7.8	4	10.3	4	11	4	11	4	11	4	11
				8.4	4	10.5	4	11	4	11	4	11	4	11
				9	4	10.8	4	11	4	11	4	11	4	11
7 (0.15)	二	2	3.3	3	4	5.5	4	9.1	4	11	4	11	4	11
				3.6	4	6.1	4	10.1	4	11	4	11	4	11
				4.2	4	6.6	4	10.9	4	11	4	11	4	11
				4.8	4	7	4	11	4	11	4	11	4	11
				5.4	4	7.4	4	11	4	11	4	11	4	11
				6	4	7.7	4	11	4	11	4	11	4	11
				6.6	4	7.9	4	11	4	11	4	11	4	11
				7.2	4.1	8.2	4	11	4	11	4	11	4	11
				7.8	4.6	8.4	4	11	4	11	4	11	4	11
				8.4	5.1	8.6	4	11	4	11	4	11	4	11
				9	5.7	8.8	4	11	4	11	4	11	4	11
				9.6	6.4	9	4	11	4	11	4	11	4	11
				10.2	7.1	9.1	4	11	4	11	4	11	4	11
				11	8.2	9.3	4	11	4	11	4	11	4	11
		1	3.3	3	—	—	4	5.5	4	7.6	4	9.7	4	11
				3.6	—	—	4	6.2	4	8.5	4	10.8	4	11
				4.2	—	—	4	6.7	4	9.3	4	11	4	11
				4.8	—	—	4	7.2	4	9.9	4	11	4	11
				5.4	—	—	4	7.6	4	10.5	4	11	4	11
				6	—	—	4	8	4	11	4	11	4	11
				6.6	—	—	4	8.4	4	11	4	11	4	11
				7.2	—	—	4	8.6	4	11	4	11	4	11
				7.8	—	—	4.4	9	4	11	4	11	4	11
				8.4	—	—	4.9	9.2	4	11	4	11	4	11
				9	—	—	5.3	9.5	4	11	4	11	4	11

续表

烈度	层数	层号	层高	抗震横墙间距	与砂浆强度等级对应的房屋宽度限值									
					M1		M2.5		M5		M7.5		M10	
					下限	上限	下限	上限	下限	上限	下限	上限	下限	上限
8	二	2	3.0	3	4	4.4	4	7.4	4	9	4	9	4	9
				3.6	4	4.8	4	8.2	4	9	4	9	4	9
				4.2	4	5.2	4	8.8	4	9	4	9	4	9
				4.8	4	5.5	4	9	4	9	4	9	4	9
				5.4	4.2	5.8	4	9	4	9	4	9	4	9
				6	5	6	4	9	4	9	4	9	4	9
				6.6	6	6.2	4	9	4	9	4	9	4	9
				7.2~9	—	—	4	9	4	9	4	9	4	9
		1	3.0	3	—	—	4	4.3	4	6.1	4	7.9	4	9
				3.6	—	—	4	4.8	4	6.8	4	8.7	4	9
				4.2	—	—	4	5.2	4	7.4	4	9	4	9
				4.8	—	—	4	5.6	4	7.9	4	9	4	9
				5.4	—	—	4.2	5.9	4	8.3	4	9	4	9
				6	—	—	4.8	6.2	4	8.7	4	9	4	9
				6.6	—	—	5.5	6.5	4	9	4	9	4	9
				7	—	—	6	6.6	4	9	4	9	4	9
8 (0.30g)	二	2	3.0	3	—	—	4	4.4	4	6.4	4	8.4	4	9
				3.6	—	—	4	4.8	4	7	4	9	4	9
				4.2	—	—	4	5.2	4	7.5	4	9	4	9
				4.8	—	—	4.2	5.5	4	8	4	9	4	9
				5.4	—	—	5.3	5.8	4	8.4	4	9	4	9
				6	—	—	—	—	4	8.7	4	9	4	9
				6.6	—	—	—	—	4	9	4	9	4	9
				7.2	—	—	—	—	4.3	9	4	9	4	9
				7.8	—	—	—	—	4.9	9	4	9	4	9
				8.4	—	—	—	—	5.7	9	4	9	4	9
				9	—	—	—	—	6.6	9	4	9	4	9
		1	3.0	3	—	—	—	—	—	—	4	4.6	4	5.8
				3.6	—	—	—	—	—	—	4	5.1	4	6.4
				4.2	—	—	—	—	—	—	4	5.6	4	7
				4.8	—	—	—	—	—	—	4	6	4	7.4
				5.4	—	—	—	—	—	—	4.4	6.3	4	7.9
				6	—	—	—	—	—	—	5.2	6.6	4	8.2
				6.6	—	—	—	—	—	—	6.1	6.9	4.2	8.6
				7	—	—	—	—	—	—	6.8	7	4.5	8.8

223

（20）墙厚为240mm的蒸压砖墙预应力圆孔板楼（屋）盖房屋，与抗震横墙间距 L 对应的房屋宽度 B 的限值宜按表 6.6-16 采用。

抗震横墙间距和房屋宽度限值（240mm 蒸压砖墙圆孔板楼屋盖）（m）　　表 6.6-16

烈度	层数	层号	层高	抗震横墙间距	与砂浆强度等级对应的房屋宽度限值							
					M2.5		M5		M7.5		M10	
					下限	上限	下限	上限	下限	上限	下限	上限
6	一	1	4.0	3~11	4	11	4	11	4	11	4	11
7	一	1	4.0	3~11	4	11	4	11	4	11	4	11
7 (0.15g)	一	1	4.0	3	4	9.5	4	11	4	11	4	11
				3.6	4	10.7	4	11	4	11	4	11
				4.2~11	4	11	4	11	4	11	4	11
8	一	1	3.6	3	4	7.8	4	9	4	9	4	9
				3.6	4	8.7	4	9	4	9	4	9
				4.2~9	4	9	4	9	4	9	4	9
8 (0.30g)	一	1	3.6	3	4	4.5	4	6.3	4	8.1	4	9
				3.6	4	5	4	7	4	9	4	9
				4.2	4	5.5	4	7.7	4	9	4	9
				4.8	4	5.9	4	8.2	4	9	4	9
				5.4	4.7	6.2	4	8.7	4	9	4	9
				6	5.6	6.6	4	9	4	9	4	9
				6.6	6.5	6.8	4	9	4	9	4	9
				7.2	—	—	4.2	9	4	9	4	9
				7.8	—	—	4.8	9	4	9	4	9
				8.4	—	—	5.3	9	4	9	4	9
				9	—	—	5.9	9	4	9	4	9
9	一	1	3.0	3	—	—	4	5.1	4	6	4	6
				3.6	—	—	4	5.6	4	6	4	6
				4.2	4	4.2	4	6	4	6	4	6
				4.8	4	4.5	4	6	4	6	4	6
				5.4	4	4.7	4.2	6	4	6	4	6
				6	4	5	5	6	4	6	4	6
6	二	2	3.6	3~11	4	11	4	11	4	11	4	11
		1	3.6	3~9	4	11	4	11	4	11	4	11
7	二	2	3.3	3~11	4	11	4	11	4	11	4	11
		1	3.3	3	4	7.9	4	10.3	4	11	4	11
				3.6	4	9	4	11	4	11	4	11
				4.2	4	9.9	4	11	4	11	4	11
				4.8	4	10.7	4	11	4	11	4	11
				5.4~9	4	11	4	11	4	11	4	11

续表

烈度	层数	层号	层高	抗震横墙间距	M2.5 下限	M2.5 上限	M5 下限	M5 上限	M7.5 下限	M7.5 上限	M10 下限	M10 上限
7 (0.15g)	二	2	3.3	3	4	7.3	4	9.9	4	11	4	11
				3.6	4	8.1	4	11	4	11	4	11
				4.2	4	8.9	4	11	4	11	4	11
				4.8	4	9.5	4	11	4	11	4	11
				5.4	4	10.1	4	11	4	11	4	11
				6	4	10.6	4	11	4	11	4	11
				6.6~9	4	11	4	11	4	11	4	11
				9.6	4.3	11	4	11	4	11	4	11
				10.2	4.6	11	4	11	4	11	4	11
				11	5.1	11	4	11	4	11	4	11
		1	3.3	3	4	4.3	4	5.9	4	7.4	4	8.8
				3.6	4	4.9	4	6.6	4	8.3	4	10
				4.2	4	5.4	4	7.3	4	9.2	4	11
				4.8	4	5.8	4	7.9	4	9.9	4	11
				5.4	4.4	6.3	4	8.4	4	10.6	4	11
				6	4.9	6.6	4	8.9	4	11	4	11
				6.6	5.5	6.9	4	9.4	4	11	4	11
				7.2	5.9	7.1	4	9.6	4	11	4	11
				7.8	6.8	7.5	4.4	10.2	4	11	4	11
				8.4	7.5	7.8	4.8	10.5	4	11	4	11
				9	—	—	5.2	10.8	4	11	4	11
8	二	2	3.0	3	4	5.9	4	8.1	4	9	4	9
				3.6	4	6.5	4	9	4	9	4	9
				4.2	4	7.1	4	9	4	9	4	9
				4.8	4	7.6	4	9	4	9	4	9
				5.4	4	8	4	9	4	9	4	9
				6	4	8.4	4	9	4	9	4	9
				6.6	4	8.7	4	9	4	9	4	9
				7.2	4.3	9	4	9	4	9	4	9
				7.8	4.8	9	4	9	4	9	4	9
				8.4	5.4	9	4	9	4	9	4	9
				9	6	9	4	9	4	9	4	9
		1	3.0	3	—	—	4	4.6	4	5.9	4	7.2
				3.6	—	—	4	5.2	4	6.6	4	8
				4.2	—	—	4	5.7	4	7.3	4	8.8
				4.8	—	—	4	6.2	4	7.9	4	9
				5.4	—	—	4.1	6.6	4	8.4	4	9
				6	—	—	4.7	6.9	4	8.8	4	9
				6.6	—	—	5.3	7.3	4	9	4	9
				7	—	—	5.7	7.5	4	9	4	9

（21）墙厚为370mm的蒸压砖墙预应力圆孔板楼（屋）盖房屋（单开间），与抗震横墙间距 L 对应的房屋宽度 B 的限值宜按表6.6-17采用。

抗震横墙间距和房屋宽度限值（370mm蒸压砖墙圆孔板楼屋盖）（m）　　表6.6-17

烈度	层数	层号	层高	抗震横墙间距	与砂浆强度等级对应的房屋宽度限值							
					M2.5		M5		M7.5		M10	
					下限	上限	下限	上限	下限	上限	下限	上限
6	一	1	4.0	3~11	4	11	4	11	4	11	4	11
7	一	1	4.0	3~11	4	11	4	11	4	11	4	11
7 (0.15g)	一	1	4.0	3 3.6~11	4 4	10.9 11	4 4	11 11	4 4	11 11	4 4	11 11
8	一	1	3.6	3~9	4	9	4	9	4	9	4	9
8 (0.30g)	一	1	3.6	3 3.6 4.2 4.8 5.4 6 6.6 7.2~9	4 4 4 4 4 4 4 4	5.2 6 6.6 7.2 7.7 8.2 8.6 9	4 4 4 4 4 4 4 4	7.3 8.3 9 9 9 9 9 9	4 4 4 4 4 4 4 4	9 9 9 9 9 9 9 9	4 4 4 4 4 4 4 4	9 9 9 9 9 9 9 9
9	一	1	3.0	3 3.6 4.2 4.8 5.4~6	4 4 4 4 4	4.2 4.7 5.2 5.6 6	4 4 4 4 4	6 6 6 6 6	4 4 4 4 4	6 6 6 6 6	4 4 4 4 4	6 6 6 6 6
6	二	2	3.6	3~11	4	11	4	11	4	11	4	11
		1	3.6	3~9	4	11	4	11	4	11	4	11
7	二	2	3.3	3~11	4	11	4	11	4	11	4	11
		1	3.3	3 3.6 4.2~9	4 4 4	8.9 10.2 11	4 4 4	11 11 11	4 4 4	11 11 11	4 4 4	11 11 11
7 (0.15g)	二	2	3.3	3 3.6 4.2 4.8~11	4 4 4 4	8.4 9.6 10.6 11	4 4 4 4	11 11 11 11	4 4 4 4	11 11 11 11	4 4 4 4	11 11 11 11
		1	3.3	3 3.6 4.2 4.8 5.4 6 6.6 7.2 7.8 8.4 9	4 4 4 4 4 4 4 4 4 4 4	4.9 5.6 6.3 6.9 7.4 8 8.5 8.8 9.3 9.7 10.1	4 4 4 4 4 4 4 4 4 4 4	6.6 7.6 8.5 9.3 10 10.8 11 11 11 11 11	4 4 4 4 4 4 4 4 4 4 4	8.3 9.5 10.6 11 11 11 11 11 11 11 11	4 4 4 4 4 4 4 4 4 4 4	9.9 11 11 11 11 11 11 11 11 11 11

续表

烈度	层数	层号	层高	抗震横墙间距	与砂浆强度等级对应的房屋宽度限值							
					M2.5		M5		M7.5		M10	
					下限	上限	下限	上限	下限	上限	下限	上限
8	二	2	3.0	3	4	6.9	4	9	4	9	4	9
				3.6	4	7.8	4	9	4	9	4	9
				4.2	4	8.6	4	9	4	9	4	9
				4.8~9	4	9	4	9	4	9	4	9
		1	3.0	3	—	—	4	5.3	4	6.7	4	8.1
				3.6	4	4.3	4	6	4	7.7	4	9
				4.2	4	4.8	4	6.7	4	8.5	4	9
				4.8	4	5.3	4	7.3	4	9	4	9
				5.4	4	5.7	4	7.9	4	9	4	9
				6	4	6.1	4	8.4	4	9	4	9
				6.6	4	6.4	4	8.9	4	9	4	9
				7	4	6.7	4	9	4	9	4	9

（22）外墙厚为370mm、内墙厚为240mm的蒸压砖墙预应力圆孔板楼（屋）盖房屋，与抗震横墙间距 L 对应的房屋宽度 B 的限值宜按表6.6-18采用。

抗震横墙间距和房屋宽度限值（外370mm，内240mm蒸压砖墙圆孔板楼屋盖）（m）

表6.6-18

烈度	层数	层号	层高	抗震横墙间距	与砂浆强度等级对应的房屋宽度限值							
					M2.5		M5		M7.5		M10	
					下限	上限	下限	上限	下限	上限	下限	上限
6	一	1	4.0	3~11	4	11	4	11	4	11	4	11
7	一	1	4.0	3~11	4	11	4	11	4	11	4	11
7 (0.15g)	一	1	4.0	3~9.6	4	11	4	11	4	11	4	11
				10.2	4.3	11	4	11	4	11	4	11
				11	4.6	11	4	11	4	11	4	11
8	一	1	3.6	3~7.2	4	9	4	9	4	9	4	9
				7.8	4.2	9	4	9	4	9	4	9
				8.4	4.6	9	4	9	4	9	4	9
				9	5	9	4	9	4	9	4	9
8 (0.30g)	一	1	3.6	3	4	6.8	4	9	4	9	4	9
				3.6	4.1	7.5	4	9	4	9	4	9
				4.2	5	8.2	4	9	4	9	4	9
				4.8	5.9	8.8	4	9	4	9	4	9
				5.4	7	9	4.1	9	4	9	4	9
				6	8.2	9	4.7	9	4	9	4	9
				6.6	—	—	5.3	9	4	9	4	9
				7.2	—	—	6	9	4.1	9	4	9
				7.8	—	—	6.7	9	4.6	9	4	9
				8.4	—	—	7.4	9	5	9	4	9
				9	—	—	8.2	9	5.5	9	4.1	9

续表

烈度	层数	层号	层高	抗震横墙间距	与砂浆强度等级对应的房屋宽度限值							
					M2.5		M5		M7.5		M10	
					下限	上限	下限	上限	下限	上限	下限	上限
9	一	1	3.0	3	—	—	4	6	4	6	4	6
				3.6	—	—	4	6	4	6	4	6
				4.2	—	—	4.2	6	4	6	4	6
				4.8	—	—	5.1	6	4	6	4	6
				5.4	—	—	—	—	4	6	4	6
				6	—	—	—	—	4.5	6	4	6
6	二	2	3.6	3~11	4	11	4	11	4	11	4	11
		1	3.6	3~9	4	11	4	11	4	11	4	11
7	二	2	3.3	3~11	4	11	4	11	4	11	4	11
		1	3.3	3~7.8	4	11	4	11	4	11	4	11
				8.4	4.1	11	4	11	4	11	4	11
				9	4.3	11	4	11	4	11	4	11
7 (0.15g)	二	2	3.3	3	4	10.8	4	11	4	11	4	11
				3.6~6.6	4	11	4	11	4	11	4	11
				7.2	4.2	11	4	11	4	11	4	11
				7.8	4.6	11	4	11	4	11	4	11
				8.4	5	11	4	11	4	11	4	11
				9	5.5	11	4	11	4	11	4	11
				9.6	5.9	11	4	11	4	11	4	11
				10.2	6.3	11	4.2	11	4	11	4	11
				11	7	11	4.6	11	4	11	4	11
		1	3.3	3	4	6.4	4	8.7	4	10.9	4	11
				3.6	4.3	7.3	4	9.8	4	11	4	11
				4.2	5.1	8	4	10.8	4	11	4	11
				4.8	5.8	8.7	4	11	4	11	4	11
				5.4	6.6	9.3	4.3	11	4	11	4	11
				6	7.4	9.9	4.8	11	4	11	4	11
				6.6	8.3	10.4	5.3	11	4	11	4	11
				7.2	8.8	10.7	5.6	11	4.2	11	4	11
				7.8	10.1	11	6.3	11	4.7	11	4	11
				8.4	11	11	6.9	11	5.1	11	4	11
				9	—	—	7.4	11	5.4	11	4.3	11
8	二	2	3.0	3	4	8.7	4	9	4	9	4	9
				3.6~4.8	4	9	4	9	4	9	4	9
				5.4	4.2	9	4	9	4	9	4	9
				6	4.7	9	4	9	4	9	4	9
				6.6	5.3	9	4	9	4	9	4	9
				7.2	6	9	4	9	4	9	4	9
				7.8	6.7	9	4.2	9	4	9	4	9
				8.4	7.4	9	4.5	9	4	9	4	9
				9	8.2	9	5	9	4	9	4	9

续表

烈度	层数	层号	层高	抗震横墙间距	与砂浆强度等级对应的房屋宽度限值							
					M2.5		M5		M7.5		M10	
					下限	上限	下限	上限	下限	上限	下限	上限
8	二	1	3.0	3	5.2	5.3	4	6.8	4	8.7	4	9
				3.6	—	—	4	7.7	4	9	4	9
				4.2	—	—	4.6	8.5	4	9	4	9
				4.8	—	—	5.4	9	4	9	4	9
				5.4	—	—	6.1	9	4.3	9	4	9
				6	—	—	6.9	9	4.8	9	4	9
				6.6	—	—	7.8	9	5.4	9	4.2	9
				7	—	—	8.4	9	5.8	9	4.4	9

（23）墙厚为190mm的小砌块墙预应力圆孔板楼（屋盖）房屋，与抗震横墙间距 L 对应的房屋宽度 B 的限值宜按表6.6-19采用。

抗震横墙间距和房屋宽度限值（小砌块墙圆孔板楼屋盖）（m）　　　表6.6-19

烈度	层数	层号	层高	抗震横墙间距	与砂浆强度等级对应的房屋宽度限值											
					普通小砌块						轻骨料小砌块					
					M5		M7.5		M10		M5		M7.5		M10	
					下限	上限	下限	上限	下限	上限	下限	上限	下限	上限	下限	上限
6	一	1	4.0	3~15	4	15	4	15	4	15	4	15	4	15	4	15
7	一	1	4.0	3~15	4	15	4	15	4	15	4	15	4	15	4	15
7 (0.15g)	一	1	4.0	3	4	10.4	4	13.5	4	15	4	12	4	15	4	15
				3.6	4	11.6	4	15	4	15	4	13.2	4	15	4	15
				4.2	4	12.7	4	15	4	15	4	14.2	4	15	4	15
				4.8	4	13.6	4	15	4	15	4	15	4	15	4	15
				5.4	4	14.4	4	15	4	15	4	15	4	15	4	15
				6~15	4	15	4	15	4	15	4	15	4	15	4	15
8	一	1	3.6	3	4	8.4	4	11.1	4	12	4	9.7	4	12	4	12
				3.6	4	9.4	4	12	4	12	4	10.7	4	12	4	12
				4.2	4	10.2	4	12	4	12	4	11.5	4	12	4	12
				4.8	4	10.9	4	12	4	12	4	12	4	12	4	12
				5.4	4	11.5	4	12	4	12	4	12	4	12	4	12
				6~12	4	12	4	12	4	12	4	12	4	12	4	12

续表

烈度	层数	层号	层高	抗震横墙间距	与砂浆强度等级对应的房屋宽度限值						轻骨料小砌块					
					普通小砌块											
					M5		M7.5		M10		M5		M7.5		M10	
					下限	上限	下限	上限	下限	上限	下限	上限	下限	上限	下限	上限
8 (0.30g)	一	1	3.6	3	4	5	4	6.7	4	7.6	4	5.9	4	8	4	9
				3.6	4	5.5	4	7.5	4	8.4	4	6.5	4	8.7	4	9.8
				4.2	4	6	4	8.1	4	9.2	4	7	4	9.4	4	10.6
				4.8	4	6.4	4	8.7	4	9.8	4	7.4	4	9.9	4	11.2
				5.4	4	6.8	4	9.2	4	10.3	4	7.7	4	10.4	4	11.7
				6	4	7.1	4	9.6	4	10.8	4	8	4	10.8	4	12
				6.6	4	7.4	4	10	4	11.3	4	8.3	4	11.2	4	12
				7.2	4.1	7.7	4	10.3	4	11.7	4	8.6	4	11.5	4	12
				7.8	4.4	7.9	4	10.7	4	12	4	8.8	4	11.8	4	12
				8.4	4.8	8.1	4	10.9	4	12	4	9	4	12	4	12
				9	5.1	8.3	4	11.2	4	12	4	9.1	4	12	4	12
				9.6	5.5	8.5	4	11.4	4	12	4	9.3	4	12	4	12
				10.2	5.9	8.6	4.2	11.7	4	12	4.2	9.4	4	12	4	12
				10.8	6.4	8.8	4.4	11.9	4	12	4.5	9.6	4	12	4	12
				11.4	6.9	8.9	4.7	12	4.1	12	4.9	9.7	4	12	4	12
				12	7.5	9.1	4.9	12	4.3	12	5.3	9.8	4	12	4	12
9	一	1	3.3	3	—	—	4	4.9	4	5.6	4	4.3	4	5.9	4	6
				3.6	—	—	4	5.5	4	6	4	4.7	4	6	4	6
				4.2	4	4.3	4	5.9	4	6	4	5.1	4	6	4	6
				4.8	—	—	4	6	4	6	4	5.3	4	6	4	6
				5.4	—	—	4	6	4	6	4	5.6	4	6	4	6
				6	—	—	4	6	4	6	4	5.8	4	6	4	6
			3.0	3	—	—	4	5.3	4	6	4	4.6	4	6	4	6
				3.6	4	4.2	4	5.8	4	6	4	5	4	6	4	6
				4.2	4	4.5	4	6	4	6	4	5.3	4	6	4	6
				4.8	4.1	4.8	4	6	4	6	4	5.6	4	6	4	6
				5.4	4.8	5.1	4	6	4	6	4	5.8	4	6	4	6
				6	—	—	4	6	4	6	4	6	4	6	4	6
6	二	2	3.6	3~15	4	15	4	15	4	15	4	15	4	15	4	15
		1	3.6	3~11	4	15	4	15	4	15	4	11	4	11	4	11
7	二	2	3.6	3	4	12.7	4	15	4	15	4	14.6	4	15	4	15
				3.6	4	14.2	4	15	4	15	4	15	4	15	4	15
				4.2~15	4	15	4	15	4	15	4	15	4	15	4	15

续表

烈度	层数	层号	层高	抗震横墙间距	与砂浆强度等级对应的房屋宽度限值											
					普通小砌块						轻骨料小砌块					
					M5		M7.5		M10		M5		M7.5		M10	
					下限	上限	下限	上限	下限	上限	下限	上限	下限	上限	下限	上限
7	二	1	3.6	3	4	9.7	4	11.8	4	13.8	4	10.7	4	13.2	4	15
				3.6	4	11	4	13.3	4	15	4	11.9	4	14.7	4	15
				4.2	4	12.1	4	14.7	4	15	4	13	4	15	4	15
				4.8	4	13.1	4	15	4	15	4	14	4	15	4	15
				5.4	4	14	4	15	4	15	4	14.8	4	15	4	15
				6.0	4	14.8	4	15	4	15	4	15	4	15	4	15
				6.6~11	4	15	4	15	4	15	4	15	4	15	4	15
7 (0.15g)	二	2	3.6	3	4	7.4	4	9.8	4	11	4	8.7	4	11.6	4	13
				3.6	4	8.3	4	11	4	12.3	4	9.6	4	12.8	4	14.3
				4.2	4	9.1	4	12	4	13.4	4	10.4	4	13.8	4	15
				4.8	4	9.7	4	12.9	4	14.4	4	11	4	14.6	4	15
				5.4	4	10.3	4	13.6	4	15	4	11.6	4	15	4	15
				6	4	10.8	4	14.3	4	15	4	12.1	4	15	4	15
				6.6	4	11.3	4	14.9	4	15	4	12.5	4	15	4	15
				7.2	4	11.7	4	15	4	15	4	12.9	4	15	4	15
				7.8	4	12.1	4	15	4	15	4	13.3	4	15	4	15
				8.4	4	12.5	4	15	4	15	4	13.6	4	15	4	15
				9	4	12.8	4	15	4	15	4	13.9	4	15	4	15
				9.6	4	13.1	4	15	4	15	4	14.2	4	15	4	15
				10.2	4	13.3	4	15	4	15	4	14.4	4	15	4	15
				10.8	4	13.6	4	15	4	15	4	14.6	4	15	4	15
				11.4	4	13.8	4	15	4	15	4	14.8	4	15	4	15
				12	4	14.1	4	15	4	15	4	15	4	15	4	15
				12.6	4	14.3	4	15	4	15	4	15	4	15	4	15
				13.2	4	14.5	4	15	4	15	4	15	4	15	4	15
				13.8	4	14.6	4	15	4	15	4	15	4	15	4	15
				14.4	4.1	14.8	4	15	4	15	4	15	4	15	4	15
				15	4.3	15	4	15	4	15	4	15	4	15	4	15
		1	3.6	3	4	5.5	4	6.8	4	7.5	4	6.1	4	7.8	4	8.6
				3.6	4	6.2	4	7.7	4	8.4	4	6.9	4	8.7	4	9.6
				4.2	4	6.8	4	8.5	4	9.3	4	7.5	4	9.5	4	10.4
				4.8	4	7.4	4	9.2	4	10.1	4	8	4	10.1	4	11.2
				5.4	4	7.9	4	9.8	4	10.8	4	8.5	4	10.8	4	11.9
				6	4	8.4	4	10.4	4	11.4	4	9	4	11.3	4	12.5
				6.6	4	8.8	4	10.9	4	12	4	9.4	4	11.8	4	13
				7.2	4	9.2	4	11.4	4	12.5	4	9.7	4	12.2	4	13.5
				7.8	4	9.5	4	11.8	4	13	4	10	4	12.6	4	14
				8.4	4	9.9	4	12.2	4	13.4	4	10.3	4	13	4	14.4
				9	4	10.2	4	12.6	4	13.9	4	10.6	4	13.3	4	14.7
				9.6	4	10.4	4	13	4	14.2	4	10.8	4	13.7	4	15
				10.2	4	10.7	4	13.3	4	14.6	4	11.1	4	13.9	4	15
				11	4	11	4	13.7	4	15	4	11.3	4	14.3	4	15

续表

烈度	层数	层号	层高	抗震横墙间距	与砂浆强度等级对应的房屋宽度限值											
					普通小砌块						轻骨料小砌块					
					M5		M7.5		M10		M5		M7.5		M10	
					下限	上限	下限	上限	下限	上限	下限	上限	下限	上限	下限	上限
8	二	2	3.3	3	4	5.9	4	7.9	4	9	4	7	4	9.4	4	10.6
				3.6	4	6.6	4	8.8	4	10	4	7.7	4	10.3	4	11.6
				4.2	4	7.1	4	9.6	4	10.8	4	8.3	4	11.1	4	12
				4.8	4	7.6	4	10.3	4	11.6	4	8.8	4	11.7	4	12
				5.4	4	8.1	4	10.9	4	12	4	9.2	4	12	4	12
				6	4	8.5	4	11.4	4	12	4	9.5	4	12	4	12
				6.6	4	8.8	4	11.8	4	12	4	9.9	4	12	4	12
				7.2	4	9.1	4	12	4	12	4	10.2	4	12	4	12
				7.8	4	9.4	4	12	4	12	4	10.4	4	12	4	12
				8.4	4	9.7	4	12	4	12	4	10.7	4	12	4	12
				9	4	9.9	4	12	4	12	4	10.9	4	12	4	12
				9.6	4	10.1	4	12	4	12	4	11.1	4	12	4	12
				10.2	4.1	10.3	4	12	4	12	4	11.2	4	12	4	12
				10.8	4.3	10.5	4	12	4	12	4	11.4	4	12	4	12
				11.4	4.6	10.7	4	12	4	12	4	11.6	4	12	4	12
				12	4.9	10.8	4	12	4	12	4	11.7	4	12	4	12
		1	3.3	3	4	4.1	4	5.2	4	5.8	4	4.7	4	6.1	4	6.8
				3.6	4	4.6	4	5.9	4	6.5	4	5.2	4	6.8	4	7.5
				4.2	4	5.1	4	6.5	4	7.2	4	5.7	4	7.4	4	8.2
				4.8	4	5.5	4	7	4	7.8	4	6.1	4	7.9	4	8.8
				5.4	4	5.9	4	7.5	4	8.3	4	6.5	4	8.3	4	9.3
				6	4	6.2	4	7.9	4	8.8	4	6.8	4	8.7	4	9.7
				6.6	4.4	6.5	4	8.3	4	9.2	4	7.1	4	9.1	4	10.1
				7.2	4.8	6.8	4	8.6	4	9.6	4	7.3	4	9.4	4	10.5
				7.8	5.1	7	4	9	4	9.9	4	7.5	4	9.7	4	10.8
				8.4	5.5	7.2	4	9.2	4	10.2	4	7.7	4	10	4	11.1
				9	5.9	7.5	4.3	9.5	4	10.5	4.2	7.9	4	10.2	4	11.3
8 (0.30g)	二	2	3.0	3	—	—	4	5	4	5.7	4	4.4	4	6	4	6.9
				3.6	4	4	4	5.5	4	6.3	4	4.8	4	6.6	4	7.5
				4.2	4	4.3	4	6	4	6.9	4	5.1	4	7.1	4	8
				4.8	4.5	4.6	4	6.4	4	7.3	4	5.4	4	7.5	4	8.5
				5.4	—	—	4	6.7	4	7.7	4	5.7	4	7.8	4	8.9
				6	—	—	4	7.1	4	8.1	4.1	5.9	4	8.1	4	9.2
				6.6	—	—	4.2	7.3	4	8.4	4.6	6.1	4	8.4	4	9.5
				7.2	—	—	4.7	7.6	4	8.6	5.2	6.2	4	8.6	4	9.8
				7.8	—	—	5.2	7.8	4.3	8.9	5.9	6.4	4	8.8	4	10
				8.4	—	—	5.8	8	4.8	9.1	6.5	6.5	4	9	4	10.2
				9	—	—	6.3	8.2	5.2	9.3	—	—	4.4	9.2	4	10.4
				9.6	—	—	6.9	8.3	5.7	9.5	—	—	4.8	9.3	4	10.6
				10.2	—	—	7.5	8.5	6.2	9.7	—	—	5.2	9.4	4.3	10.7
				10.8	—	—	8.2	8.6	6.7	9.8	—	—	5.7	9.6	4.7	10.9
				11.4	—	—	8.9	8.7	7.2	10	—	—	6.1	9.7	5	11
				12	—	—	4.9	8.9	7.7	10.1	—	—	6.6	9.8	5.4	11.1

续表

烈度	层数	层号	层高	抗震横墙间距	与砂浆强度等级对应的房屋宽度限值											
					普通小砌块						轻骨料小砌块					
					M5		M7.5		M10		M5		M7.5		M10	
					下限	上限	下限	上限	下限	上限	下限	上限	下限	上限	下限	上限
8 (0.30g)	二	1	3.0	3	—	—	—	—	—	—	—	—	—	—	4	4.1
				3.6	—	—	—	—	—	—	—	—	4	4	4	4.5
				4.2	—	—	—	—	4	4.2	—	—	4	4.4	4	4.9
				4.8	—	—	—	—	4.4	4.5	—	—	4	4.6	4	5.3
				5.4	—	—	—	—	—	—	—	—	4	4.9	4	5.5
				6	—	—	—	—	—	—	—	—	4.5	5.1	4	5.8
				6.6	—	—	—	—	—	—	—	—	5	5.3	4.3	6
				7.2	—	—	—	—	—	—	—	—	—	—	4.6	6.2
				7.8	—	—	—	—	—	—	—	—	—	—	5.1	6.4
				8.4	—	—	—	—	—	—	—	—	—	—	5.7	6.6
				9	—	—	—	—	—	—	—	—	—	—	6.3	6.7

（24）墙厚为240mm的空斗墙预应力圆孔板楼（屋）盖房屋，与抗震横墙间距 L 对应的房屋宽度 B 的限值宜按表6.6-20采用。

抗震横墙间距和房屋宽度限值（240mm 空斗墙圆孔板楼屋盖）（m） 表6.6-20

烈度	层数	层号	层高	抗震横墙间距	与砂浆强度等级对应的房屋宽度限值									
					M1		M2.5		M5		M7.5		M10	
					下限	上限	下限	上限	下限	上限	下限	上限	下限	上限
6	一	1	4.0	3~9	4	9	4	9	4	9	4	9	4	9
7	一	1	3.6	3	4	8.2	4	9	4	9	4	9	4	9
				3.6~9	4	9	4	9	4	9	4	9	4	9
7 (0.15g)	一	1	3.6	3	4	4.6	4	7.4	4	9	4	9	4	9
				3.6	4	5.1	4	8.2	4	9	4	9	4	9
				4.2	4	5.5	4	8.9	4	9	4	9	4	9
				4.8	4	5.9	4	9	4	9	4	9	4	9
				5.4	4	6.2	4	9	4	9	4	9	4	9
				6	4	6.5	4	9	4	9	4	9	4	9
				6.6	4.5	6.7	4	9	4	9	4	9	4	9
				7.2	5.1	6.9	4	9	4	9	4	9	4	9
				7.8	5.8	7.1	4	9	4	9	4	9	4	9
				8.4	6.4	7.3	4	9	4	9	4	9	4	9
				9	7.2	7.5	4	9	4	9	4	9	4	9

续表

烈度	层数	层号	层高	抗震横墙间距	与砂浆强度等级对应的房屋宽度限值									
					M1		M2.5		M5		M7.5		M10	
					下限	上限	下限	上限	下限	上限	下限	上限	下限	上限
8	一	1	3.3	3	4	3.5	4	5.9	4	7	4	7	4	7
				3.6	4	3.9	4	6.5	4	7	4	7	4	7
				4.2	4	4.2	4	7	4	7	4	7	4	7
				4.8~7	—	—	4	7	4	7	4	7	4	7
8 (0.30g)	一	1	3.3	3	—	—	—	—	4	4.9	4	6.5	4	7
				3.6	—	—	—	—	4	5.4	4	7	4	7
				4.2	—	—	—	—	4	5.9	4	7	4	7
				4.8	—	—	—	—	4	6.2	4	7	4	7
				5.4	—	—	—	—	4	6.5	4	7	4	7
				6	—	—	—	—	4.6	6.8	4	7	4	7
				6.6	—	—	—	—	5.5	7	4	7	4	7
				7	—	—	—	—	6.1	7	4	7	4	7
6	二	2	3.6	3~9	4	9	4	9	4	9	4	9	4	9
		1	3.6	3~7	4	9	4	9	4	9	4	9	4	9
7	二	2	3.0	3	4	6	4	9	4	9	4	9	4	9
				3.6	4	6.7	4	9	4	9	4	9	4	9
				4.2	4	7.2	4	9	4	9	4	9	4	9
				4.8	4	7.6	4	9	4	9	4	9	4	9
				5.4	4	8	4	9	4	9	4	9	4	9
				6	4	8.4	4	9	4	9	4	9	4	9
				6.6	4	8.7	4	9	4	9	4	9	4	9
				7.2~9	4	9	4	9	4	9	4	9	4	9
		1	3.0	3	4	4.1	4	6.3	4	8.4	4	9	4	9
				3.6	4	4.5	4	7	4	9	4	9	4	9
				4.2	4	5	4	7.7	4	9	4	9	4	9
				4.8	4	5.3	4	8.2	4	9	4	9	4	9
				5.4	4	5.6	4	8.7	4	9	4	9	4	9
				6	4.3	5.9	4	9	4	9	4	9	4	9
				6.6	4.7	6.2	4	9	4	9	4	9	4	9
				7	5.1	6.3	4	9	4	9	4	9	4	9
7 (0.15g)	二	2	3.0	3	—	—	4	5.6	4	7.8	4	9	4	9
				3.6	—	—	4	6.1	4	8.6	4	9	4	9
				4.2	—	—	4	6.6	4	9	4	9	4	9
				4.8	—	—	4	7	4	9	4	9	4	9
				5.4	—	—	4	7.4	4	9	4	9	4	9
				6	—	—	4	7.7	4	9	4	9	4	9
				6.6	—	—	4	8	4	9	4	9	4	9
				7.2	—	—	4	8.3	4	9	4	9	4	9
				7.8	—	—	4.5	8.5	4	9	4	9	4	9
				8.4	—	—	5	8.7	4	9	4	9	4	9
				9	—	—	5.6	8.9	4	9	4	9	4	9

续表

烈度	层数	层号	层高	抗震横墙间距	与砂浆强度等级对应的房屋宽度限值								
					M1		M2.5		M5		M7.5		M10	
					下限	上限	下限	上限	下限	上限	下限	上限	下限	上限
7 (0.15g)	二	1	3.0	3	—	—	—	—	4	4.7	4	6.1	4	7.4
				3.6	—	—	—	—	4	5.3	4	6.8	4	8.2
				4.2	—	—	—	—	4	5.8	4	7.4	4	9
				4.8	—	—	—	—	4	6.2	4	7.9	4	9
				5.4	—	—	—	—	4	6.6	4	8.4	4	9
				6	—	—	—	—	4	6.9	4	8.8	4	9
				6.6	—	—	—	—	4.5	7.2	4	9	4	9
				7	—	—	—	—	4.8	7.4	4	9	4	9

参考文献

[1] 中华人民共和国住房和城乡建设部. 镇(乡)村建筑抗震技术规程 [S]. 中国建筑工业出版社, 2008

[2] 中国建筑标准设计研究院. 农村民宅抗震构造详图 [S]. 中国计划出版社, 2008

[3] 中华人民共和国建设部. 建筑抗震设计规范(GB 50011—2001) [S]. 中国建筑工业出版社, 2002

[4] 中华人民共和国建设部. 砌体结构设计规范(GB 50011—2001) [S]. 中国建筑工业出版社, 2002

[5] 中华人民共和国建设部. 混凝土小型空心砌块建筑技术规程(JGJ/T 14—95) [S]. 中国建筑工业出版社, 1995

第7章 木结构房屋

7.1 村镇木结构房屋概述

7.1.1 村镇常见木结构房屋

中国是一个幅员辽阔、民族众多而又历史悠久的国家。中国村镇民居不但式样丰富多彩，分布广泛，而且民居的发展和演变也经过了一个复杂而漫长的过程。

（注：由于规程 6.2.2 条、6.2.13 条和 6.3.2 条规定木结构房屋围护墙的抗震构造措施、施工等与其他章节相关墙体有相同要求，本章原本拟予以引用，但考虑到木构架与围护墙拉结的重要性和本章的完整性，故在本章中还是保留了这几部分内容。）

(1) 中国民居的历史发展

1）原始社会。原始社会虽然生产力低下，但人们的居所却是其后各社会形态建筑的基础与起点。这个时期就居住建筑本身来说，因为生活在树林与山洞的环境不同，逐渐发展演化为巢居和穴居两种形式。其后，直到新石器时代，原始社会居住建筑的发展，基本是在这两种形式的基础上逐渐完善的。巢居最先选择在自然生长的单株树木上搭设，到了新石器时代已经可以根据生活需要，任意在地面搭设了；穴居形式主要经历了横穴、袋型竖穴、半穴居、原始地面建筑、分室建筑等几个阶段。

在漫长的旧石器时代，原始人类基本是居住在山洞与横穴内。而其后的竖穴、半穴居乃至地面建筑等形式，则是新石器时代住宅形式的发展。特别是半穴居和地面建筑，是以覆盖上面的建筑顶部构造为营造重点的居住空间。除了要利用较先进的生产工具及较高的搭建技术外，在材料的使用上更是一个飞跃。因为顶部巨大，在穴内要用木柱支撑，木结构完全起承重作用，而且木构架被整齐有序地排列。这些以绑扎方式结合的木梁及屋面支撑结构，无疑为其后的中国木结构建筑，奠定了最初的基础，并提供了宝贵的经验。

2）夏代。夏代建筑和原始社会一样，只有部分遗址而没有实物留存至今。

夏代聚落与民居遗址中，较有代表性的有内蒙古伊克昭盟朱开沟遗址、山西夏县东下冯村二里头文化居住遗址、河南商丘县坞墙二里头文化居住建筑遗址、河南偃师县二里头文化居住建筑遗址等。

3）商代。民居发展到商代，虽然保存了若个半地穴的形式，但地面建筑已明显占据优势，这表明木构架及夯土墙垣已得到逐渐推广。同时，还发现带有台基的建筑遗址，地面分室建筑形式也较多地出现。到了商代的中后期，建筑形态上的质变主要表现在于建筑木构架开始逐渐复杂、独立。

4）周代。周朝的建筑在夏商的基础上更进一步发展，建筑活动十分活跃，成为社会生活的重要组成部分。建筑涉及相当广泛，城邑、宫室、坛庙、陵墓、苑囿、道路、水利、民居等各个方面均有建设。

周代的建筑技术比夏、商来说是一大进步，表现在多个方面。首先是木构架在建筑中得到进一步肯定。人们在长期的实践和比较中，发现了木建筑越来越多的优点。虽然当时的建筑不乏石料，但仍以木材为主。木构架得到广泛应用的同时，榫卯等连接件的使用也越来越成熟。此外，夯土技术的发展，石材的辅助运用，金属件的应用等，也都表明了周代建筑技术的进步。特别是周代末期陶制砖、瓦等材料在建筑中的应用，更是中国建筑技术发展中的一件大事。它不仅使建筑结构和构造产生了重大变革，同时也对建筑外观和用途有着诸多影响。

5）汉代。汉代居住建筑无论在结构类型、单体或组合配置等方面，都已经达到相当成熟的状态。而其表现形式大都是木构架，包括抬梁、穿斗、干阑、井干结构等形式。

联系整个中国古代建筑发展史，汉代当属中国封建社会建筑发展的第一个高峰，后来的隋唐则是第二个高峰。

6）隋唐。隋唐是中国建筑的又一个高潮。近代所说的中国传统木结构，即以木构架为骨干，墙只是围护结构，墙倒屋也不塌的建筑结构，真正始于此时。当时北方建筑大部分为夯土垣墙，上加木屋架，或盖瓦，或铺茅草；江南地区建筑则较多用茅草或竹苇，不过后来因茅草易发生火灾而改为瓦。

7）宋代。中国古代居住建筑发展到宋代，已达到了封建社会的较高水平，建筑的人文精神追求上也表现得非常突出。品官住宅大多采用多进院落式，有独立的门屋，主要厅堂与门屋之间形成住宅轴线。房屋使用斗拱、月梁、瓦屋面；农舍形致布局上较为自由，规模也大小不一。其屋面较多铺设茅草，较为简陋。

8）元代。元代一方面因为是少数民族进驻中原而统治的朝代，建筑等各方面是对中原前朝的继承与模仿；另一方面因为元人尚武轻文，而其统治年代又不过百年，所以还未能形成并制定完整的住宅建筑，住宅基本是在宋代基础上的自由发展。

9）明代。明代是中国古建筑最后一个高峰期。明代早期对住宅制度有严格的规定，由于这些严格的规定与崇尚简朴的风气，使宋、元时期单体建筑的丰富造型与复杂平面不再出现，取而代之的是清一色的悬山顶，单纯的一字形平面，正房也要求对称形式，等级差别只在尺度而已。建筑群也以严正的中轴线组合，小至一进三合院，大至多进的深宅大院，无一例外，并严格遵循"前堂后寝"的建筑安排。

明代中后期，制度有所放松，技术也有所提高，使住宅出现新的特点。雕饰日趋精美，居住空间更讲究依实际需要建筑，出现横向的自由布局，崇尚自然之风兴起。在具体的建筑形式上，北方的四合院、窑洞，南方的干阑式、穿斗式等，都已成熟定型。明代是中国古建筑历史长河中百花齐放的鼎盛期与发展的终结。

10）清代。清代在建筑上几乎是全继承明制，只是略为修改而已。

(2) 中国民居在地域上的特点

1）北方的住宅以北京的四合院为代表，其个体建筑经过长期的经验积累，形成了一套成熟的结构和造型。一般房屋在抬梁式木构架的外围砌砖墙，屋顶以硬山式居多，次要房屋多用平顶或单坡顶。其建筑构架的主要房间包括正房、厢房、倒座房、后罩房（图7.1-1）。

2）南方汉族木构架住宅以长江下游最具代表性。长江下游地区的南方住宅，其房屋结构一般为穿斗式构架，或穿斗式与抬梁式的混合结构。

木构架的外围一般砌空心斗子砖墙，作为木架的围护墙，屋顶结构也比北方住宅薄，这都是因为南方天气相对北方来说比较温暖的缘故。

皖南地区的黟县关麓村传统住宅，基本能代表徽州各地流行的这类建筑形式，或者说是大同小异（图 7.1-2）。都是封闭的内向型宅子，外围高墙，内部只有一个很小的天井。即，住宅多为三合屋或四合屋，也就是合院式，其建筑个体一般有作为主体的正房，附属的别厅、厨房、柴房、杂物房等。住宅内的各座房屋都以木构架承重，并且是抬梁式和穿斗式相结合的木构架，这样的组合结构，既能节省大型木料，又能营造出较大的使用空间。木构架的外部则用空心斗子砖墙围护，既可以防止木质材料因风吹雨淋而腐蚀，又不是十分厚密，而且有较好的隔热作用，适应南方较温热的气候。

图 7.1-1　北京四合院

图 7.1-2　皖南徽州民居

福建八闽民居的木构架体系最本质的特征是柱直接承托檩条，并大量使用插栱与短柱及普遍运用穿插枋、顺脊串等，充分表现出南方穿斗结构的特点。依据节点技术的不同，主要有三种形式：① 节点简洁，不加其他构件，仅以穿枋拉系整体构架；② 以檩枋或替木加强稳定性；③ 使用插栱或替木，并成为梁架的装饰重点。这三种形式有单独使用，亦有组合使用以加强明间或脊檩的空间象征意义。另外，还有两种类型：叠斗瓜筒式和单斗只替式，表现了八闽民居的地域文化特点，也呈现出八闽民居的区系特点。福建八闽民居的木构架体系可分为：① 穿斗木构架：在八闽台风雨地震的地理环境中，穿斗式构架成为最主要、最基本的民居构架体系，其分布最广，亦常与其他类型混合使用。② 叠斗瓜筒式：此类型的特征是以二至四个竖向垂直斗栱相叠的构造取代短柱承托檩条，并且与圆作直梁、层叠的穿枋、斗串等构件形成配套的做法。这种类型的次要厅堂梁架亦使用短柱做，柱上置斗托檩条，但栱自柱身出，属插栱做法，不同于上置栱的结构。在主要通柱上仍为简洁的柱承檩的穿斗做法，此类型成为闽南地区民居的主要风格特征。③ 单斗只替式：此式的基本特征是柱上置斗承檩，闽域的做法有两种：A. 只使用单斗与替木，梁枋多直接入柱；B. 斗上使用一斗三升，栱身横向抬梁枋承托檩条，纵向则以替木承托檩条。此式常与简单穿斗做混用，以凸显主要厅堂和檩条的空间象征意义。这种类型主要见闽北泰宁地区，邵武和武夷山地区的民居。图7.1-3为福建民居。

除此之外，云南、广西等省的一些少数民族使用的民居也是木构架，这主要是指干阑式建筑（图7.1-4）。干阑式民居中较有代表性的是侗族干阑，侗族干阑多属于底层架空较高的高干阑形式，而且绝大多数都是三层。侗族干阑式民居几乎全部使用木材，包括梁、柱、地板、墙面、楼梯等，现在除了部分改用小青瓦覆顶外，大部分连屋顶也用树皮覆盖，所以基本是全木结构。

图7.1-3　福建民居　　　　　　　　图7.1-4　云南景颇族低楼干阑式民居

井干式住宅是一种更为原始的住宅形式，数量极少，仅见于云南和东北少数森林地区（图7.1-5）。井干式民居利于防寒，取材与建造都较为容易，费用也很低廉。在云南西北森林密布的高寒山区，部分纳西族、彝族、傈僳族、独龙族、普米族的人民，仍使用井干式住宅。井干式住宅虽然建造简单，风格较为粗犷，但却自有一种朴素、自然之美。

藏族住宅主要位于西藏、青海、甘肃及四川西部地区，这些地区雨量稀少，而石材丰富，所以民居外部多用石墙，内部以密梁构成楼层和平屋顶（图7.1-6）。藏族住宅的结构有两种，一种是墙承重结构，一种是梁、柱承重结构。

图7.1-5　云南纳西族井干式民居　　　　　图7.1-6　西藏民居

四川甘孜州境内住宅采用梁柱承重结构。梁柱承重结构的房屋，采用土或片石材料筑成一个方形或长方形的外墙，作为整座建筑的围护结构。房内用木梁、椽子承托楼面或屋顶，木梁下面用木柱支撑，木柱组合构成纵横间距相等的方格，即形成梁、椽、柱结合的承重柱网。这种柱网也有两种形式，一是通柱与短柱结合，一是上下各层均用短柱。前一种较为稳固，但后一种因为简单而被普遍采用。

(3) 各种类型

就其结构形式而言，大致有井干式、穿斗式、抬梁式三个类型（图 7.1-7）。其中抬梁式结构在我国北方应用很广，南方则以穿斗式结构为主，而井干式结构耗材量大，一般仅见于产木丰盛的地区。

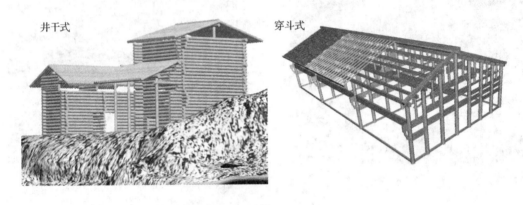

图 7.1-7　村镇常见木结构的结构形式

1）井干式木构架是用原木嵌接成框状，层层叠垒，形成墙壁，上面的屋顶也用原木做成。这种结构较为简单，所以建造容易，不过也极为简陋，而且耗费木材。

2）穿斗式木结构房屋具有较完整的结构体系，抗震性能较好。它由柱、梁、穿枋等构件组成，横向主要承重构件是立柱和横梁，柱与柱之间两两用横梁拉结，梁柱结合用燕尾榫，横梁下用一根方木贯通所有的立柱，俗称穿枋。穿斗式构架的特点是柱子较细且密，每根柱子上顶一根檩条，柱与柱之间用木串接，连成一个整体。采用穿斗式构架，可以用较小的料建较大的屋，而且其网状的构造也很牢固。不过因为柱、枋较多，室内不能形成连通的大空间。

穿斗式木结构房屋的建造，根据各地的经济条件，其风格略有差别。较好的房屋，体系完整，穿斗木屋架，每榀五柱（即大五架），条石基础，土坯（或夯土）围护墙，墙厚 50～80cm，两面坡，黏土瓦（或石棉瓦）屋顶，这类房屋分上下两层；若经济条件再好一点的，围护墙改用砖砌，其抗震性能较土围护墙要好。稍差一点的房屋，穿斗木屋架，每榀三柱，多为毛石基础，少数为条石基础，黏土瓦（或茅草）屋顶，单层。这种房屋相对于大五架来说，少了边上的两排柱子，楼板横木直接伸进外墙，即通常所说的墙抬梁的建筑形式。

3）抬梁式是中国古代建筑中最为普遍的木构架形式，它是在柱子上放梁，梁上放短柱，短柱上再放短梁，层层叠落直至屋脊，各个梁头上再架檩条以承托屋椽的形式，即用前后檐柱承托四椽栿，栿上再立两童柱承托平梁的做法。抬梁式结构复杂，要求加工细致，但结实牢固、经久耐用，且内部有较大的使用空间，同时还可做出美观的造型、宏伟的气势。

(4) 木结构房屋的震害情况

木结构房屋的震害可划分为 5 个等级标准：

1）基本完好（含完好）：房屋个别掉瓦或墙体有细裂缝，不加修理可继续使用。其具体表现是墙角或立柱两侧有松动裂缝，檐下墙角松动。

2）轻微破坏：墙体有明显裂缝，普遍梭瓦，不需修理或稍加修理可继续使用。

3）中等破坏：墙体严重开裂或倾斜，局部倒墙，大量梭瓦，需经一般修理后方可使用。其具体表现为门脸、山墙部分倒塌；山墙多处裂缝，上下贯通，墙内外裂透，裂缝宽 0.15~1cm；山墙出现 "X" 形裂缝，墙体变酥且外闪，多处出现纵向和横向的裂缝。

4）严重破坏：倒二至三面墙或屋架倾斜，需大修后方可使用。

5）毁坏：墙体全部倒塌，屋架倾斜，屋盖塌落，结构濒于崩溃或完全倒塌，无法修复。

在1975年2月4日辽宁海城地震和1976年7月28日唐山大地震中，各种结构类型的建筑都经历了一次严峻的考验，触目惊心的震害提出了若干值得我们深思的问题。例如唐山大地震时，蓟县的烈度是8度，独乐寺内的矮小建筑墙倒屋塌，大部分震坏。但辽代（公元984年）所建高达20米的观音阁与山门两座木构建筑却完整无损。海城地震时，一些水泥砂浆砌筑的混合结构的建筑多数震塌，但三学寺和关帝庙等古建筑只外墙和瓦顶部分略有损伤，整座建筑基本完整。这些震害情况表明，木结构古建筑的震害性能是十分优越的。而有斗拱的大式建筑比无斗拱的小式建筑更加抗震，这是我们在这两次震害中所目睹的真实情况。

中国古代建筑是用木构件组合而成的框架体系，柱网平面布置多采取均衡对称的格局，大都是正多边形平面。柱子是主要承重构件，墙体一般只起围护作用。木材是柔性材料，在外力作用下比较容易变形，但在一定程度上又有恢复变形的能力。同时构架中所有节点普遍使用木榫结合，具有一定的弹性和变形能力。整个构架不仅具有较好的整体性，又具有一定的整体刚度。

大式木结构建筑中所使用的一些构造做法，如成组斗拱、双层额枋、连拱交隐做法、内转角处的抹角梁以及缩小梢尽间的面宽等各种加固措施，都大大地加强了房屋的耗能能力和角度和结构刚度。古代高层建筑中，使用额枋与地栿，将柱网连接成一个整体，好似现代建筑中的圈梁，也是一种很有效的加固手段。又如柱脚下有管脚榫插入柱基础内，以利固定柱身。地震时，既可防止柱根滑动，又能抵制摩擦与挤压的冲击力，从而消失掉一部分地震能量，从抗震的角度来讲，等于在柱脚下设置了限位和耗能装置。

还应指出：古建筑的檐柱多有侧脚和生起，可使水平与垂直构件结合得更加牢固，使整座房屋的重心更加稳定；还有横架上使用叉手、托脚来抵制构架变形，这些做法都有利于抗震。

总之，大量震害情况一再表明，中国古代木结构构建筑在剧烈地震中，尽管会产生大幅度的摇晃，结构因之变形，但只要木构架不折榫，不拔榫，就会"晃而不散，摇而不倒"，当地震波消失后，整个构架仍能很快恢复原状。即使墙体被震倒，也不会影响整个木构架的安全，所以中国有句谚语："墙倒柱立屋不塌"，生动地说明了中国古代建筑所具有的优越的抗震性能。

(5) 震害特点

地震中木结构房屋的破坏主要表现在以下几个方面：

1）木构架整体发生破坏（图7.1-8）

图7.1-8　地震时木构架整体发生破坏

木构架整体的破坏主要是由于连接节点失效或整体变形过大引起的，可以有多种表现。轻者因地震中变形过大，节点处松动，木构架整体歪斜，产生不能恢复的整体变形；重者部分节点出现折榫或拔榫，部分构件因连接失效脱落，严重时整个屋架歪闪塌落。

图7.1-8中分别为木构架整体从轻至重的破坏形态：构架歪斜，但未脱榫，震后可扶正修复；部分构件因脱榫或折榫掉落，屋架局部塌落；木构架整体塌落，导致房屋整体破坏。

2）木结构屋面楼面发生破坏（图7.1-9、图7.1-10）

图7.1-9　地震时屋面发生破坏　　　　　　　图7.1-10　地震时楼面发生破坏

楼屋面的破坏现象主要是屋面溜瓦，楼面木龙骨折断。如果屋面檩条、椽条等构件间没有牢固的连接，也会在地震作用下移位或脱落，造成屋面的破坏。

3）木结构围护墙体发生破坏

木结构的围护墙根据当地的习惯和材料，可以有不同的方式。如生土围护墙、砌块围护墙和砖围护墙等或者两种材料的混合。由于较柔的木构架和较刚的围护墙的动力特性有差异，在地震中的反应也不一致，围护墙实际上承担了主要的地震作用，在地震中的破坏也是常见的。轻者裂缝，重者会局部倒塌。

围护墙的破坏程度与木构架与墙体之间有无拉结措施有很大关系，采取了有效拉结措施的墙体，在地震中可能破坏，但能在一定程度上保证墙体裂而不倒。如图7.1-11为土坯围护墙木构架房屋的震害，第一张照片中可见左侧墙角处的竹片拉结材料，虽然在地震中墙体破坏，开裂甚至墙体局部剥落，但拉结材料还是避免了墙体的倒塌，对应的另一侧无拉结措施，墙体局部塌落。最后一张照片的墙角处也无拉结，角部局部塌落。

图7.1-12中的砌块围护墙，没有拉结措施，块体又较大，出现了外闪和局部倒塌。

图7.1-13中，围护墙是砖和土坯的混合墙体，这样更加重了整个房屋在地震下反应的复杂性，从照片上可以看出土坯墙局部倒塌，砖墙也出现了开裂等震害。

4）木构架柱脚发生破坏

木柱柱脚的破坏也是木构架房屋的常见震害现象之一。

图 7.1-11　地震时土坯围护墙发生破坏

图 7.1-12　地震时砌块围护墙发生破坏

当木柱未埋入地面嵌固，浮搁在柱脚石上，或者在柱脚有木销连接但连接薄弱时，木柱在地震作用下晃动，很容易产生滑移，会直接影响木构架的整体稳定性，加重整个房屋的震害，如图 7.1-14 为柱脚滑移的震害实例。

图 7.1-13　地震时左边土坯围护墙发生破坏，右边砖围护墙发生破坏

图 7.1-14　地震时柱脚发生滑移

围护墙开裂或局部倒塌后，承载能力降低或丧失，地震力就主要由木构架承担，柱脚部位是地震力最大的，如果截面比较小，或者柱的强度因为糟朽、虫蛀已被削弱，柱脚部位就会发生劈裂、折断等破坏。图 7.1-15 是破坏的柱脚，可以看出木柱有明显的虫蛀现象。

5）木构架节点发生破坏

木构架的主要构件的连接处一般采用榫接，因为地震中木构架会产生较大的变形，如果榫接头处没有其他保证连接牢固的措施，榫头部位会移位，严重时甚至会拔出或折榫。图 7.1-16～图 7.1-18 为节点处的破坏现象。

木构架的整体变形程度和榫头处的连接变形能力、牢固程度决定了节点处的破坏程度。各照片中的连接节点均未设加强连接的铁件等措施，榫头容易移位，变形大到一定程度就会被拔出，或者榫头部位因截面削弱过多局部承载力不满足要求而折断。图 7.1-18 中左边照片中是因为木构架变形造成托木与梁之间连接节点的破坏。

图 7.1-15　地震时柱脚发生破坏

图 7.1-16　地震时榫头处发生相对位移

图 7.1-17　地震时榫接头处被拔出

图 7.1-18 地震时节点处破坏

榫接节点的变形具有一定的耗能作用,但超过一定程度的变形就会引起节点的破坏甚至失效。

7.1.2 规程中的木结构房屋

本规程中按照主要承重构件的特点将木结构房屋分为穿斗木构架、木柱木屋架、木柱木梁三种类型,这三种类型的房屋的围护墙体可以是砖(小砌块)、生土和石墙等,在我国广大村镇地区仍在广泛采用。

(1) 穿斗木构架(图 7.1-19)

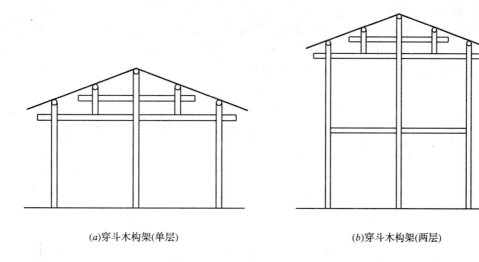

(a)穿斗木构架(单层)　　　　(b)穿斗木构架(两层)

图 7.1-19 穿斗木构架

纵横向木梁和木柱用扣榫结合起来形成空间构架,并且横梁端用木销穿过可以防止脱榫,每榀屋架一般有 3~5 根柱。因此,穿斗木构架房屋的连接构造和整体性都比较强,横向稳定性也较好。在外形上，分一坡水、两坡水和四坡水形式，常用的是三柱落地或是五柱落地的两坡水房屋。在南方各省有许多是两层或带有阁楼的两层楼房。

（2）木柱木屋架（图7.1-20）

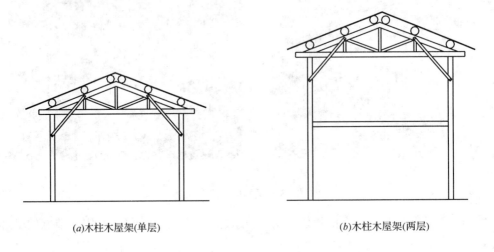

(a)木柱木屋架(单层)   (b)木柱木屋架(两层)

图7.1-20　木柱木屋架

房屋比较高大、空旷，屋架与木柱用穿榫连接，有的节点加扒钉或铁钉结合。

（3）木柱木梁（平顶式）（图7.1-21a）

一般做成强梁弱柱或大梁细柱，梁柱连接简单，木材质量较差，屋顶一般用10～30cm厚的泥或白灰焦渣做成，因此屋面重量较大；房屋矮小，屋顶坡度较小，避免了高大而不稳定的山尖。该类型房屋在北方一些省区应用较多。

（4）木柱木梁（坡顶式）（图7.1-21b）

此类型房屋分为有廊厦和没有廊厦两种，有廊厦的房屋一般有3～4根柱子，没有廊厦的房屋只有前后两根柱子，并且两种房屋的屋面多采用各种瓦屋面，重量比较大。

村镇地区木构架房屋常见的围护墙种类如图7.1-22～图7.1-26所示。

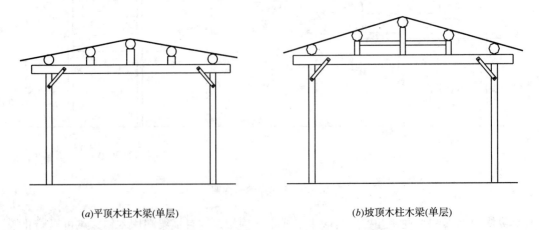

(a)平顶木柱木梁(单层)   (b)坡顶木柱木梁(单层)

图7.1-21　木柱木梁

图 7.1-22　砖围护墙

图 7.1-23　砌块围护墙

249

图 7.1-24　土坯围护墙

图 7.1-25　土筑（夯土墙）围护墙

图 7.1-26　石围护墙

7.2　木结构房屋设计的一般规定

7.2.1　层数和高度的限制

由于在结构构造、骨架与墙体连接方式、基础类型、施工做法及屋盖形式等各方面存在的不同，各类木结构房屋的抗震性能也有一定的差异。其中穿斗木构架和木柱木屋架房屋结构性能较好，通常采用重量较轻的瓦屋面，具有结构重量轻、延性较好及整体性较好的优点，因此抗震性能比木柱木梁房屋要好，6、7度时可以建造两层房屋。木柱木梁房屋一般为重量较大的平屋盖泥被屋顶（典型的如云南的土掌房），通常为粗梁细柱，梁、柱之间连接简单，从震害调查结果看，其抗震性能低于穿斗木构架和木柱屋架房屋，一般仅建单层房屋。平面尺度根据功能要求而定，但是习惯上仍然遵守一定的模数，这也是为了施工用料计算的方便。

（1）房屋的层数和高度不应超过表 7.2-1 的规定（见《镇（乡）村建筑抗震技术规程》，以下简称《规程》）。

（2）房屋的层高：单层房屋不应超过 4.0m；两层房屋其各层层高不应超过 3.6m。

木结构房屋高度和层数限值（m）　　　　　　　表 7.2-1

结构类型	围护墙种类		烈　　度						
			6		7		8		9	
			高度	层数	高度	层数	高度	层数	高度	层数
穿斗木构架和木柱木屋架	砖墙	实心砖（240）多孔砖（240）	7.2	2	7.2	2	6.6	2	3.3	1
		小砌块（190）	7.2	2	7.2	2	6.6	2	3.3	1
		多孔砖（190）蒸压砖（240）	7.2	2	6.6	2	6.0	2	3.0	1
		空斗墙（240）	7.2	2	6.0	2	3.3	1	—	—
	生土墙（≥250）		6.0	2	4.0	1	3.3	1		
	石墙	细料石（240）	7.0	2	7.0	2	6.0	2		
		粗料石（240）	7.0	2	6.6	2	3.6	1		
		平毛石（400）	4.0	1	3.6	1	—	—		
木柱木梁	砖墙	实心砖（240）多孔砖（240）	4.0	1	4.0	1	3.6	1	3.3	1
		小砌块（190）	4.0	1	4.0	1	3.6	1	3.3	1
		多孔砖（190）蒸压砖（240）	4.0	1	4.0	1	3.6	1	3.0	1
		空斗墙	4.0	1	3.6	1	3.3	1		
	生土墙（≥250）		4.0	1	4.0	1	3.3	1		
	石墙	细料石（240）	4.5	1	4.0	1	3.6	1		
		粗料石（240）	4.5	1	4.0	1	3.6	1		
		平毛石（400）	4.0	1	3.6	1	—	—		

注：1. 房屋总高度指室外地面到主要屋面板板顶或檐口的高度；
　　2. 坡屋面应算到山尖墙的 1/2 高度处。

7.2.2 抗震横墙间距和局部尺寸限值

(1) 抗震横墙间距限值

土、砌体或石墙体的刚度远大于木构架的侧向刚度,地震时,抗震横墙是承担横向地震力的主要构件,应有足够的承载力;同时刚度较大的墙体与木构架连接牢固时,可以约束木构架的横向变形,增加房屋的抗震性能。限制抗震横墙的最大间距可以保证房屋横向抗震能力和整体的抗震性能。木结构房屋抗震横墙的最大间距不应超过表 7.2-2 的要求。

木结构房屋抗震横墙的最大间距（m）　　　表 7.2-2

结构类型	围护墙种类 (最小墙厚 mm)	房屋层数	楼层	烈度 6	7	8	9
穿斗木构架和木柱木屋架	实心砖（240） 多孔砖（240）	一层	1	11.0	9.0	7.0	5.0
		二层	2	11.0	9.0	7.0	—
			1	9.0	7.0	6.0	—
	小砌块（190）	一层	1	11.0	9.0	7.0	5.0
		二层	2	11.0	9.0	7.0	—
			1	9.0	7.0	6.0	—
	多孔砖（190） 蒸压砖（240）	一层	1	9.0	7.0	6.0	—
		二层	2	9.0	7.0	6.0	—
			1	7.0	6.0	5.0	—
	空斗墙（240）	一层	1	7.0	6.0	5.0	—
		二层	2	7.0	6.0	—	—
			1	5.0	4.2	—	—
	生土墙（250）	一层	1	6.0	4.5	3.3	—
		二层	2	6.0	—	—	—
			1	4.5	—	—	—
	细、半细料石（240）	一层	1	11.0	9.0	6.0	—
		二层	2	11.0	9.0	6.0	—
			1	7.0	6.0	5.0	—
	粗料、毛料石（240）	一层	1	11.0	9.0	6.0	—
		二层	2	11.0	9.0	—	—
			1	7.0	6.0	—	—
	平毛石（400）	一层	1	11.0	9.0	6.0	—
木柱木梁	实心砖（240） 多孔砖（190）	一层	1	11.0	9.0	7.0	5.0
	小砌块（190）	一层	1	11.0	9.0	7.0	5.0
	多孔砖（190） 蒸压砖（240）	一层	1	9.0	7.0	6.0	5.0
	空斗墙（240）	一层	1	7.0	6.0	5.0	—
	生土墙（250）	一层	1	6.0	4.5	3.3	—
	石墙（240、400）	一层	1	11.0	9.0	6.0	—

注：400mm 厚平毛石房屋仅限 6、7 度。

表中的结构类型指木构架的形式,不同形式的木构架,抗震性能有一定的差异,因此相应的要求也不同。

围护墙的种类、房屋的层数也是决定房屋抗震承载能力的重要因素,因此表中针对不同的围护墙材料(有最小厚度的要求)和房屋层数,给出了不同烈度水平下的抗震横墙最大间距限值。

(2) 木结构房屋围护墙墙段局部尺寸

表7.2-3的相关数据是参考了大量的震害经验确定的。窗洞角部是抗震的薄弱部位,窗间墙由窗角延伸发展的X形裂缝是典型的震害现象之一;门(窗)洞边墙位于墙角处,在地震作用下易出现应力集中,很容易产生破坏甚至局部倒塌;对这些部位的房屋局部尺寸做出限制,就是为了防止因这些部位的失效,引起连续破坏造成房屋整体的破坏甚至倒塌。

木结构房屋围护墙墙段局部尺寸限值(m)　　　　表7.2-3

部　　位	6度	7度	8度	9度
窗间墙最小宽度	0.8	1.0	1.2	1.5
外墙尽端至门窗洞边的最小距离	0.8	1.0	1.0	1.0
内墙阳角至门窗洞边的最小距离	0.8	1.0	1.5	2.0

(3) 木构架房屋构架尺度

梁、柱、檩、枋的尺寸和连接形式,南北方有很大不同。北方冬天寒冷,有保温要求,屋顶厚重,所以梁架粗壮,柱亦粗壮;南方天热,屋顶薄而轻,所以梁柱等均较细,但是出檐尺寸均大致相同,约合柱高的三分之一左右。因为梁架粗细的不同,而产生不同的做法。例如北方的梁头通常大过柱径,压在柱头上;而南方一般小式房屋则是将梁头插在柱头的卯口内,柱头上升至梁背而直接承托檩、挂枋等。

北方小式大木的尺寸是檐柱高按面阔一丈得柱高八尺,外加榫樑长五寸;柱径七寸,开间立面呈扁方形。南方开间略小,但在额枋上(挂空槛或上槛上)常有阁楼一小段,其立面多与北方有不同之处,柱亦稍细而长。南方常用挑枋(也叫挑头)出檐,而北方小式檐部无挑、拱等承托构件,所以它们的立面又有不同。

南方木构架建筑的面宽,明间大致一丈一尺或一丈二尺(多在3.6m至3.9m之间);次间一丈或一丈一尺(多在3.3m至3.6m之间);耳房九尺或一丈(多在3.0m至3.3m之间);构架进深随房间进深而定。构架规模按前后檐柱或金柱(当地称京柱)与后檐柱之间的檩数分:有五架二桁(即五根檩条,另加前后两根支承挑檐的叫做"子桁"的附加檩条)、七架二桁、九架二桁三种。前两种最为普遍。明间进深与次间相同,多为一丈六尺或一丈八尺(多在4.8m至5.2m之间);耳房进深一丈或一丈一尺(多在3.3m至3.6m之间);出厦进深六尺或七尺(约为1.6~1.8m)。

构架进深随房间进深而定,以五寸(市尺)为模数,进深就地势来决定,但多数是一丈四尺(约为4m左右),以面柱到后柱的中心线为准。构架的高度随房屋层高而定,底层高度从京柱根部算到楼板上口,楼层高度从楼板上口算到第一根檩条(指京檩而非子桁）下口。常用尺度为上65下75（即楼层6.5尺，底层7.5尺，或简称"65、75"）；上7下8（即从地平至承重上皮为八尺六寸，约为2.1m左右；承重上皮至大插下皮为七尺四寸，约1.9m）；75、85、上8下9，模数亦为五寸。

举架有五架七桁、七架九桁、九架十一桁三种。构架的坡度决定着屋面的坡度，正常情况下介于四分水至五分水之间；重檐屋顶下层的单坡屋面与上层屋面平行。构架各主要构件名称及常用断面尺寸如表7.2-4所示。

木构架各主要构件名称及常用断面尺寸　　　　　表7.2-4

构件名称	常用断面尺寸	备注
檐柱	柱梢径6寸	实测柱中一般在20~22cm
金柱	柱梢径6寸	—
后檐柱	柱梢径6寸	—
吊柱	截面3寸×3寸	—
承重梁	截面4寸×4.5寸	—
扣承梁	截面4寸×4寸	—
大梁（五架梁）	截面4寸×6寸	—
二梁（三架梁）	截面4寸×5寸	—
挂枋	截面2寸×4寸	—
檩条	4寸	实测一般直径为14~16cm
脊檩	4.5寸	实测一般直径为16~20cm
椽子	2.5寸	实测一般直径为8cm
楼楞	截面3寸×4寸	实测一般直径为11~14cm
外圆内方	4.5寸	实测一般直径为16~20cm

（4）穿斗木构架房屋的构件设置及节点连接构造应符合下列要求：

1）木柱横向应采用穿枋连接，穿枋应贯通木构架各柱，在木柱的上、下端及二层房屋的楼板处均应设置；

2）榫接节点宜采用燕尾榫、扒钉连接；采用平榫时应在对接处两侧加设厚度不小于2mm的扁铁，扁铁两端用两根直径不小于12mm的螺栓夹紧；

3）穿枋应采用透榫贯穿木柱，端部应设木销钉，梁柱节点处应采用燕尾榫，如图7.2-1所示；

4）当穿枋的长度不足时，可采用两根穿枋在木柱中对接，并应在对接处两侧沿水平方向加设扁铁，扁铁厚度不宜小于2mm、宽度不宜小于60mm，两端用两根直径不小于12mm的螺栓夹紧；

5）立柱开槽宽度和深度应符合表7.2-5的要求。

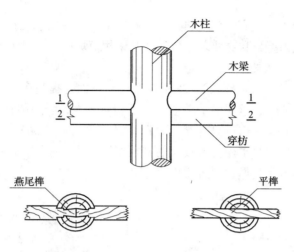

图 7.2-1　梁柱节点处燕尾榫构造形式

穿斗木构架立柱开槽宽度和深度　　　　　　　　　　表 7.2-5

榫类型		柱类型	圆　柱	方　柱
透榫宽度	最小值		$D/4$	$B/4$
	最大值		$D'/3$	$3B/10$
半榫深度	最小值		$D'/6$	$B/6$
	最大值		$D'/3$	$3B/10$

注：D—圆柱直径；D'—圆柱开榫一端直径；B—方柱宽度。

7.2.3　屋盖系统的一般要求

（1）双坡屋盖的设置要求

木构架房屋的屋顶形式大体分为双坡屋顶和单坡屋顶两种形式，如图 7.2-2 和图 7.2-3 所示，屋顶要尽量采用双坡形式，双坡在满足排水防漏的前提下，应尽量减小屋面坡度，以防止滑瓦。如何减轻墙体的震害，应从以下几个方面考虑：减轻墙体自重，增强墙体整体性，防止墙体倒塌，加强墙体和木构架的连接，使两者能协同工作。

图 7.2-2　双坡屋顶

图 7.2-3　单坡屋顶

双坡屋架结构的受力性能较单坡的好，双坡屋架的杆件仅承受拉、压，而单坡屋架的主要杆件受弯。木柱木屋架和穿斗木屋架房屋宜采用双坡屋盖，且坡度不宜大于30°。

(2) 屋面材料的设置要求

屋面宜采用轻质材料（瓦屋面），采用轻型材料屋面是提高房屋抗震能力的重要措施之一。重屋盖房屋重心高，承受的水平地震作用相对较大，震害调查也表明（图7.2-4），地震时重屋盖房屋比轻屋盖房屋破坏严重，因此地震区房屋应优先选用轻质材料做屋盖。在我国华北等一些地区农村采用重量较大的平顶泥被屋面，并且在使用过程中逐年增加泥被的厚度，造成屋盖越加越厚，对抗震极为不利。

图7.2-4 汶川地震郫县某房屋屋面破坏情况

(3) 端屋架的设置要求

木结构房屋应设置端屋架，不得采用硬山搁檩。木结构房屋应由木构架承重，墙体只起围护作用。木构架的设置要完全，在山墙处也应设木构架，不得采用中部用木构架承重、端山墙硬山搁檩由山墙承重的混合承重方式（俗称灯笼架）。新疆巴楚地震和云南大姚地震表明，房屋中部采用木构架承重、端山墙硬山搁檩的混合承重房屋破坏严重，主要是木构架和围护墙两者的变形能力不同，木构架体系的变形作用于端部承重的外山墙，易引起山墙的外闪倒塌，造成端开间的塌落。

7.2.4 围护墙与木柱的一般要求

(1) 围护墙设置的要求

形状比较简单、规则的房屋，在地震作用下受力明确，同时便于进行结构分析，在设计上易于处理。以往震害经验也充分表明，简单、规整的房屋在遭受地震时破坏也相对较轻。围护墙的墙体均匀、对称布置，在平面内对齐、竖向连续是传递地震作用的要求，这样沿主轴方向的地震作用能够均匀对称地分配到各个抗侧力墙段，避免出现应力集中或因扭转造成部分墙段受力过大而破坏、倒塌。例如我国南方一些地区农村的二、三层房屋，外纵墙在一、二层上下不连续，即二层外纵墙外挑，在7度地震影响下二层墙体普遍严重开裂。

(2) 生土围护墙的勒脚

生土墙体防潮性能差，勒脚部位容易返潮或受雨水侵蚀而酥松剥落，削弱墙体截面并降低墙体的承载力，因此应采用砖、石砌筑，并应采取有效的排水防潮、通风防蛀措施。

(3) 围护墙与木柱的要求

我国的传统木构架住宅在建造时先立木柱，然后架梁、盖屋顶，再砌墙。墙体用砖、石或生土砌筑，墙体是围护构件，不承受屋盖重量，所以中国的谚语中有"墙倒柱不倒"、"房塌屋不塌"的说法，说的就是中国传统木结构的特点。

围护墙应砌筑在木柱外侧，不宜将木柱全部包入墙体中，墙体砌筑在木柱外侧可以避免墙体向内倒塌伤人，并且便于对木柱的情况进行检查，预防木柱腐朽或虫蛀（图7.2-5）。围护墙沿高度应设置配筋砖圈梁、配筋砂浆带或木圈梁（如图7.2-6所示的木圈梁），以加强墙体的整体性。

图7.2-5　围护墙的砌筑（露出木柱）　　　　图7.2-6　木圈梁的设置

木柱下应设置柱脚石，不应将未作防腐、防潮处理的木柱直接埋入地基土中，木柱下设置柱脚石也是为了防止木柱受潮腐烂。木柱嵌入墙内不利于通风防腐，当出现腐朽、虫蛀或其他问题时也不易检查发现。木柱伸入基础部分容易受潮，柱根长期受潮腐朽引起截面处严重削弱，从而导致木柱在地震中倾斜、折断，引起房屋的严重破坏甚至倒塌。

(4) 不同类别抗震墙的厚度要求

墙体的厚度满足一定要求，才能起到承担地震力的作用。本规程规定，砖、小砌块抗震墙厚度不应小于190mm（图7.2-7）；生土抗震墙厚度不应小于250mm；石抗震墙厚度不应小于240mm（图7.2-8）。

图7.2-7　砌块抗震墙　　　　图7.2-8　石抗震墙

(5) 木柱的尺寸要求

木柱是木构架中最重要的承重构件，截面尺寸应满足承担竖向承载和地震作用的要求。木柱的梢径不宜小于150mm。

7.2.5 加强整体性的措施

设置斜撑和剪刀撑是保证木构架横向与纵向稳定性的重要措施，可以有效地提高木结构房屋的整体性，从而改善抗震性能。

木屋架（梁）与柱之间通常是榫接，节点没有足够的强度和刚度，在较大水平地震作用下一旦松动就变成铰接，木构架在平面内就成为几何可变体系，即便不脱卯断榫，木构架也会倾斜，严重的甚至会倒塌，在云南丽江、大姚和新疆伽师、巴楚等地震中木构架平面内的倾斜变形是常见的破坏形式。在屋架（梁）与柱连接处设置斜撑，使木构架在横向变为几何不变体系，大大提高了木构架横向稳定性。

屋架剪刀撑可以增强屋架平面外的纵向稳定性，提高木构架的整体刚度。穿斗木构架柱间横向有穿枋联系，纵向有木龙骨和檩条联系，空间整体性较好，具有较好的变形能力和抗侧力能力。但纵向刚度相对差些，故也要求在纵向设置竖向剪刀撑或纵向斜撑，以提高纵向稳定性。

振动台试验表明，用墙揽拉结山墙与木构架，可以有效防止山墙尤其是高大的山尖墙在地震时外闪倒塌。

内隔墙墙顶与屋架构件拉结是为了增强内隔墙的稳定，防止平面外失稳倒塌。

在木构架与围护墙之间采取较强的连接措施后，砌体围护墙成为主要的抗侧力构件，因此墙体厚度也应满足一定的要求。木结构房屋应在下列部位采取拉结措施：

（1）三角形木屋架和木柱木梁房屋应在屋架（木梁）与柱的连接处设置斜撑（图7.2-9）。

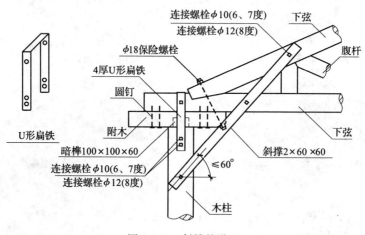

图7.2-9 斜撑的设置

（2）两端开间屋架和中间隔开间屋架应设置竖向剪刀撑（图7.2-10）。

（3）穿斗木构架应在屋架中间柱列两端开间和中间隔开间设置竖向剪刀撑，并应在每一柱列两端开间和中间隔开间的柱与龙骨之间设置斜撑（图7.2-11）。

图 7.2-10 竖向剪刀撑的设置

图 7.2-11 穿斗木构架房屋纵向斜撑的设置

（4）墙体的拉结

1）砌体（石墙体）纵横墙交接处沿高度设置 $2\phi6$ 拉结钢筋或 $\phi4@200$ 拉结钢丝网片。

2）生土墙在纵横墙交接处沿高度每隔 500mm 设置一层荆条、竹片、树条等编制的拉结网片，网片与木柱应采用 8 号铁丝连接。

需要注意的是，拉结网片一定要编织在一起，因为生土墙是用泥浆砌筑的，强度低，不可能达到水泥砂浆对拉结钢筋的锚固效果，编成网片状可以使拉结材料在墙体内更好地锚固，切实起到作用。图 7.2-12 中，拉结材料是单根的，虽然也能起到一定的拉结效果，但在转角处被拔出。

3）木结构的围护墙在圈梁（配筋砖圈梁、配筋砂浆带和木圈梁）处与木柱拉结。

配筋砖圈梁、配筋砂浆带与木柱应采用不小于 $\phi6$ 的钢筋拉结（图 7.2-14）；

木圈梁应加强接头处的连接，并应与木柱之间采用扒钉等可靠连接（图 7.2-15）。

4）生土房屋外纵墙与檩条拉结（图 7.2-16）。

图 7.2-12 单根拉结筋作用不大

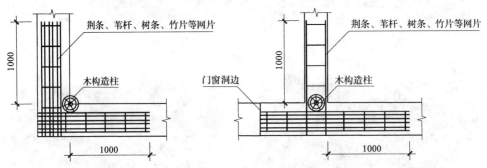

图 7.2-13 生土墙在纵横墙的拉结

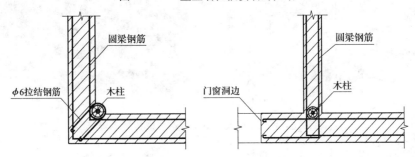

图 7.2-14 配筋砖圈梁、配筋砂浆带与木柱的拉结

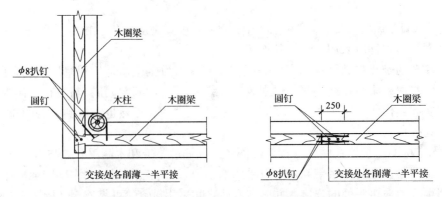

图 7.2-15 木圈梁接头处及与木柱的连接

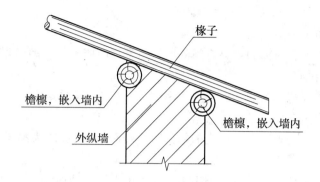

图 7.2-16 双檐檩檐口构造做法

5）山墙、山尖墙应采用墙揽与木构架（屋架）拉结（图 7.2-17）。

高大的山墙是地震中的薄弱部位，在没有连接的情况下，山墙容易发生外闪等破坏，采用竖向布置的与屋架连接的墙揽，可以约束山墙平面外的变形。

6）内隔墙墙顶应与梁或屋架下弦拉结（图 7.2-18）。

图 7.2-17 墙揽照片

图 7.2-18 内隔墙墙顶与屋架下弦拉结

内隔墙是非承重墙，顶部不承受楼、屋面荷载，墙顶是自由端，地震时如果墙顶没有约束，容易产生平面外的变形，导致墙体的破坏甚至倒塌。内墙的倒塌更易伤人毁物。

7.2.6 墙体设计要点

(1) 墙体的一般划分类别

结合村镇民居墙体形式特点，将墙体构成从平面布局和立面位置两个方面大致作了划分。

1）从平面布局划分：

① 檐墙：分为前檐墙和后檐墙。云南地区众多民族建筑大多使用前檐墙合院民居，是云南民居的一大特色。后檐墙有两种，露椽子的叫露椽出后檐墙，也称"老檐出"；不露椽子的叫封护檐墙。

② 山墙：有悬山形式和硬山形式两种，一般木、土、竹等不耐水材料的墙体使用悬山形式较多，相应的，石、砖等材料的墙体则常用硬山形式。

③ 槛墙：指窗户的木榻板之下的墙体。
④ 廊心墙：指廊子两端山墙的内侧部分。
⑤ 隔断墙：是民居内部的划分空间的墙，通常与山墙平行，即横隔墙。

2）从立面位置划分：

① 勒脚：是檐墙和山墙的下段，通常高约1m左右，有时要比上段墙体厚。勒脚的顶部有时有砖或石材的腰线石。

② 上身：一般比勒脚稍薄，退进的部分叫"花碱"。大理白族民居硬山后檐墙下还有砖贴面的"倒花碱"，其外皮与包框墙在一直线上。

③ 山尖：山墙挑檐以上部分称为山尖。硬山山尖要有博风。

④ 墀头：是硬山山墙两端檐柱以外的部分。土墙的埠头上部与檐仿下皮同高的位置有时会安挑檐石。

(2) 生土墙

生土墙是指未经焙烧的土坯、灰土和夯土承重墙体的房屋。在木结构房屋中用土作建筑材料是农村传统民居建筑中最常见的形式，因为土可以就地取材，且价格低廉，构筑也十分方便。它虽有强度不高、易吸水和软化等不足，但是却具有良好的保温隔热性能，还可以还田，符合现在环保和可持续发展的要求。所以，在村镇建筑中生土墙的使用仍十分广泛。由于土质结构、构筑技艺和生活习惯的不同，一般主要可分为夯土墙、土坯墙以及土坯与夯土结合的墙体。

由于生土墙体强度较低，抗压能力差，因此木屋架和木梁在外墙上的支撑长度要求大于砖石墙体，同时也要求木屋架和木梁在支撑处设置木垫块或砖砌垫层，以减少支撑处墙体的局部压应力。

云南村镇建筑抗震技术规程对土筑墙的技术规定：土坯墙、夯土墙厚度，外墙不应小于370mm，内墙不应小于240mm。

1）夯土墙

夯土墙俗称"干打垒"，通常基本材料是三合土：黄泥、石灰、砂或碎石、碎瓦片，也有用灰土或灰砂的。

夯土墙历史悠久，目前传统村镇民居建造中仍然在使用这项技术，这也是最经济的。除了经济、取材方便外，还有坚固耐久、整体性强、热工性能优越的特点，再加上成套的施工技术早已经成熟，人人皆可参加建造。夯土墙施工方法是用木板夹持在墙的两边，在中间填土夯实。一般每板高36cm，长200cm左右，一副板具可以沿墙移动夯打，上下板之间需要错缝，墙厚依地区和土质的不同而有差异，从40~75cm不等。板具为木板制成，为加强墙体的整体性，有些地区在墙内分层埋设竹筋或木棍等以加强连接。用于建筑的夯土墙的外墙面需抹面用来防水，云南传统民居建筑中多采用麦草泥抹面。

2）土坯墙

土坯墙又称为"泥砖墙"，在我国各地村镇房屋的建造中应用很广泛。土坯的制作一般是利用耕作几年肥力降低的田泥作材料，再加一定比例的麦草、稻秸等，反复拌合，以增强其黏性和密实度，然后再做成土坯，先晒干后再风干即成。古有云"堑者抑泥土为之，令其坚彻也"，可见土坯墙早已存在，并且使用相当普遍。从建筑技术史上看，从夯筑墙到砌筑土坯墙，是一项巨大的技术进步，也是建筑材料的一大革新，它为砖的出现做了准备。土坯墙比夯土墙要求的技术含量要低，在施工作业和时间安排上更灵活机动，造价低廉、经济实用。而且土坯墙墩实淳厚、粗犷质朴，与大地融为一体，在质感和肌理上充分体现了村镇民居的艺术魅力，其表现力也是其他建筑材料不可取代的。在云南农村民居建筑中使用土坯建造房屋是非常普遍的，其墙体厚实，一般都在30cm以上。土坯的使用较夯土墙更为灵活，砌筑方式多样，可用于承重墙及非承重的填充墙、灶、火炕等，因其强度低，不耐冲淋，故用于室外多施以抹面。

村镇建筑土墙的做法，一般外加装饰性粉刷，以抵抗风雨的侵蚀，在增加墙体的耐久性的同时，又增强了美观效果，达到功能需要与审美要求的完美结合。剑川白族民居建筑中的墙体，虽然不承重，但在防风、防火、抗震方面，均有不可忽视的重要作用。当地工匠，所创造的墙体砌筑工艺，达到了十分精良的水平，是经济、美观、坚固三者完美结合的典范。工匠们经过长期探索实践，发展出石、砖、土（土坯和夯土）三合一的墙体工艺，用当地民间口诀表述为：

条石做墙角，加强"四大角"（图7.2-19）。

角柱料石砌，或作"金包玉"。

墙分上下段，楼面为界线。

下石上土基，厚度不改变。

砌墙要错缝，竹、木做墙筋。

墙顶石板封，山墙加腰檐。

粉面、贴砖、"穿花衣"，土墙放水切切记。

以上口诀中，第一、二条为同一高度上的混合承重，在建筑上较为美观，但在地震作用下，因为不同材料的相互之间难以咬砌，连接处会形成竖向的薄弱环节，容易出现开裂、外闪等震害。其他几条，都是劳动人民在实践中总结出的宝贵经验，今天仍能加以应用。

制作土坯首先要有土墼模（即坯模），稍懂木工的农民都可以自己制作（图7.2-20），土坯的尺寸全国各地有差异，如表7.2-6所示，所以土墼模没有十分精确严格的模数限定，但是一般都把土坯砖控制在39cm×26cm×13cm，坯厚为30cm左右（图7.2-21）。否则所制土坯太厚太大则不易晒干，太薄太小则施工费工费时，从而增加造价。

图7.2-19　条石做墙角

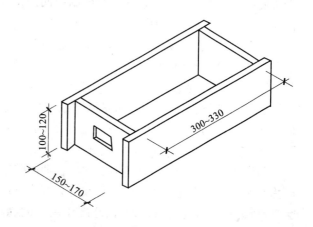

图7.2-20　土墼模（坯模）

全国不同地区土坯尺寸			表 7.2-6
地点	土坯尺寸（cm）	加料筋	备注
吉林	24×18×5	加碎秸草	吉林筏子块 40×22×15
辽宁	26×18×5	加碎秸草	
北京	30×19×7	加草	
湖南	30×24×7.5	加草根	
云南	39.5×28×10	加草	可砌三层土楼
四川	38×26×9	干打	
河南	36×18×6	加草	
山西	38×18×6	纯土	
新疆	39×25×18	纯土、干打	可砌土楼及拱
青海	30×20×10	加草	
陕西	39×30×8	加草	
泉州	30×24×6	纯土	
岭南	39×26×13	加草	

土坯有干制坯和湿制坯两种，云南地区的传统民居建筑多使用前者。做法是：将土、骨料和水拌和→用手抓感觉达到合适的含水量→用牛踩匀→自然蒸发一两天→选一平整场地→将土墼模平放地上→填满泥→用手抹平→压实→提起模板→将土块留在原地晾晒（半干时再翻转晾晒，4～7 天后即可制成土坯）。注意，制作土坯，应当在干燥后，将其全部收齐，垛在一起，存在防雨干燥的地方，以备使用。云南地区的土坯往往顶面制成凹形，其他地区多为上下左右均为平面。

土坯墙常见砌法见图 7.2-22，土坯砌筑只用泥浆砌缝，一般泥缝厚为 1.5～2.0cm。土坯墙有多

图 7.2-21　土墼（土坯）实际大小

种砌法，一般用侧砖顺砌与侧砖丁砌上下错缝砌法、侧砖丁砌与平砖顺砌上下层组合砌法（此类墙在有些地区被称为"玉带墙"或"实滚墙"）、侧砖顺砌与平砖丁砌组合、以及平砖顺砌与平砖丁砌上下错缝一般土坯墙砌筑砌法（即"满丁满条"），以上砌法见图 7.2-23。

与砌砖不同的是，土坯有时会立放，即侧砖顺砌或丁砌。首先土坯怕压断，所以立放较为坚实；其次土坯吸水性强，立放时只有上下用泥砌缝，左右两侧不用泥，这样土坯不会被砌筑泥浆泡软。但从墙体在地震作用下的稳定性和承载力的角度讲，采用平砌更为合理。

图 7.2-22　土坯墙常见砌法

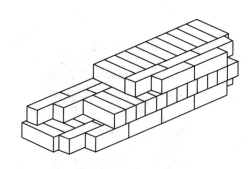

砖顺砌与侧砖丁砌上下错缝砌法

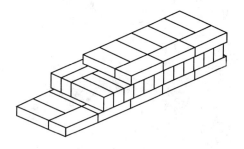

侧砖丁砌与平砖顺砌上下层组合砌法

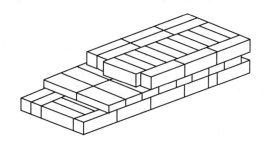

侧砖顺砌与平砖丁砌组合砌法

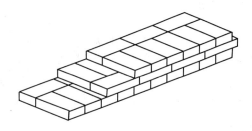

侧砖顺砌与平砖丁砌上下错缝砌法

图 7.2-23　土坯墙的砌筑方式

农村传统民居建造过程中还在砌筑土坯的同时还常常加筋，即每隔 3~4 层土坯就铺竹篾、树条等拉结材料一层，"再用泥横被竹篾一重，以泥平之"。除了竹篾外，树枝、藤条均可以，目的是增强土坯墙的整体性和抗拉、抗压性能，事实证明这种做法在地震地区是非常适用的，如图 7.2-24 所示。

在土坯土料中适量添加碎麦秸、稻草等掺料也是提高土坯强度的有效做法。图 7.2-25 是掺碎稻草的土坯。

图 7.2-24　加竹筋的土坯墙体在地震中破坏但未倒塌

图 7.2-25　掺碎稻草的土坯

由于土坯相比石材、砖造价低廉，制作简单易行，所以是很多农村地区建造房屋的主要墙体材料。土坯墙体一般自下而上砌成收分的样式，以增加稳定性。为了保护土坯墙体，屋顶出檐深远，墙体开洞也较小，这些做法都是强化了土坯墙的实体感，增强了墙面的虚实对比，同时也增加了墙体的抗震性能。土坯不但是一种廉价经济的建筑材料，同样具有良好的物理性能，但作为一种传统建筑材料，尚未引起当代建筑师的足够重视。随着对乡土技艺的不断认识和土坯改良技术的发展，在现代建筑中也会有土坯房屋的一席之地。土坯墙的砌筑应符合下列要求：

① 土坯墙墙体的转角处和交接处应同时咬槎砌筑，对不能同时砌筑而又必须留置的临时间断处，应砌成斜槎，如图 7.2-26 所示；

② 临时间断处的高度差不得超过一步脚手架的高度，每天砌筑高度不宜超过 1.2m；

③ 土坯的大小、厚薄应均匀，墙体拐角和纵横墙交接处应采取拉结措施；

④ 土坯墙砌筑应采用错缝卧砌，泥浆应饱满，土坯墙接槎时，应将接槎处的表面清理干净，并填实泥浆，保持泥缝平直；

⑤ 土坯墙在砌筑时应采用挤浆法、铺浆法，不得采用灌浆法。严禁使用碎砖石填充土坯墙的缝隙；

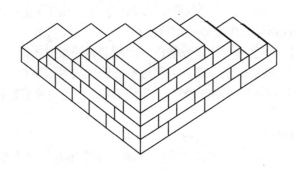

图 7.2-26　斜槎做法

⑥ 水平泥浆缝厚度应在 12～18mm 之间。

图 7.2-27 是村镇民居土坯墙砌筑过程。

图 7.2-27　土坯的砌筑

3）生土墙体的加强整体性的措施

夯土墙、土坯墙的整体性较弱，在夯土墙夯筑和土坯墙砌筑时，在墙的一定高度、或直接将门窗过梁做成与墙通长通厚的木枋，可以起到圈梁的作用（图 7.2-28），以加强墙体整体性和抗倒塌能力，改善整幢建筑的抗震性能。

图 7.2-28　土坯墙上的木"圈梁"

以下是云南村镇建筑抗震技术规程对土筑墙加横向约束的技术规定。土木结构房屋应在下列位置设置配筋砖圈梁、配筋砂浆带或木圈梁：

① 基础顶面和各层墙顶标高处应分别设一道配筋砖圈梁或木圈梁；
② 夯土墙宜采用木圈梁，土坯墙宜采用配筋砖圈梁或木圈梁；
③ 8度时夯土房屋应在墙高中部设置一道木圈梁，土坯房屋可在相应位置设置一道配筋砂浆带或木圈梁。

4）生土墙体门窗洞口过梁

传统生土建筑中，除了干阑式外，大多数民居墙体还有一个普通的特点，即窗洞较小，这在一定程度上也是一种抗震措施。因为小洞口的设计有利于保证墙体的整体刚度，少削弱抗剪截面，并且减少过梁跨度，节约造价。室内自然采光的照度要求可以通过适当的增加洞口数量来解决。

以下是本规程对土筑墙开窗的技术规定。土木结构房屋门窗洞口过梁应符合下列要求：

① 生土墙宜采用木过梁；
② 木过梁截面高度（直径）宜按表7.2-7规定采用，木过梁支承处应设置垫木；

木过梁截面尺寸（mm） 表7.2-7

墙 厚（mm）	门窗洞口宽度 b（m）					
	$b \leqslant 1.2$			$1.2 < b \leqslant 1.5$		
	矩形截面		圆形截面	矩形截面		圆形截面
	高度 h	根数	直径 d	高度 h	根数	直径 d
240	90	2	120	110	—	—
360	75	3	105	95	3	120
500	65	5	90	85	4	115
700	60	8	80	75	6	100

注：矩形截面木过梁的宽度同墙厚；d 为每一根的直径。

③ 当一个洞口采用多根木杆组成过梁时，木杆上表面宜采用木板、扒钉、铅丝等将各根木杆连接成整体；
④ 生土墙门窗洞口两侧宜设木柱（板）；夯土墙门窗洞口两侧宜沿墙体高度每隔500mm加入水平荆条、竹片、树枝等拉结材料。

7.2.7 建筑场地、地基和基础及结构布置一般原则

(1) 建筑场地和地基

1）建筑场地宜选择对抗震有利地段（稳定基岩，坚硬土，开阔、平坦、密实、均匀的中硬土等），避开不利地段（软弱土，液化土，条形突出的山嘴，高耸孤立的山丘，非岩质的陡坡，河岸和边坡的边缘，平面分布上成因、岩性、状态明显不均匀的土层，如古河道、疏松的断层破碎带、暗埋的塘浜沟谷和半填半挖地基等），不应选择在危险地段（地震时可能发生滑坡、崩塌、地陷、地裂、泥石流等及地震断裂带上可能发生地表错位的部位等）。

2）地基和基础设计应符合下列要求：

① 同一结构单元的基础不宜设置在性质明显不同的地基土上；

② 同一结构单元的基础不宜采用不同类型基础；

③ 同一结构单元的基础底面不在同一标高时，应按1:2的台阶逐步放坡；

④ 基础材料可采用砖、石、灰土或三合土等；砖基础应采用实心砖砌筑，灰土或三合土应夯实。

(2) 结构布置原则

1）房屋体型应简单、规整，平面不宜局部凸出或凹进，立面不宜高度不等。纵横墙的布置宜均匀对称，在平面内宜对称，在平面内宜对齐，沿竖向应上下连续；在同一轴线上，窗间墙的宽度宜均匀。两层房屋楼层不应错层。木屋架不得采用无下弦的人字屋架或无下弦的拱形屋架。同一房屋不应采用木柱与砖柱、木柱与石柱混合的承重结构。

2）木结构房屋应满足当地自然环境和使用环境对房屋的要求，采用通风和防潮措施，以防止木材腐朽或虫蛀。

3）穿斗木构架房屋分单层及两层，开间数一般为2~5间。

7.2.8 材料的要求

木材作为建筑材料具有许多优良性能，质轻强度高、有较好的弹性和韧性，易于加工，导热性低。但其缺点是构造不均匀、各向异性、易变形、易遭腐朽和虫蛀，易燃烧等。对于采用的速生林材，应进行防腐、防虫处理。

木材由于自身的材料和力学特性决定了其适用于作为线性构件使用。所以，由木构件构造而成的云南农村传统民居，其造型的自然表现就是线的组合。无论梁、枋、柱、斗拱都可以抽象成为大小、粗细、疏密不等的线条，这些线的交织自然带来一种"线的构成"或"编织"的视觉效果。城乡传统民居中，木材大都是不刷油漆，且保持原色的，这样使整个露明的木构架更加素朴真实、清晰明确，如图7.2-29所示。在木构架的连接上，民居没有官式建筑的许多繁冗的节点，所有的交接都干净、直接，这也使木构件的线性特征得到了充分体现，整体感觉更加明快，尤其是位于檐廊之下的梁柱构建。

图 7.2-29 木材线条美的表现

承重结构用材分为原木、锯木（方木、板材、规格材）。用于普通木结构的原木、方木和板材的材质等级可采用目测法分为三级（表7.2-8）。

普通木结构构件的材质等级 表7.2-8

项 次	主要用途	材质等级
1	受拉或拉弯构件	Ⅰa
2	受弯或压弯构件	Ⅱa
3	受压构件及次要受弯构件	Ⅲa

制作构件时，木材含水率应符合下列要求：
（1）现场制作的原木或方木结构不应大于25%；
（2）板材和规格材不应大于20%；
（3）受拉构件的连接板不应大于18%；
（4）作为连接件不应大于15%。
木结构用木材的最低要求见表7.2-9。

木材的最低要求 表7.2-9

结构类型	用料部位	最低材料规格要求 抗震设防烈度6～7度	最低强度等级要求 抗震设防烈度8度	材质等级要求	材质等级
穿斗木结构（单层）	木柱 木梁	φ160 166×133	φ183 200×133	TC11 TC11	Ⅱa Ⅰa
穿斗木结构（双层）	木柱 木梁	φ183 200×133	φ200 266×133	TC13 TC13	Ⅱa Ⅰa
木柱木屋架结构（单层）	木柱	φ160	φ183	TC11	Ⅱa
木柱木屋架结构（双层）	木柱	φ183	φ200 235×150（φ205）	TC13	Ⅱa
木柱木梁结构（单层）	木柱 木梁	φ160 235×150（φ205）	φ183	TC11 TC11	Ⅱa Ⅰa

木柱梢径不宜小于150mm。木材宜用结构的受压或受弯构件，对于在干燥过程中容易翘裂的树种木材（如落叶松、云南松等），当用作桁架时，宜采用钢下弦；若采用木下弦，对于原木，其跨度不宜大于15m，对于方木不应大于12m，且应采取有效的防止裂缝危害的措施。

7.2.9 村镇房屋设计基准期的确定

我国相关技术标准针对城镇民用建筑结构提出了最低为50年的设计基准期，针对业主的要求或者结构的重要性可以适当地提高设计基准期。由于材料质量以及施工质量很难得到保证，技术人员普遍认为要求村镇建筑普遍使用50年是不太现实的。但是，调研中看到有的土木结构房屋已经使用了百年以上，这只能说明农村的经济状况存在差别，建造时的自主性使得房屋的建造质量存在明显差异。经济条件好的家庭建的房屋用料好，施工质量高，耐久性好，条件一般或较差的家庭在材料、施工等方面则相对差些，房屋的耐久性也差。因此在农村，经济状况是居住条件的决定因素，如果提出了过高的设计基准期，可能会因为材料、施工质量的问题或者拆旧建新而造成资源浪费。考虑到对超过设计基准期的建筑可以及时进行抗震加固，目前部分专家认为村镇建筑取 30 年的设计基准期是合理的。当然也应该允许根据户主的要求提高设计基准期以体现个性化需求。

7.3 抗震构造措施

7.3.1 柱脚的连接

震害表明，当木柱直接浮搁在柱脚石上时，地震时木柱的晃动易引起柱脚滑移，严重时木柱从柱脚石上滑落，引起木构架的塌落。因此应采用销键结合或榫结合加强木柱柱脚与柱脚石的连接（图 7.3-1），并且销键和榫的截面及设置深度应满足一定的要求，以免在地震作用较大时销键或榫断裂、拔出而失去作用。柱脚石埋入地面以下的深度不应小于 200mm，以保证嵌固效果。

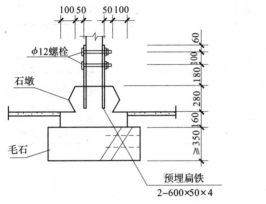
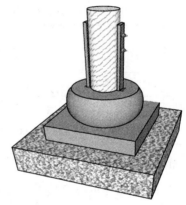

图 7.3-1 柱脚石加固图

7.3.2 配筋砖圈梁、配筋砂浆带及木圈梁的设置和构造

(1) 砖（砌体）围护墙房屋配筋砖圈梁、配筋砂浆带的设置和构造

1）砖（砌体）围护墙房屋配筋砖圈梁、配筋砂浆带的设置
① 所有纵横墙的基础顶部、每层楼（屋）盖（墙顶）标高处；
② 当 8 度为空斗墙房屋和 9 度时尚应在层高的中部设置一道。

2）砖（砌体）围护墙房屋配筋砖圈梁、配筋砂浆带的构造
① 砂浆强度等级：6、7 度时不应低于 M5，8、9 度时不应低于 M7.5；
② 配筋砖圈梁砂浆层的厚度不宜小于 30mm；
③ 配筋砖圈梁的纵向钢筋配置不应低于表 7.3-1 的要求；

配筋砖圈梁最小纵向配筋　　　　表 7.3-1

墙体厚度 t（mm）	6、7 度	8 度	9 度
≤240	2φ6	2φ6	2φ6
370	2φ6	2φ6	3φ8
490	2φ6	3φ6	3φ8

④ 配筋砖圈梁交接（转角）处的钢筋应搭接；
⑤ 当采用小砌块砌体时，在配筋砖圈梁高度处应卧砌不少于两皮普通砖。

（2）生土围护墙房屋配筋砖圈梁、配筋砂浆带及木圈梁的设置和构造

1）生土围护墙房屋配筋砖圈梁、配筋砂浆带及木圈梁的设置

① 所有纵横墙基础顶面处应设置配筋砖圈梁；各层墙顶标高处应分别设一道配筋砖圈梁或木圈梁，夯土墙应采用木圈梁，土坯墙应采用配筋砖圈梁或木圈梁；

② 设防烈度8度时，夯土墙房屋应在墙高中部设置一道木圈梁；土坯墙房屋尚应在墙高中部设置一道配筋砂浆或木圈梁。

2）生土围护墙房屋配筋砖圈梁、配筋砂浆带及木圈梁的构造

① 配筋砖圈梁、配筋砂浆带的砂浆强度等级在6、7度时不应低于M5，8度时不应低于M7.5；

② 配筋砖圈梁、配筋砂浆带的纵向钢筋配置不应低于表7.3-2的要求：

土坯墙、夯土墙房屋配筋砖圈梁和配筋砂浆带最小纵向钢筋　　　　表 7.3-2

墙体厚度 t（mm）	设防烈度		
	6 度	7 度	8 度
≤400	2φ6	2φ6	2φ6
400 < t ≤600	2φ6	2φ6	3φ6
t >600	2φ6	2φ6	4φ6

③ 配筋砖圈梁的砂浆层厚度不宜小于30mm；
④ 配筋砂浆带厚度不应小于50mm；
⑤ 木圈梁的截面尺寸不应小于（高×宽）40mm×120mm。

（3）石围护墙配筋砂浆带的设置和构造

1）石围护墙配筋砂浆带的设置

① 所有纵横墙的基础顶部、每层楼（屋）盖（墙顶）标高处；
② 8度时尚应在墙高中部增设一道。

2）石围护墙配筋砂浆带的构造

① 砂浆强度等级：6、7度时不应低于M5，8度时不应低于M7.5；
② 配筋砂浆带的厚度不宜低于50；
③ 配筋砂浆带的纵向钢筋配置不应低于表7.3-3的要求。

配筋砂浆带最小纵向配筋　　　　表 7.3-3

墙体厚度 t（mm）	6、7 度	8 度
≤300	2φ8	2φ10
>300	3φ8	3φ10

7.3.3 配筋砖圈梁、配筋砂浆带、木圈梁及墙体与柱的连接

木构架和砌体围护墙（抗震墙）的质量、刚度有明显差异，自振特性不同，在地震

作用下变形性能和产生的位移不一致,木构件的变形能力大于砌体围护墙,连接不牢时两者不能共同工作,会引起墙体开裂、错位,严重时会倒塌。加强墙体与柱的连接,可以提高木构架与围护墙的协同工作性能。一方面,柱间刚度较大的抗震墙能减小木构架的侧移变形;另一方面,抗震墙周边受到木柱的约束,有利于墙体抗剪,在较大的地震作用下既使墙体因抗剪承载力不足而开裂、破坏,在与木柱有可靠拉结的情况下也可以防止墙体倒塌。

配筋砖圈梁、配筋砂浆带及木圈梁是加强墙体整体性的有效措施,不但要保证自身的连续性与构造要求,与木柱也要有效连接,即在配筋砖圈梁、配筋砂浆带及木圈梁与木柱的交接处采取相应的拉结措施。不同材料的墙体,圈梁的类型及与柱的拉结方式也不相同。配筋砖圈梁与木柱的连接做法见图 7.3-2,土坯墙中木圈梁与木柱的拉接做法、木圈梁转角处的连接及墙中的搭接做法见图 7.3-3~图 7.3-5,砖墙、木坯墙与木柱的连接做法分别见图 7.3-6 和图 7.3-7。

图 7.3-2 配筋砖圈梁、配筋砂浆带与木柱的连接

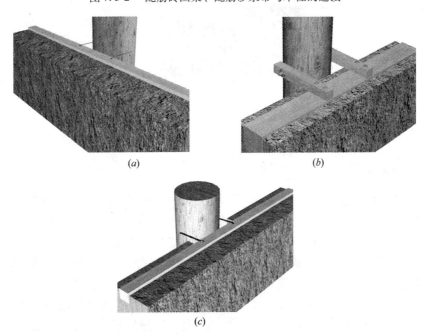

图 7.3-3 土坯墙中木圈梁与木柱的连接

图 7.3-4　土坯墙木圈梁转角处的连接　　　　图 7.3-5　土坯墙木圈梁搭接做法

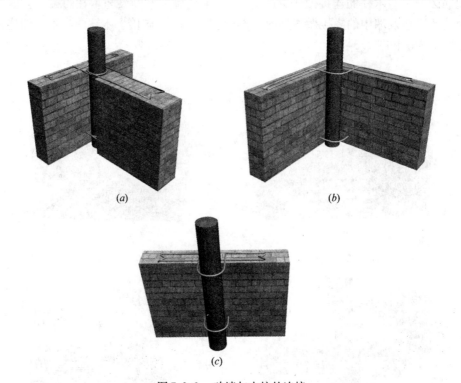

图 7.3-6　砖墙与木柱的连接

7.3.4　内隔墙墙顶与屋盖的连接

内隔墙顶与楼（屋）盖可以采取木夹板连接方法和铁件连接方法（圆形截面和矩形截面的做法）。在木构架生土围护墙房屋的振动台试验中，木夹板护墙起到了有效约束内隔墙墙顶平面外位移、防止内隔墙因过大的平面外变形而破坏的作用。

内隔墙不承受楼、屋面荷载，顶部为自由端，稳定性差。在墙顶与屋架下弦连接是为了防止内隔墙平面外失稳。中国建筑科学研究院工程抗震研究所所做的木构架生土围护墙房屋振动台足尺模型试验研究证明，在内隔墙顶采用木夹板连接对防止内隔墙失稳有明显的效果。在输入 8 度（0.3g）地震波时，墙顶出现了明显的平面外往复位移，由于木夹板的限制，位移被控制在一定范围内，在停止振动后，内隔墙上未出现平面外受弯的水平裂

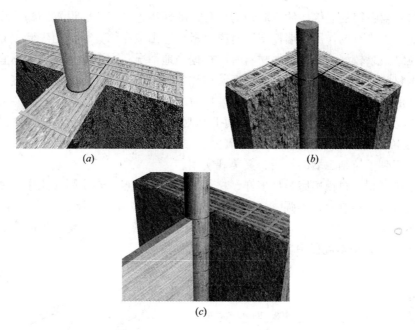

图 7.3-7 土坯墙与木柱的连接

缝，但可以观察到木夹板由于承受墙顶的水平推力在板下端有轻度的外斜，夹板与墙体之间出现空隙。在实际中，可以在震后对墙顶连接部位进行检查、修复，以保证连接的效果。

内隔墙墙顶与屋架下弦或梁应每隔1000mm采用木夹板或铁件连接。内隔墙墙顶与屋架构件拉结是为了增强内隔墙的稳定，防止墙体在水平地震作用下平面外失稳倒塌。

图7.3-8为砖砌内隔墙在墙顶与屋架下弦的连接做法，图7.3-9为土坯内隔墙在墙顶与屋架下弦的连接做法。

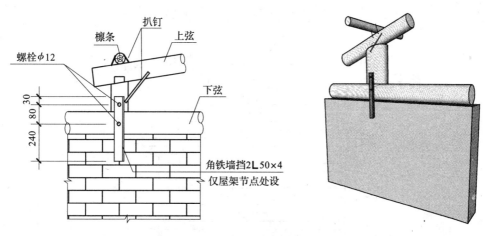

图 7.3-8 内隔砖墙在墙顶与屋架下弦的连接

7.3.5 墙揽的设置与构造

斜屋面的山墙比较高大，山尖墙的外闪、倒塌是常见的震害现象，加设墙揽可以有效加强山墙与屋盖系统的连接，约束墙顶的位移，减轻震害。墙揽的设置和构造应满足一定的要求才能起到应有的作用。墙揽布置时应尽量靠近山尖屋面处，沿山尖墙顶布置，这样对墙顶的拉结效果较好。选用墙揽材料时可根据当地情况，在潮湿多雨地区不宜选用木墙揽，以免木材糟朽失去作用。同时应保证墙揽在山墙平面外方向有一定的刚度，才能切实发挥对墙体的约束作用，所以在选用铁制墙揽时应用角钢或有一定厚度的铁件（如梭形铁件），不宜选用平面外刚度较差的扁钢，并且应竖向布置。如江西一些地区农村采用一种打制的长约400mm左右的梭形铁件作为墙揽，中部厚约20mm，有的下端做成钩状可以悬挂物品，既起到了拉结山墙的作用，又美观实用。

我国幅员辽阔，村镇房屋类型多样，材料选用各有特点，在实际应用中，墙揽的材料选用和形式可以因地制宜，不强求一致，关键是布置的位置、与屋盖系统的连接和长度、刚度等方面应满足一定要求，具体做法除规程中所列外，可以借鉴一些传统的做法。图7.3-10~图7.3-12是本规程中墙揽的布置和构造做法。

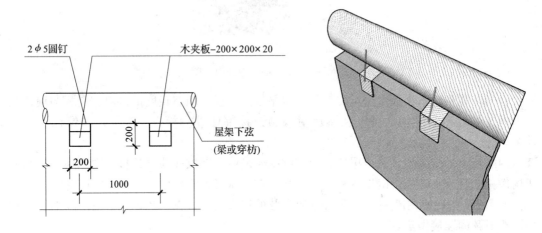

图7.3-9 内隔土坯墙在墙顶与屋架下弦的连接

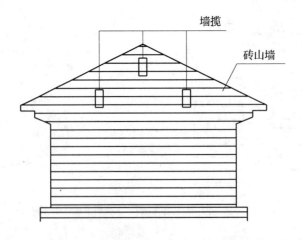

图7.3-10 墙揽山尖墙体的连接位置示意图

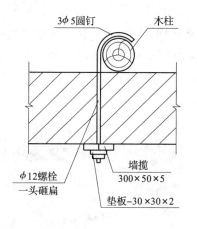 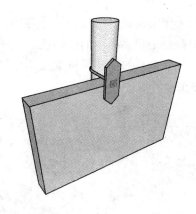

图 7.3-11　铁制墙揽与木柱连接做法

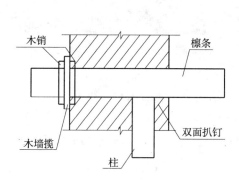 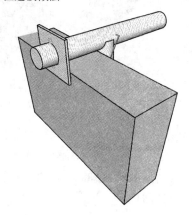

图 7.3-12　木墙揽与木柱连接做法

7.3.6　穿斗木构架房屋的抗震构造措施

做法正规的穿斗木构架有较好的整体性和抗震性能，本规程对穿斗木构架的构件设置和节点连接构造做出了具体规定，在满足基本的构造要求时，才能保证穿斗木构架的整体性和抗震性能。

穿枋和木梁允许在柱中对接，主要是考虑对现有木料的有效利用，降低房屋造价，但必须在对接处采用铁件进一步连接牢固，提高节点的可靠性，防止榫接处地震时因变位过大而破坏。

限制立柱的开槽宽度和深度是为了避免立柱的截面削弱过多造成强度和刚度明显降低。梁柱节点处是应力集中部位，连接部位不可避免要在木柱开槽，尤其对于穿斗木构架，穿枋也要在柱上开槽通过。柱截面削弱过大时，容易因强度、刚度不足引起破坏，在震害实际中是常见的破坏形式。对木柱开槽位置和面积做出限制可以在一定程度上减轻或延缓薄弱部位的破坏。为避免开槽过大，严禁在木柱同一高度处纵横向同时开槽。

7.3.7 三角形木屋架抗震构造措施

三角形木屋架房屋的楼（屋）盖在纵向的整体性和刚度相对较差，设置纵向水平系杆可以在一定程度上提高纵向的整体性。木屋架的腹杆与弦杆靠暗榫连接，在强震作用时容易脱榫，采用双面扒钉钉牢可以加强节点处连接，防止节点失效引起屋架整体破坏。其详图如图 7.3-13 所示。

图 7.3-13　节点处采用双面扒钉

加强木构架纵、横向整体性和稳定性的各项构造措施应满足一定的要求，图 7.3-14 ~ 图 7.3-19 分别是三角形木屋架、木柱木梁加设斜撑，穿斗木构架加设竖向斜撑，三角形木屋架加设竖向剪刀撑的具体做法和实例照片。在重要的节点部位均应采用螺栓连接以保证连接的可靠性。

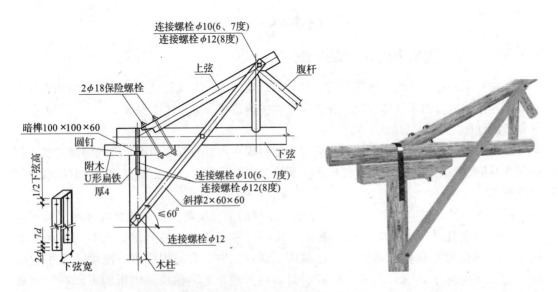

图 7.3-14　三角形木屋架加设斜撑

注：d 为螺栓直径

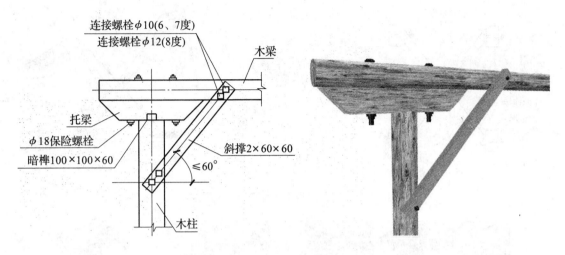

图 7.3-15　木柱木梁屋架加设斜撑

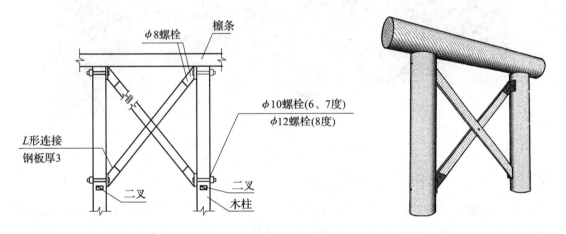

图 7.3-16　穿斗木屋架加设竖向剪刀撑

图 7.3-17　穿斗木屋架加设竖向剪刀撑的实例

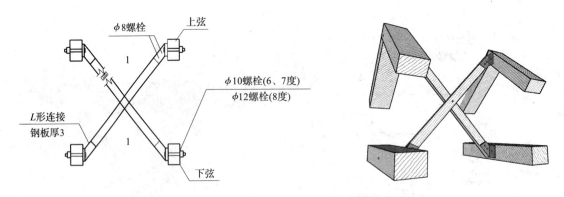

图 7.3-18　三角形木屋架加设竖向剪刀撑

图 7.3-19　三角形木屋架加设竖向剪刀撑的实例

7.3.8　屋盖系统各构件之间的连接

檩条是承受和传递楼、屋面荷载的主要构件，檩条与屋架（梁）的连接及檩条之间的连接方式、构造要求均应满足条文要求以保证连接质量。实践表明，屋面木构件之间采用铁件、扒钉和铅丝（8号线）等连接牢固可以有效提高屋盖系统的整体性，较大幅度地提高房屋的抗震能力。7、8度区檩条与屋架连接见图 7.3-20～图 7.3-22。

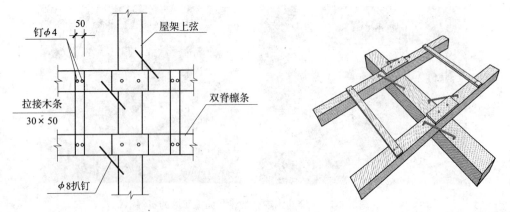

图 7.3-20　7度区檩条与屋架连接图

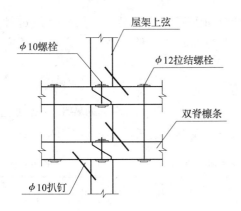 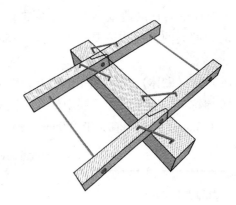

图 7.3-21　8 度区檩条与屋架上弦连接图

图 7.3-22　8 度区檩条与屋架上弦连接实例

7.3.9　过梁

在传统的村镇房屋中，门窗过梁以采用木过梁为主（图 7.3-23），新建的房屋根据墙体材料和门窗洞口宽度可以选取钢筋砖（石）过梁、木过梁等，条件好的也可以选择钢筋混凝土过梁（现浇或预制）。

图 7.3-23　窗上木过梁

281

本规程中的钢筋砖（石）过梁底面砂浆层中的配筋及木过梁截面尺寸是经过计算求得的。过梁的其他构造要求根据围护墙体类别分别参照其他各章中相应墙体的有关规定。

（1）砖（砌体）围护墙门窗洞口过梁的构造

1) 钢筋砖过梁底面砂浆层中的纵向钢筋配筋量不应小于表7.3-4的要求，钢筋直径不应小于6mm，间距不宜大于100mm；钢筋伸入支座砌体内的长度不宜小于240mm；

钢筋砖过梁底面砂浆层最小配筋　　　　表7.3-4

过梁上墙体高度 h_w (m)	门窗洞口宽度 b (m)	
	$b \leq 1.5$	$1.5 < b \leq 1.8$
$h_w \geq b/3$	3φ6	3φ6
$0.3 < h_w < b/3$	4φ6	3φ8

2) 钢筋砖过梁底面砂浆层的厚度不宜小于30mm，砂浆层的强度等级不应低于M5；

3) 钢筋砖过梁截面高度内的砌筑砂浆强度等级不宜低于M5；

4) 当采用多孔砖或小砌体墙体时，在钢筋砖过梁底面应卧砌不少于两皮普通砖，伸入洞边不小于240mm。

（2）生土围护墙房屋门窗洞口过梁的构造

1) 生土墙宜采用木过梁；

2) 木过梁截面尺寸不应小于表7.3-5的要求，其中矩形截面木过梁的宽度应与墙厚相同；木过梁支撑处应设置垫木；

木过梁截面尺寸（mm）　　　　表7.3-5

墙厚 (mm)	门窗洞口宽度 b (m)					
	$b \leq 1.2$			$1.2 < b \leq 1.5$		
	矩形截面	圆形截面		矩形截面	圆形截面	
	高度 h	根数	直径 d	高度 h	根数	直径 d
240	90	2	120	110	—	—
360	75	3	105	95	3	120
500	65	5	90	85	4	115
700	60	8	80	75	6	100

3) 当一个洞口采用多根木杆组成过梁时，木杆上表面宜采用木板、扒钉、铁丝等将各根木杆连接成整体。

（3）石围护墙房屋门窗洞口过梁的构造

1) 钢筋石过梁底面砂浆层中的钢筋配筋量不应低于表7.3-6的规定，间距不宜大于100mm；

石围护墙房屋门窗洞口过梁的构造　　　　　　表 7.3-6

过梁上墙体高度 h_w (m)	门窗洞口宽度 b (m)	
	$b \leqslant 1.5$	$1.5 < b \leqslant 1.8$
$h_w \geqslant b/2$	$4\phi6$	$4\phi6$
$0.3 < h_w < b/2$	$4\phi6$	$4\phi8$

2）钢筋石过梁底面砂浆层的厚度不宜小于40，砂浆层的强度等级不应低于M5，钢筋伸入支座长度不宜小于300mm；

3）钢筋石过梁截面高度内的砌筑砂浆强度等级不宜低于M5。

7.4 施工要求

7.4.1 木结构施工材料基本要求

（1）砖及砌体的强度等级：烧结普通砖、烧结多孔砖、混凝土小型空心砌块不应低于MU7.5；蒸压灰砂砖、蒸压粉煤灰砖不应低于MU15；

（2）砌筑砂浆强度等级：烧结普通砖、烧结多孔砖、料石和平毛石砌体不应低于M1；混凝土小型空心砌块不应低于Mb5；蒸压灰砂砖、蒸压粉煤灰砖不应低于M2.5；

（3）钢筋宜采用HPB235（Ⅰ级）和HRB335（Ⅱ级）热轧钢筋；

（4）铁件、扒钉等连接构件宜采用Q235钢材；

（5）木构件应选用干燥、纹理直、结疤少、无腐朽的木材；

（6）生土墙体料应选用杂质少的黏性土；

（7）石材应质地坚实，无风化、剥落和裂纹；

（8）混凝土小型空心砌块孔洞的灌注，应采用专用灌孔混凝土，强度等级不应低于Cb20；

（9）混凝土构件的强度等级不应低于C20。

7.4.2 木柱的施工

木柱施工时不宜采用接头，木柱有接头时，导致柱子截面刚度不连续，在水平地震作用下受力（弯矩）极为不利。但当接头无法避免时，在满足接头处的强度和刚度不低于柱的其他部位情况下，可以有接头。这有利于经济状况较差的农户充分利用已有材料，降低房屋造价。在木柱上设置节点接头时，接头处应采用拍巴掌榫搭接，并采用铁套或铁件将接头处连接牢固，保证接头处的强度和刚度不得低于柱子其他部位的强度和刚度。地震作用下，木构架节点处受力复杂，榫接节点的榫头容易松动和脱出，易造成木构架倾斜和倒塌，在节点的连接处加设铁件是加强木构架整体性的主要措施。铁件锈蚀会降低连接的效果甚至失效，因此外露铁件应作防锈处理。

图 7.4-1 为不同榫卯的形式，图 7.4-2 为木结构节点连接大样，图 7.4-3 为实例照片，燕尾榫深度不够，在使用过程中榫接处分离，如果遭遇地震节点处就会松动破坏。

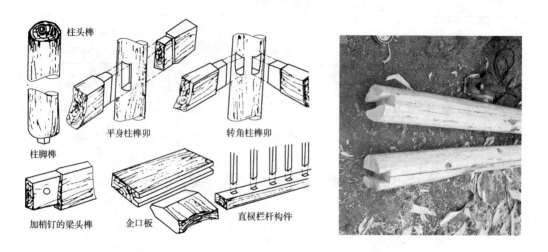

图 7.4-1 不同榫卯的形式

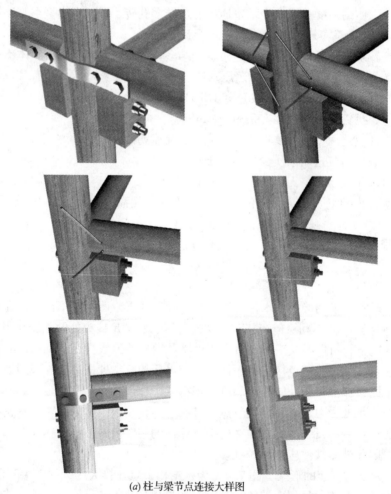

(a) 柱与梁节点连接大样图

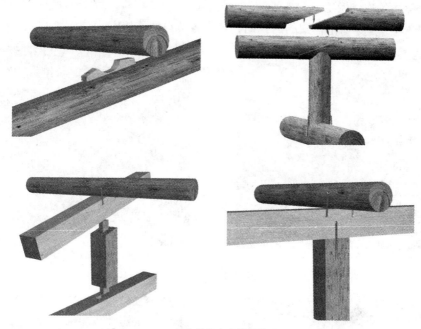

(b) 檩条的节点连接大样图

图 7.4-2　木结构节点连接大样图

图 7.4-3　燕尾榫处在使用过程分离

梁柱节点处是应力集中部位，连接部位不可避免要在木柱开槽，尤其对于穿斗木构架，穿枋也要在柱上开槽通过。柱截面削弱过大时，柱的抗剪强度、刚度必然会有明显降低，日常使用中竖向荷载下影响不大，但在地震作用下，开槽处是明显的薄弱部位，会直接影响木构架的抗震能力，因此产生的破坏是常见的震害现象。对木柱开槽位置和面积做出限制可以在一定程度上减轻或延缓薄弱部位的破坏。严禁在木柱的同一高度处纵横相同时开槽，这样会导致柱子横截面削弱过多，使柱子的刚度和受力性能降低。如果不可避免在柱子的同一高度处开槽，开槽面积不应超过截面总面积的1/2。图7.4-4是穿斗木构架房屋纵横向穿枋的连接做法，图7.4-5和图7.4-6分别是穿斗木构架的边柱和中柱节点连接做法，图7.4-7是穿斗木构架的内视图，可见各节点的连接方式。

图7.4-4　纵横向穿枋连接做法

图7.4-5　边柱节点连接做法

图7.4-6　中柱节点大样

图 7.4-7 穿斗木构架内视

木柱在施工时时要注意两方面的问题，一是不宜嵌入墙内，柱在墙内时不利于通风防腐，并且当出现腐朽、虫蛀或其他问题时也不易检查发现；另一方面，木柱深入基础部分容易受潮，柱根有长期受潮环境下糟朽，会引起截面削弱和承载力的下降，木柱在地震中容易产生倾斜、折断等破坏，引起房屋的严重破坏甚至倒塌。所以木柱下端与基础相接的地方要做防潮处理，保证结构的安全和稳定。柱脚的防潮处理可以有多种做法（图7.4-8）。

图7.4-8　柱脚防潮措施

在正常使用中，木结构构件破坏的原因主要包括物理、化学和生物几方面。物理、化学作用主要是指木材因受潮、火灾、风化、机械或化学腐蚀等因素造成的破坏。生物性作用主要是指木材由微生物、昆虫（包括白蚁）以及其他有害昆虫等引起的破坏。

为了防止木结构受潮后能在通风良好的条件下得到及时干燥，木结构施工时，应采取有效的防潮措施：

（1）屋架、大梁、隔栅等承重构件的端部不应封闭在墙、保温层内或处于其他通风不良的环境中。为了保证承重构件具有良好的通风条件，周围应保留不小于30mm空隙。为防止屋架、大梁和隔栅的木材受潮腐朽，应在支座下设置防潮层及经防腐处理的垫木，或单独设置经防腐处理的垫木。

木柱、木楼梯、木门框等接近地面的木构件应采用石块或混凝土做成垫脚，使木构件高出地面而与潮湿环境隔离。

(2) 檐口处尽量采用挑檐做成外排水。如果不得不采用内排水时，天沟处的屋架支座节点必须具有良好的通风防潮条件。天沟不宜太浅并应该具有有效的排水设施。

(3) 屋面硬山墙处因泛水处理不妥而漏雨，因此，木檩条端部应用防腐药物处理。

(4) 为防止天窗边柱受潮腐朽，边柱处的檩条宜布置在边柱内侧，而天窗的窗橙和窗扇宜设置在边柱外侧并加设挡雨设施。

(5) 底层一般不宜采用木地板，若采用木地板时，应该在地板下设置通风措施。

木材防腐的做法一般有两种方式：

1) 保持木材处于干燥状态。在储存和使用木材时，要注意通风、排湿，对于木构件表面应刷涂油漆防潮；

2) 把化学防腐剂注入木材内，使木材成为对真菌有毒的物质，同时可以起到防虫的作用。注入防腐剂的方法很多，通常有表面涂刷法、表面喷涂法、浸渍法、冷热槽浸透法、压力渗透法等，其中以冷热槽浸透法和压力渗透法效果最好。常用的水溶性防腐剂的品种有：氟化钠、硼酚合剂、氟硅酸钠等；常用的油质防腐剂有；克鲁苏油、蒽油等。

7.4.3 柱础（柱脚石）的施工方法

柱础就是柱脚下垫的一块石头，俗称柱脚石，是用来防止地面潮气侵蚀柱脚，并保护柱脚少受磕碰。柱脚石尺寸不能太大，以免影响来往行人行走。图 7.4-9 是不同形式的柱脚石。

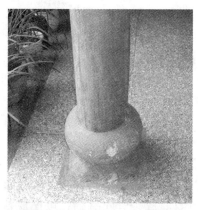

图 7.4-9　不同形式的柱脚石

由于南北方在气候方面的差异，柱脚石的做法也有所不同。北方雨水少，地面比较干燥，因此常常采用高度较低的古镜式的柱脚石；南方雨水充沛，空气湿度大，地面潮湿，因此南方多采用的是高度较大的鼓状礅墩，以防止柱脚受潮腐朽。当房屋平面规模较大的时候，立柱较多，可采用连礅的做法：在柱脚下垫石采用石条做成一连接状的石条承托，这条石条就叫做连礅，意思是连在一起的礅墩。

7.4.4 围护墙体施工

木结构的围护墙体根据建筑材料的不同，可以分为砌体围护结构、生土围护结构和石材围护结构。

(1) 砌体围护结构的施工要求

砌体房屋的承重墙体材料传统上为烧结黏土砖，目前随着建筑材料的发展和适应少占农田、限制黏土砖的要求，墙体材料有了很大的发展。以墙体砌块材料和墙体砌筑方式可划分为以下几种主要形式：烧结黏土实心砖墙；烧结黏土多孔砖墙；小型砌块墙；蒸压砖墙和空斗砖墙。

有了合理的设计和构造措施，房屋的质量最终必须由施工来完成和保证。砌体墙砌筑方式和质量的好坏直接关系到墙体的整体性和承载力，在村镇建房中应予以足够的重视，改进传统做法中的不良施工习惯，切实保证施工质量。

在砌筑砖墙之前，应提前 1~2 天用水湿润砖砌块。砖在砌筑前湿润主要是为了防止在砌筑时因砖干燥而吸收砂浆中的水分，导致砂浆失水，影响砖与砂浆之间的粘合和砂浆的正常硬化。但应注意砖不应过湿，应提前洇湿、表面微干即可。

灰缝的厚度在适宜的范围内时，既便于施工又可以保证质量、节约材料，过薄或过厚均不利于保证砌体的强度。水平灰缝的质量直接影响墙体的抗剪承载力，必须保证饱满，竖缝也应具有一定的饱满度，不得出现明缝、瞎缝和假缝。砖砌体的灰缝应横平竖直，厚薄均匀；水平灰缝的厚度宜为 10mm，不应小于 8mm 也不应大于 12mm。

实心墙体的砌筑形式多种多样，但不管哪种形式都必须错缝咬槎砌筑，使其具有良好的连接和整体性。在砌筑砌体结构时，应该遵循"横平竖直，砂浆饱满，上下错缝"的原则，转角和内外墙交接处是受力集中的部位，应同时砌筑以保证整体连接和承载力，必须留槎时应按规程的要求采取相应的构造措施。砖砌体应内外搭砌，在转角和内外墙交接处应同时砌筑。对不能同时砌筑而又需留置的临时间断处，应砌成斜槎，斜槎的水平长度不应小于高度的 2/3，严禁砌成直槎。砖柱不得采用包心砌法，因为采用包心砌法的砖柱沿竖向有通缝，抗震性能差。砖柱的砌筑方法可参见本书第 6 章图 6.4-1。

砌筑门窗洞口的钢筋砖过梁时，应设置砂浆层底模板和临时支撑。钢筋砖过梁是受弯构件，底面砂浆层中的钢筋承受纵向拉力，必须埋入砂浆层中使其充分发挥作用，并保证保护层的厚度，防止钢筋锈蚀降低承载力。钢筋砖过梁端部钢筋伸入支座内的长度应符合本规程的第 3.2.5 条"门窗洞口过梁的支承长度，6~8 度设防时不应小于 240mm，9 度设防时不应小于 360mm"的要求，并设置 90°弯钩埋入墙体的竖缝中，竖缝应用砂浆填塞密实，保证结构的整体性和稳定性。

由于小砌块有孔洞，纵横墙交接处拉结筋在孔洞处不能很好地被砂浆裹住，将钢筋端部设置成90°弯钩向下插入小砌块的孔中，并用砂浆等材料将孔洞填塞密实才能起到锚固作用。

埋入砖砌体中的拉结筋，应位置准确、平直，其外露部分在施工中不得任意弯折。设有拉结筋的水平灰缝应密实，不得露筋。埋入砖砌体中的拉结筋是保证房屋整体性的重要抗震构造措施，应保证其施工质量。

砖砌体每日砌筑高度不宜超过1.5m。对每日砌筑高度做出限制是为了避免砌体在砂浆凝固、强度达到设计值之前承受过大的竖向荷载，产生压缩变形，影响砌体的最终强度。

空斗墙房屋墙体的有效承载面积小，抗震性能与砌筑质量和砂浆强度有很大关系，因此砂浆不应采用强度低、不含水泥的砂浆。空斗墙体沿高度应采用一眠一斗的砌筑形式，设置配筋砖圈梁和纵横向拉结钢筋处应采用两眠砌筑，沿水平方向每隔一块斗砖应砌一至二块丁砖，墙面不得有竖向通缝。眠砖用于拉结两块斗砖，并保证空斗墙的整体性和稳定性，因此要求地震区采用一斗一眠的砌筑方式，并应采用混合砂浆砌筑。空斗墙的稳定性相对较差，空斗墙体砌筑时应整砖砌筑，并且洞口应在砌筑时预留，不得砌筑后再行砍凿，以免对墙体造成破坏。在空斗墙房屋中为了增强重要部位的整体性和提高竖向承载力，设有局部加强的实心砌筑部位，这些部位与空斗部分刚度不同，竖向连接处应搭砌，不得出现竖向通缝，以降低刚度差异的不利影响，发挥局部加强的有效作用。

（2）生土围护墙的施工要求

制作土坯及夯土墙的土料的土质最终决定生土墙的强度，同时土料中掺料的选择对于墙体的墙度也有一定影响。

对夯土墙而，土的夯实程度与土的含水率有很大关系，当土的含水率为最优含水率ω_{op}时，土的密实达到最大，夯实效果最好。最有含水量可通过击实试验确定，鉴于村镇地区条件限制，一般可按经验取用，现场检验方法是"手握成团，落地开花"。

在土料中掺入沙石、麦草、石灰等可以改善生土墙体的受力性能。各地区墙土常用掺料见表7.4-1。

对于土坯墙，砌筑泥浆的强度对土墙的受力性能有重要的影响，一般情况下砌筑泥浆的土料与土坯所采用的土料是一样的。在泥浆内掺入一定量的碎草，可以增强泥浆的粘结强度，提高墙体的抗震能力。泥浆放置时间较长时，会产生泌水现象，和易性差、施工困难，且不容易保证泥缝的饱满度，因此泥浆应随拌随用，并且不宜过稀，如果泥浆在使用过程中出现泌水想象，应重新拌合后再使用。

土坯的大小、厚薄应均匀（图7.4-10）。考虑到施工的方便和防止砌好的墙体倒塌，墙体转角和纵横墙交接处应采取拉结措施，土坯墙墙体的转角处和交接处应同时咬槎砌筑，对不能同时砌筑而又必须留置的临时间断处应砌成斜槎，斜槎的水平长度不应小于高度的2/3，严禁砌成直槎。接槎时，应将接槎处的表面清理干净，并应填实泥浆，保持泥缝平直。并且土坯墙每天砌筑高度不宜超过1.2m，临时间断处的高度差不得超过一步脚手架的高度。土坯墙体的转角处和交接处同时砌筑，对保证墙体整体性能有很大作用。土坯墙砌筑应采用错缝砌，泥浆应饱满。土坯墙在砌筑时应采用铺浆法，不得采用灌浆法。

严禁使用碎砖石填充土坯墙的缝隙。水平泥浆缝厚度应在 12～18mm 之间。试验表明，泥缝横平竖直不仅仅是墙体美观的要求，也关系到墙体的质量。水平泥缝厚度过薄或过厚，都会降低墙体强度。

墙土中常用掺料　　　　表 7.4-1

种类	名称	规格	掺入量（重量比）	备注
骨料	细粒石	粒径<1cm	10%	用于砂质黏土土坯
	瓦砾	粒径≤5cm	—	用于夯土墙
	卵石	粒径 2～4cm	—	
	砂粒	—	—	
	稻谷草、麦秸草	段长 4～8cm	6～15kg/m³	在砂质黏土和黏土中
	谷糠	—	—	
	松针叶			
	羊草	3cm		
	动物毛发			
	人工合成纤维			
胶结料	淤泥	—	3%～4%	
	生石灰	粒径≤0.21cm	5%～10%	用于土质黏性不良和抗水性差时
	消石灰	—	5%～10%	
	水淬矿渣料	粒径≤0.66cm	10%	
	水泥	32.5 级	5%～10%	宜用于砂质土中，需养护 14d 以上
	沥青	—	2%～8%	沥青和连接料同时使用时，沥青必须首先掺入黏土中彻底搅拌，而后加入连接料

夯土墙应分层交错夯筑，夯筑应均匀密实，不应出现竖向通缝，因为竖向通缝严重影响墙体的整体性，不利于抗震。纵横墙应同时咬槎夯筑，不能同时夯筑时应留踏步槎。夯土墙每层夯筑虚铺厚度不应大于 300mm，每层夯击不得少于三遍。每层虚铺厚度，应既能满足该层的压密条件，又能防止破坏下层结构，以求达到最佳夯筑效果。

生土墙体防潮性差，下部长期受雨水侵蚀会削弱墙体截面，降低墙体的承载力，房屋室外应做散水，散水面层可采用砖、片石及碎石三合土等，便于迅速排干雨水，避免雨水积聚，浸泡墙体。

图 7.4-10 土坯墙砌块

(3) 石材围护墙

为了保证石材与砂浆的粘结质量,避免泥垢、水锈等杂质对粘结的不利影响,要求砌筑前对砌筑石材表面进行清洁处理。

砌筑砂浆稠度(坍落度):无垫片为 10~30mm,有垫片为 40~50mm,并可根据气候变化情况进行适当调整。根据对砖砌体强度的试验研究,灰缝厚度对砌体的抗压强度具有一定的影响,相对而言,并不是厚度越厚或者越薄砌体强度就越高,而是灰缝厚度在一个适宜的范围内才能保证砌体具有良好的抗压强度。根据调研结果并总结多年来的实践经验,石砌体灰缝厚度:毛料石和粗料石砌体不宜大于 20mm、细料石砌体不宜大于 5mm,经实践验证是可行的,既便于施工操作,又能满足砌体强度和稳定性的要求。

砂浆初凝后,如果再移动已砌筑的石块,砂浆的内部及砂浆与石块的粘结面的粘结力会被破坏,降低砌体的强度及整体性,因此,如果需要移动后砌筑,应将石块上的原有砂浆处理干净后重新铺浆砌筑。

石砌体的抗震性能与砌筑方法有直接关系,从确保石砌体结构的整体性和承载力的角度出发,料石砌体的砌筑方法应满足一些基本要求,既有利于砌体均匀传力,又符合美观的要求。

料石墙体上下皮应错缝搭砌,错缝长度不宜小于料石长度的 1/3。有垫片料石砌体砌筑时，应先满铺砂浆，并在其四角安置主垫，砂浆应高出主垫10mm，待上皮料石安装调平后，再沿灰缝两侧均匀塞入副垫。主垫不得采用双垫，副垫不得用锤击入。料石砌体的竖缝应在料石安装调平后，用同样强度等级的砂浆灌注密实，竖缝不得透空；石砌墙体在转角和内外墙交接处应同时砌筑。对不能同时砌筑而又留置的临时间断处，应砌成斜槎，斜槎的水平长度不应小于高度的2/3，严禁砌成直槎。

料石砌体和砖砌体房屋的破坏机制和震害规律类似，砌体转角处、纵横墙交接处的砌筑和接槎质量，是保证石砌体结构整体性能和抗震性能的关键之一。唐山地震中墙体交接处的竖向裂缝以及墙体外闪和局部倒塌是常见的破坏形式，破坏情况与墙体转角及交接处的砌筑方式有密切关系。根据陕西省建筑科学研究设计院对墙体交接处同时砌筑和各种留槎形式下的接槎部位连接性能的试验分析，证明同时砌筑时连接性能最佳，留踏步槎（斜槎）的次之，留直槎并按规定加拉结钢筋的再次之，仅留直槎而不加设拉结钢筋的最差。上述不同砌筑和留槎形式的连接性能之比为 1.00∶0.93∶0.85∶0.72。

平毛石的规整程度较料石差，根据平毛石的特点提出砌筑要求。平毛石砌体宜分皮卧砌，各皮石块间利用自然形状敲打修整，使之与先砌石块基本吻合、搭砌密实；应上下错缝，内外搭砌，不得采用外面侧立石块中间填心的砌筑方法；中间不得夹砌过桥石（仅在两端搭砌的石块）、铲口石（尖角倾斜向外的石块）和斧刃石；

平毛石砌体的灰缝厚度宜为 20～30mm，石块间不得直接接触；石块间空隙较大时应先填塞砂浆后用碎石块嵌实，不得采用先摆碎石后塞砂浆或干填碎石块的砌法；

平毛石砌体的第一皮和最后一皮，墙体转角和洞口处，应采用较大的平毛石砌筑；

平毛石砌体必须设置拉结石，拉结石应均匀分布，互相错开；拉结石宜每 0.7m² 墙面设置一块，且同皮内拉结石的中距不应大于2m；

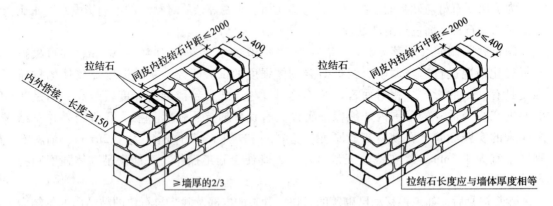

图 7.4-11　平毛石砌体拉结石砌法

拉结石的长度，当墙厚等于400mm时，应与墙厚相等；当墙厚大于400mm时，可用两块拉结石内外搭接，搭接长度不应小于150mm，且其中一块的长度不应小于墙厚的2/3（图7.4-11）。

石砌体中一些重要受力部位用较大的平毛石砌筑，是为了加强该部位砌体的拉结强度和整体性，同时，为使砌体传力均匀及搁置的楼（屋）面板平稳牢固，要求在每个楼层

（包括基础）砌体的顶面，选用较大的平毛石砌筑。

无垫片料石和平毛石砌体每日砌筑高度不宜超过1.2m；有垫片料石砌体每日砌筑高度不宜超过1.5m。

7.5 村镇木结构房屋设计实例

7.5.1 设计流程

村镇木结构房屋的抗震设计，可以按图7.5-1所示流程进行。

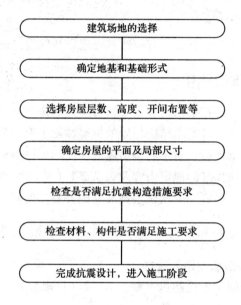

图7.5-1 村镇木结构房屋抗震设计流程

7.5.2 建筑场地的选择

（1）场地选择的重要性

选址、抗震设计和施工是做好建筑抗震设防的三个环节，一环紧扣一环，缺一不可。建筑场地选择三个环节中的第一个关键环节，只有按抗震设防的准则进行选址，然后进行设计和施工，才能使建筑物在地震时达到预定的设防水准。一方面，地震造成的地面开裂、地裂缝、错动、升降、液化、冒水喷砂、山崩、滑坡、塌方、泥石流等地表破坏会引起或加重建筑震害；另一方面，地震波在不同场地条件下的传播和场地反应有很大的差别，不同场地上的建筑，上部结构的反应也是不同的。总而言之，建筑地震灾害的大小在很大程度上取决于地基条件的优劣，这已为国内外大量的地震灾害事实所证实。因此，选择场地是十分重要的。

（2）场地选择原则

实践中总结出场地选择的原则是：

1）避开那些地震时可能发生地表破坏和地基失效的地段，优先选择土质坚实、地下水位较低的坚硬场地；

2）对那些由于条件限制而不得不在较差的场地进行建设时，必须针对场地存在的问题进行处理，消除不良地基的影响；

3）在较软弱的地基上进行建设时，要注意基础的整体性，防止地震时因基础破坏导致上部结构的破坏。

总之，选择场址的要点和原则是选择地震危险性较小的地区或地段建造房屋。具体讲就是避开地震时可能发生地表破坏和场地地震反应大的地段，选择坚实稳定、场地地震反应较小的地段，具体可参照本章7.2.7节及第5章中的有关内容。

7.5.3 地基和基础的确定

参照本章7.2.7节及第5章有关内容：地基处理和基础设计的相关规定。

7.5.4 房屋层数和高度的选择

木结构房屋的形式多样，在结构构造、骨架与墙体连接方式、基础类型、施工做法及屋盖形式等各方面各具特点，各类木结构房屋的抗震性能也有一定的差异。因此，对应所选定的木构架类型和围护墙种类，对木结构房屋的高度和层数有一定的限制，具体可参考本章7.2.1节中有关层数和高度的规定内容及表7.2-1（见规程第6章表6.1.2）。对于单层房屋和二层房屋的一层，层高应为实际层高和室内外高差的和。

7.5.5 房屋平面布局及局部尺寸、主要构件尺寸的确定

（1）木结构房屋抗震横墙间距的选择

木结构房屋抗震横墙间距不应超过本章表7.2-2（见规程表6.1.3）的要求。

（2）开间和进深的尺寸

开间：纵向柱列木柱间的距离。具体可选尺寸详见本章7.2.2节（3）。

进深：房间由户门向屋里延伸的深度，即房屋的宽度，前纵墙到后纵墙的距离，村镇房屋大多纵向只有前后两道纵墙，也有少量有一至两道内纵墙。

开间和进深尺寸的初步选择主要考虑使用要求，同时要满足相应的规定。

（3）窗间墙、外墙尽端至门窗洞边的距离、内墙阳角至门窗洞边的距离等局部尺寸的确定参考本章表7.2-3（见规程第6章表6.1.4）。

（4）木柱、木梁尺寸的选择

参照本章表7.2-9，木柱、木梁是主要承重构件，应满足相应的要求。

（5）木过梁尺寸的选择

木结构房屋门窗洞口的木过梁应符合表7.2-7（见规程第6章表6.2.13）的要求。

7.5.6 检查是否满足抗震构造措施

抗震构造措施是保证房屋抗震能力的主要保障之一，应逐项落实，参考本章7.3节（参考规程第6章6.2节）中的有关要求。

7.5.7 检查材料、构件是否满足施工要求

参考本章7.4节（参考规程第6章6.3节）中的有关要求。

7.5.8 设计实例

(1) 建筑平、立面布置和结构选型

建筑平立面设计主要考虑使用要求，但要满足《规程》对结构的一般要求及及构件局部尺寸等方面的规定。

拟建建筑地处云南昆明，抗震设防烈度为8度，设计基本地震加速度值为0.20g。

该建筑为两层穿斗木屋架房屋，原平面见图7.5-2。主要的设计基本参数如下：

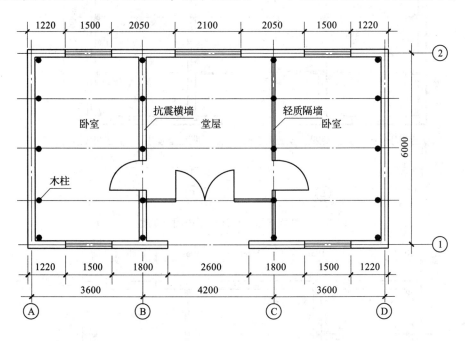

图7.5-2 木结构房屋试设计原平面图（一、二层基本相同）

层高：底层2.6m，二层2.5m，室内外高差0.3m，符合表7.2-1规定的限值：总高6.6m，2层；

抗震横墙间距：一、二层最大横墙间距均为7.8m，超出表7.2-2规定的限值：一层6.0m，二层7.0m；

围护墙种类：240mm厚的实心砖，砌筑砂浆强度等级拟采用M5.0；

围护墙局部尺寸：窗间墙最小宽度为1.8m，外墙尽端至门窗洞边的最小距离是1.22m，满足表7.2-3规定的限值：分别为1.2m和1.0m；

木柱：ϕ250原木（平均直径），柱梢径不小于180mm；

木梁：270mm×150mm方木。

因原设计平面的抗震横墙最大间距不满足要求，对原平面进行适当调整，调整后的一、二层平面图分别见图7.5-3和图7.5-4。

原一层的C轴轻质隔墙改为抗震横墙，二层仍采用轻质隔墙。调整后一层的抗震横墙

最大间距是3.9m,二层是6.9m,满足相应要求。

由于平面调整,围护墙的局部尺寸也有一些相应的变化,窗间墙最小宽度为1.8m,外墙尽端至门窗洞边的最小距离是1.02m,满足表7.2-3规定的限值要求。

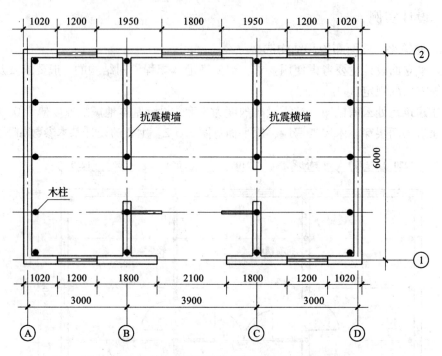

图 7.5-3　木结构房屋试设计原平面图（调整后一层）

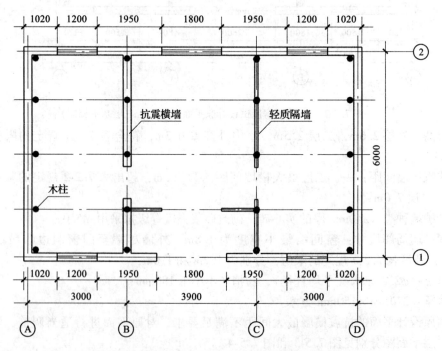

图 7.5-4　木结构房屋试设计原平面图（调整后二层）

(2) 墙体抗震承载力验算

符合《规程》相关要求的村镇房屋,不需要进行复杂的抗震抗震承载力验算,根据有关参数,利用《规程》附表进行抗震横墙间距和房屋宽度限值校核即可。

关于地基基础和详细抗震构造措施,可分别参照第 5 章及本章中有关内容。

拟建房屋的各参数:抗震设防烈度为 8 度,两层三开间,层高一层 2.9m(实际层高加上室内外高差为计算层高),二层 2.5m;抗震横墙最大间距一层 3.9m,二层 6.9m;外墙内墙均厚 240mm;1/2 层高处门窗洞口所占的水平横截面面积:承重横墙一、二层分别为 7.5% 和 10.6%,承重纵墙一、二层分别为和 44.0% 和 42.4%,符合《规程》有关要求。

查表 7.6-1,8 度,二层,层高在 3.3m 以下。

一层抗震横墙间距(L)为 3.9m,可分别查间距为 3.6m 和 4.2m 下"与砂浆强度等级对应的房屋宽度限值(B)"一栏,将所查数值内插求出与 3.9m 对应的 B 值:

砌筑砂浆强度等级为 M5 时,L 为 3.6m 和 4.2m 时,B 下限值分别为 4m 和 4.2m,内插后得到 3.9m 时的房屋宽度下限值为 4.1m,B 上限值分别为 6.6m 和 7m,内插后得到 3.9m 时的房屋宽度上限值为 6.8m。现房屋宽度为 6m,满足要求。

二层抗震横墙间距(L)为 6.9m,查表得到砌筑砂浆强度等级为 M5 时,对应的房屋宽度下限值为 4m,上限值为 7m。现房屋宽度为 6m,满足要求。

经较核,该二层木结构实心砖围护墙房屋的抗震承载力满足 8 度($0.20g$)抗震设防的要求。

7.6 木结构房屋抗震横墙间距(L)和房屋宽度(B)限值

本节内容摘自《规程》附录 C。表中各项参数是当房屋纵、横墙开洞的水平截面面积率 λ_A 分别为 50% 和 25% 时,按照《规程》附录 A 的方法进行房屋抗震承载力验算,并将计算结果适当归整后得到的。给出了不同平面布局房屋(多开间或单开间)、墙体类别(不同厚度及围护墙体材料)、不同烈度、砌筑砂(泥)浆强度等级、层数、层高等对应的抗震横墙间距 L 和房屋宽度 B 限值表的方式,便于村镇农民建房时直接选用,在基本确定拟建房屋的平面布局、层数、高度及墙体类别后,直接查表即可选择满足抗震承载力要求的砌筑砂浆强度等级。

表中的层高为计算层高,注意单层房屋和二层房屋的一层层高应该加上室内外高差。

当房屋为多开间布置,除山墙外尚有满足抗震墙要求的内横墙时,如果各道横墙间距不同时,表中抗震横墙间距值对应于其中最大的抗震横墙间距。

表中分档给出了与不同抗震横墙间距对应的房屋宽度的上限值和下限值,在基本确定了拟建房屋上述各参数及所在地区的抗震设防烈度后,可直接查表,当选取的房屋宽度范围在上、下限值之间时,采用该等级及以上强度等级砂浆砌筑的房屋,墙体的抗震承载力即可满足本规程的设防要求。

使用本限值表时应满足的相应规定:

① 表中的抗震横墙间距,对横墙间距不同的木楼、屋盖房屋为最大横墙间距值。

表中分别给出房屋宽度的下限值和上限值，对确定的抗震横墙间距，房屋宽度应在下限值和上限值之间选取确定；抗震横墙间距取其他值时，可内插求得对应的房屋宽度限值。

② 表中为"—"者，表示采用该强度等级砂浆（泥浆）砌筑墙体的房屋，其纵、横向墙体抗震承载力不能满足对应的设防烈度地震作用的要求，应提高砌筑砂浆（泥浆）强度等级。

③ 当两层房屋1、2层墙体采用相同强度等级的砂浆（泥浆）砌筑时，实际房屋宽度应按第1层限值采用。

④ 当两层房屋1、2层墙体采用不同强度等级的砂浆（泥浆）砌筑时，实际房屋宽度应同时满足表中1、2层限值要求。

⑤ 表中一层房屋适用于穿斗木构架、木柱木屋架和木柱木屋梁房屋，两层房屋适用于穿斗木构架和木柱木屋架房屋。

⑥ 墙厚为240mm的实心砖围护墙房屋，与抗震横墙间距 L 对应的房屋宽度 B 的限值宜按表7.6-1采用。

抗震横墙间距和房屋宽度限值（240mm 实心砖墙）（m） 表7.6-1

烈度	层数	层号	层高	抗震横墙间距	与砂浆强度等级对应的房屋宽度限值									
					M1		M2.5		M5		M7.5		M10	
					下限	上限	下限	上限	下限	上限	下限	上限	下限	上限
6	一	1	4.0	3~11	4	11	4	11	4	11	4	11	4	11
7	一	1	4.0	3~8.4	4	9	4	9	4	9	4	9	4	9
				9	4.1	9	4	9	4	9	4	9	4	9
7 (0.15g)	一	1	4.0	3	4	7.1	4	9	4	9	4	9	4	9
				3.6	4	7.9	4	9	4	9	4	9	4	9
				4.2	4	8.6	4	9	4	9	4	9	4	9
				4.8~5.4	4	9	4	9	4	9	4	9	4	9
				6	5.6	9	4	9	4	9	4	9	4	9
				6.6	6.8	9	4	9	4	9	4	9	4	9
				7.2	8.4	9	4	9	4	9	4	9	4	9
				7.8~8.4	—	—	4	9	4	9	4	9	4	9
				9	—	—	4.5	9	4	9	4	9	4	9
8	一	1	3.6	3	4	5.7	4	7	4	7	4	7	4	7
				3.6	4	6.3	4	7	4	7	4	7	4	7
				4.2	4.4	6.8	4	7	4	7	4	7	4	7
				4.8	5.8	7.2	4	7	4	7	4	7	4	7
				5.4~6.6	—	—	4	7	4	7	4	7	4	7
				7	—	—	4.1	7	4	7	4	7	4	7

续表

烈度	层数	层号	层高	抗震横墙间距	与砂浆强度等级对应的房屋宽度限值									
					M1		M2.5		M5		M7.5		M10	
					下限	上限	下限	上限	下限	上限	下限	上限	下限	上限
8 (0.30g)	一	1	3.6	3	—	—	4	5.5	4	7	4	7	4	7
				3.6	—	—	4	6.1	4	7	4	7	4	7
				4.2	—	—	4.4	6.6	4	7	4	7	4	7
				4.8	—	—	5.8	7	4	7	4	7	4	7
				5.4	—	—	—	—	4	7	4	7	4	7
				6	—	—	—	—	4.1	7	4	7	4	7
				6.6	—	—	—	—	4.9	7	4	7	4	7
				7	—	—	—	—	5.6	7	4	7	4	7
9	一	1	3.3	3~4.2	—	—	—	—	4	6	4	6	4	6
				4.8	—	—	—	—	4.8	6	4	6	4	6
				5	—	—	—	—	5.2	6	4	6	4	6
6	二	2	3.6	3~11	4	11	4	11	4	11	4	11	4	11
		1	3.6	3~9	4	11	4	11	4	11	4	11	4	11
7	二	2	3.6	3~6	4	9	4	9	4	9	4	9	4	9
				6.6	4.1	9	4	9	4	9	4	9	4	9
				7.2	4.8	9	4	9	4	9	4	9	4	9
				7.8	5.5	9	4	9	4	9	4	9	4	9
				8.4	6.4	9	4	9	4	9	4	9	4	9
				9	7.4	9	4	9	4	9	4	9	4	9
		1	3.6	3	4	6.2	4	9	4	9	4	9	4	9
				3.6	4	7	4	9	4	9	4	9	4	9
				4.2	4.2	7.8	4	9	4	9	4	9	4	9
				4.8	5.1	8.4	4	9	4	9	4	9	4	9
				5.4	6.2	9	4	9	4	9	4	9	4	9
				6	7.4	9	4	9	4	9	4	9	4	9
				6.6	8.8	9	4	9	4	9	4	9	4	9
				7	—	—	4.2	9	4	9	4	9	4	9
7 (0.15g)	二	2	3.6	3	4	5	4	8.6	4	9	4	9	4	9
				3.6	4.2	5.6	4	9	4	9	4	9	4	9
				4.2	5.6	6	4	9	4	9	4	9	4	9
				4.8	5.1	6.5	4	9	4	9	4	9	4	9
				5.4	6	6.8	4	9	4	9	4	9	4	9
				6	7	7.2	4	9	4	9	4	9	4	9
				6.6	—	—	4.4	9	4	9	4	9	4	9
				7.2	—	—	5.2	9	4	9	4	9	4	9
				7.8	—	—	6	9	4	9	4	9	4	9
				8.4	—	—	7	9	4	9	4	9	4	9
				9	—	—	8.2	9	4	9	4	9	4	9

续表

烈度	层数	层号	层高	抗震横墙间距	与砂浆强度等级对应的房屋宽度限值									
					M1		M2.5		M5		M7.5		M10	
					下限	上限	下限	上限	下限	上限	下限	上限	下限	上限
7 (0.15g)	二	1	3.6	3	—	—	4	5.2	4	7.4	4	9	4	9
				3.6	—	—	4.2	5.9	4	8.4	4	9	4	9
				4.2	—	—	5.2	6.6	4	9	4	9	4	9
				4.8	—	—	6.5	7.2	4	9	4	9	4	9
				5.4	—	—	—	—	4.3	9	4	9	4	9
				6	—	—	—	—	5	9	4	9	4	9
				6.6	—	—	—	—	5.8	9	4	9	4	9
				7	—	—	—	—	6.3	9	4.2	9	4	9
8	二	2	3.3	3	—	—	4	6.8	4	7	4	7	4	7
				3.6~4.8	—	—	4	7	4	7	4	7	4	7
				5.4	—	—	4.6	7	4	7	4	7	4	7
				6	—	—	5.7	7	4	7	4	7	4	7
				6.6	—	—	7	7	4	7	4	7	4	7
				7	—	—	—	—	4	7	4	7	4	7
		1	3.3	3	—	—	—	—	4	5.8	4	7	4	7
				3.6	—	—	—	—	4	6.6	4	7	4	7
				4.2	—	—	—	—	4.2	7	4	7	4	7
				4.8	—	—	—	—	5.2	7	4	7	4	7
				5.4	—	—	—	—	6.3	7	4	7	4	7
				6	—	—	—	—	—	—	4.6	7	4	7
8 (0.30g)	二	2	3.3	3	—	—	—	—	4	5.8	4	7	4	7
				3.6	—	—	—	—	4	6.4	4	7	4	7
				4.2	—	—	—	—	4	6.9	4	7	4	7
				4.8	—	—	—	—	5.1	7	4	7	4	7
				5.4	—	—	—	—	6.5	7	4	7	4	7
				6	—	—	—	—	—	—	4.3	7	4	7
				6.6	—	—	—	—	—	—	5.2	7	4	7
				7	—	—	—	—	—	—	5.8	7	4	7
		1	3.3	3	—	—	—	—	—	—	4.2	4.2	4	5.4
				3.6	—	—	—	—	—	—	—	—	4	6.1
				4.2	—	—	—	—	—	—	—	—	4.6	6.7
				4.8	—	—	—	—	—	—	—	—	5.7	7
				5.4	—	—	—	—	—	—	—	—	7	7
				6	—	—	—	—	—	—	—	—	—	—

⑦ 外墙厚为370mm、内墙厚为240mm的实心砖围护墙房屋，与抗震横墙间距L对应的房屋宽度B的限值宜按表7.6-2采用。

抗震横墙间距和房屋宽度限值（外墙370mm，内墙240mm实心砖墙）（m） 表7.6-2

烈度	层数	层号	层高	抗震横墙间距	与砂浆强度等级对应的房屋宽度限值									
					M1		M2.5		M5		M7.5		M10	
					下限	上限	下限	上限	下限	上限	下限	上限	下限	上限
6	一	1	4.0	3~11	4	11	4	11	4	11	4	11	4	11
7	一	1	4.0	3~6	4	9	4	9	4	9	4	9	4	9
				6.6	4.4	9	4	9	4	9	4	9	4	9
				7.2	5	9	4	9	4	9	4	9	4	9
				7.8	5.7	9	4	9	4	9	4	9	4	9
				8.4	6.4	9	4	9	4	9	4	9	4	9
				9	7.3	9	4	9	4	9	4	9	4	9
7 (0.15g)	一	1	4.0	3	4	9	4	9	4	9	4	9	4	9
				3.6	4.5	9	4	9	4	9	4	9	4	9
				4.2	5.8	9	4	9	4	9	4	9	4	9
				4.8	7.4	9	4	9	4	9	4	9	4	9
				5.4	—	—	4	9	4	9	4	9	4	9
				6	—	—	4.1	9	4	9	4	9	4	9
				6.6	—	—	4.7	9	4	9	4	9	4	9
				7.2	—	—	5.4	9	4	9	4	9	4	9
				7.8	—	—	6.2	9	4	9	4	9	4	9
				8.4	—	—	7	9	4	9	4	9	4	9
				9	—	—	8	9	4.4	9	4	9	4	9
8	一	1	3.6	3	5.1	7.3	4	7	4	7	4	7	4	7
				3.6~4.8	—	—	4	7	4	7	4	7	4	7
				5.4	—	—	4.8	7	4	7	4	7	4	7
				6	—	—	5.7	7	4	7	4	7	4	7
				6.6	—	—	6.8	7	4	7	4	7	4	7
				7	—	—	—	—	4	7	4	7	4	7
8 (0.30g)	一	1	3.6	3~3.6	—	—	—	—	4	7	4	7	4	7
				4.2	—	—	—	—	4.2	7	4	7	4	7
				4.8	—	—	—	—	5.3	7	4	7	4	7
				5.4	—	—	—	—	6.5	7	4	7	4	7
				6	—	—	—	—	—	—	4.5	7	4	7
				6.6	—	—	—	—	—	—	5.3	7	4	7
				7	—	—	—	—	—	—	5.9	7	4	7

续表

烈度	层数	层号	层高	抗震横墙间距	与砂浆强度等级对应的房屋宽度限值									
					M1		M2.5		M5		M7.5		M10	
					下限	上限	下限	上限	下限	上限	下限	上限	下限	上限
9	一	1	3.3	3	—	—	—	—	4.2	6	4	6	4	6
				3.6	—	—	—	—	5.7	6	4	6	4	6
				4.2	—	—	—	—	—	—	4.2	6	4	6
				4.8	—	—	—	—	—	—	5.2	6	4	6
				5	—	—	—	—	—	—	5.6	6	4	6
			3.0	3	—	—	—	—	4	6	4	6	4	6
				3.6	—	—	—	—	4.8	6	4	6	4	6
				4.2	—	—	—	—	—	—	4	6	4	6
				4.8	—	—	—	—	—	—	4.4	6	4	6
				5	—	—	—	—	—	—	4.7	6	4	6
6	二	2	3.6	3~11	4	11	4	11	4	11	4	11	4	11
		1	3.6	3~9	4	11	4	11	4	11	4	11	4	11
7	二	2	3.6	3~4.2	4	9	4	9	4	9	4	9	4	9
				4.8	4.5	9	4	9	4	9	4	9	4	9
				5.4	5.4	9	4	9	4	9	4	9	4	9
				6	6.5	9	4	9	4	9	4	9	4	9
				6.6	7.7	9	4	9	4	9	4	9	4	9
				7.2	—	—	4	9	4	9	4	9	4	9
				7.8	—	—	4.1	9	4	9	4	9	4	9
				8.4	—	—	4.6	9	4	9	4	9	4	9
				9	—	—	5.1	9	4	9	4	9	4	9
		1	3.6	3	5.6	7.5	4	9	4	9	4	9	4	9
				3.6	7.2	8.6	4	9	4	9	4	9	4	9
				4.2	—	—	4	9	4	9	4	9	4	9
				4.8	—	—	4.6	9	4	9	4	9	4	9
				5.4	—	—	5.4	9	4	9	4	9	4	9
				6	—	—	6.3	9	4	9	4	9	4	9
				6.6	—	—	7.2	9	4.4	9	4	9	4	9
				7	—	—	7.9	9	4.7	9	4	9	4	9
7 (0.15g)	二	2	3.6	3~4.2	—	—	4	9	4	9	4	9	4	9
				4.8	—	—	4.9	9	4	9	4	9	4	9
				5.4	—	—	5.9	9	4	9	4	9	4	9
				6	—	—	7.1	9	4	9	4	9	4	9
				6.6	—	—	8.5	9	4.3	9	4	9	4	9
				7.2	—	—	—	—	4.9	9	4	9	4	9
				7.8	—	—	—	—	5.6	9	4	9	4	9
				8.4	—	—	—	—	6.3	9	4.1	9	4	9
				9	—	—	—	—	7.2	9	4.5	9	4	9

续表

烈度	层数	层号	层高	抗震横墙间距	与砂浆强度等级对应的房屋宽度限值									
					M1		M2.5		M5		M7.5		M10	
					下限	上限	下限	上限	下限	上限	下限	上限	下限	上限
7 (0.15g)	二	1	3.6	3	—	—	—	—	4	9	4	9	4	9
				3.6	—	—	—	—	4.8	9	4	9	4	9
				4.2	—	—	—	—	5.9	9	4	9	4	9
				4.8	—	—	—	—	7.1	9	4.6	9	4	9
				5.4	—	—	—	—	8.5	9	5.3	9	4	9
				6	—	—	—	—	—	—	6.2	9	4.5	9
				6.6	—	—	—	—	—	—	7.1	9	5	9
				7	—	—	—	—	—	—	7.7	9	5.5	9
8	二	2	3.3	3	—	—	3.5	7	4	7	4	7	4	7
				3.6	—	—	4.6	7	4	7	4	7	4	7
				4.2	—	—	5.9	7	4	7	4	7	4	7
				4.8	—	—	7.5	7	4	7	4	7	4	7
				5.4	—	—	—	—	4.4	7	4	7	4	7
				6	—	—	—	—	5.2	7	4	7	4	7
				6.6	—	—	—	—	6.1	7	4	7	4	7
				7	—	—	—	—	6.8	7	4.2	7	4	7
		1	3.3	3	—	—	—	—	5.5	7	4	7	4	7
				3.6	—	—	—	—	—	—	4	7	4	7
				4.2	—	—	—	—	—	—	5.3	7	4	7
				4.8	—	—	—	—	—	—	6.5	7	4.5	7
				5.4	—	—	—	—	—	—	—	—	5.3	7
				6	—	—	—	—	—	—	—	—	6.1	7
8 (0.30g)	二	2	3.0	3~4.2	—	—	—	—	—	—	4	7	4	7
				4.8	—	—	—	—	—	—	4.8	7	4	7
				5.4	—	—	—	—	—	—	5.8	7	4	7
				6	—	—	—	—	—	—	—	—	4.5	7
				6.6	—	—	—	—	—	—	—	—	5.3	7
				7	—	—	—	—	—	—	—	—	5.9	7
		1	3.0	3	—	—	—	—	—	—	—	—	5.1	7
				3.6	—	—	—	—	—	—	—	—	6.6	7
				4.2~6	—	—	—	—	—	—	—	—	—	—

⑧ 墙厚为240mm的多孔砖围护墙房屋，与抗震横墙间距 L 对应的房屋宽度 B 的限值宜按表7.6-3采用。

抗震横墙间距和房屋宽度限值（240mm 多孔砖墙）（m） 表 7.6-3

烈度	层数	层号	层高	抗震横墙间距	与砂浆强度等级对应的房屋宽度限值									
					M1		M2.5		M5		M7.5		M10	
					下限	上限	下限	上限	下限	上限	下限	上限	下限	上限
6	一	1	4.0	3~11	4	11	4	11	4	11	4	11	4	11
7	一	1	4.0	3~9	4	9	4	9	4	9	4	9	4	9
7 (0.15g)	一	1	4.0	3	4	7.7	4	9	4	9	4	9	4	9
				3.6	4	8.5	4	9	4	9	4	9	4	9
				4.2~5.4	4	9	4	9	4	9	4	9	4	9
				6	4.8	9	4	9	4	9	4	9	4	9
				6.6	5.8	9	4	9	4	9	4	9	4	9
				7.2	7.1	9	4	9	4	9	4	9	4	9
				7.8	8.8	9	4	9	4	9	4	9	4	9
				8.4~9	—	—	4	9	4	9	4	9	4	9
8	一	1	3.6	3	4	6.2	4	7	4	7	4	7	4	7
				3.6	4	6.8	4	7	4	7	4	7	4	7
				4.2	4	7	4	7	4	7	4	7	4	7
				4.8	4.8	7	4	7	4	7	4	7	4	7
				5.4	6.3	7	4	7	4	7	4	7	4	7
				6~7	—	—	4	7	4	7	4	7	4	7
8 (0.30g)	一	1	3.6	3	—	—	4	6.1	4	7	4	7	4	7
				3.6	—	—	4	6.7	4	7	4	7	4	7
				4.2	—	—	4	7	4	7	4	7	4	7
				4.8	—	—	4.7	7	4	7	4	7	4	7
				5.4	—	—	6.2	7	4	7	4	7	4	7
				6	—	—	—	—	4	7	4	7	4	7
				6.6	—	—	—	—	4.1	7	4	7	4	7
				7	—	—	—	—	4.7	7	4	7	4	7
9	一	1	3.3	3	—	—	4	4.4	4	6	4	6	4	6
				3.6~4.8	—	—	—	—	4	6	4	6	4	6
				5	—	—	—	—	4.3	6	4	6	4	6
			3.0	3	—	—	4	4.7	4	6	4	6	4	6
				3.6	—	—	4.4	5.2	4	6	4	6	4	6
				4.2~5	—	—	—	—	4	6	4	6	4	6
6	二	2	3.6	3~11	4	11	4	11	4	11	4	11	4	11
		1	3.6	3~9	4	11	4	11	4	11	4	11	4	11

续表

烈度	层数	层号	层高	抗震横墙间距	与砂浆强度等级对应的房屋宽度限值									
					M1		M2.5		M5		M7.5		M10	
					下限	上限	下限	上限	下限	上限	下限	上限	下限	上限
7	二	2	3.6	3～6.6	4	9	4	9	4	9	4	9	4	9
				7.2	4.1	9	4	9	4	9	4	9	4	9
				7.8	4.8	9	4	9	4	9	4	9	4	9
				8.4	5.5	9	4	9	4	9	4	9	4	9
				9	6.4	9	4	9	4	9	4	9	4	9
		1	3.6	3	4	6.7	4	9	4	9	4	9	4	9
				3.6	4	7.6	4	9	4	9	4	9	4	9
				4.2	4	8.4	4	9	4	9	4	9	4	9
				4.8	4.4	9	4	9	4	9	4	9	4	9
				5.4	5.3	9	4	9	4	9	4	9	4	9
				6	6.4	9	4	9	4	9	4	9	4	9
				6.6	7.6	9	4	9	4	9	4	9	4	9
				7	8.5	9	4	9	4	9	4	9	4	9
7 (0.15g)	二	2	3.6	3	4	5.5	4	9	4	9	4	9	4	9
				3.6	4	6.1	4	9	4	9	4	9	4	9
				4.2	4.6	6.6	4	9	4	9	4	9	4	9
				4.8	6.1	7	4	9	4	9	4	9	4	9
				5.4～6.6	—	—	4	9	4	9	4	9	4	9
				7.2	—	—	4.4	9	4	9	4	9	4	9
				7.8	—	—	5.2	9	4	9	4	9	4	9
				8.4	—	—	6	9	4	9	4	9	4	9
				9	—	—	7	9	4	9	4	9	4	9
		1	3.6	3	—	—	4	5.8	4	8.1	4	9	4	9
				3.6	—	—	4	6.5	4	9	4	9	4	9
				4.2	—	—	4.4	7.2	4	9	4	9	4	9
				4.8	—	—	5.5	7.8	4	9	4	9	4	9
				5.4	—	—	6.7	8.3	4	9	4	9	4	9
				6	—	—	8.1	8.8	4.3	9	4	9	4	9
				6.6	—	—	—	—	5	9	4	9	4	9
				7	—	—	—	—	5.5	9	4	9	4	9
8	二	2	3.3	3～5.4	—	—	4	7	4	7	4	7	4	7
				6	—	—	4.8	7	4	7	4	7	4	7
				6.6	—	—	5.8	7	4	7	4	7	4	7
				7	—	—	6.7	7	4	7	4	7	4	7

续表

烈度	层数	层号	层高	抗震横墙间距	与砂浆强度等级对应的房屋宽度限值									
					M1		M2.5		M5		M7.5		M10	
					下限	上限	下限	上限	下限	上限	下限	上限	下限	上限
8	二	1	3.3	3	—	—	—	—	4	6.4	4	7	4	7
				3.6	—	—	—	—	4	7	4	7	4	7
				4.2	—	—	—	—	4	7	4	7	4	7
				4.8	—	—	—	—	4.4	7	4	7	4	7
				5.4	—	—	—	—	5.3	7	4	7	4	7
				6	—	—	—	—	6.4	7	4	7	4	7
8 (0.30g)	二	2	3.0	3	—	—	4	4.6	4	6.8	4	7	4	7
				3.6	—	—	4.6	5	4	7	4	7	4	7
				4.2	—	—	—	—	4	7	4	7	4	7
				4.8	—	—	—	—	4	7	4	7	4	7
				5.4	—	—	—	—	4.5	7	4	7	4	7
				6	—	—	—	—	5.7	7	4	7	4	7
				6.6	—	—	—	—	—	—	4	7	4	7
				7	—	—	—	—	—	—	4.2	7	4	7
		1	3.0	3	—	—	—	—	—	—	4	4.7	4	6
				3.6	—	—	—	—	—	—	4.5	5.3	4	6.7
				4.2	—	—	—	—	—	—	5.6	5.8	4	7
				4.8	—	—	—	—	—	—	—	—	4.5	7
				5.4	—	—	—	—	—	—	—	—	5.3	7
				6	—	—	—	—	—	—	—	—	6.2	7

⑨ 墙厚为190mm的多孔砖围护墙房屋，与抗震横墙间距L对应的房屋宽度B的限值宜按表7.6-4采用。

抗震横墙间距和房屋宽度限值（190mm多孔砖墙）（m） 表7.6-4

烈度	层数	层号	层高	抗震横墙间距	与砂浆强度等级对应的房屋宽度限值									
					M1		M2.5		M5		M7.5		M10	
					下限	上限	下限	上限	下限	上限	下限	上限	下限	上限
6	一	1	4.0	3~9	4	9	4	9	4	9	4	9	4	9
7	一	1	4.0	3~7	4	7	4	7	4	7	4	7	4	7
7 (0.15g)	一	1	4.0	3	4	6.8	4	7	4	7	4	7	4	7
				3.6	4	7	4	7	4	7	4	7	4	7
				4.2	4	7	4	7	4	7	4	7	4	7
				4.8	4.1	7	4	7	4	7	4	7	4	7
				5.4	5.2	7	4	7	4	7	4	7	4	7
				6	6.8	7	4	7	4	7	4	7	4	7
				6.6~7	—	—	4	7	4	7	4	7	4	7

续表

烈度	层数	层号	层高	抗震横墙间距	与砂浆强度等级对应的房屋宽度限值									
					M1		M2.5		M5		M7.5		M10	
					下限	上限	下限	上限	下限	上限	下限	上限	下限	上限
8	一	1	3.6	3	4	5.3	4	6	4	6	4	6	4	6
				3.6	4	5.8	4	6	4	6	4	6	4	6
				4.2	5.1	6	4	6	4	6	4	6	4	6
				4.8~6	—	—	4	6	4	6	4	6	4	6
8 (0.30g)	一	1	3.6	3	—	—	4	5.3	4	6	4	6	4	6
				3.6	—	—	4	5.7	4	6	4	6	4	6
				4.2	—	—	5	6	4	6	4	6	4	6
				4.8~5.4	—	—	—	—	4	6	4	6	4	6
				6	—	—	—	—	4.7	6	4	6	4	6
9	一	1	3.0	3	—	—	4.1	4.1	4	6	4	6	4	6
				3.6~4.2	—	—	—	—	4	6	4	6	4	6
				4.8	—	—	—	—	4.9	6	4	6	4	6
				5	—	—	—	—	5.4	6	4	6	4	6
6	二	2	3.6	3~9	4	9	4	9	4	9	4	9	4	9
		1	3.6	3~7	4	9	4	9	4	9	4	9	4	9
7	二	2	3.3	3~6.6	4	7	4	7	4	7	4	7	4	7
				7	4.6	7	4	7	4	7	4	7	4	7
		1	3.3	3	4	6.4	4	7	4	7	4	7	4	7
				3.6~4.2	4	7	4	7	4	7	4	7	4	7
				4.8	4.8	7	4	7	4	7	4	7	4	7
				5.4	6	7	4	7	4	7	4	7	4	7
				6	—	—	4	7	4	7	4	7	4	7
7 (0.15g)	二	2	3.3	3	4	5.1	4	7	4	7	4	7	4	7
				3.6	4	5.6	4	7	4	7	4	7	4	7
				4.2	5.5	6	4	7	4	7	4	7	4	7
				4.8~6	—	—	4	7	4	7	4	7	4	7
				6.6	—	—	4.3	7	4	7	4	7	4	7
				7	—	—	4.9	7	4	7	4	7	4	7
		1	3.3	3	—	—	4	5.5	4	7	4	7	4	7
				3.6	—	—	4	6.2	4	7	4	7	4	7
				4.2	—	—	4.7	6.7	4	7	4	7	4	7
				4.8	—	—	6.1	7	4	7	4	7	4	7
				5.4	—	—	—	—	4	7	4	7	4	7
				6	—	—	—	—	4.6	7	4	7	4	7

续表

烈度	层数	层号	层高	抗震横墙间距	与砂浆强度等级对应的房屋宽度限值									
					M1		M2.5		M5		M7.5		M10	
					下限	上限	下限	上限	下限	上限	下限	上限	下限	上限
8	二	2	3.0	3~4.8 5.4 6	— — —	— — —	4 4.5 5.8	6 6 6	4 4 4	6 6 6	4 4 4	6 6 6	4 4 4	6 6 6
		1	3.0	3 3.6~4.2 4.8 5	— — — —	— — — —	4.2 — — —	4.3 — — —	4 4 4.7 5.1	6 6 6 6	4 4 4 4	6 6 6 6	4 4 4 4	6 6 6 6
8 (0.30g)	二	2	3.0	3~4.2 4.8 5.4 6	— — — —	— — — —	— — — —	— — — —	4 4.9 — —	6 6 — —	4 4 4 4.2	6 6 6 6	4 4 4 4	6 6 6 6
		1	3.0	3 3.6 4.2 4.8 5	— — — — —	— — — — —	— — — — —	— — — — —	— — — — —	— — — — —	4 4.8 — — —	4.6 5.1 — — —	4 4 4 5.1 5.5	5.8 6 6 6 6

⑩ 墙厚为240mm的蒸压砖围护墙房屋，与抗震横墙间距 L 对应的房屋宽度 B 的限值宜按表7.6-5采用。

抗震横墙间距和房屋宽度限值（240mm 蒸压砖墙）（m） 表 7.6-5

烈度	层数	层号	层高	抗震横墙间距	与砂浆强度等级对应的房屋宽度限值							
					M2.5		M5		M7.5		M10	
					下限	上限	下限	上限	下限	上限	下限	上限
6	一	1	4.0	3~9	4	9	4	9	4	9	4	9
7	一	1	4.0	3~7	4	7	4	7	4	7	4	7
7 (0.15g)	一	1	4.0	3~6 6.6 7	4 4.2 4.7	7 7 7	4 4 4	7 7 7	4 4 4	7 7 7	4 4 4	7 7 7
8	一	1	3.6	3~4.8 5.4 6	4 4.3 5.4	6 6 6	4 4 4	6 6 6	4 4 4	6 6 6	4 4 4	6 6 6

续表

烈度	层数	层号	层高	抗震横墙间距	与砂浆强度等级对应的房屋宽度限值							
					M2.5		M5		M7.5		M10	
					下限	上限	下限	上限	下限	上限	下限	上限
8 (0.30g)	一	1	3.6	3	—	—	4	5.8	4	6	4	6
				3.6~4.2	—	—	4	6	4	6	4	6
				4.8	—	—	5.3	6	4	6	4	6
				5.4	—	—	—	—	4	6	4	6
				6	—	—	—	—	4.7	6	4	6
9	一	1	3.0	3	—	—	4	4.5	4	6	4	6
				3.6	—	—	4.9	4.9	4	6	4	6
				4.2	—	—	—	—	4	6	4	6
				4.8	—	—	—	—	4.8	6	4	6
				5	—	—	—	—	5.3	6	4	6
6	二	2	3.6	3~9	4	9	4	9	4	9	4	9
		1	3.6	3~7	4	9	4	9	4	9	4	9
7	二	2	3.3	3~7	4	7	4	7	4	7	4	7
		1	3.3	3~5.4	4	7	4	7	4	7	4	7
				6	4.5	7	4	7	4	7	4	7
7 (0.15g)	二	2	3.3	3	4	6.9	4	7	4	7	4	7
				3.6~4.8	4	7	4	7	4	7	4	7
				5.4	4.7	7	4	7	4	7	4	7
				6	5.8	7	4	7	4	7	4	7
				6.6	—	—	4	7	4	7	4	7
				7	—	—	4.1	7	4	7	4	7
		1	3.3	3	—	—	4	5.9	4	7	4	7
				3.6	—	—	4	6.6	4	7	4	7
				4.2	—	—	4.3	7	4	7	4	7
				4.8	—	—	5.3	7	4	7	4	7
				5.4	—	—	6.4	7	4.2	7	4	7
				6	—	—	—	—	4.9	7	4	7
8	二	2	3.0	3	4	5.5	4	6	4	6	4	6
				3.6	4	6	4	6	4	6	4	6
				4.2	4.5	6	4	6	4	6	4	6
				4.8	6	6	4	6	4	6	4	6
				5.4	—	—	4	6	4	6	4	6
				6	—	—	4.5	6	4	6	4	6
		1	3.0	3	—	—	4	4.5	4	5.9	4	6
				3.6	—	—	5.1	5.1	4	6	4	6
				4.2	—	—	—	—	4.1	6	4	6
				4.8	—	—	—	—	5	6	4	6
				5	—	—	—	—	5.4	6	4	6

⑪ 外墙厚为370mm、内墙厚为240mm的蒸压砖围护墙房屋，与抗震横墙间距 L 对应的房屋宽度 B 的限值宜按表7.6-6采用。

抗震横墙间距和房屋宽度限值（外370mm 内240mm 蒸压砖墙）（m） 表7.6-6

烈度	层数	层号	层高	抗震横墙间距	与砂浆强度等级对应的房屋宽度限值							
					M2.5		M5		M7.5		M10	
					下限	上限	下限	上限	下限	上限	下限	上限
6	一	1	4.0	3~9	4	9	4	9	4	9	4	9
7	一	1	4.0	3~7	4	7	4	7	4	7	4	7
7 (0.15g)	一	1	4.0	3~4.2	4	7	4	7	4	7	4	7
				4.8	4.6	7	4	7	4	7	4	7
				5.4	5.6	7	4	7	4	7	4	7
				6	6.7	7	4	7	4	7	4	7
				6.6	—	—	4.4	7	4	7	4	7
				7	—	—	4.8	7	4	7	4	7
8	一	1	3.6	3	4	6	4	6	4	6	4	6
				3.6	4.2	6	4	6	4	6	4	6
				4.2	5.4	6	4	6	4	6	4	6
				4.8			4	6	4	6	4	6
				5.4			4.4	6	4	6	4	6
				6			5.3	6	4	6	4	6
8 (0.30g)	一	1	3.6	3			4.6	6	4	6	4	6
				3.6			—	—	4	6	4	6
				4.2					4.8	6	4	6
				4.8					6	6	4	6
				5.4					—	—	4.9	6
				6					—	—	5.8	6
9	一	1	3.0	3					4	6	4	6
				3.6					5.5	6	4	6
				4.2							4.6	6
				4.8							5.9	6
				5							—	—
6	二	2	3.6	3~9	4	9	4	9	4	9	4	9
		1	3.6	3~7	4	9	4	9	4	9	4	9
7	二	2	3.3	3~6	4	7	4	7	4	7	4	7
				6.6	4.4	7	4	7	4	7	4	7
				7	4.8	7	4	7	4	7	4	7

续表

烈度	层数	层号	层高	抗震横墙间距	与砂浆强度等级对应的房屋宽度限值							
					M2.5		M5		M7.5		M10	
					下限	上限	下限	上限	下限	上限	下限	上限
7	二	1	3.3	3~3.6	4	7	4	7	4	7	4	7
				4.2	5.1	7	4	7	4	7	4	7
				4.8	6.2	7	4	7	4	7	4	7
				5.4	—	—	4.5	7	4	7	4	7
				6	—	—	5.2	7	4	7	4	7
7 (0.15g)	二	2	3.3	3	4	7	4	7	4	7	4	7
				3.6	4.6	7	4	7	4	7	4	7
				4.2	5.9	7	4	7	4	7	4	7
				4.8	—	—	4	7	4	7	4	7
				5.4	—	—	4.8	7	4	7	4	7
				6	—	—	5.7	7	4	7	4	7
				6.6	—	—	6.7	7	4.2	7	4	7
				7	—	—	—	—	4.7	7	4	7
		1	3.3	3	—	—	5.5	7	4	7	4	7
				3.6	—	—	—	—	4.6	7	4	7
				4.2	—	—	—	—	5.6	7	4.1	7
				4.8	—	—	—	—	6.9	7	4.8	7
				5.4	—	—	—	—	—	—	5.7	7
				6	—	—	—	—	—	—	6.7	7
8	二	2	3.0	3	5.2	6	4	6	4	6	4	6
				3.6	—	—	4	6	4	6	4	6
				4.2	—	—	4.6	7	4	6	4	6
				4.8	—	—	5.7	7	4	6	4	6
				5.4	—	—	—	—	4.3	6	4	6
				6	—	—	—	—	5.1	6	4	6
		1	3.0	3	—	—	—	—	4	6	4	6
				3.6	—	—	—	—	—	—	4.6	6
				4.2	—	—	—	—	—	—	5.7	6
				4.8~5	—	—	—	—	—	—	—	—

⑫ 墙厚为 190mm 的小砌块围护墙房屋，与抗震横墙间距 L 对应的房屋宽度 B 的限值宜按表 7.6-7 采用。

抗震横墙间距和房屋宽度限值（190mm 小砌块墙）（m） 表 7.6-7

烈度	层数	层号	层高	抗震横墙间距	与砂浆强度等级对应的房屋宽度限值											
					普通小砌块						轻骨料小砌块					
					M5		M7.5		M10		M5		M7.5		M10	
					下限	上限	下限	上限	下限	上限	下限	上限	下限	上限	下限	上限
6	一	1	4.0	3～11	4	11	4	11	4	11	4	11	4	11	4	11
7	一	1	4.0	3～9	4	9	4	9	4	9	4	9	4	9	4	9
7 (0.15g)	一	1	4.0	3～6.6	4	9	4	9	4	9	4	9	4	9	4	9
				7.2	4.4	9	4	9	4	9	4	9	4	9	4	9
				7.8	5.2	9	4	9	4	9	4	9	4	9	4	9
				8.4	6.1	9	4	9	4	9	4.5	9	4	9	4	9
				9	7.1	9	4	9	4	9	5.3	9	4	9	4	9
8	一	1	3.6	3～5.4	4	7	4	7	4	7	4	7	4	7	4	7
				6	4.8	7	4	7	4	7	4	7	4	7	4	7
				6.6	5.9	7	4	7	4	7	4.3	7	4	7	4	7
				7	6.9	7	4	7	4	7	4.9	7	4	7	4	7
8 (0.30g)	一	1	3.6	3	4	4.5	4	6.2	4	7	4	5.3	4	7	4	7
				3.6	—	—	4	6.8	4	7	4	5.8	4	7	4	7
				4.2	—	—	4	7	4	7	5.2	6.1	4	7	4	7
				4.8	—	—	4.9	7	4	7	—	—	4	7	4	7
				5.4	—	—	6.3	7	4.6	7	—	—	4.3	7	4	7
				6	—	—	—	—	5.8	7	—	—	5.5	7	4	7
				6.6	—	—	—	—	—	—	—	—	—	—	5	7
				7	—	—	—	—	—	—	—	—	—	—	5.9	7
9	一	1	3.3	3	—	—	4	4.4	4	5.1	—	—	4	6	4	6
				3.6	—	—	—	—	4	5.6	—	—	4	6	4	6
				4.2	—	—	—	—	5.4	6	—	—	4	6	4	6
				4.8	—	—	—	—	—	—	—	—	4.9	6	4.9	6
				5	—	—	—	—	—	—	—	—	—	—	5.4	6
			3.0	3	—	—	4	4.7	4	5.4	—	—	4	5.6	4	6
				3.6	—	—	4.6	5.2	4	5.9	—	—	4	6	4	6
				4.2	—	—	—	—	4.6	6	—	—	4.3	6	4	6
				4.8	—	—	—	—	—	—	—	—	—	—	4.2	6
				5	—	—	—	—	—	—	—	—	—	—	4.7	6
6	二	2	3.6	3～11	4	11	4	11	4	11	4	11	4	11	4	11
		1	3.6	3～9	4	11	4	11	4	11	4	11	4	11	4	11

续表

烈度	层数	层号	层高	抗震横墙间距	与砂浆强度等级对应的房屋宽度限值											
					普通小砌块						轻骨料小砌块					
					M5		M7.5		M10		M5		M7.5		M10	
					下限	上限	下限	上限	下限	上限	下限	上限	下限	上限	下限	上限
7	二	2	3.6	3~8.4	4	9	4	9	4	9	4	9	4	9	4	9
				9	4.3	9	4	9	4	9	4	9	4	9	4	9
		1	3.6	3~6	4	9	4	9	4	9	4	9	4	9	4	9
				6.6	4.2	9	4	9	4	9	4	9	4	9	4	9
				7	4.6	9	4	9	4	9	4	9	4	9	4	9
7 (0.15g)	二	2	3.6	3	4	7	4	9	4	9	4	8.3	4	9	4	9
				3.6	4	7.8	4	9	4	9	4	9	4	9	4	9
				4.2	4	8.4	4	9	4	9	4	9	4	9	4	9
				4.8	4	9	4	9	4	9	4	9	4	9	4	9
				5.4	4.8	9	4	9	4	9	4	9	4	9	4	9
				6	5.9	9	4	9	4	9	4.2	9	4	9	4	9
				6.6	7.3	9	4	9	4	9	5.1	9	4	9	4	9
				7.2	9	9	4.5	9	4	9	6.3	9	4	9	4	9
				7.8	—	—	5.2	9	4.1	9	7.8	9	4	9	4	9
				8.4	—	—	6.1	9	4.7	9	—	—	4.4	9	4	9
				9	—	—	7.1	9	5.4	9	—	—	5.1	9	4	9
		1	3.6	3	4	5.4	4	6.9	4	7.6	4	6.2	4	7.9	4	8.8
				3.6	4.5	6.2	4	7.8	4	8.6	4	6.9	4	8.9	4	9
				4.2	5.8	6.8	4	8.6	4	9	4.4	7.6	4	9	4	9
				4.8	7.3	7.3	4.5	9	4	9	5.5	8.1	4	9	4	9
				5.4	—	—	5.4	9	4.5	9	7	8.6	4.1	9	4	9
				6	—	—	6.5	9	5.3	9	8.8	9	4.9	9	4	9
				6.6	—	—	7.8	9	6.3	9	—	—	5.8	9	4.7	9
				7	—	—	8.7	9	6.9	9	—	—	6.6	9	5.2	9
8	二	2	3.3	3	4	5.5	4	7	4	7	4	6.5	4	7	4	7
				3.6	4	6.1	4	7	4	7	4	7	4	7	4	7
				4.2	4.7	6.5	4	7	4	7	4	7	4	7	4	7
				4.8	6.3	7	4	7	4	7	4.2	7	4	7	4	7
				5.4	—	—	4	7	4	7	5.6	7	4	7	4	7
				6	—	—	4.9	7	4	7	—	—	4	7	4	7
				6.6	—	—	6	7	4.5	7	—	—	4.2	7	4	7
				7	—	—	6.9	7	5.1	7	—	—	4.7	7	4	7
		1	3.3	3	—	—	4	5.2	4	5.8	—	—	4	6.1	4	6.9
				3.6	—	—	4.5	5.9	4	6.6	—	—	4	6.8	4	7
				4.2	—	—	5.8	6.5	4.6	7	—	—	4.1	7	4	7
				4.8	—	—	—	—	5.8	7	—	—	5.2	7	4.2	7
				5.4	—	—	—	—	—	—	—	—	6.7	7	5.1	7
				6	—	—	—	—	—	—	—	—	—	—	6.3	7

315

⑬ 墙厚为240mm的空斗砖围护墙房屋，与抗震横墙间距 L 对应的房屋宽度 B 的限值宜按表7.6-8采用。

抗震横墙间距和房屋宽度限值（240mm空斗墙）（m） 表7.6-8

烈度	层数	层号	层高	抗震横墙间距	M1 下限	M1 上限	M2.5 下限	M2.5 上限	M5 下限	M5 上限	M7.5 下限	M7.5 上限	M10 下限	M10 上限
6	一	1	4.0	3~7	4	7	4	7	4	7	4	7	4	7
7	一	1	3.6	3~4.8	4	6	4	6	4	6	4	6	4	6
				5.4	4.3	6	4	6	4	6	4	6	4	6
				6	5.4	6	4	6	4	6	4	6	4	6
7 (0.15g)	一	1	3.6	3~4.8	—	—	4	6	4	6	4	6	4	6
				5.4	—	—	5	6	4	6	4	6	4	6
				6	—	—	—	—	4	6	4	6	4	6
8	一	1	3.3	3	—	—	4	5.3	4	6	4	6	4	6
				3.6	—	—	4	5.8	4	6	4	6	4	6
				4.2	—	—	5	6	4	6	4	6	4	6
				4.8~5	—	—	—	—	4	6	4	6	4	6
8 (0.30g)	一	1	3.3	3	—	—	—	—	4	4.4	4	5.9	4	6
				3.6~4.2	—	—	—	—	—	—	4	6	4	6
				4.8	—	—	—	—	—	—	5.2	6	4	6
				5	—	—	—	—	—	—	5.8	6	4	6
6	二	2	3.6	3~7	4	7	4	7	4	7	4	7	4	7
		1	3.6	3~5	4	7	4	7	4	7	4	7	4	7
7	二	2	3.0	3	4	5.6	4	6	4	6	4	6	4	6
				3.6	4	6	4	6	4	6	4	6	4	6
				4.2	4.6	6	4	6	4	6	4	6	4	6
				4.8~6	—	—	4	6	4	6	4	6	4	6
		1	3.0	3~4.2	—	—	4	6	4	6	4	6	4	6
7 (0.15g)	二	2	3.0	3	—	—	4	5.1	4	6	4	6	4	6
				3.6	—	—	4	5.6	4	6	4	6	4	6
				4.2	—	—	5.4	6	4	6	4	6	4	6
				4.8~5.4	—	—	—	—	4	6	4	6	4	6
				6	—	—	—	—	5	6	4	6	4	6
		1	3.0	3	—	—	—	—	4	4.7	4	6	4	6
				3.6	—	—	—	—	5	5.2	4	6	4	6
				4.2	—	—	—	—	4	6	4	6	4	6

⑭ 墙厚不小于表中对应值的生土围护墙房屋，与抗震横墙间距 L 对应的房屋宽度 B 的限值宜按表 7.6-9 采用。

抗震横墙间距和房屋宽度限值（生土墙）（m）　　　表 7.6-9

烈度	层数	层号	层高	房屋墙体厚度类别	抗震横墙间距	与砌筑泥浆强度等级对应的房屋宽度限值			
						M0.7		M1	
						下限	上限	下限	上限
6	一	1	4.0	①②③④	3~6	4	6	4	6
	二	2	3.0	①②③④	3~6	4	6	4	6
		1	3.0		3~4.5	4	6	4	6
7	一	1	4.0	①②③④	3~4.5	4	6	4	6
7 (0.15g)	一	1	4.0	①	3	4.1	6	4	6
					3.3	4.7	6	4	6
					3.6	5.4	6	4	6
					3.9	—	—	4.3	6
					4.2	—	—	4.8	6
					4.5	—	—	5.3	6
				②	3	4.1	6	4	6
					3.3	4.6	6	4	6
					3.6	5.3	6	4	6
					3.9	5.9	6	4.2	6
					4.2	—	—	4.6	6
					4.5	—	—	5.1	6
				③	3~4.2	4	6	4	6
					4.5	4.4	6	4	6
				④	3~4.5	4	6	4	6
8	一	1	3.3	①	3	5.3	6	4	6
					3.3	—	—	4.1	6
				②	3	5.1	6	4	6
					3.3	5.9	6	4	6
				③④	3~3.3	4	6	4	6
8 (0.30g)	一	1	3.0	①②	3~3.3	—	—	—	—
				③	3	—	—	4.6	6
					3.3	—	—	5.3	6
				④	3	—	—	4	5.1
					3.3	—	—	4	5.5

注：墙体厚度分别指：① 外墙 400mm，内横墙 250mm；② 外墙 500mm，内横墙 300mm；③ 外墙 700mm，内横墙 500mm；④ 内外墙均为 400mm。

⑮ 对料石围护墙房屋和毛石围护墙房屋，与抗震横墙间距 L 对应的房屋宽度 B 的限值宜按表 7.6-10 采用。

抗震横墙间距和房屋宽度限值（石墙）（m）　　　　表 7.6-10

烈度	层数	层号	层高	房屋墙体类别	抗震横墙间距	与砂浆强度等级对应的房屋宽度限值									
						M1		M2.5		M5		M7.5		M10	
						下限	上限	下限	上限	下限	上限	下限	上限	下限	上限
6	一	1	4.0	①②③	3~11	4	11	4	11	4	11	4	11	4	11
7	一	1	4.0	①②③	3~9	4	9	4	9	4	9	4	9	4	9
7 (0.15g)	一	1	4.0	①②	3~7.2	4	9	4	9	4	9	4	9	4	9
					7.8	4.2	9	4	9	4	9	4	9	4	9
					8.4	4.8	9	4	9	4	9	4	9	4	9
					9	5.4	9	4	9	4	9	4	9	4	9
			3.6	③	3~9	4	9	4	9	4	9	4	9	4	9
8	一	1	3.6	①②	3~6	4	6	4	6	4	6	4	6	4	6
8 (0.30g)	一	1	3.6	①②	3	4	4.9	4	6	4	6	4	6	4	6
					3.6	4.3	5.4	4	6	4	6	4	6	4	6
					4.2	5.8	5.9	4	6	4	6	4	6	4	6
					4.8~6	—	—	4	6	4	6	4	6	4	6
6	二	2	3.5	①②	3~11	4	11	4	11	4	11	4	11	4	11
		1	3.5		3~7	4	11	4	11	4	11	4	11	4	11
7	二	2	3.5	①	3~9	4	9	4	9	4	9	4	9	4	9
		1	3.5		3~6	4	9	4	9	4	9	4	9	4	9
	二	2	3.3	②	3~9	4	9	4	9	4	9	4	9	4	9
		1	3.3		3~6	4	9	4	9	4	9	4	9	4	9
7 (0.15g)	二	2	3.5	①	3	4	7.8	4	9	4	9	4	9	4	9
					3.6	4	8.7	4	9	4	9	4	9	4	9
					4.2~5.4	4	9	4	9	4	9	4	9	4	9
					6	4.5	9	4	9	4	9	4	9	4	9
					6.6	5.3	9	4	9	4	9	4	9	4	9
					7.2	6.2	9	4	9	4	9	4	9	4	9
					7.8	7.3	9	4	9	4	9	4	9	4	9
					8.4	8.5	9	4	9	4	9	4	9	4	9
					9	—	—	4	9	4	9	4	9	4	9
		1	3.5		3	4	4.8	4	7.8	4	9	4	9	4	9
					3.6	4.9	5.5	4	8.9	4	9	4	9	4	9
					4.2	6.1	6.1	4	9	4	9	4	9	4	9
					4.8~5.4	—	—	4	9	4	9	4	9	4	9
					6	—	—	4.6	9	4	9	4	9	4	9

续表

烈度	层数	层号	层高	房屋墙体类别	抗震横墙间距	与砂浆强度等级对应的房屋宽度限值									
						M1		M2.5		M5		M7.5		M10	
						下限	上限	下限	上限	下限	上限	下限	上限	下限	上限
7 (0.15g)	二	2	3.3	②	3	4	8.1	4	9	4	9	4	9	4	9
					3.6~5.4	4	9	4	9	4	9	4	9	4	9
					6	4.1	9	4	9	4	9	4	9	4	9
					6.6	4.9	9	4	9	4	9	4	9	4	9
					7.2	5.7	9	4	9	4	9	4	9	4	9
					7.8	6.7	9	4	9	4	9	4	9	4	9
					8.4	7.8	9	4	9	4	9	4	9	4	9
					9	—	—	4	9	4	9	4	9	4	9
		1	3.3		3	4	5	4	8.2	4	9	4	9	4	9
					3.6	4.5	5.7	4	9	4	9	4	9	4	9
					4.2	5.6	6.4	4	9	4	9	4	9	4	9
					4.8	6.9	7	4	9	4	9	4	9	4	9
					5.4	—	—	4	9	4	9	4	9	4	9
					6	—	—	4.3	9	4	9	4	9	4	9
8 二		2	3.3	①	3~4.2	4	6	4	6	4	6	4	6	4	6
					4.8	4.8	6	4	6	4	6	4	6	4	6
					5.4	5.9	6	4	6	4	6	4	6	4	6
					6	—	—	4	6	4	6	4	6	4	6
		1	3.3		3~3.6	—	—	4	6	4	6	4	6	4	6
					4.2	—	—	4.1	6	4	6	4	6	4	6
					4.8	—	—	5	6	4	6	4	6	4	6
					5	—	—	5.3	6	4	6	4	6	4	6
8 (0.30g)	二	2	3.3	①	3	—	—	4	5.9	4	6	4	6	4	6
					3.6~4.2	—	—	4	6	4	6	4	6	4	6
					4.8	—	—	4.9	6	4	6	4	6	4	6
					5.4	—	—	6	6	4	6	4	6	4	6
					6	—	—	—	—	4	5	4	6	4	6
		1	3.3		3	—	—	—	—	4.1	5.7	4	6	4	6
					3.6	—	—	—	—	5.2	6	4	6	4	6
					4.2	—	—	—	—	—	—	4	6	4	6
					4.8	—	—	—	—	—	—	4.5	6	4	6
					5	—	—	—	—	—	—	4.7	6	4	6

注：表中墙体类别指：① 240mm 厚细、半细料石砌体；② 240mm 厚粗料、毛料石砌体；③ 400mm 厚平毛石墙。

参考文献

[1] 中华人民共和国住房和城乡建设部. 镇（乡）村建筑抗震技术规程（JGJ 161—2008）[S]. 北京：中国建筑工业出版社，2008

[2] 中国建筑标准设计研究院. SG 618—1~4 农村民宅抗震构造详图 [S]. 北京：中国计划出版社，2008

[3] 中华人民共和国建设部. 建筑抗震设计规范（GB 50011—2001）[S]. 北京：中国建筑工业出版社，2002

[4] 编委会. 木结构设计手册 [M]. 第 3 版. 北京：中国建筑工业出版社，2005

[5] 刘致平. 中国建筑类型及结构 [M]. 北京：中国建筑工业出版社，2000

[6] 葛学礼，王亚勇，申世元，张海明. 村镇建筑地震灾害与抗震减灾措施 [J]. 工程质量，2005，12：1-4

[7] 范迪璞. 村镇房屋抗震与设计 [M]. 北京：科学出版社，1991

第8章 生土结构房屋

8.1 生土结构房屋概述

生土结构房屋泛指由未经过焙烧，仅经过简单加工的原状土质材料建造的房屋，包括土坯建筑、夯土墙建筑、土窑洞建筑等。生土建筑是中国传统建筑中的一个重要组成部分[1]。

8.1.1 生土结构房屋

(1) 生土结构房屋的特点

生土结构房屋利用地方材料建造，原土不需烧制，不污染环境，易于施工，造价低廉，融于自然，生土墙夏天能较好地隔绝室外热量，冬天也能有效地阻止寒气侵入，故有"冬暖夏凉"的评价。此外，生土建筑房屋拆除后的建筑垃圾可作为肥料回归土地，有利于环境保护和生态平衡，这种可持续发展的生态优势是其他材料难以取代的，这也是生土建筑具有较强生命力的主要原因。但是，各类生土建筑都有开间不大、布局受限制、日照不足、通风不畅和潮湿等缺点，仍需改进。

(2) 生土结构房屋现状

生土建筑与火种、石器并称为人类从原始渡入文明的三个最具代表性的特征。

今天能够看到的生土建筑是有形史料，大都保留在黄土高原西北方向的地域，跨越了夏、商、周三代和春秋时代，延续至今。其生土技术仍然呈现美丽的余晖，具有特殊的文化蕴含和艺术价值。具有代表性的原始早期生土应用作品如：陕西半坡、甘肃秦安大地湾遗址等。成熟并且具有一定规模的生土早期建筑如：甘肃陇东庆阳的"千年窑"、丝绸之路上的高昌古城、吐鲁番的苏公塔、连绵起伏于河西走廊的千年土长城、烽火台、城池遗址等，以及近代曾是主要居住模式的生土庭院、窑洞建筑及砖包土等建筑形式。

生土建筑分布广泛，几乎遍及全球。现在世界上大约有20%的人口居住在生土建筑中。中国黄土高原63万平方公里范围内的乡村居民，大多仍然居住在窑洞及其他生土建筑中。从中国福建的土圆楼到北也门高耸的土屋，再从秘鲁安底斯山区民居到新疆吐鲁番的葡萄架生态民居，广泛地建立了土体中适应气候的生土空间[1]。由于地理条件、生活方式、历史传统、民族习俗的不同，各地区的生土建筑在施工技术和建筑风格上也各有特点，这已经成为各国建筑文化的组成部分。如福建省永定地区的多层土楼堪称世界建筑的一个奇迹（图8.1-1）。

(3) 生土结构房屋分类

生土建筑按营建方式和使用功能区分，有窑洞民居、其他生土建筑民居和以生土材料建造的城垣、粮仓、堤坝等。

图 8.1-1　福建土楼

生土建筑按建筑形式、结构特点大致可分为拱窑、崖窑、生土墙承重房屋、木架（或砖柱）与生土墙混合承重房屋等[3]。其中，生土墙承重房屋又可分为土坯墙承重房屋、夯土墙承重房屋（图8.1-2）和土坯、夯土墙混合承重房屋，如图 8.1-3 为夯土墙、土坯墙及墙中的木柱混合承重，后墙下半部分为夯土墙，后墙上部、檐墙、山墙及隔墙为土坯砌筑。

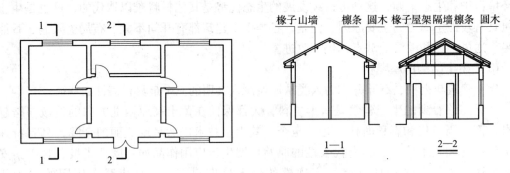

图 8.1-2　典型夯土墙房屋示意图

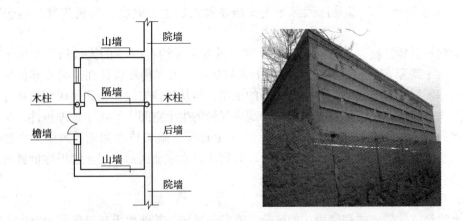

图 8.1-3　夯土墙、土坯墙及墙中的木柱混合承重房屋示意图

8.1.2 生土墙承重房屋震害特点

生土墙房屋以墙体为承重体系，屋盖系统的檩条或大梁直接搁置在生土墙上，墙体承受屋盖系统的全部荷载，如图 8.1-4、图 8.1-5 所示。

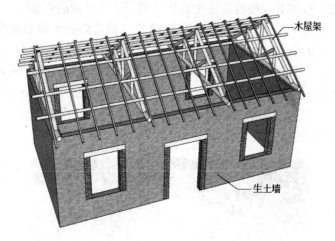

图 8.1-4　生土墙、木屋架房屋

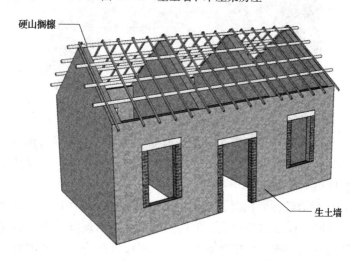

图 8.1-5　生土墙、硬山搁檩房屋

墙下一般设置条形基础，民间通常使用毛石基础、卵石基础、砖基础和灰土基础等，一些毛石基础的石料较碎，呈片状碎石。基础埋深约 60～80cm，宽度根据基础材料的不同而各不相同，但每边超出勒脚至少 15cm。

生土墙承重的房屋在静力荷载和地震作用下的性能与房屋地基条件、墙体材料和施工方法关系较大，其破坏主要有以下六种形式：

（1）地基基础破坏。生土结构房屋几乎都没经过正规设计，基础宽度及埋置深度较小，地基也未经很好的处理。若房屋建造在软弱地基、砂土液化地基及土质不均匀地段，在静力作用下就会出现不均匀沉降导致上部结构破坏，具体反映为墙体开裂，甚至倾斜；在地震作用下软弱地基和砂土液化会加重震害，导致房屋的严重变形或倒塌。

(2) 结构体系不规则引起的破坏。尤其是陕北地区常见的单面坡生土房屋，后墙比前墙高1.5~2m，地震时前后墙的惯性力相差悬殊，易发生墙体严重开裂和前后墙变形差异引起的屋盖系统塌落或房屋的倒塌。

(3) 墙体开裂破坏。土坯墙房屋结构整体性差，多数纵横墙体之间无相互拉结的措施，地震时在剪切力作用下，很容易发生墙体开裂、墙体外倾的现象。

(4) 墙体受压承载力不足引起的破坏。屋盖系统的檩条或大梁直接搁置在生土墙上，墙体承受着屋盖系统的全部重量，在檩条、大梁或屋架与墙体的接触处荷载集中，墙体局部承压能力不足时，承重墙体往往在使用阶段就产生竖向裂缝，对房屋的抗震性能不利。集中荷载作用下墙体裂缝如图8.1-6所示，为典型的竖向受压裂缝。在地震作用下，由于地震力引起的檩条、大梁或屋架与墙体搭接处的冲撞，会造成檩条或大梁拔出，山墙倒塌，甚至屋架掉落等震害。

图8.1-6 集中荷载作用下墙体裂缝

(5) 洞口边墙体局部破坏。洞口边一般会有立砌的土坯，在压力作用下立砌的土坯之间既无拉结措施，泥浆的粘结也较差，最外层的土坯独立工作时，强度及稳定性不足，导致土坯墙体门窗洞口边土坯外鼓。

(6) 其他破坏。烟道设在墙内时，墙体局部削弱，在地震作用下，烟道处墙体因强度不足易产生裂缝；房屋不设置门窗过梁，使门窗洞口上角出现倒八字形裂缝；房屋因地基潮湿，而墙体未采取防潮措施，墙角受潮剥落，墙根厚度减小，在地震时易造成墙体破坏甚至倒塌。

8.1.3 规程中的生土结构房屋

生土墙承重房屋在我国西部广大地区农村大量使用，在我国华北、东北、广西、云南等地区农村也有一定数量的生土墙承重房屋。震害调查表明，9度区生土墙承重房屋多数严重破坏或倒塌，少数产生中等程度破坏。缩尺模型的生土墙体拟静力试验结果表明，夯土墙在6度时基本保持完好；在7度时已超过或接近开裂荷载，8度时墙体承载能力达到或接近极限荷载，当地震烈度达到9度时，地震作用已超过墙体的极限荷载。因此，在本《规程》中，仅涉及6~8度区生土墙承重的一、二层木楼（屋）盖房屋。

8.2 生土结构房屋设计的一般规定

8.2.1 层数和高度的限制

生土房屋的抗震能力，除依赖于横墙间距、墙体强度、房屋的整体性和施工质量等因素外，还与房屋的总高度有直接的关系。基于生土材料强度低、易开裂的特性和震害经验，应限制房屋层数和高度。

生土结构房屋的层数和高度应符合下列要求：

（1）房屋的层数和总高度不应超过表 8.2-1 的规定；

房屋层数和高度限值（m） 表 8.2-1

烈 度					
6		7		8	
高度	层数	高度	层数	高度	层数
6.0	2	4.0	1	3.3	1

注：房屋总高度指室外地面到平屋面屋面板板顶或坡屋面檐口的高度。

（2）房屋的层高：单层房屋不应超过 4.0m；两层房屋不应超过 3.0m。

8.2.2 尺寸限值

生土结构房屋平面布置如图 8.2-1 所示，其具体尺寸限值有如下规定：

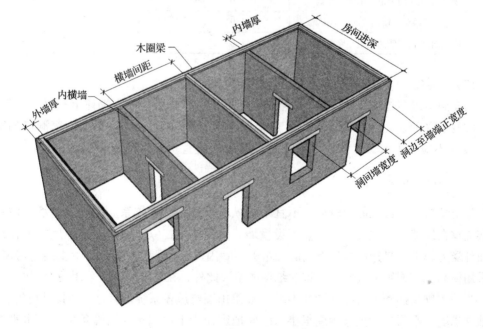

图 8.2-1 生土结构房屋平面布置示意图

(1) 抗震横墙间距

生土结构房屋的横向地震力主要由横墙承担，限制抗震横墙的间距，既保证了房屋横向抗震能力，也加强了纵墙的平面外刚度和稳定性。房屋抗震横墙间距，不应超过表8.2-2的要求。抗震横墙是指与纵墙有可能拉结的厚度不小于250mm的土坯墙或夯土墙，因为只有当横墙与纵墙可靠拉结，并有一定厚度的情况下才能与外山墙共同抵抗水平地震力。

房屋抗震横墙最大间距（m）　　　　　　表8.2-2

房屋层数	楼层	烈度		
		6	7	8
一层	1	6.6	4.8	3.3
二层	2	6.6	—	—
	1	4.8	—	—

(2) 局部尺寸限值

过窄的窗间墙在水平地震作用下极易垮塌，为了满足墙体抗剪承载力的要求，对房屋墙体局部尺寸最小值做出规定，目的在于防止因这些部位的破坏而造成整栋房屋的破坏甚至倒塌。

生土结构房屋的局部尺寸限值，宜符合表8.2-3的要求。

房屋的局部尺寸限值（m）　　　　　　表8.2-3

部位	6度	7度	8度
承重窗间墙最小宽度	1.0	1.2	1.4
承重外墙尽端至门窗洞边的最小距离	1.0	1.2	1.4
非承重外墙尽端至门窗洞边的最小距离	1.0	1.0	1.0
内墙阳角至门窗洞边的最小距离	1.0	1.2	1.5

(3) 门窗洞口宽度限值

门窗洞口过多过大，会严重削弱墙体的抗震能力，门窗洞口在墙体上布置不均匀会导致各墙段承受的地震力不均匀，不利于结构抗震。因此，生土结构房屋门窗洞口的宽度，6、7度时不应大于1.5m，8度时不应大于1.2m，且宜均匀、对称布置。

8.2.3 结构体系

生土墙抗剪、抗拉能力较低，不宜采用纵墙承重的结构体系。因为纵墙承重体系中，屋架支撑在纵墙上，屋架下有可能不设横墙，房间空旷，纵墙在横向水平地震力作用下，平面外受力较大，易造成墙体倒塌的严重破坏。因此，《规程》规定：生土结构房屋应优先采用横墙承重或纵横墙共同承重的结构体系。此外，在8度时不应采用硬山搁檩屋盖。

当采用硬山搁檩屋盖时（图8.1-5），如果山墙与屋盖系统没有有效的拉结措施，山墙为独立悬墙，平面外的抗弯刚度很小，纵向地震作用下山墙承受由檩条传来的水平推力，易产生外闪破坏。在8度地震区，檩条拔出、山墙外闪以至房屋倒塌是常见的破坏现象。

8.2.4 承重墙体

由于生土墙遇水软化，强度降低，因此，生土墙基础使用平毛石、毛料石、凿开的卵石、黏土实心砖等材料，采用混合砂浆或水泥砂浆砌筑，也可采用灰土墙基础。

生土承重墙体厚度：外墙不宜小于400mm，内墙不宜小于250mm。

夯土墙、土坯墙缩尺模型的拟静力试验表明，生土墙体抗剪强度低，具有一定厚度的墙体才能承担地震作用。同时，试验表明，土坯墙、夯土墙抗剪能力相当，因此最小厚度的规定相同。

土坯墙平砌时，若承压不足易出现裂缝，立砌抗折刚度较大但稳定性、整体性较差，在地震烈度7度以上的地区应优先选用夯土墙的形式。

为保护墙体，墙面应用草泥抹灰作面层，并做好房屋四周的排水。

8.2.5 屋盖系统的一般要求

（1）屋面形式

生土结构房屋的民间做法有双坡屋面和单坡屋面（图8.2-2）。其中，单坡屋面结构不对称，房屋前后高差大，地震时前后墙的惯性力相差较大，高墙易首先破坏引起屋盖塌落或房屋倒塌。所以，生土结构房屋宜优先采用双坡屋顶，不宜采用单坡屋面。从屋面施工、维修以及屋顶高度控制的角度考虑，坡屋顶的坡度α不宜大于30°。且屋面宜采用轻质材料（草、瓦屋面），减轻地震作用。但屋面瓦必须通过座浆或其他构造措施保证瓦与屋面结构可靠连接。

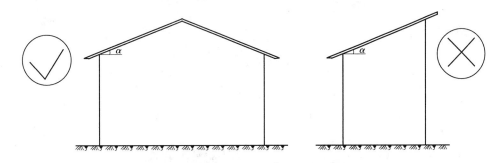

图8.2-2 生土结构房屋屋面形式

（2）屋面构件之间以及屋面与墙体的拉结措施

1）当生土结构房屋采用屋架时，在屋架下弦应设不少于三道水平系杆，加强屋架间的联系。若为硬山搁檩屋盖，应在屋檐高度处设置不少于三道的纵向通长水平系杆，加强横墙之间的拉结，增强房屋纵向的稳定性；水平系杆与横墙、山墙应通过墙揽连接牢固，屋架下弦、木檩、木梁也宜用墙揽与墙体拉结，图8.2-3为墙揽构造示意图。

2）生土房屋的振动台试验表明，山尖墙之间或山尖墙和木屋架之间的竖向剪刀撑具有很好的抗震效果，木制剪刀撑见图8.2-4。该剪刀撑有效地提高了房屋的整体刚度，加强了端屋架与内屋架或山墙与内横墙之间的联系，并且在水平地震力作用下，使整个房盖体系共同工作。因此，两端开间和中间隔开间应设置竖向剪刀撑。

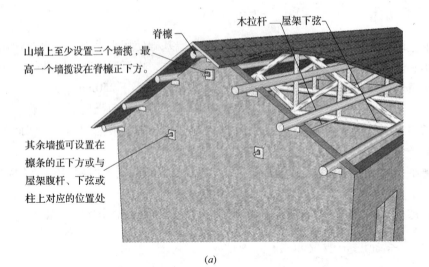

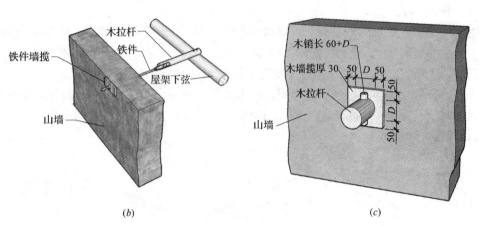

图 8.2-3　墙揽构造示意图

图 8.2-4　三角形木屋架垂直剪刀撑示意图

8.3 抗震构造措施

8.3.1 木构造柱的设置

振动台试验结果表明，木构造柱与墙体用钢筋连接牢固，不仅能提高房屋整体变形能力，还可以有效约束墙体，使开裂后的墙体不致倒塌。

8度时生土结构房屋应在外墙转角及内外墙交接处设置木构造柱，木构造柱的梢径不应小于120mm，且应伸入墙体基础内，并采取防腐和防潮措施。木构造柱应设在墙体的内侧或外侧，应尽量少削弱墙体，而且不应破坏纵横墙体之间的整体性。木构造柱与墙体可采用墙揽连接（图8.3-1），也可按本书第7章7.3.3的连接措施进行连接。

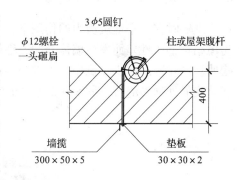

图8.3-1 墙揽与木柱采用螺栓连接做法

8.3.2 配筋砖圈梁、配筋砂浆带及木圈梁的设置和构造

圈梁可以增强房屋的空间刚度和整体性，在一定程度上防止和减少墙体因地基不均匀沉陷或震害而引起的开裂。在墙的适当位置设置木圈梁或较高强度砂浆砌筑的砖圈梁，可以加强房屋的整体性和稳定性，还可把上部荷重较均匀地传递到墙上去，减少和抑制生土墙体的干缩裂缝，以及由干缩引起的不均匀沉降，从而提高房屋的抗震能力，是抗震的有效措施。木构造柱和圈梁组成的边框体系可以有效地提高墙体的变形能力，改善墙体的受力性能，增强房屋在地震作用下的抗倒塌能力。配筋砖圈梁、配筋砂浆带、木圈梁与柱的连接措施，可参照本书第7章7.3.3的方法进行。

圈梁类别的选取应考虑生土墙体的施工特点，夯土墙夯筑上部墙体时易造成下面的钢筋砖圈梁或配筋砂浆带的损坏。因此，夯土墙体宜使用木圈梁，仅在基础和屋盖处可使用钢筋砖圈梁，土坯墙可使用配筋砖圈梁或配筋砂浆带。

圈梁设置的位置为所有纵横墙基础顶面及各层墙顶标高处。8度时，应在墙高中部加设一道圈梁。圈梁的构造如下：

（1）配筋砖圈梁和配筋砂浆带的砂浆强度等级6、7度时不应低于M5，8度时不应低于M7.5；

（2）配筋砖圈梁和配筋砂浆带的纵向钢筋配置不应低于表8.3-1的要求；

土坯墙、夯土墙房屋配筋砖圈梁与配筋砂浆带最小纵向配筋　　　表8.3-1

墙体厚度 t（mm）	设防烈度 6度	7度	8度
$t \leqslant 400$	$2\phi6$	$2\phi6$	$2\phi6$
$400 < t \leqslant 600$	$2\phi6$	$2\phi6$	$3\phi6$
$t > 600$	$2\phi6$	$3\phi6$	$4\phi6$

(3) 配筋砖圈梁的砂浆层厚度不宜小于30mm;
(4) 配筋砂浆带厚度不应小于50mm;
(5) 木圈梁的截面尺寸不应小于（高×宽）40mm×120mm。

8.3.3 纵横墙交接处的连接

地震时在水平地震剪力的作用下，纵横墙体之间如果没有相互拉结措施，很容易因为房屋结构整体性差而发生墙体开裂或墙体外倾，这是生土结构房屋的主要震害之一。震害表明，在6度即有少量倒塌，大部分为转角V形局部塌落及墙体的斜裂缝、竖向裂缝、纵横墙交界处通裂缝等。图8.3-2为生土墙交接处开裂的情况。

图8.3-2 生土墙交接处开裂的情况

生土墙应在纵横墙交接处沿高度每隔500mm左右设一层荆条、竹片、树条等编制的拉结网片，每边伸入墙体应不小于1000mm或至门窗洞边（图8.3-3），拉结网片在相交处应绑扎，当墙中设有木构造柱时，拉结材料与木构造柱之间应采用8号铅丝连接（可参照本书第7章7.3.3的方法连接）。加强转角处和内外墙交接处墙体的连接，可以约束该部位墙体，提高墙体的整体性，减轻地震时的破坏。拉结材料使用前应先在水中充分浸泡，以加强和墙体的粘结。

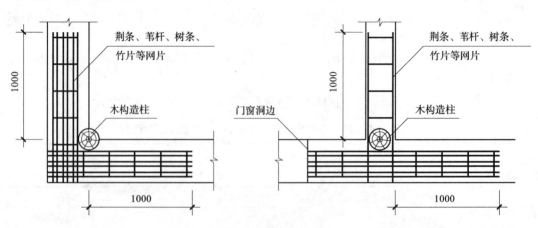

图8.3-3 纵横墙拉结做法

8.3.4 门窗洞口处的构造要求

(1) 过梁构造要求

生土结构房屋应按要求布置门窗洞口过梁，如图 8.3-4 所示。

土坯墙与夯土墙的强度较低（M1 左右），与钢筋混凝土过梁和钢筋砖过梁的强度不匹配，因此宜采用木过梁。

木过梁截面尺寸不应小于表 8.3-2 的要求，其中矩形截面木过梁的宽度与墙厚相同，木过梁支承处应设置垫木（图 8.3-5）。

当一个洞口采用多根木杆组成过梁时，木杆上表面宜采用木板、扒钉、铅丝等将各根木杆连接成整体，可避免地震时局部破坏塌落。

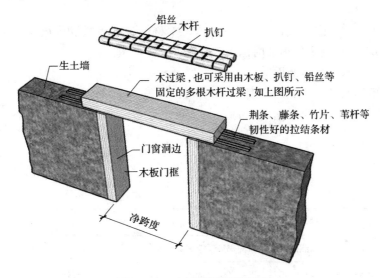

图 8.3-4 木过梁设置示意图

木过梁截面尺寸（mm） 表 8.3-2

墙厚（mm）	门窗洞口宽度 b（m）					
	$b \leq 1.2$			$1.2 < b \leq 1.5$		
	矩形截面	圆形截面		矩形截面	圆形截面	
	高度 h	根数	直径 d	高度 h	根数	直径 d
240	90	2	120	110	—	—
360	75	3	105	95	3	120
500	65	5	90	85	4	115
700	60	8	80	75	6	100

注：d 为每一根圆形截面木过梁（木杆）的直径。

(2) 过梁的计算

除按构造要求之外，也可通过计算确定木过梁截面尺寸。

1）过梁荷载计算

过梁荷载包括墙体荷载和过梁自重,其中墙体荷载的计算方法如下:

对土坯砌体,当过梁上的墙体高度 $h_w < l_n/3$ (l_n 为过梁的净跨)时,应按墙体的均布自重采用。当墙体高度 $h_w \geq l_n/3$ 时,应按高度为 $l_n/3$ 墙体的均布自重来采用。

当过梁至上部梁板的墙高 $h_w < l_n$,还应考虑梁板传来的荷载;当过梁至上部梁板的墙高 $h_w \geq l_n$,可不考虑梁板传来的荷载。

2)木过梁受弯承载力计算

木过梁的受弯承载力可按下式计算:

$$M \leq W_n \cdot f_m \tag{8.3-1}$$

式中 M——按简支梁计算的跨中弯矩设计值(N·mm);

W_n——木过梁的净截面抵抗矩(mm³),对矩形截面 W_n 为 $bh^2/6$,对圆形截面 W_n 为 $\pi d^3/32$;

f_m——木材抗弯强度设计值(N/mm²),木材的强度等级和强度设计值应分别按表8.3-3 和表 8.3-4 采用;

b——矩形木过梁净截面宽度(mm);

h——矩形木过梁净截面高度(mm);

d——圆形木过梁净截面(mm)。

木材的强度等级 表 8.3-3

强度等级	组别	选 用 树 种
针叶树种木材		
TC17	A	柏木　长叶松　湿地松　粗皮落叶松
	B	东北落叶松　欧洲赤松　欧洲落叶松
TC15	A	铁杉　油杉　太平洋海岸黄柏　花旗松-落叶松　西部铁杉　南方松
	B	鱼鳞云松　西南云松　南亚松
TC13	A	油松　新疆落叶松　云南松　马尾松　扭叶 松北美落叶松　海岸松
	B	红皮云松　丽江云松　樟子松　红松　西加云松　俄罗斯红松　欧洲云松　北美山地云松　北美短叶松
TC11	A	西北云松　新疆云松　北美黄松　云杉-松　冷杉　铁-冷杉　东部铁杉　杉木
	B	冷杉　速生杉木　速生马尾松　新西兰辐射松
阔叶树种木材		
TB20		青冈　稠木　门格里斯木　卡普木　沉水稍克木　绿心木　紫心木　李叶豆　塔特布木
TB17		栎木　达荷玛木　萨佩莱木　苦油树　毛罗藤黄
TB15		椎栗(栲木)　桦木　黄梅兰　梅萨瓦木　水曲柳　红劳罗木
TB13		深红梅兰蒂　浅红梅兰蒂　百梅兰蒂　巴西红厚壳木
TB11		大叶猴　小叶猴

木材的强度设计值和弹性模量（N/mm²）　　　表8.3-4

强度等级	组别	抗弯 f_m	顺纹抗压及承压 f_c	顺纹抗拉 f_t	顺纹抗剪 f_v	横纹承压 $f_{c,90}$			弹性模量 E
						全表面	局部表面和齿面	拉力螺栓垫板下	
TC17	A	17	16	10.0	1.7	2.3	3.5	4.6	10000
	B		15	9.5	1.6				
TC15	A	15	13	9.0	1.6	2.1	3.1	4.2	10000
	B		12	9.0	1.5				
TC13	A	13	12	8.5	1.5	1.9	2.9	3.8	10000
	B		10	8.0	1.4				9000
TC11	A	11	10	7.5	1.4	1.8	2.7	3.6	9000
	B		10	7.0	1.2				
TB20	—	20	18	12.0	2.8	4.2	6.3	8.4	12000
TB17	—	17	16	11.0	2.4	3.8	5.7	7.6	11000
TB15	—	15	14	10.0	2.4	3.1	4.7	6.2	10000
TB13	—	13	12	9.0	1.4	2.4	3.6	4.8	8000
TB11	—	11	10	8.0	1.3	2.1	3.2	4.1	7000

3）过梁计算实例

取过梁距地面的高度为 2.1m，洞口 1.5m，墙体厚度 $b=0.4$m，层高 3.3m，房屋宽度 $B=6$m，横墙间距 $L=3.3$m，屋面坡度 30°，试计算木过梁截面。

① 过梁荷载计算

由于洞口宽度 $l_n=1.5$m，过梁上墙体高度：

$$h_w = 3.3 - 2.1 = 1.2m > l_n/3 = 0.5m$$

故取 $h_w = 0.5$m。

A. 墙体荷载：

$$q_1 = \gamma_\pm \times b \times h_w = 18 \times 0.4 \times 0.5 = 3.6 \text{kN/m}$$

B. 过梁（选用西北云杉，TC11）自重：

$$q_2 = \gamma_\text{木} \times b \times h_w = 8 \times 0.4 \times h = 3.2h \text{kN/m}$$

C. 屋面荷载

a. 屋面恒载：

木屋架自重

$$(0.07 + 0.007 + 6.0) \times 3.3 \times 6 = 2.22 \text{kN}$$

瓦自重
$$0.55 \times (3.3 \times 3.5 \times 2) = 12.71 \text{kN}$$
瓦下黏土（厚10mm）自重
$$18 \times 0.01 \times (3.3 \times 3.5 \times 2) = 4.16 \text{kN}$$
b. 屋面活载：
$$0.5 \times 3.3 \times 6 = 9.9 \text{kN}$$
c. 屋面荷载以45°斜向下扩散至过梁处，因此过梁承担屋面荷载：
$$q_3 = \frac{2.22 + 12.71 + 4.16 + 9.9}{2 \times [(3.3 - 2.1) \times 2]} = 6.04 \text{kN/m}$$
所以，过梁荷载
$$q = q_1 + q_2 + q_3 = 3.6 + 3.2h + 6.04 = 3.2h + 9.64 \text{kN/m}$$
② 木过梁受弯承载力计算

由：$M \leqslant W_n \times f_m, f_m = 11 \text{N/mm}^2, W_n = bh^2/6$

则有：$\dfrac{1}{8} \times (3.2h + 9.64) \times 1.5 \times 1.5 \leqslant \dfrac{1}{6} \times 0.4 \times h \times h \times 11 \times 1000$

得，$h \geqslant 62\text{mm}$，按表8.3-2构造要求取 $h = 90\text{mm}$。

因此，过梁截面尺寸确定为 $b \times h = 400\text{mm} \times 90\text{mm}$。

(3) 洞口的构造

土坯及夯土墙体在使用荷载长期压应力作用下洞口两侧墙体易向洞口内鼓胀，在门窗洞口两侧设木柱（板）可以约束墙体变形，也可用强度高的砖砌体加强洞边，见图8.3-5。夯土墙门窗洞口两侧宜沿墙体高度每隔500mm左右加入水平荆条、竹片、树枝等编制的拉结网片，每边伸入墙体应不小于1000mm或至门窗洞边，该措施可以提高洞边墙体强度和整体性。

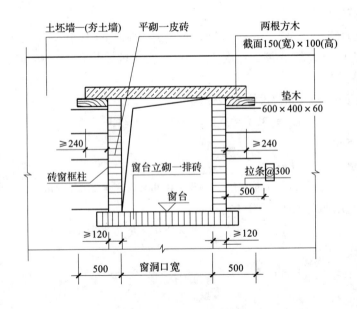

图8.3-5 门窗洞口做法

8.3.5 硬山搁檩房屋的构造要求

（1）屋架、檩条、木梁下的垫梁或垫块

为防止在局部集中荷载作用下墙体产生竖向裂缝，集中荷载作用点均应有垫板或圈梁，木垫板尺寸不小于 400mm×200mm×60mm，砖垫尺寸不小于 400mm×240mm×120mm（图 8.3-6）。

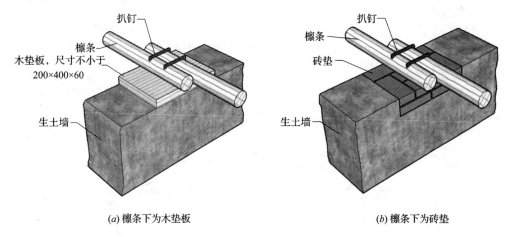

图 8.3-6　檩条支承及连接做法

（2）檩条的搭接

内墙檩条应满搭并用扒钉钉牢（图 8.3-6），不能满搭时应采用木夹板对接或燕尾榫扒钉连接。房屋不应采用单独的挑檐木，应直接把椽条伸出纵墙做挑檐，并在纵墙墙顶两侧设置双檐檩夹紧墙顶来固定挑出的椽条（图 8.3-7），也可在纵墙顶设置木卧梁，用扒钉与伸出的椽条可靠连接（图 8.3-8），从而保证纵墙稳定。

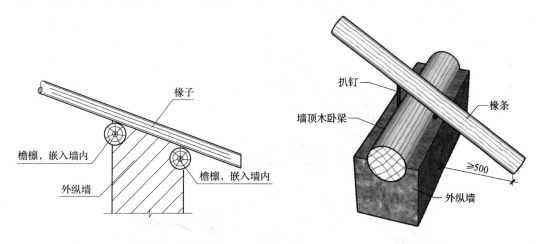

图 8.3-7　双檐檩檐口构造做法　　　图 8.3-8　纵墙顶木卧梁与椽条的连接

为抵抗纵向水平地震力，檩条与山墙的连接必须可靠，若搭接长度不够，地震时易造成檩条从墙中拔出，引起屋顶塌落，山墙倒塌。因此，硬山搁檩房屋的端檩应出檐，山墙两侧应采用方木墙揽与檩条连接（图 8.3-9）。

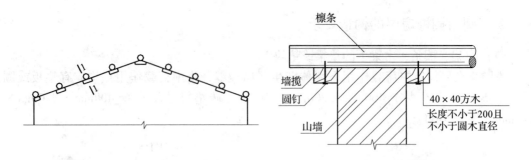

图 8.3-9 山墙与檩条、墙揽连接做法

(3) 墙顶木卧梁

山尖墙顶宜沿斜面放置木卧梁支撑檩条（图 8.3-10），木卧梁与檩条的连接可参见图 8.3-8。

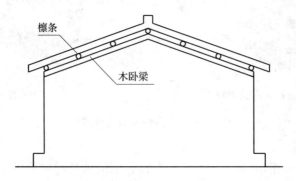

图 8.3-10 山尖墙斜面木卧梁

(4) 山墙高厚比大于 10 时应设置扶壁墙垛

在生土山墙较高或较宽时，地震时易发生平面外失稳破坏，设置扶壁墙垛可以增强山墙平面外稳定性（图 8.3-11）。

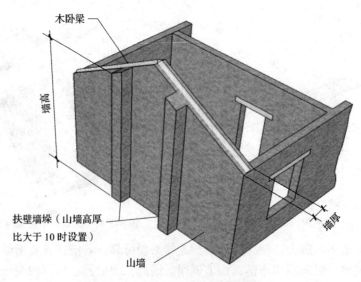

图 8.3-11 山墙扶壁墙垛设置示意图

8.3.6 竖向剪刀撑的设置

（1）当采用硬山搁檩屋盖时，竖向剪刀撑宜设置在屋脊的中间檩条和中间系杆之间；剪刀撑与檩条、系杆之间及剪刀撑中部宜采用螺栓连接；剪刀撑两端与檩条、系杆应顶紧不留空隙（图8.3-12）；

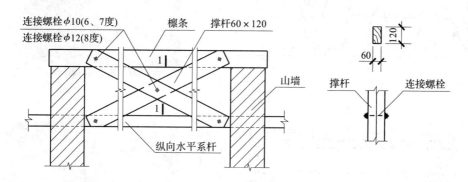

图8.3-12 硬山搁檩屋盖竖向剪刀撑

（2）当采用木屋架屋盖时，三角形木屋架的剪刀撑宜设置在靠近上弦屋脊节点和下弦中间节点处；剪刀撑与屋架上、下弦之间及剪刀撑中部宜采用螺栓连接（图8.3-13）；剪刀撑两端与屋架上、下弦应顶紧不留空隙。

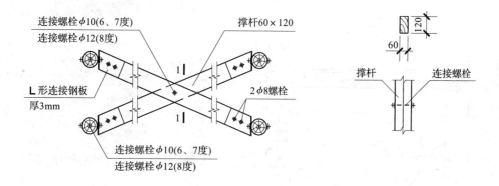

图8.3-13 三角形木屋架竖向剪刀撑

8.3.7 夯土墙上、下层拉结做法

夯土墙墙体应分层错缝夯筑，单片墙体抗震性能试验结果表明，两层夯土墙水平接缝处是夯土墙的薄弱环节，在地震往复荷载作用下，该处最先出现水平裂缝。并且错缝处开裂后，在上下两条水平缝之间一旦斜裂缝贯通，则墙体达到破坏的极限状态。图8.3-14是夯土承重墙体模型试验的裂缝分布图及墙体破坏图[4]。依据试验研究所得结论，《规程》规定：在7度及7度以上地区，施工时应在夯土墙上下层接缝处设置木杆、竹杆（片）等竖向销键予以加强（图8.3-15），沿墙长度方向间距宜取500mm左右，销键长度可取400mm左右，以增加层间拉结。

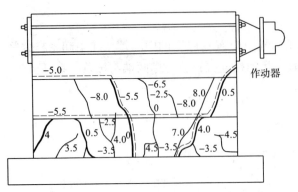 

(a) 素土夯土墙体

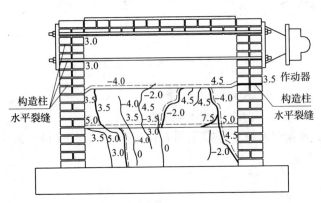 

(b) 带圈梁构造柱的素土夯土墙体

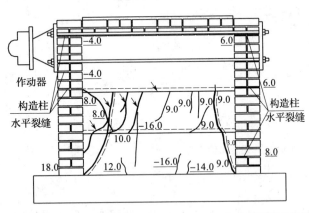 

(c) 带圈梁构造柱的加草夯土墙体

图 8.3-14 夯土承重墙体试验的裂缝分布图及墙体破坏图

8.3.8 其他构造措施

山墙与木屋架及檩条的连接；山墙、山尖墙墙揽的设置与构造；自承重墙与屋架下弦的连接；木屋架（盖）之间的连接等构造措施在第 7 章已述及，设计施工应参照执行，在此不再赘述。

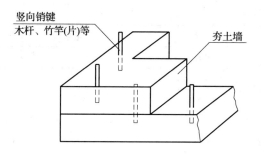

图 8.3-15 夯土墙上、下层拉结做法

8.4 施工要求

8.4.1 土料的要求

制作土坯及夯土墙的土质对生土墙的强度有很大影响。

(1) 土料含水量的要求

土的夯实程度与土的含水率相关，施工中应严格控制土料的含水量。土料和掺合料要求干态拌合，然后加水浸润，是否加水和加水量大小应视土的原始含水量确定，加水过多过少都会影响土墙的夯实密度。加水量过多还会导致墙体收缩变形加大而，引起墙体干缩裂缝；当土的含水率为最优含水率 w_{op} 时，土的夯实效果最好。最优含水率可通过土工试验的击实试验确定，鉴于村镇地区条件限制，当无试验条件时，可按经验确定，现场检验方法是用手抓取土料，手握能成团，松手让成团的土料自由落地，土团落地散开，俗称"手握成团，落地开花"，经验证明，此种状态的土，其含水率接近实验室的最优含水率。

(2) 土料中掺料的要求

土料的粘结力、抗水性、收缩性是影响生土墙质量的决定性因素。因此，土料的选择对房屋的抗震性能具有重要的影响。生土墙的墙土应选用杂质少的黏性土，避免采用砂性土或杂质多的土。当土料中黏土成分过多时，可掺入一定比例的砂粒、卵石、瓦砾以减小土墙的干缩变形，土料中加入碎麦秸、稻草等对减少干缩变形十分有效；反之，若土料中如含砂量太大，土质松散，强度低，则应掺入一定比例的生石灰或水泥等胶结材料，以提高墙体的强度和抗水性。生土墙土料中的掺料宜满足下列要求：

1）宜在土料中掺入 0.5%（重量比）左右的碎麦秸、稻草等拉结材料；
2）夯土墙土料中可掺入碎石、瓦砾等，其重量不宜超过 25%（重量比）；
3）夯土墙土料中掺入熟石灰时，熟石灰含量宜在 5%~10%（体积比）之间。

各地区墙土常用掺料见表 8.4-1。

(3) 砌筑泥浆的要求

土坯墙砌筑泥浆的强度对土墙的受力性能有重要的影响。砌筑的泥浆应黏性好，最好使用草泥浆。试验表明，土坯中按重量比掺入 0.5% 的草，土坯的抗弯和抗剪强度可增加 50%~100%[5]。泥浆应稠稀适度，随拌随用，不能存放时间过长。施工中若发现泥浆产生泌水现象，应重新拌合。

墙土常用掺料　　　　　　　　　　　表8.4-1

种类	名称	规格	掺入量（重量比）	备注
骨料	细粒石	粒径<1cm	10%	用于砂质黏土土坯
	瓦砾	粒径≤5cm	—	用于夯土墙
	卵石	粒径2~4cm	—	
	砂石	—	—	
	稻谷草、麦秸草	段长4~8cm	6~15kg/m³	在砂质黏土和黏土中
	谷糠	—	—	
	松针叶	—	—	
	羊草	3cm	—	
	动物毛发	—	—	
	人工合成纤维	—	—	
胶结料	淤泥	—	3%~4%	
	生石灰	粒径≤0.21mm	5%~10%	用于土质黏性不良和抗水性差时
	消石灰	—	5%~10%	
	水淬矿渣粉	粒径≤0.66mm	10%	
	水泥	32.5级	5%~10%	宜用于砂质土中，需养护14天以上
	沥青	—	2%~8%	沥青和连接料同时使用时，沥青必须首先掺入黏土中彻底搅拌，而后加入连接料

8.4.2 土坯的制作及土坯墙的砌筑[6]

(1) 土坯的制作

土坯的制作有两种方式。一种为原土在木模中夯制，一种是稠泥浆加入麦杆等搅拌均匀，在木模中成形后晾干形成。原土夯制土坯所用土料与夯土墙所用土料类似，为一般的黏土，但土坯的土料要求捣得更细些，土块不应大于"枣状"，所加水量稍多些，匠人们称之为"湿打土坯干打墙"。现场检测加水量的方法也是用手握土成团观察是否有黏性，加水时边加边拌匀。

夯制土坯的过程可形象概括为"三锨六脚十二个窝窝"。在夯制土坯时，将模具固定好放在一块平整的石板上，加三锨土，即"三锨"；用脚将土踏实，踏时通常须移动脚步六次，即"六脚"；再用夯锤夯实，夯好的土坯表面会呈现有"十二个窝窝"。有时为了防止打好的土坯与石板粘在一起抬不起来，在加土前要在石板上均匀的撒一层草木灰。

(2) 土坯的砌筑形式

土坯的尺寸约为340mm×220mm×60mm（1尺×7寸×2寸），各地区之间土坯的尺寸会有少许差异。土坯的民间砌筑方式有平砌、立砌、卧砌和裱砌，见图8.4-1。立砌和卧砌的区别在于土坯长宽尺寸的位置，以220mm为墙厚为立砌，以340mm为墙厚为卧砌。不同的墙体采用不同的砌筑方式，后墙上部的土坯墙采用平砌或立砌，檐墙采用立砌，山墙采用卧砌，隔墙不承重，只起分隔空间的作用，因此常采用裱砌。

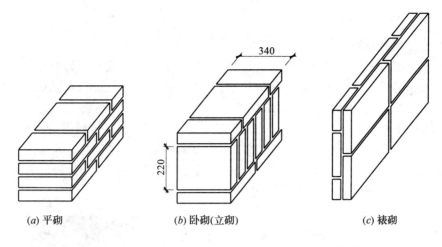

图 8.4-1 土坯的各种砌法

在这些砌法中，平砌的墙体稳定性最好，对抗震性能也有利，是本《规程》规定的砌筑方式。

（3）土坯墙的砌筑要求

1）为保证墙体的整体性能，土坯墙墙体的转角处和交接处应同时咬槎砌筑，对不能同时砌筑而又必须留置的临时间断处，应砌成斜槎（图8.4-2），严禁砌成直槎，斜槎的水平长度不应小于高度的2/3。

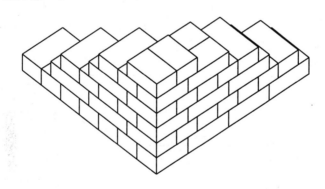

图 8.4-2 土坯墙体斜槎做法

2）考虑到施工方便和防止刚砌好的墙体变形和倒塌，土坯墙每天砌筑高度不宜超过1.2m；临时间断处的高度差不得超过一步脚手架的高度；

3）土坯的大小、厚薄应均匀，墙体转角和纵横墙交接处应采取拉结措施；

4）土坯墙砌筑应采用错缝卧砌，泥浆应饱满，水平泥浆缝的饱满度应在80%以上；土坯墙接槎时，应将接槎处的表面清理干净，并填实泥浆，保持泥缝平直；

5）土坯墙在砌筑时应采用铺浆法，不得采用灌浆法。严禁使用碎砖石填充土坯墙的缝隙；

6）泥缝横平竖直不仅仅是墙体美观的要求，也关系到墙体的质量。水平泥浆缝厚度应在12~18mm之间，泥缝厚度过薄或过厚都会降低墙体强度。

8.4.3 夯土墙的夯筑[6]

(1) 夯土墙夯筑施工方法

夯土墙的施工方法称之为"板筑法",见图8.4-3,模板可用专门制作的木模,也可用圆木组成。当用圆木模板时,可选用六根直径约100mm,粗细相近,表面光滑顺直的圆木作为"模板",每边三根固定在墙两端的"梯子"上。板固定好后要观察是否水平,一切就绪后即可加土夯筑。每层所加的土应高出板边50mm左右,将土铺平后再用夯锤夯击。夯击时先夯边,后夯中,不能有遗漏的地方。一层夯筑完后,将最下层的圆木翻上来固定好,用同样的方法继续夯筑,依次一根一根往上翻,循序进行。专用木板做的模板可取代圆木(图8.4-4),施工与前述方法相同。

(a)

(b)

图8.4-3 夯土墙的夯筑

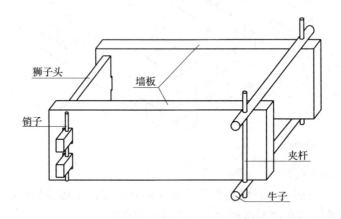

图8.4-4 夯土墙专用模板示意图

圆木模板夯筑好的墙体断面通常呈梯形,下宽上窄,一般墙根部宽约900mm(2尺8),上部约400mm(1尺2),墙高约3m,墙长约2m。木板模板夯筑的墙体一般上下等厚,墙厚根据受力不同可为300~800mm厚。

由于夯土墙墙体较厚,条件许可的地区可采用小型电夯,以提高墙体的夯筑质量,减轻施工人员劳动强度,加快施工进度。墙体边角区须用斜面夯锤夯实,以保证墙体质量。

(2) 夯土墙的施工要求

1）分层错缝

夯土墙体竖向和水平方向的模板交接处,都是受力的薄弱环节,夯土墙在往复荷载作用下的模型试验结果表明破坏易从模板缝处开始,竖向通缝严重影响到墙体的整体性,不利于房屋结构抗震。夯土墙夯筑时应分层交错夯筑,均匀密实,不应出现竖向通缝(图8.4-5)。拆模后应在墙体端部铲成斜面,以使两板结合紧密,如果相隔时间较长,在夯筑时再铲斜面并应浇水后夯筑[7]。纵横墙应同时咬槎夯筑,不能同时夯筑时应留踏步槎。

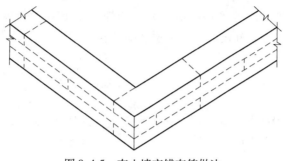

图 8.4-5 夯土墙交错夯筑做法

2）控制每层夯筑厚度

夯土墙每层夯筑虚铺厚度不应大于300mm,每层夯击不得少于3遍,使其既能满足该层的压实条件,又能防止破坏下层结构,以求达到最佳夯筑效果。

3）施工季节

夯土墙不应在霜冻季节施工,以免因冻融造成墙体强度降低。

8.4.4 室外散水

生土墙体防潮性差,而墙体又不易采取防潮措施,下部受雨水侵蚀会使墙角受潮剥落,削弱墙体截面,降低了墙体的承载力。在室外做散水便于迅速排干雨水,避免雨水积聚。

散水宽度应大于屋檐宽度,排水坡度不小于3%。散水一般做法为:基层素土夯实后铺不小于60mm厚素混凝土或浆砌片石、砖等,面层采用1:3水泥砂浆压光抹平,散水最外边宜设滴水砖(石)带,见图8.4-6(a),保证排水通畅。在雨水较少的地区也可做三合土散水,即在基层素土夯实后用三合土做不小于100mm厚散水,见图8.4-6(b)。

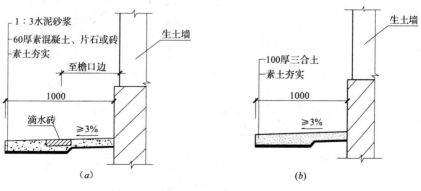

图 8.4-6 散水做法

8.5 设计实例

8.5.1 工程概况

该民居建筑面积71.68m^2，室内外高差300mm。抗震设防烈度7度，建筑类型为生土墙承重的单层土木结构。按天然地基承载力特征值120kPa进行基础设计，如实际土层承载力低于120kPa时应对地基进行处理，或加大基础底面积。

村镇房屋设计主要包含建筑、结构两部分，侧重结构选型及抗震构造措施等，不包括水、暖、电设计及内、外装饰设计。关于地基基础和详细抗震构造措施，可分别参照第5章及本章中有关内容。

8.5.2 建筑设计

（1）该民居抗震设防烈度为7度，查表8.2-1，房屋层数取1层。

（2）查表8.2-2，房屋抗震横墙间距取3.6m；查表8.2-3，房屋建筑平面图中各局部尺寸限值均满足要求；门、窗洞口宽度分别为0.9m、1.2m、1.5m；外墙厚400mm，内墙厚250mm。

（3）查表8.2-1，房屋总高度（室外地面到平屋面屋面板板顶或坡屋面檐口的高度）取3.3m。屋面形式为双坡屋面，α取30°。

（4）建筑平面、立面、剖面图见图8.5-1～图8.5-4，各图除标高单位为米（m）外，其余及未注明单位均为毫米（mm）。

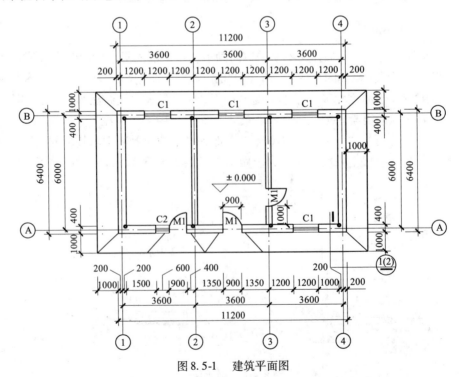

图 8.5-1 建筑平面图

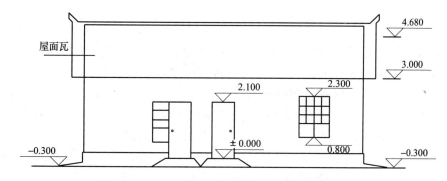

图 8.5-2 前立面图

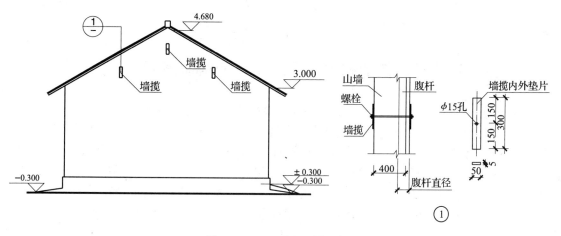

图 8.5-3 立面图、墙揽详图

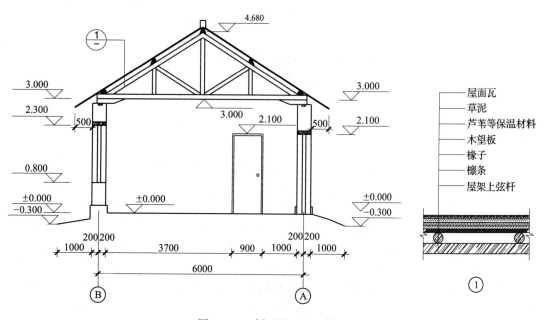

图 8.5-4 剖面图、屋面做法

8.5.3 结构设计

符合《规程》相关要求的村镇房屋,不需要进行复杂的抗震承载力验算,根据有关参数,利用《规程》附表进行抗震横墙间距和房屋宽度限值校核即可。

拟建房屋的各参数:抗震设防烈度为7度,单层三开间,层高3.3m(室外地面至坡屋面檐口高度),抗震横墙间距3.0m,外墙厚400mm,内墙厚250mm,1/2层高处门窗洞口所占的水平横截面面积:承重横墙为2.9%,承重纵墙为29%,符合《规程》有关要求。查表8.6-1,7度,一层,层高在4m以下,墙体类别为①,抗震横墙间距(L)在3~4.8m之间,查"与砌筑泥浆强度等级对应的房屋宽度限值(B)"一栏,砌筑泥浆强度等级为M0.7时,房屋宽度限值(B)为下限4m,上限6.6m,本房屋宽度为6.0m(轴线间),即砌筑泥浆强度等级为M0.7及以上时,该房屋的抗震承载力符合要求。

8.6 生土结构房屋抗震横墙间距(L)和房屋宽度(B)限值

本节内容摘自《规程》附录D。表中各项参数是当房屋纵、横墙开洞的水平截面面积率λ_A分别为50%和25%时,按照《规程》附录A的方法进行房屋抗震承载力验算,并将计算结果适当归整后得到的。给出了不同平面布局房屋(多开间或单开间)、墙体类别(不同厚度)、不同烈度、砌筑泥浆强度等级、层数、层高等对应的抗震横墙间距L和房屋宽度B限值表的方式,便于村镇农民建房时直接选用,在基本确定拟建房屋的平面布局、层数、高度及墙体厚度后,直接查表即可选择满足抗震承载力要求的砌筑泥浆强度等级。

表中的层高为计算层高,注意单层房屋和二层房屋的一层层高应该加上室内外高差。

当房屋为多开间布置,除山墙外尚有内横墙时,如果各道横墙间距不同时,表中抗震横墙间距值对应于其中最大的抗震横墙间距。

表中分档给出了与不同抗震横墙间距对应的房屋宽度的上限值和下限值,在基本确定了拟建房屋上述各参数及所在地区的抗震设防烈度后,可直接查表,当选取的房屋宽度范围在上、下限值之间时,采用该等级及以上强度等级泥浆砌筑的房屋,墙体的抗震承载力即可满足本规程的设防要求。

使用本限值表时应满足的相应规定:

(1)《规程》第7.1.11条:"生土承重墙体厚度:外墙不宜小于400mm,内墙不宜小于250mm。"

(2)《规程》第3.1.2条第2款:"抗震墙层高的1/2处门窗洞口所占的水平横截面面积,对承重横墙不应大于总截面面积的25%;对承重纵墙不应大于总截面面积的50%。"

当满足上述条件,层高不大于下列表中对应值时,生土结构房屋的抗震横墙间距L和对应的房屋宽度B的限值宜分别按表8.6-1、表8.6-2采用。抗震横墙间距和对应的房屋宽度满足表中对应限值要求时,房屋墙体的抗震承载力满足对应的设防烈度地震作用的要求。

(1)表中的抗震横墙间距,对横墙间距不同的木楼、屋盖房屋为最大横墙间距值。

表中分别给出房屋宽度的下限值和上限值，对确定的抗震横墙间距，房屋宽度应在下限值和上限值之间选取确定；抗震横墙间距取其他值时，可内插求得对应的房屋宽度限值。

（2）表中为"—"者，表示采用该强度等级泥浆砌筑墙体的房屋，其墙体抗震承载力不能满足对应的设防烈度地震作用的要求，应提高砌筑泥浆强度等级。

（3）当两层房屋1、2层墙体采用相同强度等级的泥浆砌筑时，实际房屋宽度应按第1层限值采用。

（4）当两层房屋1、2层墙体采用不同强度等级的泥浆砌筑时，实际房屋宽度应同时满足表中1、2层限值要求。

（5）多开间生土结构房屋，与抗震横墙间距 L 对应的房屋宽度 B 的限值宜按表8.6-1采用。

抗震横墙间距和房屋宽度限值（多开间生土结构房屋）（m） 表8.6-1

烈度	层数	层号	层高	房屋墙体厚度类别	抗震横墙间距	与砌筑泥浆强度等级对应的房屋宽度限值			
						M0.7		M1	
						下限	上限	下限	上限
6	一	1	4.0	①②③④	3~6.6	4	6.6	4	6.6
	二	2	3.0	①②③④	3~6.6	4	6.6	4	6.6
		1	3.0	①②③④	3~4.8	4	6.6	4	6.6
7	一	1	4.0	①②③④	3~4.8	4	6.6	4	6.6
7 (0.15g)	一	1	4.0	①	3	4	6.6	4	6.6
					3.3	4	6.6	4	6.6
					3.6	4.4	6.6	4	6.6
					3.9	4.9	6.6	4	6.6
					4.2	5.3	6.6	4	6.6
					4.5	5.8	6.6	4.3	6.6
					4.8	6.2	6.6	4.6	6.6
				②	3	4	6.6	4	6.6
					3.3	4.2	6.6	4	6.6
					3.6	4.6	6.6	4	6.6
					3.9	5.1	6.6	4	6.6
					4.2	5.5	6.6	4.1	6.6
					4.5	6	6.6	4.4	6.6
					4.8	6.4	6.6	4.8	6.6
				③	3~4.2	4	6.6	4	6.6
					4.5	4.3	6.6	4	6.6
					4.8	4.6	6.6	4	6.6
				④	3~4.8	4	6.6	4	6.6

续表

烈度	层数	层号	层高	房屋墙体厚度类别	抗震横墙间距	与砌筑泥浆强度等级对应的房屋宽度限值			
						M0.7		M1	
						下限	上限	下限	上限
8	一	1	3.3	①	3 3.3	4.4 5	6 6	4 4	6 6
				②	3~3.3	4	6	4	6
				③	3~3.3	4	6	4	6
				④	3~3.3	4	6	4	6
8 (0.30g)	一	1	3.0	①②	3~3.3	—	—	—	—
				③	3 3.3	— —	— —	4.9 5.6	6 6
				④	3 3.3	— —	— —	4 4	5.1 5.5

注：墙体厚度分别指：① 外墙400mm，内横墙250mm；② 外墙500mm，内横墙300mm；③ 外墙700mm，内横墙500mm；④ 内外墙均为400mm。

（6）单开间生土结构房屋，与抗震横墙间距 L 对应的房屋宽度 B 的限值宜按表8.6-2采用。

抗震横墙间距和房屋宽度限值（单开间生土结构房屋）（m） 表8.6-2

烈度	层数	层号	层高	房屋墙体厚度类别	抗震横墙间距	与砌筑泥浆强度等级对应的房屋宽度限值			
						M0.7		M1	
						下限	上限	下限	上限
6	一	1	4.0	①②③④	3~6.6	4	6.6	4	6.6
	二	2	3.0	①②③④	3~6.6	4	6.6	4	6.6
		1	3.0		3~4.8	4	6.6	4	6.6
7	一	1	4.0	①②③④	3~4.8	4	6.6	4	6.6
7（0.15g）	一	1	4.0	①②③④	3~4.8	4	6.6	4	6.6
8	一	1	3.3	①	3 3.3	4 4	5.2 5.6	4 4	6 6
				②	3 3.3	4 4	6 5.8	4 4	6 6
				③	3~3.3	4	6	4	6
				④	3~3.3	4	6	4	6

续表

烈度	层数	层号	层高	房屋墙体厚度类别	抗震横墙间距	与砌筑泥浆强度等级对应的房屋宽度限值			
						M0.7		M1	
						下限	上限	下限	上限
8 (0.30g)	一	1	3.0	①	3	—	—	—	—
					3.3	—	—	4	4.2
				②	3	—	—	4	4.3
					3.3	—	—	4	4.6
				③	3	—	—	4	4.7
					3.3	4	4	4	5
				④	3	—	—	4	4.9
					3.3	4	4.2	4	5.2

注：墙体厚度分别指：① 墙厚为300mm；② 墙厚为400mm；③ 墙厚为500mm；④ 墙厚为600mm。

参考文献

［1］荆其敏，张丽安．中外传统民居［M］．天津：百花文艺出版社，2003

［2］王军，吕东军．走向生土建筑的未来［J］．西安建筑科技大学学报，2001，33（2）

［3］兰青龙，刘志甫，赵向佳，尉燕普．山西地区生土建筑震害特征与防震减灾对策［J］．山西地震，2004，（3）

［4］王毅红，苏东君，刘伯权，池家祥，刘挺．生土结构房屋的承重夯土墙体抗震性能试验研究［J］．西安建筑科技大学学报，2007，39（4）

［5］葛学礼，朱立新，王亚勇，范迪璞，王新平，崔健等．村镇建筑震害与抗震技术措施［J］．工程抗震，2001，（1）

［6］刘挺，王毅红，石坚．生土墙承重的村镇房屋施工技术分析［J］．建筑技术开发，2006，33（1）

［7］王毅红，苏东君，刘挺，康萍．生土墙承重的村镇建筑抗震性能分析［C］．防震减灾工程研究与进展．北京：科学出版社，2005

第 9 章 石结构房屋

9.1 村镇石结构房屋概述

9.1.1 村镇常见石结构房屋

石结构房屋是指由石砌体作为主要承重构件（墙体）的房屋。用于砌筑石结构房屋的石材种类主要包括料石、乱毛石、平毛石和卵石四种。其中，料石是指经过加工后规则的石块，根据加工的粗细程度有细料石、半细料石、粗料石和毛料石；乱毛石是指形状不规则的石块；平毛石是指形状不规则，但有两个平面大致平行、且该两平面的尺寸远大于另一个方向尺寸的块石；卵石是指天然石块，尤指卵状的天然石块。

石结构房屋可按照砌筑墙体的石材种类和砌筑方式的不同进行分类。按照前者划分，石结构房屋可分为料石、乱毛石、平毛石和卵石房屋。图 9.1-1 ~ 图 9.1-4 分别为采用上述几种类型石材砌筑的墙体。按照后者划分，石结构房屋又可分为干砌式和浆砌式石结构房屋。对于料石墙体，又分为无垫片和有垫片砌筑两种。

地震震害和石结构试验研究表明[1~10]，石结构房屋的抗震性能与砌筑的石料和砌筑方式有很大关系。采用形状较为整齐的料石及平毛石砌体承重的房屋抗震性能较好；外形极为不规则的乱毛石、卵石砌体承重的房屋抗震性能差。这主要是因为形状极不规则的乱毛石和卵石不能咬搓砌筑，墙体的整体性不好，地震作用下容易松散。而浆砌石结构房屋抗震性能一般要比干砌石结构房屋的好，图 9.1-5 为有垫片干砌的料石墙体，虽然砌筑质量尚可，但石块之间没有砂浆粘结，承受水平地震作用的能力差，不推荐采用此种砌筑方式。石结构房屋的破坏主要发生在纵横墙交接处、外墙转角处、楼梯间以及山墙等部位。破坏的形态表现为石墙体的斜向、竖向和交叉裂缝、外墙转角处局部倒塌和石墙体的整体倒塌（图 9.1-6）。

(a) 细料石

(b) 粗料石

图 9.1-1 料石砌筑的墙体

图 9.1-2　乱毛石砌筑的墙体

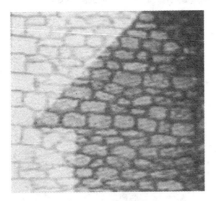 

图 9.1-3　平毛石砌筑的墙体　　　　　　图 9.1-4　卵石砌筑的墙体

图 9.1-5　干砌有垫片料石墙体（不推荐采用）

(a)石墙中交叉裂缝1　　　　　　　　　(b)石墙中交叉裂缝2

(c)石结构住宅内横墙开裂

(d)外纵墙开裂

(e)转角处石墙倒塌

(f)石墙体石块脱落

(g)石结构房屋整体倒塌1

(h)石结构房屋整体倒塌2

图 9.1-6　乱毛石结构房屋震害

9.1.2　规程规定的石结构房屋

针对我国量大面广的农村地区的石结构房屋，综合考虑我国的国情和不同地域石结构房屋的差异，总结石结构房屋震害的经验与教训，《镇（乡）村建筑抗震技术规程》（JGJ 161—2008）（以下简称《规程》）的第 8 章——石结构房屋的适用范围界定在抗震设防烈度为 6、7 和 8 度地区料石、平毛石砌体承重的一、二层木或冷轧带肋钢筋预应力圆孔板楼（屋）盖房屋。图9.1-7和图9.1-8为木楼（屋）盖和预制多孔板楼（屋）盖石结构房屋构造示例。目前，有些农村地区也有三层或三层以上采用钢筋混凝土楼（屋）盖石结构房屋，这些石结构房屋的抗震设计及施工可按照《建筑抗震设计规范》（GB 50011—2001）和《砌体结构设计规范》（GB 50003—2001）的有关规定执行。

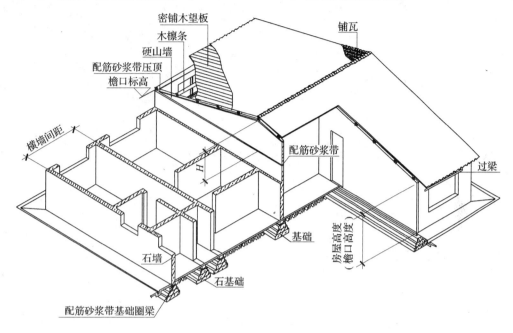

图9.1-7 木楼（屋）盖石结构房屋构造示意
(a) 单层坡屋顶；(b) 两层坡屋顶

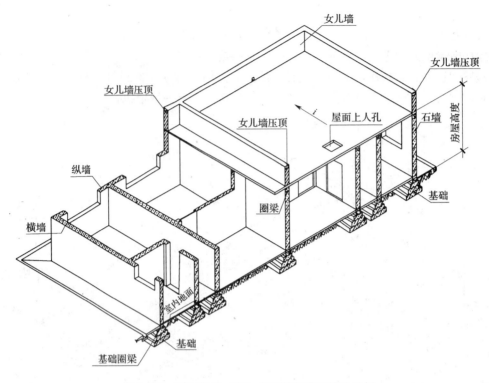

图 9.1-8 预制板楼（屋）盖石结构房屋构造示例

墙体是石结构房屋的主要承重构件和维护结构。为了保证承重墙体基本的承载力和稳定性，《规程》对墙体的厚度和组砌墙体的石材的规格都有明确的规定。对于前者，应符合：料石墙不宜小于240mm，平毛石墙不宜小于400mm。对于后者，《规程》则采用外形尺寸（长、宽、高（厚））和平整度这几个量化指标来限定。平毛石应呈扁平块状，厚度不宜小于150mm；料石的宽度、高度分别不宜小于240mm和220mm，长度宜为高度的2~3倍且不宜大于高度的4倍，且其加工面的平整度应符合表9.1-1的要求。另外，石材应质地坚实，无风化、剥落和裂纹。

料石加工平整度（mm） 表 9.1-1

料石种类	外露面及相接周边的表面凹入深度	上、下叠砌面及左右接砌面的表面凹入深度	尺寸允许偏差	
			宽度及高度	长度
细料石	不大于2	不大于10	±3	±5
半细料石	不大于10	不大于15	±3	±5
粗料石	不大于20	不大于20	±5	±7
毛料石	稍加修整	不大于25	±10	±15

9.2 石结构房屋设计的一般规定

9.2.1 层数、高度和横墙间距的限制

震害调查和石结构试验研究均表明：多层石结构房屋地震破坏机理及特征与砖砌体房屋基本相似，其在地震中的破坏程度随房屋层数的增多、高度的增大而加重。鉴于石材砌

块的不规整性及不同施工方法的差异性,《规程》对多层石砌体房屋层高和总高度的限值相对砖砌体结构更为严格。对于层高,单层房屋不宜超过4.0m;二层房屋不宜超过3.5m;对于总高度和层数,则应符合表9.2-1的规定。

石木结构房屋高度(m)和层数限值　　　　　表9.2-1

墙体类别		最小墙厚(mm)	烈度					
			6		7		8	
			高度	层数	高度	层数	高度	层数
料石砌体	细、半细料石砌体(无垫片)	240	7.0	2	7.0	2	6.6	2
	粗料、毛料石砌体(有垫片)	240	7.0	2	6.6	2	3.6	1
平毛石砌体		400	3.6	1	3.6	1	—	—

注:房屋总高度指室外地面到檐口的高度;对带阁楼的坡屋面应算到山尖墙的1/2高度处。

同样,石结构房屋的空间刚度对其抗震性能的影响也很大。房屋的空间刚度主要取决于楼(屋)盖和横墙的布置。横墙数量多、间距小,则房屋的空间刚度大,抗震性能好。房屋所承受的横向地震作用主要通过楼(屋)盖传到横墙的,当房屋横墙间距较大,而木或预制圆孔板楼(屋)盖又没有足够的水平刚度传递水平地震作用时,一部分地震作用会转而由纵墙承担,纵墙就会产生平面外弯曲破坏。因此,石结构房屋应按抗震设防烈度和楼(屋)盖的类型对横墙的最大间距进行限制。对于纵墙承重的房屋,横墙间距同样应满足横墙的最大间距规定。《规程》对石结构房屋抗震横墙的最大间距的规定如表9.2-2所示。

房屋抗震横墙最大间距(m)　　　　　表9.2-2

房屋层数	楼层	烈度			
		木楼、屋盖		预应力圆孔板楼、屋盖	
		6、7	8	6、7	8
一层	1	11.0	7.0	13.0	9.0
二层	2	11.0	7.0	13.0	9.0
	1	7.0	5.0	9.0	7.0

注:抗震横墙指厚度不小于240mm的料石墙或厚度不小于400mm的毛石墙。

9.2.2 局部尺寸限值

历次地震震害表明,房屋局部的破坏必然影响房屋的整体抗震性能,而且,某些重要部位的局部破坏还会带来连锁的反应,从而形成"各个击破"以致倒塌。根据震害经验,对易遭受破坏的墙体局部尺寸进行限制,可以防止由于这些部位的失效造成房屋整体的破坏甚至倒塌。《规程》规定,石结构房屋的局部尺寸,应符合表9.2-3的规定。

石砌体房屋局部尺寸限值(m)　　　　　表9.2-3

部位	烈度	
	6、7	8
承重窗间墙最小宽度	1.0	1.0
承重外墙尽端至门窗洞边的最小距离	1.0	1.2
非承重外墙尽端至门窗洞边的最小距离	1.0	1.0
内墙阳角至门窗洞边的最小距离	1.0	1.2

注:出入口处的女儿墙应有锚固。

9.2.3 结构体系

合理的抗震结构体系对于提高房屋整体抗震能力是非常关键的。震害经验表明,纵墙承重的砌体结构中,横墙间距较大,纵墙的横向支撑较少,易发生平面外的弯曲破坏,且横墙为非承重墙,抗剪承载能力较低,故房屋整体破坏程度比较重。因此,应优先采用整体性和空间刚度比较好的横墙承重或纵横墙共同承重的结构体系。

石砌体相对砖砌体而言,本身的整体性比较差,又因为石板、石梁自重大、材料缺陷或偶然荷载作用下易发生脆性断裂,无论从房屋抗震性能还是安全使用的角度来说,都不应采用石板、石梁及独立料石柱作为承重构件;更不应采用悬挑踏步板式楼梯。图9.2-1~图9.2-4为已建石结构房屋中,采用石板、石梁、独立料柱和悬挑踏步板式楼梯的几个反面实例。

图9.2-1 石板条楼屋盖

图9.2-2 石梁

图9.2-3 独立料石柱

图9.2-4 悬挑踏步板式楼梯

采用硬山搁檩屋面时,如果山墙与屋盖系统没有有效的拉结措施,山墙为独立悬墙,平面外的抗弯刚度很小,纵向地震作用下山墙承受由檩条传来的水平推力,易产生外闪破坏。在8度地震区檩条拔出、山墙外闪以致房屋倒塌是常见的破坏现象。因此在8度及以上高烈度地区不应采用硬山搁檩屋面做法。

9.2.4 承重墙体要求

墙体是石结构房屋的主要承重构件和围护结构,最小墙厚的规定是为了保证承重墙体基本的承载力和稳定性，《规程》规定，承重石墙厚度，料石墙不宜小于240mm，平毛石墙不宜小于400mm。在实际中尚应根据当地情况综合考虑所在地区的设防烈度和气候条件确定。

砌筑砂浆是决定砌体抗剪强度的主要因素。《规程》规定，料石和平毛石砌体砌筑砂浆强度等级不应低于M1。这是最低的标准要求，有条件宜选择较高等级的砌筑砂浆，建议不低于M2.5或M5（高烈度区）。

9.2.5 屋架、梁支承部位的加强

当屋架或梁跨度较大时，梁端有较大的集中力作用在墙体上，设置壁柱除了可进一步增大承压面积，还可以增加支承墙体在水平地震作用下的稳定性。《规程》规定，当屋架或梁的跨度大于4.8m时，支承处宜加设壁柱，壁柱宽度不宜小于400mm，厚度不宜小于200mm；壁柱应采用料石砌筑（图9.2-5），或采取其他加强措施。

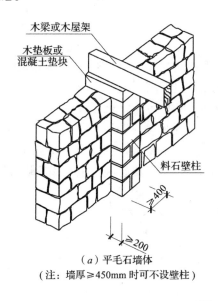
（a）平毛石墙体
（注：墙厚≥450mm时可不设壁柱）

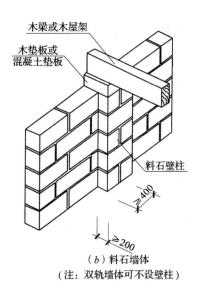
（b）料石墙体
（注：双轨墙体可不设壁柱）

图9.2-5 壁柱砌法

9.2.6 木屋盖房屋拉结措施

我国农村房屋、尤其是南方多雨地区大多以木屋架坡屋顶为主，而多次震害调查结果表明，此类房屋屋架整体性较差。加强房屋屋盖体系及其与承重结构的连接，提高屋盖体系整体性，发挥结构空间工作能力，对提高房屋抗震性能具有重要作用。石结构房屋应在下列部位采取拉结措施：

（1）两端开间屋架和中间隔开间屋架应设置竖向剪刀撑。

（2）山墙、山尖墙应采用墙揽与木屋架或檩条拉结。

（3）内隔墙墙顶与梁或屋架下弦应每隔1000mm采用木夹板或铁件连接（图9.2-6）。

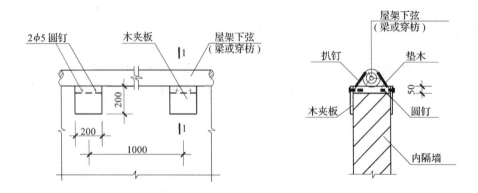

图 9.2-6 内隔墙墙顶与屋架下弦的连接

9.3 抗震构造措施

9.3.1 配筋砂浆带的设置和构造

多年来的工程实践经验表明，圈梁的设置有助于提高房屋的整体性、抗震和抗倒塌能力。村镇（乡）房屋中，用配筋砂浆带代替钢筋混凝土圈梁，主要是考虑农民的经济承受能力，对经济状况好的地区，可按《建筑抗震设计规范》要求设置钢筋混凝土圈梁。由于同等厚度的石结构墙体相对其他材料墙体来说质量较大，石墙体配筋砂浆带的砂浆强度等级和纵向钢筋配置用量较本规程其他结构类型的稍大。对配筋砂浆带的砂浆强度等级、厚度及配筋做出规定是为了保证圈梁的质量，使其起到应有的作用。《规程》规定：

（1）石结构房屋应在下列部位设置配筋砂浆带
1）所有纵横墙的基础顶部、每层楼、屋盖（墙顶）标高处。
2）8 度时应在墙高中部增设一道。

（2）配筋砂浆带应符合下列要求
1）砂浆强度等级 6、7 度时不应低于 M5，8 度时不应低于 M7.5。
2）配筋砂浆带的厚度不宜小于 50mm。
3）配筋砂浆带的纵向钢筋配置不应低于表 9.3-1 的要求。
4）配筋砂浆带交接（转角）处钢筋应搭接（图 9.3-1）。

石木结构房屋配筋砂浆带纵向配筋表   表 9.3-1

墙体厚度 t (mm)	6、7 度	8 度
≤300	2φ8	2φ10
>300	3φ8	3φ10

9.3.2 纵横墙交接处的连接

石砌墙体转角及内外墙交接处刚度大、应力集中，地震破坏严重，是抗震的薄弱环节。房屋墙体在转角处无有效拉结措施，墙体连接不牢固，地震发生时，往往发生破坏。如"7·22盐津地震"中，灾区很多石结构房屋的纵横墙以直槎或马牙槎连接，缺乏有效的拉结措施，地震作用下，纵横墙相互作用，在交接处产生竖向裂缝（图9.3-2），严重的甚至发生"开箱"破坏（图9.3-3)[3]。

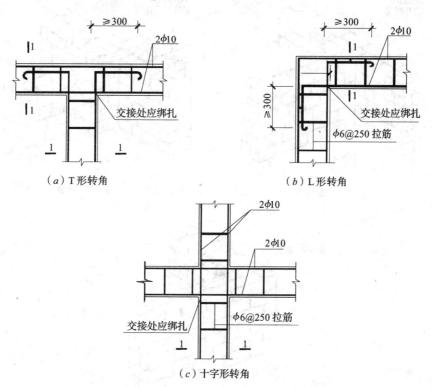

图9.3-1 配筋砂浆带交接处钢筋搭接

图9.3-2 纵横墙交接处的竖向裂缝

图9.3-3 "开箱"破坏

因此，在转角处加设水平拉结钢筋可以加强转角处和内外墙交接处墙体的连接，约束该部位墙体，减轻地震时的破坏。《规程》规定，料石砌体纵横墙交接处应符合下列要求：

（1）料石砌体应采用无垫片砌筑，平毛石砌体应每皮设置拉结石（图9.3-4）。

（2）7、8度时应沿墙高每隔500～700mm设置2φ6拉结钢筋，每边伸入墙内不宜小于1000mm或伸至门窗洞边（图9.3-5）。

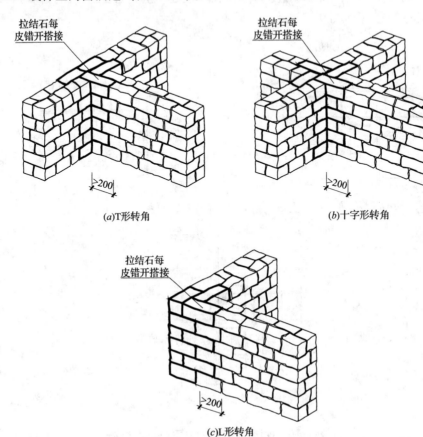

图9.3-4 平毛石砌体转角砌法

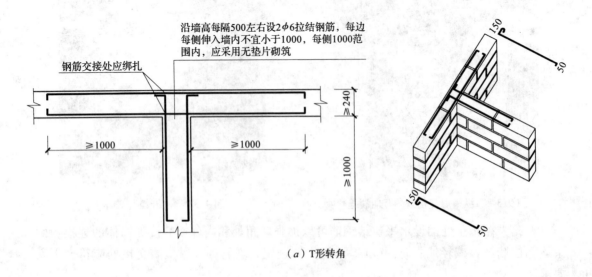

（a）T形转角

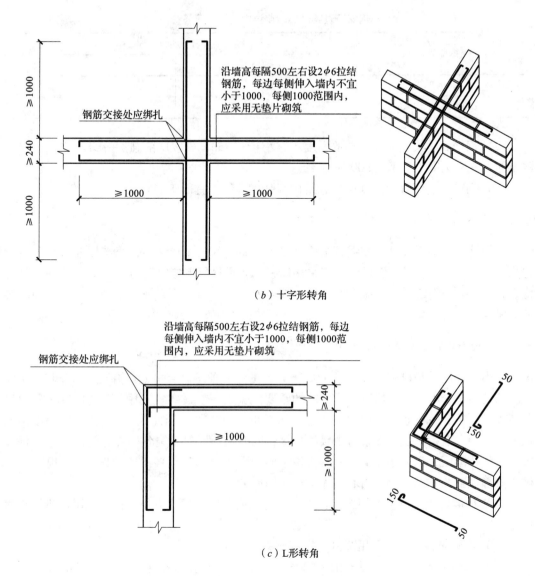

(b) 十字形转角

(c) L形转角

图 9.3-5 纵横墙连接处拉结钢筋做法

9.3.3 过梁

调查发现,农村中不少石砌体房屋的门窗过梁是用整块条石砌筑的,由于条石是脆性材料,抗弯强度低,条石过梁在跨中横向断裂较为多见。为防止地震中因过梁破坏导致房屋震害加重,本规程借鉴《砌体结构设计规范》(GB 50003—2001)对钢筋砖过梁的计算方法,用以计算钢筋石过梁。钢筋石过梁底面砂浆层中的钢筋配筋量可以查表 9.3-2 确定。在经济条件允许的情况下,石墙房屋应尽可能采用钢筋混凝土过梁。

《规程》规定,门窗洞口宜采用钢筋石过梁,钢筋石过梁应符合下列要求:

(1) 钢筋石过梁底面砂浆层中的钢筋配筋量应不低于表 9.3-2 的规定,间距不宜大于 100mm。

钢筋石过梁底面砂浆层中的钢筋配筋量 表 9.3-2

过梁上墙体高度 h_w (m)	门窗洞口宽度 b (m)	
	$b \leqslant 1.5$	$1.5 < b \leqslant 1.8$
$h_w \geqslant b/2$	3φ6	3φ6
$0.3 \leqslant h_w < b/2$	4φ6	3φ8

(2) 钢筋石过梁底面砂浆层的厚度不宜小于 30mm, 砂浆层的强度等级不应低于 M5, 钢筋伸入支座长度不宜小于 300mm。

(3) 钢筋石过梁截面高度内的砌筑砂浆强度等级不宜低于 M5。

9.3.4 纵向水平系杆设置

设置纵向水平系杆可以加强石结构房屋屋盖系统的纵向稳定性,提高屋盖系统的抗侧力能力,改善石房屋的抗震性能。当采用墙揽与各道横墙连接时还可以加强横墙平面外的稳定性。因此,石结构房屋应在跨中屋檐高度处设置纵向水平系杆,系杆应采用墙揽与各道横墙连接并与屋架下弦杆钉牢。

9.3.5 硬山搁檩屋盖

硬山搁檩屋盖是村镇(乡)房屋中较为常见的一种屋盖形式。其构件之间及其与墙体之间的连接是影响石结构房屋抗震性能的重要因素之一。震害实践中,7度地震区硬山搁檩屋面就会破坏,檩条从山墙中拔出造成屋盖的局部破坏,因此在 6、7 度区采用硬山搁檩屋面时要采取措施加强檩条与山墙的连接,同时加强屋盖系统各构件之间的连接,提高屋盖的整体刚度,以减小屋盖在地震作用下的变形和位移,减轻山墙的破坏。《规程》对硬山搁檩屋盖构件间及其与山墙的连接作了明确的规定:

(1) 内墙檩条应满搭并用扒钉钉牢,不能满搭时应采用木夹板对接或燕尾榫扒钉连接(图 9.3-6)。

(2) 木屋盖各构件应采用圆钉、扒钉或铅丝等相互连接。

(3) 木檩条应用 8 号铅丝与山墙配筋砂浆带圈梁中的预埋件拉结(图 9.3-7)。

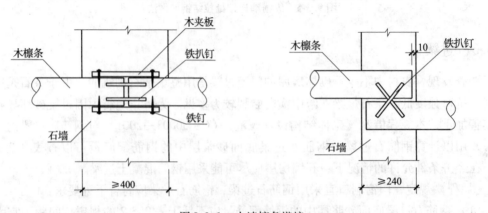

图 9.3-6 内墙檩条搭接

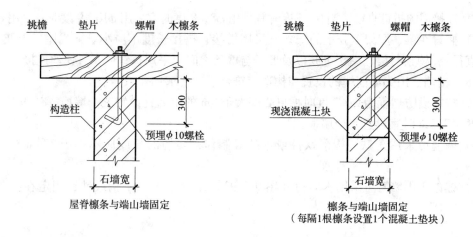

图 9.3-7 檩条与山墙的连接

9.3.6 木屋架屋盖的构造要求

木屋盖包括屋架、椽条、檩条、屋面板及屋面覆盖材料等部分。其中，木屋架（下面简称为"屋架"）是木屋盖系统的最主要的承重结构，根据其外形可分为：三角形、长方形、梯形（单斜或双斜）、弧形及多边形等数种。木屋架屋盖的构造措施，山墙与木屋架及檩条的连接，墙揽的设置与构造，屋架构件之间的连接和竖向剪刀撑的设置等，应符合下列构造要求：

（1）木屋架上檩条应满搭或采用夹板对接或燕尾榫、扒钉连接。

（2）屋架上弦檩条搁置处应设置檩托，檩条与屋架应采用扒钉或铁丝等相互连接。

（3）檩条与其上面的椽子或木望板应采用圆钉、铁丝等相互连接。

（4）椽子和木望板板应用圆钉与檩条钉牢。

（5）三角形木屋架的跨中处应设置纵向水平系杆，系杆应与屋架下弦杆钉牢；屋架腹杆与弦杆除用暗榫连接外，还应采用双面扒钉钉牢。

（6）三角形木屋架的剪刀撑宜设置在靠近上弦屋脊节点和下弦中间节点处；剪刀撑与屋架上、下弦之间及剪刀撑中部宜采用螺栓连接（图9.3-8）；剪刀撑两端与屋架上、下弦应顶紧不留空隙。

（7）檩条与屋架（梁）的连接及檩条之间的连接应符合下列要求：

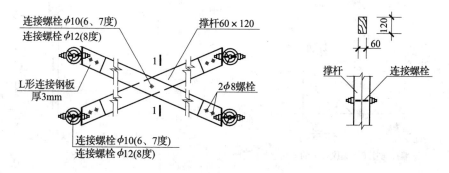

图 9.3-8 三角形木屋架竖向剪刀撑

1) 连接用的扒钉直径，当6、7度时宜采用 $\phi 8$，8度时宜采用 $\phi 10$，9度时宜采用 $\phi 12$；

2) 搁置在梁、屋架上弦上的檩条宜采用搭接，搭接长度不应小于梁或屋架上弦的宽度（直径），檩条与梁、屋架上弦以及檩条与檩条之间应采用扒钉或8号铁丝连接。

(8) 山墙、山尖墙墙揽的设置与构造应符合下列要求：

1) 抗震设防烈度为6、7度时檐口高度大于4m的山墙宜设置三个墙揽，8、9度或山墙高度大于5m时宜设置5个墙揽；

2) 墙揽可采用角铁、梭形铁件或木条等制作；墙揽的长度应不小于300mm，竖向放置；

3) 檩条出山墙时可采用木墙揽（图9.3-9），木墙揽可用木销或铁钉固定在檩条上，并与山墙卡紧；

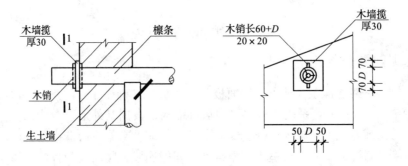

图9.3-9 木墙揽连接做法

4) 檩条不出山墙时宜采用铁件（如角铁、梭形铁件等）墙揽，铁件墙揽可根据设置位置与檩条、屋架腹杆、下弦或柱固定（图9.3-10）；

5) 墙揽应靠近山尖墙面布置，最高的一个应设置在脊檩正下方，其余的可设置在其他檩条的正下方或屋架腹杆、下弦及柱的对应位置处。

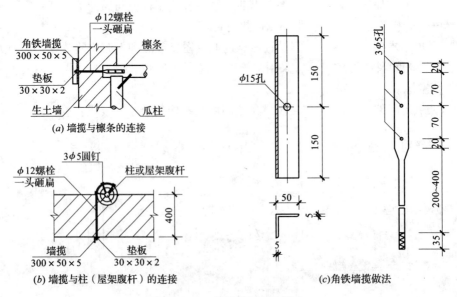

图9.3-10 角铁墙揽连接做法

9.3.7 预应力圆孔板楼（屋）盖的整体性连接

由于农村房屋缺乏有效的抗震构造措施，预制圆孔板楼（屋）盖的整体性很差。震害调查表明，在 7 度地震作用下，有相当数量的房屋预制圆孔楼板纵向板缝开裂，有的开裂宽度达 20mm。《规程》对钢筋混凝土预应力圆孔板楼（屋）盖的整体性连接及其构造提出了具体的要求。具体规定如下：

（1）在相邻二开间预制板交接处（图 9.3-11），用钢筋拉结。

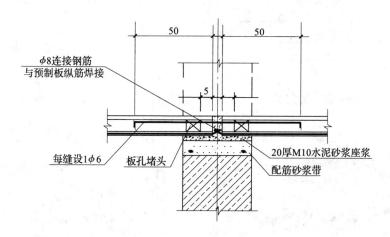

图 9.3-11　预制板与预制板之间的连接（内横墙处板端头连接）

（2）在外横墙处（图 9.3-12），采用钢筋与圈梁拉结。

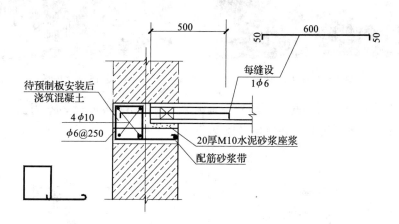

图 9.3-12　预制板与外横墙体间的整体连接构造做法

（3）在外纵墙处，采用钢筋与墙体拉结（图 9.3-13）。

9.3.8 其他构造措施

突出屋面的楼梯间、女儿墙、烟囱等附属结构同样也是石结构房屋的抗震薄弱部位。当其缺乏必要的构造措施或与主体结构缺乏可靠连接时，地震发生时，往往产生开裂，甚至发生倒塌破坏（图 9.3-14 和图 9.3-15 分别为"7·22 盐津地震"中，突出楼梯间和女儿墙由于上述原因而发生破坏的两个震害实例[3]）。因此，石结构房屋中，突出屋面的结构应采取有效可靠的构造来提高其抗御地震作用的能力。

（1）突出屋面的楼梯间，内外墙交接处应沿墙高每隔500~700mm设2φ6结结钢筋，且每边伸入墙内不应小于1000mm。

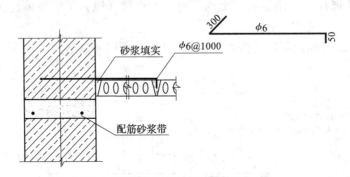

图9.3-13　预制板与外纵墙体间的整体连接构造做法

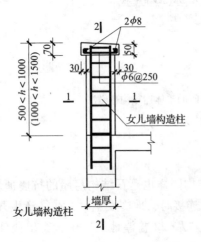

图9.3-14　突出楼梯间的斜裂缝

图9.3-15　女儿墙局部倒塌

（2）7、8度时顶层楼梯间横墙和外墙宜沿墙高每隔1000mm设2φ6通长钢筋。

（3）女儿墙应设置构造柱和压顶（图9.3-16）。

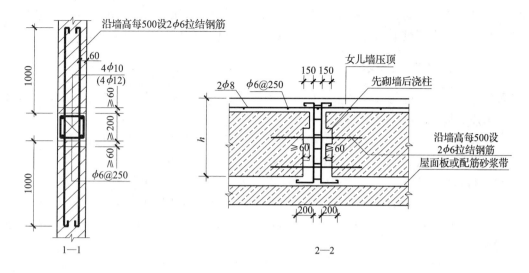

图 9.3-16 女儿墙构造柱做法

注：1. 女儿墙构造柱最大间距≤1000mm；2. 女儿墙转角处应设女儿墙构造柱；3. h 为女儿墙高度，括号内数字用于 $1000mm < h < 1500mm$。

9.4 施工要求

按图按规范要求进行房屋结构施工，确保施工质量，是保证石砌体房屋抗震安全的关键之一。

9.4.1 石墙体的砌筑一般要求

为了保证石材与砂浆的粘结质量，避免泥垢、水锈等杂质对粘结的不利影响，要求砌筑前对石材表面进行清洁处理。

根据对砖砌体强度的试验研究，灰缝厚度对砌体的抗压强度具有一定的影响，相对而言，并不是厚度越厚或者越薄砌体强度就越高，而是灰缝厚度应在适宜的范围内。根据调研结果并总结多年的实践经验，《规程》对石砌体灰缝厚度的规定如下：细料石砌体不宜大于5mm；半细料石砌体不宜大于10mm；无垫片粗料石砌体不宜大于20mm；有垫片粗料石、毛料石、平毛石砌体不宜大于30mm。

砌筑砌体墙时，所采用的砌筑砂浆不仅应达到一定的强度等级，以确保其具备良好的粘结和传递应力的能力，也应有良好的和易性，从而在施工中能将其均匀地摊铺在砌体中间，形成密实的连接层。对于料石和平毛石砌体，砌筑砂浆的强度等级不应低于M1；砌筑砂浆稠度（塌落度）：无垫片时应控制在10~30mm，有垫片时应控制在40~50mm，并可根据气候变化情况进行适当调整。

砂浆初凝后，如果再移动已砌筑的石块，砂浆的内部及砂浆与石块的粘结面的粘结力会被破坏，降低砌体的强度及稳定性，因此，应将原砂浆清理干净后重新铺浆砌筑。另外，砂浆在硬化过程中，若承受荷载或在温度条件变化时均容易发生变形。若墙体连续砌筑的高度过大，将会导致砂浆因承受过大的荷载而产生过大的变形，引起沉降和裂缝，降低砌体的整体性。因此，应对石墙体连续砌筑的高度进行限定：无垫片料石和平毛石砌体每日砌筑高度不宜超过1.2m，有垫片料石砌体每日砌筑高度不宜超过1.5m。

9.4.2 料石砌体施工要求

石砌体的抗震性能与砌筑方法有直接关系。为了使石墙体既能均匀传力，又符合美观要求，单片墙体砌筑时应遵照以下要求：

（1）料石砌筑时，应放置平稳；砂浆铺设厚度应略高于规定灰缝厚度，其高出厚度：细料石、半细料石宜为3～5mm，粗料石、毛料石宜为6～8mm。

（2）料石墙体上下皮应错缝搭砌，错缝长度不宜小于料石长度的1/3。

（3）有垫片料石砌体砌筑时，应先满铺砂浆，并在其四角安置主垫，砂浆应高出主垫10mm，待上皮料石安装调平后，再沿灰缝两侧均匀塞入副垫。主垫不得采用双垫，副垫不得用锤击入。

（4）料石砌体的竖缝应在料石安装调平后，用同样强度等级的砂浆灌注密实，竖缝不得透空。这样既有利于砌体均匀传力，具有良好的抗震承载能力，又符合美观的要求。

（5）石砌墙体在转角和内外墙交接处应同时砌筑。对不能同时砌筑而又必须留置的临时间断处，应砌成斜槎，斜槎的水平长度不应小于高度的2/3；严禁砌成直槎。

9.4.3 平毛石砌体施工要求

平毛石的规整程度较料石差，因此，砌筑方式的合理性对墙体的整体性和稳定性的影响更为明显。不恰当的砌筑方式，如：

（1）夹砌过桥石、铲口石和斧刃石（图9.4-1）；

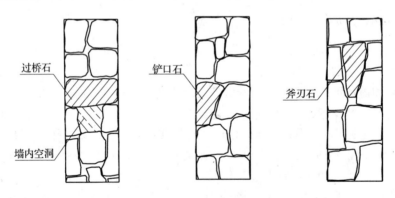

图9.4-1 平毛石墙错误砌法

（2）外面侧立石块中间填心；

（3）填塞石块间空隙时，先摆碎石后塞砂浆或干填碎石块。

这些不合理的砌筑方式将会降低墙体的整体性和稳定性，削弱墙体的抗震承载力。

为了使石墙体具有良好的整体性和稳定性，平毛石砌体的砌筑应分皮卧砌，各皮石块间应利用自然形状敲打修整，使之与先砌石块基本吻合、搭砌紧密，并上下错缝，内外搭砌；石砌体灰缝厚度宜控制在20～30mm之间，石块间不得直接接触；石块间空隙较大时应先填塞砂浆后用碎石块嵌实。而且，墙体的一些重要受力部位（如墙体的第一皮和最后一皮，墙体转角和洞口处）和每个楼层（包括基础）砌体的顶面，应采用较大的平毛石砌筑，这主要是为了加强重要受力部位砌体的拉结强度和整体性、砌体均匀传力和搁置的楼（屋）面板平稳牢固。另外，平毛石砌体必须设置拉结石（图9.4-2），拉结石应均匀分布，互相错开；拉结石宜每0.7m²墙面设置一块，且同皮内拉结石的中距不应大于2m；拉结石的长度，当墙厚等于或小于400mm时，应与墙厚相等；当墙厚大于400mm时，可用两块拉结石内外搭接，搭接长度不应小于150mm，且其中一块的长度不应小于墙厚的2/3。

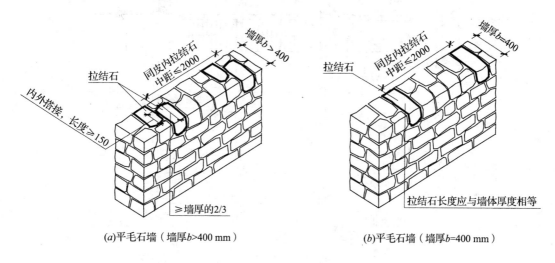

图 9.4-2 平毛石砌体拉结石砌法

9.4.4 石基础施工要求

石基础多用于产石地区，用平毛石或毛料石由砂浆砌筑而成。为了使毛石基础和料石基础与地基或基础垫层粘结紧密，保证传力均匀和石块平稳，当采用毛石砌筑基础时，第一皮块石应座浆并将大面向下，若为阶梯形平毛石基础，上阶平毛石压砌下阶平毛石长度不应小于下阶平毛石长度的2/3，而且相邻阶梯的毛石应相互错缝；当采用料石砌筑基础时，第一皮石块应采用丁砌并座浆砌筑，若为阶梯形料石基础，上级阶梯的石块应至少压砌下级阶梯的1/2；当采用卵石砌筑基础时，因为卵石表面圆滑，相互之间咬砌困难，在水平地震力作用下难以保证基础的稳定性和强度，易产生滑动或错位，造成上部结构的破坏，所以应将其凿开使用。

9.5 石结构房屋设计实例

图9.5-1为某二层住宅平面。层高3.2m，开间尺寸为3.6m。试分别按抗震设防烈度为7度（0.15g）和8度（0.2g），进行房屋的抗震设计，抗震设计采用查表法，分以下两个步骤进行：

（1）建筑平、立面布置和结构选型

建筑平立面设计主要考虑使用要求，但要满足《规程》对结构的一般要求及构件局部尺寸等方面的规定。

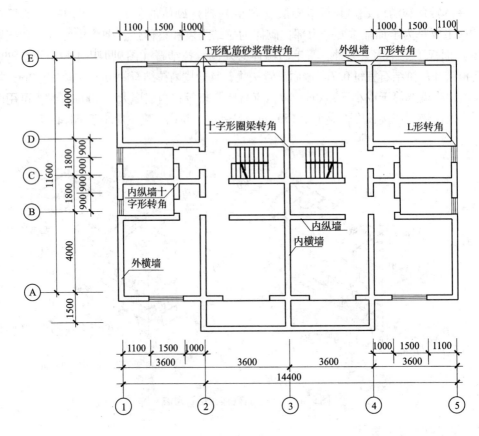

图 9.5-1 某住宅平面

(2) 墙体抗震承载力验算

符合《规程》相关要求的村镇房屋，不需要进行复杂的抗震承载力验算，根据有关参数，利用《规程》附表进行抗震横墙间距和房屋宽度限值校核即可。

关于地基基础和详细抗震构造措施，可分别参照第 5 章及本章中有关内容。

9.5.1 抗震设防烈度为 7 度

(1) 选型和布置

拟采用毛料石砌体，墙厚 240mm，砌筑砂浆强度等级拟采用 M5.0；预制圆孔板楼屋盖。

1）层高 3.2m，总高 6.6m（室内外高差 200mm），符合表 9.2-1 规定的限值：总高 6.6m，2 层；

2）横墙间距 3.6m，符合表 9.2-2 规定的限值：9.0m；

3）承重外墙尽端至门窗洞边的距离为 1.1m，符合表 9.2-3 规定的限值：1.1m。

(2) 墙体抗震承载力验算

《规程》为了方便设计，编制了计算用表"石结构房屋抗震横墙间距 L 和房屋宽度 B 限值"，见本章 9.6 节。

拟建房屋的各参数：抗震设防烈度为 7 度（0.15g），两层四开间，层高 3.2m，抗震横墙间距3.6m，外墙内墙均厚240mm，1/2层高处门窗洞口所占的水平横截面面积：承重横墙为11.5%，承重纵墙为24.8%，符合《规程》有关要求。查表9.5-3，7度（0.15g），二层，层高在3.3m以下，墙体类别为②，抗震横墙间距（L）为3.6m，查"与砂浆强度等级对应的房屋宽度限值（B）"一栏，砌筑砂浆强度等级为M5时，房屋一、二层宽度限值（B）均为下限4m，上限13m，本房屋宽度为13.1m（包括局部突出部位），基本满足要求，即砌筑砂浆强度等级为M5时，该二层房屋的抗震承载力符合要求。

9.5.2 抗震设防烈度为8度

(1) 选型和布置

拟采用半细料石砌体，墙厚240mm，砌筑砂浆强度等级拟采用M5.0；预制圆孔板楼屋盖。

1）层高3.2m，总高6.6m（室内外高差200mm），符合表9.2-1规定的限值：总高6.6m，2层；

2）横墙间距3.6m，符合表9.2-2规定的限值：7.0m；

3）承重外墙尽端至门窗洞边的最小距离为1.1m，不符合表9.2-3规定的限值1.2m的要求。修改：承重外墙尽端至门窗洞边的距离改为1.2m，窗洞位置内移。

(2) 墙体抗震承载力验算

拟建房屋的各参数：抗震设防烈度为8度，两层四开间，层高3.2m，抗震横墙间距3.6m，外墙内墙均厚240mm，1/2层高处门窗洞口所占的水平横截面面积：承重横墙为11.5%，承重纵墙为24.8%，符合《规程》有关要求。查表9.6-3，8度，二层，层高在3.3m以下，墙体类别为②，抗震横墙间距（L）为3.6m，查"与砂浆强度等级对应的房屋宽度限值（B）"一栏，砌筑砂浆强度等级为M5时，房屋一、二层宽度限值（B）均为下限4m，上限9m，本房屋宽度为13.1m（包括局部突出部位），不满足要求，应调整房屋宽度，限制在9m之内。

9.6 石结构房屋抗震横墙间距（L）和房屋宽度（B）限值

本节内容摘自《规程》附录E。表中各项参数是当房屋纵、横墙开洞的水平截面面积率λ_A分别为50%和25%时，按照《规程》附录A的方法进行房屋抗震承载力验算，并将计算结果适当归整后得到的。给出了不同平面布局房屋（多开间或单开间）、墙体类别（不同厚度及石材类别）、不同烈度、砌筑砂浆强度等级、层数、层高等对应的抗震横墙间距L和房屋宽度B限值表的方式，便于村镇农民建房时直接选用，在基本确定拟建房屋的平面布局、层数、高度及墙体类别后，直接查表即可选择满足抗震承载力要求的砌筑砂浆强度等级。

表中的层高为计算层高，注意单层房屋和二层房屋的一层层高应该加上室内外高差。

当房屋为多开间布置，除山墙外尚有内横墙时，如果各道横墙间距不同时，表中抗震横墙间距值对应于其中最大的抗震横墙间距。

表中分档给出了与不同抗震横墙间距对应的房屋宽度的上限值和下限值，在基本确定了拟建房屋上述各参数及所在地区的抗震设防烈度后，可直接查表，当选取的房屋宽度范围在上、下限值之间时，采用该等级及以上强度等级砂浆砌筑的房屋，墙体的抗震承载力即可满足本规程的设防要求。

使用本限值表时应满足的相应规定：

（1）表中的抗震横墙间距，对横墙间距不同的木楼、屋盖房屋为最大横墙间距值；对预应力圆孔板楼、屋盖房屋为横墙间距的平均值。表中分别给出房屋宽度的下限值和上限值，对确定的抗震横墙间距，房屋宽度应在下限值和上限值之间选取确定；抗震横墙间距取其他值时，可内插求得对应的房屋宽度限值。

（2）表中为"—"者，表示采用该强度等级泥浆砌筑墙体的房屋，其墙体抗震承载力不能满足对应的设防烈度地震作用的要求，应提高砌筑泥浆强度等级。

（3）当两层房屋1、2层墙体采用相同强度等级的砂浆砌筑时，实际房屋宽度应按第1层限值采用。

（4）当两层房屋1、2层墙体采用不同强度等级的砂浆砌筑或1、2层采用不同形式的楼（屋）盖时，实际房屋宽度应同时满足表中1、2层限值要求。

（5）表中墙体类别指：① 240mm 厚细、半细料石砌体；② 240mm 厚粗料、毛料石砌体；③ 400mm 厚平毛石墙。

（6）多开间石结构木楼（屋）盖房屋，与抗震横墙间距 L 对应的房屋宽度 B 的限值宜按表9.6-1采用。

抗震横墙间距和房屋宽度限值（多开间石结构木楼屋盖）（m）　　表9.6-1

烈度	层数	层号	层高	房屋墙体类别	抗震横墙间距	与砂浆强度等级对应的房屋宽度限值								
						M1		M2.5		M5		M7.5		M10	
						下限	上限	下限	上限	下限	上限	下限	上限	下限	上限
6	一	1	4.0	①②	3~11	4	11	4	11	4	11	4	11	4	11
			3.6	③	3~11	4	11	4	11	4	11	4	11	4	11
7	一	1	4.0	①②	3~11	4	11	4	11	4	11	4	11	4	11
			3.6	③	3~11	4	11	4	11	4	11	4	11	4	11
7 (0.15g)	一	1	4.0	①②	3	4	10.5	4	11	4	11	4	11	4	11
					3.3~9.6	4	11	4	11	4	11	4	11	4	11
					10.2	4.3	11	4	11	4	11	4	11	4	11
					11	4.7	11	4	11	4	11	4	11	4	11
			3.6	③	3~10.2	4	11	4	11	4	11	4	11	4	11
					11	4.4	11	4	11	4	11	4	11	4	11
8	一	1	3.6	①②	3~7	4	7	4	7	4	7	4	7	4	7
8 (0.30g)	一	1	3.6	①②	3	4	4.9	4	7	4	7	4	7	4	7
					3.6	4	5.4	4	7	4	7	4	7	4	7
					4.2	4.9	5.9	4	7	4	7	4	7	4	7
					4.8	6	6.3	4	7	4	7	4	7	4	7
					5.4	6.4	6.4	4	7	4	7	4	7	4	7
					6~6.6	—	—	4	7	4	7	4	7	4	7
					7	—	—	4.3	7	4	7	4	7	4	7

续表

烈度	层数	层号	层高	房屋墙体类别	抗震横墙间距	与砂浆强度等级对应的房屋宽度限值									
						M1		M2.5		M5		M7.5		M10	
						下限	上限	下限	上限	下限	上限	下限	上限	下限	上限
6	二	2	3.5	①②	3~11	4	11	4	11	4	11	4	11	4	11
		1	3.5		3~7	4	11	4	11	4	11	4	11	4	11
7	二	2	3.5	①	3~11	4	11	4	11	4	11	4	11	4	11
		1	3.5		3	4	9.1	4	11	4	11	4	11	4	11
					3.6	4	10.4	4	11	4	11	4	11	4	11
					4.2~7	4	11	4	11	4	11	4	11	4	11
	二	2	3.3	②	3~11	4	11	4	11	4	11	4	11	4	11
		1	3.3		3	4	9.5	4	11	4	11	4	11	4	11
					3.6	4	10.8	4	11	4	11	4	11	4	11
					4.2~7	4	11	4	11	4	11	4	11	4	11
7 (0.15g)	二	2	3.5	①	3	4	7.8	4	11	4	11	4	11	4	11
					3.6	4	8.7	4	11	4	11	4	11	4	11
					4.2	4	9.5	4	11	4	11	4	11	4	11
					4.8	4	10.3	4	11	4	11	4	11	4	11
					5.4	4	10.9	4	11	4	11	4	11	4	11
					6~6.6	4	11	4	11	4	11	4	11	4	11
					7.2	4.4	11	4	11	4	11	4	11	4	11
					7.8	4.9	11	4	11	4	11	4	11	4	11
					8.4	5.3	11	4	11	4	11	4	11	4	11
					9	5.8	11	4	11	4	11	4	11	4	11
					9.6	6.4	11	4	11	4	11	4	11	4	11
					10.2	6.9	11	4	11	4	11	4	11	4	11
					11	7.7	11	4	11	4	11	4	11	4	11
		1	3.5		3	4	4.8	4	7.8	4	11	4	11	4	11
					3.6	4.4	5.5	4	8.9	4	11	4	11	4	11
					4.2	5.2	6.1	4	9.9	4	11	4	11	4	11
					4.8	6.1	6.7	4	10.8	4	11	4	11	4	11
					5.4	7	7.2	4	11	4	11	4	11	4	11
					6	—	—	4	11	4	11	4	11	4	11
					6.6	—	—	4.4	11	4	11	4	11	4	11
					7	—	—	4.7	11	4	11	4	11	4	11

续表

烈度	层数	层号	层高	房屋墙体类别	抗震横墙间距	与砂浆强度等级对应的房屋宽度限值								
						M1		M2.5		M5		M7.5		M10	
						下限	上限	下限	上限	下限	上限	下限	上限	下限	上限
7 (0.15g)	二	2	3.3	②	3	4	8.1	4	11	4	11	4	11	4	11
					3.6	4	9.1	4	11	4	11	4	11	4	11
					4.2	4	9.9	4	11	4	11	4	11	4	11
					4.8	4	10.6	4	11	4	11	4	11	4	11
					5.4~6.6	4	11	4	11	4	11	4	11	4	11
					7.2	4.1	11	4	11	4	11	4	11	4	11
					7.8	4.5	11	4	11	4	11	4	11	4	11
					8.4	4.9	11	4	11	4	11	4	11	4	11
					9	5.4	11	4	11	4	11	4	11	4	11
					9.6	5.8	11	4	11	4	11	4	11	4	11
					10.2	6.3	11	4	11	4	11	4	11	4	11
					11	7	11	4	11	4	11	4	11	4	11
		1	3.3		3	4	5	4	8.2	4	11	4	11	4	11
					3.6	4	5.7	4	9.3	4	11	4	11	4	11
					4.2	4.8	6.4	4	10.3	4	11	4	11	4	11
					4.8	5.5	7	4	11	4	11	4	11	4	11
					5.4	6.3	7.5	4	11	4	11	4	11	4	11
					6	7.2	8	4	11	4	11	4	11	4	11
					6.6	8	8.4	4.1	11	4	11	4	11	4	11
					7	8.6	8.7	4.3	11	4	11	4	11	4	11
8	二	2	3.3	①	3	4	6	4	7	4	7	4	7	4	7
					3.6	4	6.7	4	7	4	7	4	7	4	7
					4.2~4.8	4	7	4	7	4	7	4	7	4	7
					5.4	4.6	7	4	7	4	7	4	7	4	7
					6	5.3	7	4	7	4	7	4	7	4	7
					6.6	6.1	7	4	7	4	7	4	7	4	7
					7	6.6	7	4	7	4	7	4	7	4	7
		1	3.3		3	—	—	4	6	4	7	4	7	4	7
					3.6	—	—	4	6.8	4	7	4	7	4	7
					4.2	—	—	4	7	4	7	4	7	4	7
					4.8	—	—	4.5	7	4	7	4	7	4	7
					5	—	—	4.7	7	4	7	4	7	4	7

续表

烈度	层数	层号	层高	房屋墙体类别	抗震横墙间距	与砂浆强度等级对应的房屋宽度限值									
						M1		M2.5		M5		M7.5		M10	
						下限	上限	下限	上限	下限	上限	下限	上限	下限	上限
8 (0.30g)	二	2	3.3	①	3	—	—	4	5.9	4	7	4	7	4	7
					3.6	—	—	4	6.6	4	7	4	7	4	7
					4.2	—	—	4	7	4	7	4	7	4	7
					4.8	—	—	4.6	7	4	7	4	7	4	7
					5.4	—	—	5.4	7	4	7	4	7	4	7
					6	—	—	6.3	7	4	7	4	7	4	7
					6.6~7	—	—	—	—	4	7	4	7	4	7
		1	3.3		3	—	—	—	—	4	5	4	6.2	4	7
					3.6	—	—	—	—	4.3	5.7	4	7	4	7
					4.2	—	—	—	—	5.1	6.4	4	7	4	7
					4.8	—	—	—	—	6.1	7	4.4	7	4	7
					5	—	—	—	—	6.4	7	4.7	7	4	7

（7）单开间石结构木楼（屋盖）房屋，与抗震横墙间距 L 对应的房屋宽度 B 的限值宜按表 9.6-2 采用。

抗震横墙间距和房屋宽度限值（单开间石结构木楼屋盖）（m） 表 9.6-2

烈度	层数	层号	层高	房屋墙体类别	抗震横墙间距	与砂浆强度等级对应的房屋宽度限值									
						M1		M2.5		M5		M7.5		M10	
						下限	上限	下限	上限	下限	上限	下限	上限	下限	上限
6	一	1	4.0	①②	3~11	4	11	4	11	4	11	4	11	4	11
			3.6	③	3~11	4	11	4	11	4	11	4	11	4	11
7	一	1	4.0	①②	3~11	4	11	4	11	4	11	4	11	4	11
			3.6	③	3~11	4	11	4	11	4	11	4	11	4	11
7 (0.15g)	一	1	4.0	①②	3	4	8.8	4	11	4	11	4	11	4	11
					3.6	4	10	4	11	4	11	4	11	4	11
					4.2~11	4	11	4	11	4	11	4	11	4	11
			3.6	③	3~11	4	11	4	11	4	11	4	11	4	11
8	一	1	3.6	①②	3~7	4	7	4	7	4	7	4	7	4	7
8 (0.30g)	一	1	3.6	①②	3	4	4.1	4	7	4	7	4	7	4	7
					3.6	4	4.6	4	7	4	7	4	7	4	7
					4.2	4	5.1	4	7	4	7	4	7	4	7
					4.8	4	5.5	4	7	4	7	4	7	4	7
					5.4	4	5.6	4	7	4	7	4	7	4	7
					6	4	6.2	4	7	4	7	4	7	4	7
					6.6	4	6.5	4	7	4	7	4	7	4	7
					7	4	6.7	4.3	7	4	7	4	7	4	7

续表

烈度	层数	层号	层高	房屋墙体类别	抗震横墙间距	与砂浆强度等级对应的房屋宽度限值									
						M1		M2.5		M5		M7.5		M10	
						下限	上限	下限	上限	下限	上限	下限	上限	下限	上限
6	二	2	3.5	①②	3~11	4	11	4	11	4	11	4	11	4	11
		1	3.5		3~7	4	11	4	11	4	11	4	11	4	11
7	二	2	3.5	①	3~11	4	11	4	11	4	11	4	11	4	11
		1	3.5		3	4	7.5	4	11	4	11	4	11	4	11
					3.6	4	8.6	4	11	4	11	4	11	4	11
					4.2	4	9.6	4	11	4	11	4	11	4	11
					4.8	4	10.6	4	11	4	11	4	11	4	11
					5.4~7	4	11	4	11	4	11	4	11	4	11
	二	2	3.3	②	3~11	4	11	4	11	4	11	4	11	4	11
		1	3.3		3	4	7.8	4	11	4	11	4	11	4	11
					3.6	4	8.9	4	11	4	11	4	11	4	11
					4.2	4	10	4	11	4	11	4	11	4	11
					4.8~7	4	11	4	11	4	11	4	11	4	11
7 (0.15g)	二	2	3.5	①	3	4	6.5	4	10.6	4	11	4	11	4	11
					3.6	4	7.4	4	11	4	11	4	11	4	11
					4.2	4	8.2	4	11	4	11	4	11	4	11
					4.8	4	8.9	4	11	4	11	4	11	4	11
					5.4	4	9.5	4	11	4	11	4	11	4	11
					6	4	10	4	11	4	11	4	11	4	11
					6.6	4	10.6	4	11	4	11	4	11	4	11
					7.2~11	4	11	4	11	4	11	4	11	4	11
		1	3.5		3	—	—	4	6.4	4	9.4	4	11	4	11
					3.6	4	4.5	4	7.4	4	10.8	4	11	4	11
					4.2	4	5.1	4	8.3	4	11	4	11	4	11
					4.8	4	5.6	4	9.1	4	11	4	11	4	11
					5.4	4	6.1	4	9.9	4	11	4	11	4	11
					6	4	6.5	4	10.6	4	11	4	11	4	11
					6.6	4	6.9	4	11	4	11	4	11	4	11
					7	4	7.2	4	11	4	11	4	11	4	11
	二	2	3.3	②	3	4	6.9	4	11	4	11	4	11	4	11
					3.6	4	7.7	4	11	4	11	4	11	4	11
					4.2	4	8.5	4	11	4	11	4	11	4	11
					4.8	4	9.2	4	11	4	11	4	11	4	11
					5.4	4	9.9	4	11	4	11	4	11	4	11
					6	4	10.4	4	11	4	11	4	11	4	11
					6.6~11	4	11	4	11	4	11	4	11	4	11

续表

烈度	层数	层号	层高	房屋墙体类别	抗震横墙间距	与砂浆强度等级对应的房屋宽度限值								
						M1		M2.5		M5		M7.5		M10	
						下限	上限	下限	上限	下限	上限	下限	上限	下限	上限
7 (0.15g)	二	1	3.3	②	3	4	4.1	4	6.7	4	9.8	4	11	4	11
					3.6	4	4.8	4	7.7	4	11	4	11	4	11
					4.2	4	5.3	4	8.6	4	11	4	11	4	11
					4.8	4	5.9	4	9.5	4	11	4	11	4	11
					5.4	4	6.3	4	10.3	4	11	4	11	4	11
					6	4	6.8	4	11	4	11	4	11	4	11
					6.6	4	7.2	4	11	4	11	4	11	4	11
					7	4	7.5	4	11	4	11	4	11	4	11
8	二	2	3.3	①	3	4	5.1	4	7	4	7	4	7	4	7
					3.6	4	5.7	4	7	4	7	4	7	4	7
					4.2	4	6.3	4	7	4	7	4	7	4	7
					4.8	4	6.8	4	7	4	7	4	7	4	7
					5.4~7	4	7	4	7	4	7	4	7	4	7
		1	3.3		3	—	—	4	4.9	4	7	4	7	4	7
					3.6	—	—	4	5.7	4	7	4	7	4	7
					4.2	—	—	4	6.3	4	7	4	7	4	7
					4.8	4	4	4	7	4	7	4	7	4	7
					5	4	4.2	4	7	4	7	4	7	4	7
8 (0.30g)	二	2	3.3	①	3	—	—	4	4.9	4	7	4	7	4	7
					3.6	—	—	4	5.6	4	7	4	7	4	7
					4.2	—	—	4	6.2	4	7	4	7	4	7
					4.8	—	—	4	6.7	4	7	4	7	4	7
					5.4~7	—	—	4	7	4	7	4	7	4	7
		1	3.3		3	—	—	—	—	4	4.1	4	5.1	4	5.8
					3.6	—	—	—	—	4	4.8	4	5.9	4	6.6
					4.2	—	—	—	—	4	5.3	4	6.6	4	7
					4.8	—	—	—	—	4	5.9	4	7	4	7
					5	—	—	—	—	4	6	4	7	4	7

（8）多开间石结构预应力圆孔板楼（屋）盖房屋，与抗震横墙间距 L 对应的房屋宽度 B 的限值宜按表 9.6-3 采用。

抗震横墙间距和房屋宽度限值（多开间石结构圆孔板楼屋盖）(m) 表9.6-3

烈度	层数	层号	层高	房屋墙体类别	抗震横墙间距	与砂浆强度等级对应的房屋宽度限值									
						M1		M2.5		M5		M7.5		M10	
						下限	上限	下限	上限	下限	上限	下限	上限	下限	上限
6	一	1	4.0	①②③	3~13	4	13	4	13	4	13	4	13	4	13
7	一	1	4.0	①②③	3~13	4	13	4	13	4	13	4	13	4	13
7 (0.15g)	一	1	4.0	①②	3~13	4	13	4	13	4	13	4	13	4	13
			3.6	③	3~13	4	13	4	13	4	13	4	13	4	13
8	一	1	3.6	①②	3~9	4	9	4	9	4	9	4	9	4	9
8 (0.30g)	一	1	3.6	①②	3	4	6.3	4	9	4	9	4	9	4	9
					3.6	4	7	4	9	4	9	4	9	4	9
					4.2	4	7.6	4	9	4	9	4	9	4	9
					4.8	4	8.2	4	9	4	9	4	9	4	9
					5.4	4	8.7	4	9	4	9	4	9	4	9
					6	4.3	9	4	9	4	9	4	9	4	9
					6.6	4.8	9	4	9	4	9	4	9	4	9
					7.2	5.4	9	4	9	4	9	4	9	4	9
					7.8	6.1	9	4	9	4	9	4	9	4	9
					8.4	6.8	9	4	9	4	9	4	9	4	9
					9	7.6	9	4	9	4	9	4	9	4	9
6	二	2	3.5	①②	3~13	4	13	4	13	4	13	4	13	4	13
		1	3.5		3~9	4	13	4	13	4	13	4	13	4	13
7	二	2	3.5	①	3~13	4	13	4	13	4	13	4	13	4	13
		1	3.5		3	4	11.5	4	13	4	13	4	13	4	13
					3.6~13	4	13	4	13	4	13	4	13	4	13
	二	2	3.3	②	3~13	4	13	4	13	4	13	4	13	4	13
		1	3.3		3	4	11.1	4	13	4	13	4	13	4	13
					3.6	4	12.5	4	13	4	13	4	13	4	13
					4.2~13	4	13	4	13	4	13	4	13	4	13
7 (0.15g)	二	2	3.5	①	3	4	9.6	4	13	4	13	4	13	4	13
					3.6	4	10.8	4	13	4	13	4	13	4	13
					4.2	4	11.8	4	13	4	13	4	13	4	13
					4.8	4	12.6	4	13	4	13	4	13	4	13
					5.4~9.6	4	13	4	13	4	13	4	13	4	13
					102	4.1	13	4	13	4	13	4	13	4	13
					10.8	4.4	13	4	13	4	13	4	13	4	13
					11.4	4.7	13	4	13	4	13	4	13	4	13
					12	5	13	4	13	4	13	4	13	4	13
					12.6	5.3	13	4	13	4	13	4	13	4	13
					13	5.5	13	4	13	4	13	4	13	4	13

续表

烈度	层数	层号	层高	房屋墙体类别	抗震横墙间距	M1 下限	M1 上限	M2.5 下限	M2.5 上限	M5 下限	M5 上限	M7.5 下限	M7.5 上限	M10 下限	M10 上限
7 (0.15g)	二	1	3.5	①	3	4	6.3	4	6.4	4	13	4	13	4	13
					3.6	4	7.2	4	7.4	4	13	4	13	4	13
					4.2	4	8	4	8.3	4	13	4	13	4	13
					4.8	4	8.8	4	9.1	4	13	4	13	4	13
					5.4	4	9.5	4	9.9	4	13	4	13	4	13
					6	4.4	10.1	4	10.6	4	13	4	13	4	13
					6.6	4.8	10.7	4	13	4	13	4	13	4	13
					7.2	5.3	11.2	4	13	4	13	4	13	4	13
					7.8	5.7	11.7	4	13	4	13	4	13	4	13
					8.4	6.2	12.1	4	13	4	13	4	13	4	13
					9	6.7	12.6	4	13	4	13	4	13	4	13
		2	3.3	②	3	4	10	4	13	4	13	4	13	4	13
					3.6	4	11.2	4	13	4	13	4	13	4	13
					4.2	4	12.2	4	13	4	13	4	13	4	13
					4.8~10.2	4	13	4	13	4	13	4	13	4	13
					10.8	4.1	13	4	13	4	13	4	13	4	13
					11.4	4.3	13	4	13	4	13	4	13	4	13
					12	4.6	13	4	13	4	13	4	13	4	13
					12.6	4.9	13	4	13	4	13	4	13	4	13
					13	5.1	13	4	13	4	13	4	13	4	13
	二	1	3.3		3	4	6.1	4	9.7	4	13	4	13	4	13
					3.6	4	6.9	4	10.9	4	13	4	13	4	13
					4.2	4	7.6	4	12	4	13	4	13	4	13
					4.8	4	8.3	4	13	4	13	4	13	4	13
					5.4	4	8.8	4	13	4	13	4	13	4	13
					6	4.1	9.3	4	13	4	13	4	13	4	13
					6.6	4.5	9.8	4	13	4	13	4	13	4	13
					7.2	5	10.2	4	13	4	13	4	13	4	13
					7.8	5.4	10.6	4	13	4	13	4	13	4	13
					8.4	5.9	11	4	13	4	13	4	13	4	13
					9	6.4	11.3	4	13	4	13	4	13	4	13

续表

烈度	层数	层号	层高	房屋墙体类别	抗震横墙间距	与砂浆强度等级对应的房屋宽度限值									
						M1		M2.5		M5		M7.5		M10	
						下限	上限	下限	上限	下限	上限	下限	上限	下限	上限
8	二	2	3.3	①	3	4	7.6	4	9	4	9	4	9	4	9
					3.6	4	8.4	4	9	4	9	4	9	4	9
					4.2~7.2	4	9	4	9	4	9	4	9	4	9
					7.8	4.3	9	4	9	4	9	4	9	4	9
					8.4	4.7	9	4	9	4	9	4	9	4	9
					9	5.2	9	4	9	4	9	4	9	4	9
		1	3.3		3	4	4.4	4	7.2	4	9	4	9	4	9
					3.6	4	5	4	8.1	4	9	4	9	4	9
					4.2	4.5	5.5	4	8.9	4	9	4	9	4	9
					4.8	5.3	5.9	4	9	4	9	4	9	4	9
					5.4	6.1	6.3	4	9	4	9	4	9	4	9
					6	—	—	4	9	4	9	4	9	4	9
					6.6	—	—	4	9	4	9	4	9	4	9
					7	—	—	4.1	9	4	9	4	9	4	9
8 (0.30g)	二	2	3.3	①	3	4	4.2	4	7.4	4	9	4	9	4	9
					3.6	4.1	4.7	4	8.2	4	9	4	9	4	9
					4.2	5.1	5.1	4	8.9	4	9	4	9	4	9
					4.8	—	—	4	9	4	9	4	9	4	9
					5.4	—	—	4	9	4	9	4	9	4	9
					6	—	—	4	9	4	9	4	9	4	9
					6.6	—	—	4.1	9	4	9	4	9	4	9
					7.2	—	—	4.6	9	4	9	4	9	4	9
					7.8	—	—	5.1	9	4	9	4	9	4	9
					8.4	—	—	5.7	9	4	9	4	9	4	9
					9	—	—	6.3	9	4	9	4	9	4	9
		1	3.3		3	—	—	—	—	4	6.1	4	7.5	4	8.4
					3.6	—	—	—	—	4	6.9	4	8.4	4	9
					4.2	—	—	—	—	4	7.6	4	9	4	9
					4.8	—	—	—	—	4	8.3	4	9	4	9
					5.4	—	—	—	—	4.1	8.8	4	9	4	9
					6	—	—	—	—	4.7	9	4	9	4	9
					6.6	—	—	—	—	5.3	9	4	9	4	9
					7	—	—	—	—	5.7	9	4.3	9	4	9

（9）单开间石结构预应力圆孔板楼（屋）盖房屋，与抗震横墙间距 L 对应的房屋宽度 B 的限值宜按表 9.6-4 采用。

抗震横墙间距和房屋宽度限值（单开间石结构圆孔板楼屋盖）(m) 表 9.6-4

烈度	房屋层数	层号	层高	房屋墙体类别	抗震横墙间距	与砂浆强度等级对应的房屋宽度限值									
						M1		M2.5		M5		M7.5		M10	
						下限	上限	下限	上限	下限	上限	下限	上限	下限	上限
6	一	1	4.0	①②③	3~13	4	13	4	13	4	13	4	13	4	13
7	一	1	4.0	①②	3~13	4	13	4	13	4	13	4	13	4	13
		1	3.6	③	3~13	4	13	4	13	4	13	4	13	4	13
7 (0.15g)	一	1	4.0	①②	3	4	11	4	13	4	13	4	13	4	13
					3.6	4	12.5	4	13	4	13	4	13	4	13
					4.2~13	4	13	4	13	4	13	4	13	4	13
			3.6	③	3~13	4	13	4	13	4	13	4	13	4	13
8	一	1	3.6	①②	3~9	4	9	4	9	4	9	4	9	4	9
8 (0.30g)	一	1	3.6	①②	3	4	5.3	4	8.8	4	9	4	9	4	9
					3.6	4	6	4	9	4	9	4	9	4	9
					4.2	4	6.6	4	9	4	9	4	9	4	9
					4.8	4	7.1	4	9	4	9	4	9	4	9
					5.4	4	7.6	4	9	4	9	4	9	4	9
					6	4	8	4	9	4	9	4	9	4	9
					6.6	4	8.4	4	9	4	9	4	9	4	9
					7.2	4	8.8	4	9	4	9	4	9	4	9
					7.8~9	4	9	4	9	4	9	4	9	4	9
6	二	2	3.5	①②	3~13	4	13	4	13	4	13	4	13	4	13
		1	3.5		3~9	4	13	4	13	4	13	4	13	4	13
7	二	2	3.5		3~13	4	13	4	13	4	13	4	13	4	13
	二	1	3.5	①	3	4	8.9	4	13	4	13	4	13	4	13
					3.6	4	10.2	4	13	4	13	4	13	4	13
					4.2	4	11.3	4	13	4	13	4	13	4	13
					4.8	4	12.4	4	13	4	13	4	13	4	13
					5.4~13	4	13	4	13	4	13	4	13	4	13
	二	2	3.3		3~13	4	13	4	13	4	13	4	13	4	13
	二	1	3.3	②	3	4	9.2	4	13	4	13	4	13	4	13
					3.6	4	10.5	4	13	4	13	4	13	4	13
					4.2	4	11.7	4	13	4	13	4	13	4	13
					4.8	4	12.7	4	13	4	13	4	13	4	13
					5.4~13	4	13	4	13	4	13	4	13	4	13

续表

烈度	房屋层数	层号	层高	房屋墙体类别	抗震横墙间距	与砂浆强度等级对应的房屋宽度限值									
						M1		M2.5		M5		M7.5		M10	
						下限	上限	下限	上限	下限	上限	下限	上限	下限	上限
7 (0.15g)	二	2	3.5	①	3	4	8.1	4	13	4	13	4	13	4	13
					3.6	4	9.2	4	13	4	13	4	13	4	13
					4.2	4	10.1	4	13	4	13	4	13	4	13
					4.8	4	10.9	4	13	4	13	4	13	4	13
					5.4	4	11.7	4	13	4	13	4	13	4	13
					6	4	12.4	4	13	4	13	4	13	4	13
					6.6~13	4	13	4	13	4	13	4	13	4	13
		1	3.5		3	4	4.9	4	7.7	4	11.1	4	13	4	13
					3.6	4	5.6	4	8.8	4	12.7	4	13	4	13
					4.2	4	6.2	4	9.8	4	13	4	13	4	13
					4.8	4	6.8	4	10.7	4	13	4	13	4	13
					5.4	4	7.3	4	11.5	4	13	4	13	4	13
					6	4	7.8	4	12.3	4	13	4	13	4	13
					6.6	4	8.3	4	13	4	13	4	13	4	13
					7.2	4	8.7	4	13	4	13	4	13	4	13
					7.8	4	9.1	4	13	4	13	4	13	4	13
					8.4	4	9.4	4	13	4	13	4	13	4	13
					9	4	9.8	4	13	4	13	4	13	4	13
	二	2	3.3	②	3	4	8.5	4	13	4	13	4	13	4	13
					3.6	4	9.6	4	13	4	13	4	13	4	13
					4.2	4	10.5	4	13	4	13	4	13	4	13
					4.8	4	11.4	4	13	4	13	4	13	4	13
					5.4	4	12.1	4	13	4	13	4	13	4	13
					6	4	12.8	4	13	4	13	4	13	4	13
					6.6~13	4	13	4	13	4	13	4	13	4	13
		1	3.3		3	4	5.1	4	8	4	11.6	4	13	4	13
					3.6	4	5.8	4	9.2	4	13	4	13	4	13
					4.2	4	6.5	4	10.2	4	13	4	13	4	13
					4.8	4	7.1	4	11.1	4	13	4	13	4	13
					5.4	4	7.6	4	11.9	4	13	4	13	4	13
					6	4	8.1	4	12.7	4	13	4	13	4	13
					6.6	4	8.5	4	13	4	13	4	13	4	13
					7.2	4	9	4	13	4	13	4	13	4	13
					7.8	4	9.4	4	13	4	13	4	13	4	13
					8.4	4	9.7	4	13	4	13	4	13	4	13
					9	4	10	4	13	4	13	4	13	4	13

续表

烈度	房屋层数	层号	层高	房屋墙体类别	抗震横墙间距	M1		M2.5		M5		M7.5		M10	
						下限	上限	下限	上限	下限	上限	下限	上限	下限	上限
8	二	2	3.3	①	3	4	6.4	4	9	4	9	4	9	4	9
					3.6	4	7.2	4	9	4	9	4	9	4	9
					4.2	4	7.9	4	9	4	9	4	9	4	9
					4.8	4	8.6	4	9	4	9	4	9	4	9
					5.4~9	4	9	4	9	4	9	4	9	4	9
		1	3.3		3	—	—	4	6	4	9	4	9	4	9
					3.6	4	4.2	4	6.8	4	9	4	9	4	9
					4.2	4	4.6	4	7.6	4	9	4	9	4	9
					4.8	4	5.1	4	8.3	4	9	4	9	4	9
					5.4	4	5.4	4	8.9	4	9	4	9	4	9
					6	4	5.8	4	9	4	9	4	9	4	9
					6.6	4	6.1	4	9	4	9	4	9	4	9
					7	4.1	6.3	4	9	4	9	4	9	4	9
8 (0.30g)	二	2	3.3	①	3	—	—	4	6.2	4	9	4	9	4	9
					3.6	4	4	4	7	4	9	4	9	4	9
					4.2	4	4.4	4	7.7	4	9	4	9	4	9
					4.8	4	4.8	4	8.4	4	9	4	9	4	9
					5.4	4	5.1	4	8.9	4	9	4	9	4	9
					6	4	5.4	4	9	4	9	4	9	4	9
					6.6	4.1	5.6	4	9	4	9	4	9	4	9
					7.2	4.7	5.9	4	9	4	9	4	9	4	9
					7.8	5.2	6.1	4	9	4	9	4	9	4	9
					8.4	5.9	6.3	4	9	4	9	4	9	4	9
					9	—	—	4	9	4	9	4	9	4	9
		1	3.3		3	—	—	—	—	4	5.1	4	6.2	4	7
					3.6	—	—	—	—	4	5.8	4	7.1	4	7.9
					4.2	—	—	4	4.1	4	6.5	4	7.9	4	8.8
					4.8	—	—	4	4.5	4	7.1	4	8.6	4	10
					5.4	—	—	4	4.8	4	7.6	4	9	4	9
					6	—	—	4.1	5.1	4	8.1	4	9	4	9
					6.6	—	—	4.6	5.4	4	8.5	4	9	4	9
					7	—	—	5	5.6	4	8.8	4	9	4	9

参考文献

[1] 周云，郭永恒，葛学礼，张小云. 我国石结构房屋抗震性能研究进展 [J]. 工程抗震与加固改造，2006，28（4）

[2] 郭阳照,黄慧敏,周云等."7·22"云南盐津地震房屋震害分析[J]. 震灾防御技术,2006,1(4):353-358

[3] 周云,郭阳照,吴从晓等. 云南盐津地震考察报告[R]. 2006

[4] 杨文忠著. 唐山大地震与建筑抗震[M]. 成都:西南交通大学出版社,2003

[5] 刘恢先主编. 唐山大地震震害(二)[M]. 北京:地震出版社,1986

[6] 刘恢先主编. 唐山大地震震害(四)[M]. 北京:地震出版社,1986

[7] 杨文忠. 唐山石结构建筑的抗震问题[A]. 论文集编委会. 第三届全国地震工程会议论文集[C],1990. 815-520

[8] 中国地震局监测预报司编. 中国大陆地震灾害损失评估汇编(1996~2000)[M]. 北京:地震出版社,2001

[9] 高小旺,龚思礼等. 建筑抗震设计规范理解与应用[M]. 北京:中国建筑工业出版社,2002

[10] 中国建筑科学研究院抗震所,福建省泉州市抗震办公室. 石结构房屋抗震性能的振动台试验研究报告[R]. 1991

[11] 中华人民共和国家标准. 镇(乡)村建筑抗震技术规程(JGJ 161—2008)[S]. 北京:中国建筑工业出版社,2008

[12] 中华人民共和国家标准. 砌体结构设计规范(GB 50003—2001)[S]. 北京:中国建筑工业出版社,2001

[13] 中华人民共和国家标准. 建筑抗震设计规范(GB 50011—2001)[S]. 北京:中国建筑工业出版社,2001